2 के वर्गमूल के पहले दस लाख अंक

द्वारा संपादित

डेविड ई. मैकएडम्स

लेखक की वेबसाइट http://www.demcadams.com है।

डेविड ई. मैकएडम्स की अन्य पुस्तकें

तोते के रंग - तोते के अद्भुत चित्रों का उपयोग करके रंगों की अवधारणा का परिचय। प्रीस्कूलर के लिए।

फूलों के रंग - फूलों के अद्भुत चित्रों का उपयोग करके रंगों की अवधारणा का परिचय। प्रीस्कूलर के लिए।

ब्रह्मांड के रंग - नासा से छवियों का उपयोग करके रंगों की अवधारणा का परिचय। प्रीस्कूलर के लिए।

आकृतियाँ - आकृतियों का परिचय। प्रीस्कूलर के लिए।

संख्याएँ - संख्याओं की अवधारणा का परिचय। कक्षा K-2 के लिए।

किसी चीज़ से भी बड़ा क्या है? (इन'फ़िनिटी) - इनफिनिटी की अवधारणा का परिचय। कक्षा 1-3 के लिए।

स्विंग सेट (सेट सिद्धांत) - सेट सिद्धांत का परिचय। ग्रेड 2-4 के लिए।

One Penny, Two (अंग्रेजी में) - अगर जैरी का पैसा हर दिन दोगुना हो जाता है, तो उसे एक गहरे हरे रंग की स्पोर्ट्स कार खरीदने में कितना समय लगेगा? ग्रेड 3-6 के लिए।

प्ले मनी एक्टिविटी किट के साथ सीखना - $1,000,000 से ज़्यादा के प्ले मनी के साथ बड़ी संख्याएँ और गिनती सिखाएँ।

मेरे पसंदीदा फ्रैक्टल्स (खंड 1 और 2) - बेहतरीन फ्रैक्टल्स की पिक्चर बुक हाई रेज़ोल्यूशन इमेज के रूप में प्रस्तुत की गई है। सभी उम्र के लिए।

Monster Creatures of the Deep Sea (अंग्रेजी में) - गहरे समुद्र में पर्यावरण का अन्वेषण करें, और 44 गहरे समुद्री जीवों के बारे में जानकारी प्राप्त करें।

All Math Words Dictionary (अंग्रेजी में) - प्री-एलजेब्रा, बीजगणित, ज्यामिति और प्री-कैलकुलस के छात्रों के लिए एक गणित शब्दकोश।

पाई के पहले दस लाख अंक (π) - पाई के पहले मिलियन डिजिट्स। सभी उम्र के लिए।

e के पहले दस लाख अंक - यूलर के स्थिरांक e के पहले दस लाख अंक। सभी उम्र के लिए।

2 के वर्गमूल के पहले दस लाख अंक - 2 के वर्गमूल के पहले दस लाख अंक। सभी उम्र के लिए।

प्रथम सौ हजार अभाज्य संख्याएँ - पहले सौ हज़ार अभाज्य संख्याएँ। सभी उम्र के लिए।

Geometric Nets Project Book (अंग्रेजी में) - 3 आयामी पॉलीहेड्रा में कॉपी करने, काटने और एक साथ टेप करने के लिए 80 ज्यामितीय जाल। 9 वर्ष और उससे अधिक उम्र के लिए।

Geometric Nets Mega Project Book (अंग्रेजी में) - 3 आयामी पॉलीहेड्रा में कॉपी करने, काटने और एक साथ टेप करने के लिए 253 ज्यामितीय जाल। 9 वर्ष और उससे अधिक आयु के लिए।

अद्यतित सूची के लिए, https://www.DEMcAdams.com देखें।

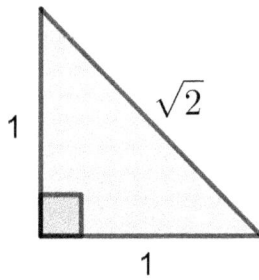

$\sqrt{2} \approx$

1.41421356237309504880168872420969807856967187537694807317667973799073247846210703885038753432764157273501384623091229702492483605585073721264412149709993583141322266592750559275579995050115278206057147010955997160597027453459686201472851741864088919860955232923048430871432145083976260362799525140798968725339654633180882964062061525835235905047457502877599617298355752203375318570113543746034084988471603868999706990048150305440277903164542478230684929369186215805784631115966687130130156185689872372352885092648612494977154218334204285686060146824720771435854874155657069677653720226485447015858801620758474922657226002085584466521458398893944370926591800311388246468157082630100594858704003186480342194897278290641045072636881313739855256117322040245091227700226941127573627280495738108967504018369868368450725799364729060762996941380475654823728997180326802474420629269124859052181004459842150591120249441341728531478105803603371077309182869314710171111683916581726889419758716582152128229518488472089694633862891562882765952635140542267653239694617511291602408715510135150455381287560052631468017127402653969470240300517495318862925631385188163478001569369176881852378684052287837629389214300655869568685964595155501644724509836896036887323114389415576651040883914292338113206052433629485317049915771756228549741438999188021762430965206564211827316726257539594717255934637238632261482742622208671155839599926521176252698917540988159348640083457085181472231814204070426509056532333984364578657967965192672923998753666172159825788602633636178274959942194037777536814262177387991945513972312740668983299898953867288228563786977496625199665835257761989393228453447356947949629521688914854925389047558288345260965240965428893945386466257449275563819644103169798330618520193793849400571563337205480685405758679996701213722394758214263065851322174088323829472876173936474678374319600015921888073478576172522118674904249773669292073110963697216089337086611567345853534833295254675851644710757848602463600834449114818587655554286455123314219926311332517970608436559704352856410087918500760361009159465670676883605571740076756905096136719401324935605240185999105062108163597726431380605467010293569971042425105781749531057255934984451126922780344913506637568747760283162829605532422426957534529028838768446429173282770888318087025339852338122749990812371892540726475367850304821591801886167108972869229201197599880703818543332536460211082299279293072871780799888099176741774108983060800326311816427988231171543638696617029999341616148786860180455055539869131151860103863753250045581860448040750241195184305674533683613674597374423988553285179308960373898991517319587413442881784212502191695187559344438739618931454999990610758704909026088351763622474975785885836803745793115733980209998662218694992259591327642361941059210032802614987456659968887406795616739185957288864247346358588686449682238600698335264279905628316561391394255764906206518602164726303336297507569787060660685649816009271870929215313236828135698893709741650447459096053747

```
7965244770940992412387106144705439867436473384774548191008728 86222
1495895295911878921491798339810837882781530655623158103606486 75873
0360145022732088293513413872276841766784369052942869849038455 7445
7940959862607424995491680285307739893829603621335398753205091 99893
6075139064444957684569934712763645071632791547015977335486389 39423
2572775400382602747856741725809514163071595978498180094435603 79390
9855901682721540345815815210049366629534488271072923966023216 38238
2666126268305025727811694510353793715688233659322978231929860 64679
7898640920856095581426143636310046155943325504744939759339991 25419
5323009321753044765339647066276116617535187546462096763455873 86164
8801988484974792640450654448969100407942118169257968575637848 81498
9864168549949163576144840470210339892153423770372333531156459 44389
7036531667219490493518829058063074013468626416724701106534634 93916
4071462855679801779338144240452691370666097776387848662380033 92324
3704741153318725319060191659964553811578884138084332321053376 74618
1217801429609283241136275254087372905129407339479433061943956 9367
0207942951587822834932193166641113015495946983789776734444353 93377
0995713498840789085081589236600886581054709497904657229888808 924
6128281601313370102908029099974564784958154561464871551639050 24198
5790613109345878330620026220737247167668545549990499408571080 99257
5992889323661543827195500578162513303815314657790792686850080 69844
2847915242427544102680575632156532206188575122511306393702536 29271
6196825125919202521605870118959673224423926742373449076446727 3753
4796459881914980793171800242385545388603836831080077918246646 27541
1744425001872777951816438345146346129902076333430179685543856 316677
2351838933666704222211093914493028796381283988931173130843004 21255
5018549850652945563776603146125590910461138476828235992477228 6290
4264273616326458544339287726386034314980489639736332975488592 56811
4929683612672589857383321643666348702347730261010613050729861 15341
2994880877447311122954265275165366591173014236062652586907719 82170
3709810464436047722673928298741525930695620638471082740821849 06737
2330587430297092428994817392440786937528440104439048520878851 9141
9354151290068173517030693869705900474251576552480784473621441 05016
2008454441222559562029847259403528019067980680983003964539856 85930
4586252606377974535599277472990648887454512424960763780108639 00191
0580928747647207511092386059501954322816020887962151623385216 12875
2285180252928761832570371728574067639449098254644221846543088 06610
5802015847284067126302545937989065081685713716566859413005331 97036
5964033766741461049563765103083661348931094780268129355733189 05519
7052018451503996909866315251241161119259405528085649893195898 34562
3319836834948808061715624391128663127978483719789533690152776 00549
8055166350197855571101405552976338412750446860464766318326611 65182
0675012047669910987219104447440326894364159594279219944235537 18704
2995592403140917128481585438660053857135836398163094524075570 09325
1682434416824083619792733728252154622469615332170268299509790 89034
5948588783494396162043584224973971871139589273050921970549171 76961
6004455808994278788803691694328945951472267229261248506961731 63809
4108218600452861026965475763043102560271523139694821355198214 09716
5490973199928349256740974903922971263486934145749331980417180 76111
9639022786640759223469426236238913110270343304576368141128321
3263085822394562195980866129399962012341561763181743124200890 14983
8485604808798646083935964923665142968125773143229145687168276 21996
1182782695315749838026246517590541039761812876042163861345022 13262
7277566124411336107751955577495086563606737866506231856406991 22801
8757417854946612532759976979605977605907564891066610158384172 02818
5304321190446577525542775437987260548817361982675816862832952 60789
9322668360283851351228105931859102864150815705631971731518313 6250
2435904146321223921766339826893682531505300598915470290953719 32662
0734112349474336788469020139049784285216341442921458955828784 76693
9464642678122190497856363552633682780518600986992489377860023 98769
```

```
169807656621943898544370805946433362333810587458162354756001365924
352426571430834655457680023708146757325254702550747637471635067851
599173693793251032682760628645914618204721486370370771926926823623
334720379245964691810526139153086280291440965482563873092730426544
662929045896063751918711469345361973324789527070315309309019211 99
199993615765003503984054067425387927527922724733566770607837911384
488936261367657060263600315132952095395202854897384486256134924414
708607086602676349978793420875836121947116994223848482595914304528
107062601508969135303017720062717054402090669514915274597719705947
695474095210287872557856880022193717743558110793930883384558648277
291008629554566141306721230848740227121058686323388237413884428938
155444647105755651468435702946635062893873569868688376480326519528
414653517395302736120137420300986739838514321900436028982698293529
399414129230580384565022707216815161941011449826301364900877048398
488386090653368599054583895203185648041493272142390865164999431659
207965953569430723112911629286797517156688905439322035691293324570
208067194440497304943981408227829602799424541083166675921424835182
723817205041039274288801556223380796147512433514731021284545944899
444996000752437519570116683417447490795882099517836768023236517674
972301487744272599476096219843271483529861119027287358490 5217975
908374197486026706053746231530039375212367867752848692195857137554
269684827836317861109933680143915905974842858054516130230143979057
016108898627779610750673332676048654929251399781390535882276893732
204941483940135560356560442140176120605131806891989962606184831853
401836237821726637580455247196266174925422852804571442048578342113
228008528704205488992341278554812367615377071042544698685219911228
354266349997127483660762462418207364666171283947484732804744304033
441072004287271275670279567582429262719454580530026664899650795697
781786219421720052371653694677041951119127046248360511302890464377
511486948878496151188414719100012558838366067720841123515355 88112
677895715585904125762616010675131535802124273318710006358249545040
995794072547989003168265123731190556682915194305370848930786919742
829049038603723116099283424317122509945471501928666487871079 51995
180054633883844315481724635480244518030845273431000621371034625733
060012349737443558180965678464641533905146569193245623531405779193
698988423647183525375805257713311200797104068315492665402026046806
818391437827214769063242469517128636738443139833371176159418699934
662623453734523567940124168092291163609563721674528391709909146648
507392051516056047378710615470216996074656930979442612146925615934
256494019122989514732544715181263258368897282262833295240359700727
863364604594707124174729468775705958157349962848099567839255474240
448991887071069675242507745201229360810574142653234724064162141033
353340551104521261750359028403745459186450472762434207177092979354
010214096464502836834180407586081001407216192477179809859681115404
464437285689592868319777977869346415984697451339177415379048778808
300220583350467465553230285873258351570859964906867287596729503872
547570879169554736691708701241333922148466851743706661548819529332
272737436041082542596603039869326542235052369108595126300831846755
503459758395505840356701558879777364438048182138700344023618041 2
002114837279422740787378933162708101362649828962927256244580539713
414221451109999544582142923783881026483948233951418767468967831862
868178827255582573193951815531695164501494357263106045694929670986
252043393852078220762219100344692696633425908530581604497802577632
544893708006267787317954852985668394869467335696300140293131419025
780775816945815272529343422590519791831662164448751781696775276770
913043157342564054922938187395110844166830924911159785773327363884
141850737936300026392180680019498239666471231317190252370319058771
977410007132407519204181221413242532729491860004200841548511547411
573059872196212988541663720877522483769485974767293301868390522500
148690382610848248198167593107772702648826209072384775290587650403
```

```
2667275848252185162310745449887588274656780949712308766144264 14824
15790357039331225651893335628183618540574670638061839848946628 4245
73656456421390721630529552935928487755524275455951338277150017 8401
65530548544228501198836557568015934645055899442484962741271186 9883
15804769181415679618532165716964522259459471246931995711641986 1884
79778912114268116438377238483631867318607564778536999303870546 6322
96980756758468212302807726100696917407820247949882109547334301 1265
45442170195852375880785348003737247118761110008771903553881573 1922
51333842494774503118811947455953653366092064192934400350785642 2343
29232492972708472482355767174058950012687636008124521124487564 3428
09465931336185643241485578079193115126509729589160529930307710 5635
24545148345720922455198489058890421980654397335375759982485803 7546
39273653764196748062696838271292001434956674852247241454863603 6211
58472323173698061719936421136314580711988396812957056115881246 205
88579665056221507482089747764177083787052924202880290044002480 6868
12542207579059424347046449957544023873693604740130860360759917 4387
61563529677605801833493087964662707116080507376107180022155251 9199
37962007091613832272801773133201900597804820796075803249946223 8538
58035734780187138028403981200468123707909245727285765451048971 7031
02370548678793364378157807400767747421528031184981557698165615 1626
11572020454026441299316117077331253846128936763791838537050094 2063
06091032540258476822036768249279473400061775129526307265637853 097
36864200077666658899328456612246507300220956287727262227808039 5483
40381096280576492897465184363194984026129976189004678190927370 9647
82787243577522066846654000246833074608783587655890530569425749 90989
03922046300471457205905371209131427588653769314804000087179138 4569
09936299878478854217781540735051706253205095144782206672526086 2041
07996222703480818013800661007192268140291976835488424399162809 8036
18597719358892265485872816327690542861746632308136287764990073 7759
93244175214767760469369622332151759264505564525638405467004045 2158
00754543796810384355851479430922963521978522832957454572715647 9318
50418896070128059492295921835949370745803903214104366016376509 5548
94454190263391196074110066949778024695409365628127538496323601 0625
84653667050765177029695130396858702367912875413588064402634238 2356
80607640745176119088333712091415762805652237901273564193534565 2676
29624402660228245426196034228352400205032950531908532014968045 1356
43341034313292235896972831087395694381318094316669133905264891 4833
28798827628525630451206376149000452186427171115089762827528671 4663
61173898285874253172165962476433238400349004962987894870010518 8449
41186604397391074937573495289347707396386659332554385899935379 9414
38406624221022683285116625113683447328966132105267508937948344 6349
30352785321301278211526859429843756517451093039924958664609423 8684
70021535501803780001870111131519378754010914958890807647334550 0264
09805683214381160075146182788449046812481468930974300001090198 4320
86663092251381121115994812796367839081222437819101877799403407 6527
40603823415053271741627867488080857541012142866746631036108800 18188
43540182368653221687750411978076525811538417365621835675013034 4565
95936590974690077656309515636628348639979754937563840529672328 3563
40303159165495886112229959996868270142840723914623001617354408 3143
64380458922055411017953135588527134798493787613379107565599541 452
89177701575813487576801862429222977666211542249711334173960319 676
39093505123209476166427534743883338886999799164638367503241863 2486
28418784699609638082751299633817393742209534758616322163052027 0351
70374902985685255958141929549951765525821234731081976633013417 5081
51236775231516073208818295640726347645058875761361893618701289 0402
67922647049496787237402581300834763975446326335496752857495370 151
27100694464420624617536442894986049205218232133843262753351988 2949
20864907096059216545737690959513893789976626287708683235059640 9805
01885698199740566005441532138407349781540809435407596815613389 6432
08404153151024324324765063558240978534681151056323898040138038 1484
```

9735287444290693934437338180109010178859205640690769726390933911116
1368466669931806838234674038922367229255166024468597460763582903372
8529497158369063729095033685951182387240386566803844098591359999658
8300622799752913684945617051993291599492324340413727253807636840029
5187369817973536657095994220475105964407590707800203936232471823800
4137799283739673588096389547393847128950623044844732470443823339025
1314913859447521279271461067225268355552093101409825032410413568111
8889344170634801818879038524372843450413995267508390749293155948999
2799740206016686101060573836203436961399237050205913691224788144822
1970045564629606180152957267746654025224032152010626805924692941840
1465169269429703164474892255335681947010558607539503125748779271822
2019806805065513471892626509987040387239361526280911715016398391833
8208037107664447231125594297930841574857549712849567707689130531399
1519283160749372260464837412112410527404580769077499032167615319966
5660974300890284787922098945551403495667763293684189129282288893790
1392565790306170421951746426671762860073765482548949082367049041780
9827946948133710054375735229262593956809537167977177738428166119599
9319878150374402232529401665135964883989187712666676445928280724771
4198051183403577263019415056222709266888151008740810216304551119360
8970339875899163436766552459690022966390618234599224437161568188711
6785019552192690477008887628817012434350723842188590943230252400872
8363411346002474635054076317430285610328831446395259955777714162497
5159928860344101047533467745304372786885761196226858948138978843511
2251669067618791323446207724263899811175193575536755089771736080770
9854992933748575879407969489011853826051113623591734039139860900180
7224540287265129235072513463360399477972112534407969641965843292480
5838961537078625446240527341837296165871280996215675141677888852180
2017826857947508860561917614334505307242257944215044011899380328211
1769427535155005035938402619271248407353448057641513492090664332600
8718869318783911372491354290631432773141475652344276998264107291920
9647783152267653096337719078870212101736288928013320665538468875220
7098214169947453467839730618843380636885678875093483712812994594710
4167402106479446230475095969112132841857374507688021742000919037860
1149289993213698282550504394125234293878915292944880672904533715580
6858939119405867992679680197519294635313212046058273013652463549190
7477178431255147195610894481716873695950097551490905804237705507650
8316604552631788191592885801514109903351599927649260209167537965850
6540717214902727207207953304640949267929698014564740758616841751800
2703554191523285901319918975644427209195806647378539654749435033660
0984556942205412322091494769852266066869313494128460524360062619190
2009545595992990357663584472520888843877010984850961455366250564800
2223310827748771249645923940344103848804565572091537208369237042200
3903081669215344336555529659147737595207945959705914921302438333790
5709374716303640945224011982545503754397260803763665873652598952690
1167996010278358881115715841157447947403528689000948241339184513780
0599922518984735941165421900943669850291800726152708954832476910790
0547502395766594197888184410520182887164116705282644694744647098860
8806589441700901457017395923798880631201342950834144109670046006970
0663011398838065441035959036385428890533959794761355553930923535000
1022746402573996549260318712100543951693151027362514695808436694830
7491133853153237804262479496177692956225061325782666165875281706150
4846881784460491851585002235780768844467787401475044226257510173600
4861832633732533541921309631053221325624194614093027893358253117350
5483121861881858082744966425868045457888041604096100038498733107550
6338903472441880147049601445215464463527687453004634293704657874610
2304114285841393154706944559886270234135533696146889413057952434400
8285788138429131334004443882694562774572044648927503718896002502140
8102432266232474466759222209575796803987583301188094123485941055390
7931150166149824109477340455944773621407298190673422712213298282010
8935551814807116129360475393545191644885191976819894324688266584699

```
9081034874330571542521148982924940641352048699331708524365460290 80
065024215298598119251209628332680767252801429242638106620922006716
242390535394287757500791358700376806504069329046236701998064642381
662780745584542797281363649612815600633612819117180777498572128490
965404563806025279792900141167180888216727623269573144529953790935
999635720195691053823183323228796036615493435619556357778872038051
407147028627486665772728496380606820908743374755778931220716618329
099796807740695830545505816946391053802547129809501916405917729214
706120537973758318816904034573730892287048764298832763431061565604
142353102111260771779308733171317133834055399077148746039878634100
181548943060212764145175368556781241048762789184459864887507256919
070705612618906511541537434331704771073512089749664585871232326061
227767648801741904170532621901129299413424068594779706484545123043
270036204444603070019114504154208127286585326598625965834129193187
433746814254099198919080093257152259502569757636258378542068760787
533642389024535242231478116950307422996882662361894379754634314869
404737054660220523658535224334918934149537318546177563908506301498
059307441312721443060968681215491679993360209112463420681604642356
345266992247106943380713975107656704229609060830002146456760756695
447822337420301223136383653648811896867622119656961068380955681107 4
161682888729148970892917272020316644752981556491650993296424759355
530943427234735255674233588854104081625618083858967592481296758178
858037431437644805102257548414551956000309544841537831759812222780 8
362610038296219136687469906013559109879017893945095070800084701971 0
300949634856731261765379906963665342384783947510060919802366224025
837916677336598186209690123704855441788330817432241527096185839732
054877747141962021020919122003541939937558489657965967774879666498
337384464462884923220915966252081771094551855784919342249039112644
016254035341529185960627844258497990753765035114366230126874503874
841819808002173511521273105542548945456430535217441264760373988143
239223799552080372563153827895767560326953415371316228684223119907
173662715925216680950257599135536804114031436374928570500016182589
807056873639480322361404604011480623406226830964085064565184947862
087308537993315082686383455929918002956502600712905221346145142591
683238499736379295324166726236608451393291270052813463426544459 20
288246142762177537542296561177677435268363377927727053086688871203
544787678456074403451818739133581638413567183639815500757116010247
023062209136180213041332617816241751224462126905137587603315297832
296688192798031720614092427303623900983851487008360779814038114398
492015100688229636700554973943285334706986769952794008280800408871
510193767467730882920960774142894924319076599523269541480873863532
377880542082237256367753706731473034968639707048980312454460 88106
656204930116583699242859143171957326639117940460873354170410387477
676568434175416519619874924892507420893760141194424029639425417630
165604729567661334499190693680733551658503150396913387483435296368
054125218883032166460594553739445123752178397465350332767285694918
193988259952860975698800611916256873292306230585674189853838045570
809358377914628586246872311025994015876757690831677174283925303011
600838846048071478361609641715594546399221829104927969229251112793
795664013381991163506963539326360985956462057610408705683800302694
519711248638111853378910981402240524583922160456345211221741701040
567973307539584647058474754960443223342630066921057776700574771792
447903388417399895395625218314754341828854229277388521031765033181
685116423984842459090668564084864712227534729176002772087091119916
253536523207304127403457281143076790748835435004321724871067033312
039256058908763836947478428601451134482256881522505295704764411457
698138038591192713356349551780841473632107768061567679427987637 15
596403483762844405325104334623725798115249057855454554452128459612
304154962148839747200361422992055663045249896473658280189451430478
607908479278319769496910731263109830485633506795521367459452740637
```

830001391251206426019247343307523851977600345083075542671038439897
795080702918698409431888452283895341047458008310255934322333268376
672915092233641315967653120611587458495988481505442424328431684072
867512430343206581773398533408669746044667571456675222004330063396
653272711639216282843359363915970535605351461391484568462400484626
935209063545366851485497344595022174912956216820534347169458903066
650112239953739250769149599980731164875683223107356012908889074480
041139114929364660679542826773578999601714474747822597197369102206
176629747963359413820508653835366913170891009758629322982345585218
809771609131415612283794230140742857517219609708392468807241064334
663820378880194299968923340577439945587187721671949412173978424845
551124239495108231334190095498097494411685446927126810464367629794
951628949214864249196131714911299164723580230000506478446110811914
449115812299764633424470996174148529445175829914157131372881744978
663466979834683063377226946211202454420349057367761082493287387912
706838889328012987679170081110139014998227244754594248142195036453
017784199339710292780971003172800480512407455154973275048680372399
013584337669127305599571328206218815992141130876955806638951579665
775394244413241315371071369661381734700574482745460028185122194881
094099093203083696286639456596762750124811505090895014507857953164
711383535236783150519442462603033024233866607777623963532367792520
543071072814179089963458476941987851049288285046330076222359001391
963015771950482636735933640454911225862198229883550564611200430090
520331006969844471423510531407150427637329991583440686986367533351
079658921179232619884213541214952878833669486524486147483513338067
666140739939721171174258077014776173413160355802526005061346050994
514494808115176759222658322435066901650708586969301664407829476134
100953558555025559733951011097129829414168133162909129971663939786
770253895589191479403266826999918493493521145641673825912822446260
474686998341002689357087169821589951314472624674435142671224348360
464877244577905302925494885818976837409053632700690035935815381883
280740828133022036509060649110278848197191631340902967476872679485
708198499821462735902524243518033251794029613213416361860160670646
726579833801692963268988520060136260127308122721574835345068943834
941229354390242537575276935242785398862908394926459788524969063109
016368095320411338520466963037354159339352275611976274730671323084
914276213000530951932312884148955410680616740648799311628819724340
996737600938360319809562292751233734195300422716752657485424748294
603373865038667525655809964547552269265897588852563853292193801975
692542773496925611476888086411726702213493152855142211570520058969
666638052038104514692230017952607407386746595628401458292793638099
004324083574265721606100589276934909467829254643104382358817121534
163957942829172179362408197768819899019978733140361218579680658635
836814653558955738187837879210025324208016567419832526439504211082
153922017378503914351674199577152156214636359058908552855660974755
528542340303264688623171663272306314113253065883613291776807543214
046263688827594471614338928326902599705018230149037097799114932182
970034345553862403942080577861275758494151568256422080453230079309
019116615354347822117943690448501258884620286980896814654617349737
831554789210426289448390506854412032720652374931405325170693575800
090799417928559317281056994376439412694664934570902480722236062517
133594884428904861879125690145136706459235092312563008362115495698
642742822983298049518500422796155220772188169501772040152352682132
562384768196467946508310757531703922608556146933191076828363656585
285066867708773314799646708576262754660296271676307593189843573386
709657017379322828234819216178187700704734967289663187703448331207
245745902134879582560494827184614765808417211499946854803681654737
055739119000597890021034377469279468790761859868970990466907028633
273646321478565924562227186274617896242617308191565710953780887906
210137634562553455427872498576451110514792642181602336671418980139

```
70071297298687328282216186384163112913908793714410044378773172449 6
82982352021429758644082491778114730760837277351515304536922595690 8
91630329022499883027293104164006492014028225328887590279313085776 5
62376554657649941846426710369869170705919138598933085937543746577 8
74402434042176722612456357840029668745472450723789377260484172953 7
53114924961186297590821985464529962159178987220330170865589981371 1
24750963304730972280650602581293632629202372176989811854218162149 7
03665231050649219585761363407227297346446752747385236677803974225 6
26527428873816339627915234448947500710357043230550863307387055950 4
70970422311237621219319575390604993566746301074276845939499546595 5
49721549209431431360022852655133088268256844678367207086930272733 3
32654314093695979977475725164865609388901597496620477213530723125 7
76395662827622901153667810443564268355205959032732041101941591062 3
13224980121075141619321442104168538720916349784175621786177622288
90105867147994106015776350936484541015472003561105423001876393719 4
62379052951539126455419411099300801282463142808366035865498594382 4
15741276615019556596477471231145521988678134484243640738545283514
09647126347426960370617561065388275867938635884085367748880421728 7
68315437910382402724164103510769580691860549061336294668741293179 9
16557774775664852417361469670995689731625551315071526377319131717 5
16989497832401686871488313669781158182326385822972697878024287822 1
21295698816233680033879843352183322680767487176431408751324746234 0
52349879184847668268295616438928794038967706478767283588109660648 1
62531582424385915943578234529335797618609442793133303422963677328 8
21148012516066324362292892965570524145729258190733355159023087111 9
57026902387019554455972339436581286903114329458125014251884569396 7
76835149554430476026363981924230113099136607386910994818916701658 9
18535224610165524399123034154691509650613337574536443198759207334 8
23839043618145230004162856240178989661872993243359237891279256608 9
49415876734705551490720707611671730965073513646926538883863019930 0
30541130154220297873483229683717362289165329531827179977341842423 0
73500560498706316137883700547174126357960794405301742138827466684 1
18222343231694126094014895249875267394863904890764212721169711722 0
01376013590455819175168779717618660293497250710388274361157014106 6
44578105100135067350691284817103249133295514721029682665729358377 6
00776585271406735718234186091576190979074852627061960974327839744 0
62195281371868901178670869015790015505061922360571445739706041858 7
43996318822577354587091346279727560768912856748610370590980611321 8
76045048742172796985312160568889494322432407822830523827134406295 83
69171976697184275805197218719577589349082463036176217101228587191 3
61637847857196761183924798254488891446680529057852098644781989368 9
29078732480501714397606548833506889116194809729552395960841262628 5
60342743775801058132345724648829660857216592741563562814964100804 9
54256817567964768010548889433267801048640465724291697524024598579 9
43231020276941986194545670508140448615912446109549533985036181892 2
67470044724119922280866415538338996517840392327919638032934090652 0
06414740476650917711590990708088204104346134836618874309123514878 9
56003809594186791967316693219121047834208947318434885713285636144 0
80344037386737479499390765225963002337807256201081672843774094748 2
04430163722131953928089072365430666400928276985103383216798330940 4
06099575230599049471231939871959905163126572572261789465665473704 25
38713251064353097458323097084107331189812014476464577914235732488 7
64319711258271029798752633428433557953569922565057949092308669377 0
02790666364522037314515749656148162618588528566810640204720142433 2
22213898082335243400026257218104923740342933520854088533181454180 2
87778125463001936557949148442799953029441147175167081864442167070
23391688783428021896673288216155803065115988169156137091318045012 4
81261833398057451020283579255536354601188115754159547114922870847 3
35885068942708517824011738597558630393366332930143668899742102317 3
45796658515711559591969533870407520797373330628808526843124917431 7
```

```
279303616983196049760905630177859597319841771476321759314925404713
981812344083418690607331073068702281330054516681370799908798908963
195462023439931872479956437123257674189166316415203052781940695740
480894377472085451996957462535350882404561825559571080217435971267
050694025464211532739140434817493582344460288491903529717034361862
714965822337717810421989353351036631651174450165638165192404961566
251507908611235816992916132394934719059317347770401368466280509806
833753701877215170517889103548221367447445071479854325892653971791
541822006746515208539698698557357884979377970446007658652551169634
245157042829345520146999556486188964403135240958815914747203002141
384683644196620768177233103179178870528845981932518711059913503525
301798487722855793286487475101193954051503376152790104910807598042
286914003933190282633495472953234206019278094937998475652709841591
073852338841807814237705369901348716074321131488509454673936274879
765629422438173769075630418891992860113856457308801886133163292409
749710007084635194820791845407663433510275700401161940116227161039
065726674056722560095594289437318647382470501304316566661304514646
059371123355517179579737224117120687020635352191520265278490274075
11026265343043315754436881070612837812844743725010521535180107274452
774583857307836482240188003226162032329072083298097693836686858000
699735187473972029591946690234506436755781023849929697274553414183
060934498993121577722419060268006235706742692497722261207437890584
761110602576661587455868756225825500357340899237490420880992681826
271485046403102990438670497613047782813172983754347584685622855153
168957774694638700640377549262437037101290954327054331603337282897
822554754444442270075597793743712978253655635992289769581596616805
701963146682804196937626574953203675839501672507155707565000626907
076167904229656059527103605667419120393584811542798887940655275589
587445527240924981267747274714523089388434180073890087243377596470
098193649552254507344155227520984329340191417154149833092888100636
942745472812807892294024867233361013697563728408199226637618546822
365193617634976478451374737566169676288557891706670822511710109432
328821940163517528793887363495462611366056265392198770150441806466
447167841704841030125005778440940062987714481121875342325588198757
786521289254703753355233263969256048851581997712443529685525012576
800575465133654716053029919282591302156103090050599448735907857303
834955713509306631531805179311589618677625470877547115908813730363
455720618577151241051502735643895563727276609900121463749378365699
843697242034171875418009866482131836129686725167614962966645646693
487785492367759862720157628416922510624565533943749174131185809226
857138155821658944500202706375824312115684562967095555271529098565
312333672562403364419796450637365225208236427084845028223074740849
930753762921871360833515951939202191861926711937013581252124848227
919522161514397190873705058300125943547914250503856428918542436153
167130534758489799395103466871387622623623725385486775569001746754
378279466297393867738749456400431962065816959970832070776650321208
556353741575758825583129297837718215123197859910442086339629273076
460885939930328734306610307789892345345331962972446873155028587475
401077041195516103170875711629214466355725497380129923886377056894
155761254670978243799133333779648737360121612139029415076294419703
112200041440896563608531661556852295230732916130184152208112712112
277341449799704226751145566895102808128005826349973418894179723636
60543907777501647907549142801258176469623641170336098655604759612
479255386249957142822929556796927462608847324610363220750236694712
555665528693719752296941077821627762145719854675287819145192030811
645429188368927388726190237759558772849117835550641817754135053059
9791690979396979245654400879108145513984583967661455772456893955531
507394666965350265099668502714430512629310979980795203532996430024
446342802402747368430767969533194918042344568101563119928948343984
604686898727422421778149493886050147548843799709397349818529135253
```

```
3830145315182879608645995232698828334710023640183829172527834127 37
3864066624580214872775642897229954406059751357700198699162847255 49
7001607118202457896796815856465731426222487754366947651946369383 65
0656678934306239326668275112757724303349413356513691991055592413
7821447568818578178007718654878018422149322390618241356017799421 9
9917538765116157857661515510102780246280574131623372664281261390 01
5621266261922300371215233379407660728181199739784124878078628047 29
8417290961791195049005452747884289147468343793953740978007239550 55
1429239052453494913696022031391753109211739838492747334363203095 09
1182255556159914692876112466304765633640505213604284701453642283 85
2720675587896907904053861152812755773375471983220323309897611927 64
0075987280463182211498731429200813670349108672656939691574253434 50
7021357900007003169688636802730059576357523916011495500211787104 25
8719712880922230590574345788586101248247664730385856111031779845 14
3565941623968250661222073470443365969057149516393929072418890459 71
5650434051148082481021570543725143364204822304461750821365566946 82
1884539727306263903612183189036275397656013691397005284156973485 49
1903502349045160258536453478817639655917963803486228938713533 0
9615508741857410746109688180666753507056018264471518974798466603 9
1100276268038073081778547838509663624504727138789702540536429996 42
1131423361983219979540913657600039337507986151800017564358047832 90
3328347184356126670871095486636304322586634379345478005178001175 61
6601449217652808401010144036977545972244376827894429254920816796 77
6464719721725754514779705211863098424510087860132651431648987799 9
4785494387355325437902478672802584836151040269444245515632360113 93
6842246250985153209947647044856051262599391370918970588523862356 375
6269285523108189632688067528949366859979318460413423768444033690 18
4922746885608391195616969587640129043051162812782170520697245277 95
4950409576161933359885985722771021028871493734908062495977383913 76
6633922833018406787537916202101264711177403097708793022210894688 39
3729548189390985443770850141835818299180830577451506477626045054 19
9477478215846428131834997179215831920559112841404861614526936595 58
6185546484449356468890778147816995812301121896525935168313311214 23
4045364638821135032889698752484057160449107708677780217818261313 63
8339939016357745675651332980295479827611198643211635874401406546 29
9356184071002157756816429957140640129590690176843332764306323208 52
1708535573588656929687788758964548217388433554090316620605130443 49
3937571122796552754857412076479861502407657146581984436621911838 25
6264852056433657469013504258098576677812405201929011471309971049 21
9531148375087445721543653384057927742629193204580131371720204071 24
4866318999472138962337654589983736276158735781585360331422708445 97
9280504240069345984304263008366296853261786404572187319244669963 86
9645458668000813450733659480301242326231213378637516204311113411 62
3821111978306955195891402718787659264960161685788847622207476153 20
7719395296022514020624082173284337839351423383801767839425228348 38
8543420922407710561095891845737683852857561526673235888592094747 49
3643178565070553129866799119317599865899209289192178161757520211 36
5278611476782575183980292140820390001276072897685860081175231980 22
1153512294087657429774636867093030153335404250587641971050868632 65
2580233343623304939155120167767132665927488807247964461895063457 142
6756900310765779240374018379365078413511362558954908126229441688 72
8661458938376208640804105091536531227982043479819035101168812901 49
5298127829340613355972078387183283408819601592999929912109603307 33
7371216902464163446304874881968464564757094641689688460871409599 1
1951997325496572640648384392257225841251191876993962293145320164 10
9508896385206491579931148540228058155024117926155988732558487851 31
7260514430242572606947588243648125959559154046530236298407899635 38
0770765094855851613535414679257010574996313998691237197890426547 91
5624261401000799482383248941778277227188274065283629139201823328 15
7885814503351852231853887442150888866910120481584370540492046911 10
```

274001702784087027064857998449781587597693058054394587478054483192
442019774444921017008841840242936113195373326188852341424174062136
823571803739881551856959424973627344128087459224574876824184392228
166692275415948550080494513822687267903628502416560659828051077414
606405000548487848781941824232148466781223116905632302817222628575
759463075935324772659420605429605239886928573747893079168988370078
664467390505766538053297099778731169137201900276592261885341674869
152033639485876467762884926940994952887159087806278069878029061394
337476000483614534960328241898902820945207165247786009249485871108
860657830349068236115183174587028662047035907000718182229896176161
045205521220830504294828027866455473330414182949181796474078722274
094471286559091077023579387041934396571176398188959594479219629247
384023841717040156006995703565457504501329338678787135164303162436
440197892815031937480121719223282798949026044352122021013187614667
368047033326296619586154492763352487257968430144013662228087242188
799103656309680288669555722665160482596191386140743410541767950570
470955315652767404783244592151413586819744173561159834583208408434
490775081425580385576115299201479982310609480654957839810779106996
852653439537079819131132382693111178709750863180461747154466623534
975956123440380686301079886276738138291077733592398478105480930369
833513466660110731383250528976686877459209358381764716564126415177
273196529891221736995697056210322450385837543452771878315467650550
446857749319556472403741180602851923562047109258093647076638455028
328067550330204586249567759404414265253694149499720828999945842683
770717912151931196093401242290164858819749634741190477400888535112
417091575925912271912200023595038605090423432461050946225933727262
134139384367536469275995954105298400010884132644471747645201232827
362175898921411939999469484413695143696197638427332562852325292195
189891728452431238522542977108925087603397803704853344877955831559
366732103471889732998453880119473881336557252429751934428700720014
488596712955368041274823059346118997178806917385446714577001153696
123161805950978178341533990013984814553540993774049924269951968618
326992699463255371558692287618605060605070618407340005636752753348
860367420234751563736897038867431082098669940496905026694792314736
407871158581055060384625155632352632402825455648345993318558766122
976698145674195444510690686641152836191637491422962584567402516782
933244457139355438483629520002216229737284723807839531254769532969
784122467647668977505037787079545850994657347661059592826484791621
272651473337149747860687248746564684579965168238180474862086393997
021143840036240312769531501345325318657440819407281362545257356887
722602317602444205453783665047217356400577125083009541394903863515
749564338051732578699647893272997194960262645033598878417703573303
000234320654916503660832138193352887801404433187714611296129994959
743894739563534489510494784897683129617344965065259684060892493476
477089942072820270146148719698074132915005681971600978721303323093
644911177819347440902152719440173702332500773970247069591851387676
514475453759079646678933016877597214891903044162235645781971948822
152654074838412178549179515242948827840201210770816558501913982872
527656759806989451550024229317490320650262702183681165804484476450
897317414136714592083261735404012367008285141424739892855067538334
310775306655263168437904199442474178093026021000317329453940851262
790887632294331938003422657646448410218964677355701781370360619375
483352585990498838703303841963767954484836791400180381637472848168
007676647549403949723968653902247940242154045389002702761696728887
124278579479523840375177731466083373394630238767293551754451497721
243855927466376736943939648570661929808637995671074401258502696563
045893078788053243886667303814075497341171965604222028796337791821
022880532096736815097518995208911065998669888526353083761930215746
890115376686089967947040941806265655013528687408159938861203220301
115940611824463993004826560945611703591077627962533041737481278790

518083618546052985558962923200090073054258583868325685753395132591
078049242117680415248313518874716047665886696916430810481939661393
360238906194759755994977485108758667961540758572781419372162031118
872491060558640461609998177117206728819948075157692716289296430078
629346014467144185600089314808445009596723103853041615049868044806
165839797168869417393646784107674404486877969012007032100428273744
747962118353262324320473580788806327282315854970470827249718772147
452155040085942604045109120883734325291529265324795960425731385635
886832280701400302640806128800600088986419163390599824486821871909
649398489923383014947101750804969268888243791786706157593446494426
164725718662382876139908696871560730828565212805957184798795601831
197738302705599231788234403845146023540722630070457872485269849089
415260947595830337752239347678752741044204370656126093714137265498
804706738249393123791186525951246835828044773509945807292239311309
727939873923618126319430964818985368599448200111532618422290662747
265405917736257054337610853812474422004912496327331869587600965689
311545323592213888768288245458065167535844727019592819348055063729
552313390331134076734742341539035779578290745238910940129926798717
984116986234195481830570206265822484678524225243690201357975765966
237051951998310598112533044194370170708540951779720710031903210254
539840099570709425034951507468568259804881471790131954374932943997
610980253682386969119211860152996765131786348129537319897240933067
565609559247411435219606706905569205361044842447693842411073401142
783167003020030157202292510486932350616887879889693016750602746460
040803750567565358033380661074589900202333737402990701899020286057
637512326472186424125374024349108928149660981678088535652539378500
547619678255134519302429379336581191018869463638494450122943963593
843983708812175636529967617760754319259549757181963524330730477545
335284961747985154525680608059761652232673516453192503261856376179
554319316605136671690560271379830548687378386149582306474057079000
550956140941488466468925167549020880566248485045482789243760710696
100681780337017185337794054569677260824770460813309352748103701270
294773274892749676221632671858847723680744166201266479173969771669
437798597006826873645386170044902357592863753035701795403754916731
649601332586868744575670318965756758128478162731818449562027427534
711493645425733276814324389394847041701216147439164342957035174550
064923392731897531854422164171299694252280232930044425895777067229
979438282423015652758999050889012709724917257951796034300279087595
369363749423157881390992432104596336572861894100397689539625045793
097217648008391806433416842345595960636051407640895462045538940145
328202278431586048556523492181149818755384245927281309680573529074
434238642206736990524998691546326935925892108869764363665395304331
693696401772869937471319914219466699018819669792950735262617866098
057884586476483082271411982204457487552008295967208395369651934730
481452865444941028203353655824206922079114652126512379567325304406
442379543348217725964010450405521529590523711128397461803488849033
903261962295634058432172662590918724380437455539372795420118161642
964069912361389114670508400459697696403741149670733801358046940853
657779263093087979213646549850383868378411454158437699106127814756
402920115846953068139869845322896101687932634783388768896939535265
794273987795474707827354512094870210615857573511602368001280343705
572556256281363190121796812229292691189180211417209277529969265604
100823311934472197666118413736995207824595911690689901930770920699
488144034361405074582968281258752782726399455138641362920808716881
307068633383308545478696055836034327404712994170828645179042564433
509448476457431123170481780364520770240877473374926310431750786013
316936713012735701085976924721666573430104443390579774265692055847
804098181084077333614002051633398112431958481781986133952380397749
932769835902219697046599303645511096982361368457149681409307152631
849378259981167194607749171593331736955186910401623812744787814446

790995984509901053973220330122354397452852806408067098883868408351
718184902111978975948367250968429392800476494546537946975983859111
398233901221938668914920108153577655224985657030940585193956819971
716913535798408442670865407506989888338481665595489766925006714758
544033539618451644357487408115325880692324094715554442231033795113
769567046232793922500077060251195800194298864421164216203293140770
529395453925069181014750252623128759383990698359456990848167384093
955059249406058484470183722467320659109290945366394074141053343040
514502750499462644329951627531939749277236991857180243250799244045
555336978233413544326413425602063534300103899816042902921755320543
225046500291943416861404988785866881192070395289531934433348717682
417009989628593525424024107011846217659417522681368308188317652004
873857580296610179710895491275709470464897591296390072546671883421
476051301678264034091471201256025988375132433358441316971717674156
298594784580778851144642550591602727005681921113662696628125535583
403316878555469027746585733590816615421952513661743120063293794206
013065430175825982394689564946481165450553906244627254065254794795
202197014187800429113578500414996903535046288141803055144704499175
031501956600588112127833344967473201244480323448024153937681096744
824582413120485907926814145974066673446850306102774783160416556876
227852468750588825171361852564847224279604285954702104738132988579
645354053576036973158893684191653690320230573683608670042679093624
237967845317563212051492251376478156174169456104165412438375948739
909315927447598323505973749567681311054718472793541665153955794820
362896787734857976297545025441801559358908543898442226030486401243
180396383788852767733701920629028454515970255812025043610060011125
319444268790167726373227858416007199339131855994090743107954185932
621994638931760012279905378934192650360136816054685643295503601957
337999016863389975288937272342157545015704697697202051521352937362
952429688827481412520481166507085136929208037956325142566908780256
343234295874334038821361674967864041557674944676026052820412892879
628482857587523410718055935703665304323491312090795941063570084350
342194226276494783656407869698085545420817401207858828848210566140
217302735522770668885007810411215480461614178499741653525049361357
947766227847159861247647600472289601309415099091662467221849188974
344671215974372233254992960497707263021391730654417298027959803490
840839686891586176939958580347407098605528534254037507350962928456
037058606868404951942318169717076155671045845172413619222026430537
540284431191938280483365319214933209220725472825065804042521016967
359626504966510734195867456887967174884182139326171165793629313370
387756521589087924527623587342024254231401524493346031622783082427
011737851453990421333347225086770167243572991226528039387257124032
309222295379682964642162127852153796011366273030940788449589057703
566527792938063646821361177692949519022001346739198097790273003482
861198134845463779127723892866141978520302716583638921538903853664
948761237706457032302558028619295867235032826276888977261012657477
494944808265711747239747566280525518589825672298259283222313873588
459157106065856948550588358744321690464548886033413348131066118488
250000701606405133755231889537465046094799207300082263935640931044
279574906637801196453960794266006269733429252461764386004407217669
508649692683910010884208965210974673506346859622655832839125235456
452729877662007622203714877325370704001555288259701022752801596943
408996250679537235477539996959101123697585691772029656736106129758
080507738874803378381619044645006748305613803852782136034745596011
810127885279555848742099570997532337998426996954892090174196616941
824986930484000101744767276546513339657430642198365336599628086516
296860350015897647564510877620726829637388670207028515396419092401
614282365516240296506535725876651924647115358108712955393398540699
410330023306345798553106552368966113255923134596483291185676723039
876588976877497018479899760512188132346326165330263812386365977796

```
74033218196650540961237063293716393797098273098580710232572012 7774
66350089759975104880602383527650773792309294417805333322727796 5774
31198584012256682418802192089628319963930036038411146713369697 6928
83934484912602643489065656225866057754305087290995914211323424 7415
74521721099726489807368890170132471888351212088296396370612147 7926
61230055051710298455668792986382063016098973104006337670839080 5125
45036901493804379108248508281594436013584745840929625587151841 2176
34410197320044553719129215488827160303317100705888096860077741 7400
45533448000790761133472081969235273640713238527458709819672647 5975
12236925439442477598890292096224000368959283427301680829481082 2831
01985970282376390800208691203359588971802640208471924301693547 3303
65414618962400317081137392230856016735056262924146462893386205 0330
55220097953895938353631809795599770868836357012687031453198018 1206
25451641006511812169083352150679494164517304039595720468002672 9505
89025515141865466113840656821372738009284426725892776147582143 2159
08383810832568820002777155534894374767130225141950601038921389 6395
66902931314889239914268584159991742826682730540397745142831895 2646
22936671448449573864029146761229775001810461727959065065756513 3276
38101661904781758664456657695214865018768561026425419731126410 0545
32930068397674707313336359184429131422989410803443536056456635 829
40485048733170982324017271144748972770359568190632029118210423 2616
50595565782133323546654482884359061766605790588614248813346357 7650
59041466892885776440329177042461715391943797856251580795148477 9669
47482140233074678464139784662835425038623548630992643480410294 4456
73529698760460906381780965306982690386734440883538016719939368 9207
79404685751838151236544728684016704027075884547372561953243413 4485
26099035571020650586790851913797158621449539849840235004112363 5368
07838130275069181546173573824762475760832100962363685586976297 7870
09534556587139739863244630913294204273696242535023487897534355 1932
81478565836126483249809219652251694822665983111598350229169131 9168
50076727220371364227407961799788103712048285960031433268431416 8446
96125836521370349961702947067338352949219384325563207785965014 5932
17593049923157358111716202990181011608029125973653269974899357 8117
89092645393769510696083563696466690863213326136941880295444272 5957
03675842780334963440157413676706481520914742337818101330420947 7479
60303128191424549248893170607343512334157541582399186191500948 7681
27069366407693256848703525658962619484927155667168903936579822 6017
00006518618441565938121779857173558044091560759868291572597522 7205
39344098210181778912284306859228294906958965336979663693350967 5093
56641681005301021805899184428308454417751614746804142896154454 3952
32909010580009309436525991080119714002351839451339612134964138 1946
88898001976120071442328497455191597135213671725907974310079925 6777
86269310582770500792732805721913026425862762543822644725639831 7579
67216060873772270700021138363447042683627578086491383591440275 1480
43459289812203454797338530174518036472948348418089340890975449 2306
22418396212568707815284887155951992949165577042825219296362835 0056
23329567534098433775982043055172747143946563361678752740742876 2750
43174545445702040240125297616443664977189331182357443858658311 5314
89950580802950206764435359448511681279140813996657873229884931 8213
99923828901845337294565241034844143455640782713146255947594802 4849
35839792424234164818170162108562951085686086285448829806466118 3419
36586457632109904168712029069324966634820415991689866437980848 440
03141342322172181658847264012343567125585245105816930728465691 77314
29130531247189440396949896369974477897648609233072266451704562 537
18186127303584059545163664895610437330073771272279200156567995 3780
31247205974297131412981259416770308527181005745430412395587546 4065
96032691194609795151344882808084731373454445112298739309065885 3204
45896148932905793045215817522399088952879387755318810699658799 3204
33970534899989869820876737494326583649972154485526774996576967 79353
28274695651315773542066508298180688581935115127233827093691596 3092
```

626219846068117989951037772265383401890711111988867376398054469146
749241853019378628912764358199547234052453122115015587142011411374
972171926059633275477219118436855933995321993692122068219052716822
095132194104553921005906743148571423144596303171710005924264004820
075398286689754117734731085931393315018379984922641585469514666941
537005433593796461143682055312126651162727692102387308636872620555
056729294175313712034779625567845049020940257675630584297124679994
304462305910173994192049501943426578201385854063888319578434163691
881222433892383511437432883462883595907460577093781626611997342538
515516976845985028460355924847783918179869129025446416990685428988
369319611820644335057368707024281107021668172609320522435330267075
330569203332144651770638887253973735002715832329020543641761557879
085806111808583975848034858108796594902028440332698850788850410604
672230917125477633977136857230612434938985699150256722605084129723
699970048392506065620409189695263786967879803920141504828737905887
625657805500052429062734639623756230546791186200016356041989949795
626243092720912329923575466535776989381703079170253241509891565875
027238224940862156000769560611069741126894968554710425651673417186
059523844231724877377084623877721935512792005988923699722841500482
610432480774786559920699753975746365037944496983631750873754505132
472644874827536230606079661522867469725935675153815751495225657599
421353878330715213388381287838596037372995200109160533583875276449
747619863581621253122815018129059839530148245254145574545262127381
885733231339284639793564081420269729234901283920258090514912618390
906750618845319753370206406122943044442758050647791597493365734015
339263976276739633362483322935744401188083111694414879316900697748
885393537311971733089583966445515230348245081242841627931494543223
205893191788683058699595031220355252145614461188442169245705154832
939161261219998275052503305171366608942296293255619945879443903189
766309448455165753456256105795921957555359998441224232884314397725
555958907552584226814519448694512285358663934964649098196986520872
113445009148281457558896903663268049131667566111853210320177805664
342025323463114769427879123138663541738735869573361867860645304827
579405181477872073398079262030087268701511853615188168418795676731
617434116506188815262474576233473830652344600733726228171628892185
389951283704231099726832482404689760712610772927673866748536052121
083544264424083467489072612198320813136625128579209379349447984214
552980992310200945678628515943352641373642988620518419904448524221
430654756041892908368828175977533710879452379170489687389963754793
010585835172162411226776712816184744797544675782426325662088509939
746700673107641466803593880997829686113982143375452054224394455515
224552411056742885069938844911618051341338082989463119569447115919
178977868408695885361336146527206843346712801595432484005956746431
602133261804902254657602752851258884732021328612246580728483709911
817719811773403031426485356570075858771919282402433018024448942578
482779944695929559722124686067773104118884920334593870423153518023
312228985835825570094218328111558982401209927111698284398706944918
607585253268227202446492889602729069181724346832639982371358042621
246086461059718333990048700475041870496511020493535511469207023282
048589042226899632951558786733716744567250759453855233688913964583
988114356965079275107257281829764258785749466611879578974777334633
593885187835534331579534262954798672435808781701369543041199621598
530392188256376874633299673717884953240628946913889665400486312210
381412366007866704528294561530739712384090584763012937312644259673
745168454523282008773190861606616271104375700363753673287387457040
863711790281599999873446044400209637492980307952133439651092592285
975378753804199090126922508374912552078612628829964493775148661308
788030494559367121811952027914598237442990214066967678758261784857
116370525876411017960190069423464105233600671725615398987065067778
754696715036601334187186975008674356777142058842287072890477013587

751344553726974710256893593773887124243541246828656182201589500573
631487470845946145918615162037729287750443524204805449123010668298
046926130094812295766751972773606190902617796658699006909766421389
875762438801429139484763447968088815601346682124774340541487782563
092648473503800575923233140044874294870719979705193242255656045511
091823454935700077035565318459784468147965138218115307726305488752
885084251997308380549931262272877356773415628399881469811212593946
259466798569049551413395063484292114082029588551667216821080564298
245324207780699856528831113283313105423047597826912011213851120672
500872789053347204191642846823949056926061337253510590190971168537
011742349556211827112742555700022702113375156849487386854047616041
138270629785480152691116348168685282562314690982263659384134633444
245444171704975597607839773388852552457161217007807956310666737630
585344071914419759822295902836867509851881258337629363683665510998
461565760457789663513733822674582296800171795937627401806167784902
286116017064064847070438886436602221558180176298784121234539270109
320057755406705175741482554687565138497808846429901514413955136600
628113485654254210687663936392587950136235304439716895383783140839
391077509927909304861533640183984476834640253857687815201939752103
253627594811855788996527273436745764555848458477735005842599763092
547561143209824753436091481611774006059223825527519256633348828676
747120784622837671010162369029436466046792250758536810600328446711
188370760014005975849373630863654333741977367755246992586530502773
502666067141915566668646878865798222090189527883331670124261697490
943007737299523804441494949090278353108664448923772137490068192050
314176278658721555948364983867336045039915322558971903192823945475
847971318704837628351041325911059427275780767619084740061138803007
285160895891924096067791122362306539620512979347521229589961764351
693534945300471531848636684132438940095253986326520044771178924283
201037798653472199045728454158518159840872861693013221494059219286
879970979419002137531003258316664068467022616028659003864356255053
547960719371366172732287964570140250993050279146425178616834860501
298537048289185601677357776054977918586432126576532854221674586247
820858029502512745489887621701578417986064809125258689880024112785
222192162068347169316756264167414289405287129458084848157356489635
507657892427024622932995829882391184588896203324279269477664825498
204052593775196216529901268728734439090539366787590081114846472765
877896976100319210269910132162062301012710045371083150638065635340
568681262174115849339398477967994948521874968227422723906588455097
783877554699570618012485665729931806079393161804359009347873336456
282811286843127064221111488812324277047497437527979413888105075124
775700543972794338828801303865815140172361378687501563559353615878
104933384615806387257121693321983303131412733546547559823902593587
877522905026873077701209078485266594613816513423351252932681789229
723762157033945074217211595658737759824570525977916214918557876911
508147327312575422747161655592484184842005625540213971992969941053
902136481835014852913121891424936718303772420865713793625397625519
597636158798322844373997357370356219297593867608375288539267280921
863971750963604378110390771663138879953291831958949385922443203860
685237945672032888003768669511893357847151657089703741030945086774
971234935183476741378130121760427899365338536330371747799023255937
310374797457884886705351914855496977403274368623829530490199277539
629589093182023949405653634887637203041965443859987526787138414954
684265289471620317083400036608826324009168944655531719537876534741
119669664145039337663273022670497547035100982409230193423882938232
147972297058261305081557518190626385067224341422002236244316687167
144039503432143823883557088057336724805709564329970545677799327598
711558653323288921565324814720261799370076976486359291853435002067
636323139456947225139330769377498300753416939815966644620500913645
446488833444141314552021266080747179803414725149231989737306203672

375417022536593464041888046209337465581894287471076107615179014654
270581140373763583598308878773919638189029751464541547507518095416
232143083811067263490569633598104404585108904360087526958418208072
592527621453444569729259187580226030849945118767846551358390813469
785827939550861364203028683618534357428971306494816456517216609361
660827809028761383265584227133303099910750459526790038051658825192
945961749929757064993025502122226550389388666936111027054329119601
081699282383329051233594538756062341259761631719241646217107796923
478304191894587056232420546617002154080579868302319460379844552246
917524750145021126829317244453165402226261775921542670332909403493
148966654007655730238445952940851114827279003853411956057854877165
354975387731149283095530706324970232586873207074139142949914726976
109660468788723341432309957169100477941192005743877857653029103793
689140307619712004478181786973492407879103723224392454928811078543
975498371864102365049117614464077374892303450348837494023509384012
173014909671418997856055063700329516054601472207383944013497232842
950684192960911396491806168737927113664481040610405257586205327060
036283922881916674708525626673039493848468767015715461156482490717
013890041494193962556246462227078200734043324672236046243714461142
356716689910569421707637189094292922456021875528657514688363583494
305503287634446254482099543250400988046025068669700332694633145583
171527961976246208001895426334430564414481721536790138970516434914
431287337628196396949016893462816990167358629371844462871864444801
699854670980385420478216385743947548191023469484254860166330198087
118368729800561059245542072886772323957316861085916483932358548407
615833949210922370242209630511302368743532847642153127218710813030
665385474424511302057281812397607654219548837224165106784670512829
447287500338037067982915293373958284880238788249306754639273720996
578011194574919458952068732234652449879917973192366052633276456286
453991286097920296146906279602583066802496315703824003929991103013
510620070289227683167238680144167141831320918630718166845362795085
240149343602155340445944265896704648868928622294577432714505480588
457283111394268092530801058452759639910355727390964428392869963855
879450627209202566135916987108392839080523486939292282994029709677
483847591101613412920657066601971529821090011247223910593065846220
888149704775321413124375059070994158311933311488449259036698763968
383954306900316139574134564273113928406980734999841782873685550085
645104275588430911486477777812954186477139332959577065984829045952
284387251043960330603029602325923025086282857327800038269846181052
930107467354117408142105897332198808699106661388725052310210346916
321950507024036878482549405294160978965392437866213867374882384561
422627213144635561205703665806515405901640080526268931684168593759
616140782112028922657160008809764265096227310886484356188161895857
684492746667766330455640943232341149337675498562237283475249285210
149588154434591495176730214842495387174381845900798564599968122468
839668259995058693633867005719566979199644091098932924558853238401
014987528993029089655811615333631749071670874317500776218214285669
859298286729938260715713221302303139343518168342349825196315234693
398860490189905687610636274315129009437987678887776366231339651111
283074354447118981436044592782669213820877967122544113185764922771
315841409406619911163556483467410191530645371608572275660923081302
055830489187128110473891267106543160219527500516557140323932589135
206415275411356171073060985553921331785384767727496244936707655750
133576329719344918342528714658072757771118420584749302827694605919
603066319791033931255662717949236115702003604658471082597240864139
798937378721261392473728527863678298906919790872263276463896826110
524478312962338137276137380194776891643111097101623483722459492546
552411065184008646414652322467936257381807801436491053882101118129
356704183199360712062768163442581576077393896003866979218827359632
036300741908728774164905652879511206425995928801915064324365030609

```
242444851923878819203469821596262857413509936020389287402126816050
761512986249075663281746356538274932731870312868017769391387254113
387624659550014381450170998932671488962205692380238556657324807108
864802749098987135521145473436564744524080651454795588216783331642
208934082550715993213000244634442817477858930427383500555314205237
593879256551591015659704360507859617798974694400874113772179369 33
992421526664887960316031796662650620614263818569139403960606438 8375
935858378463990441062704209733701602731308449382771102530744974243
452381626587997919332477971361468255345095121891581935089936535864
865157379885616365304201400871315376311759818785842494677100137846
607706151279701090048172636646024123239042650278833906579008049863
477266407405067247547573344368117096051815389910907262337088547565
354893812835431464156212438324395941339186775437445354268995609915
418939065874871334520440107206269319781879322293198089075019008013
815769819166508641104389385255484700672151581525092231928543671062
640730495505824326271256703634364762106669935854616067417372529671
275660797509529615926096120354970769357084816301215035832988013792
224455776597734421742697621885420209265661782766529872428262916534
934378544272322475531311966239439724391957484654404608698820473054
867274019570385267689352748142002115676830238550999426678590782385
606010491526874137525778293785031424510534511431032374560145056059
086797228200648222403981440260476164691363400441805373308919517231
509982810369515597926732505529462119278728183910936030009933999283
857980309888346558800156727116410917154610430758134772510668038058
934798964182026627218885295272881736879948536581397633344537431277
774357829553517547822562312639990869205929775270376103945382624858
333023293065917836116119024875524186335328454045130848968387693636
827389672560221196408321221693801474898703597371652888587086495348
748766880006809609874782238544009509883409161540636762250494156126
329519263134573203663622717828917597040030424418772834965416287159
372132631975620808318647207226521754947436756635803894716635981326
906931646801836233003484094210158268295153001966407338849213705893
859609200842389996924917669201150067918046533762559389178422015659
755312368527871271070962821136560367634648332331128413724245316100
181824544158850024390673112370768899675212970675041162786200416865
311322548588398440967654056300915033722755379566574974163794734922
486144211356137261620405459650594808449381284113204848633711192201
324064783708139261194594869273106468379217729576075311289150238706
591658277045634035628787325571215939879725009603645512870234793741
645714504698040809991734577889599026771746706321184944036870684107
564734453015108067508419942032239103756751209588737435923721913108
839791570550994360314281715562897171420014423351400761441651875811
121951057769749660332928207121257415649531570867089698105436525844
918647327304122603186693473481407128343277073204639505031038441250
130676583505943728936447590117715518706036550342721661448638756629
511546235401878714626634189846375820626477491175621127356844678074
424043275567119168273446694114047782580551380311305360655675 27554
103333041962127110621035417589220644787939252221159714574974915567
414089741732988899058336436805825620316272148526835067188378604000
863892589033850283743078871371081664191050940051524132071826988755
924805495135101967896696463397256047512935080213935397920129771889
473544291189041480086363440225096369442363934896189800464089835766
212291548935877092733510851138612661429992464243590597893144210322
098288569705833635601234099214534795783230133759681041465266015210
093927435593227952442553013703620415610042419598608406139270335410
735434006252045633299892805430614838823536534252358071003893231605
854691630761985109515287052387531861268385072392998741553809306851
534551552533284184966102761914675040714631351705305288035419425560
303067011913004471358675464496475415497508503815544384030856160117
081505346878218400480551805444179808696573397351735646390878976087
```

299733868703870385069176289928961332415738546163320553537003503052
899958618151442677115164286428357869657428895568599889992883611411
929421000790621865240492339437145108376424233854265824400866981470
086570759997412336403870346002237757482120509305874636318768011968
144314663880616024056632473777168572740211560895636420841168522765
674964292893977414662394104754511467555736790695411864644115114949
025888914750145249954729418383940109618809637159569650704554780224
014378686636939548110121442467493620785935691997710075325239021402
663221366377517772617172568214133836899846027950384239563984348431
109223848746741356389009972324997968078363652965442721364058282946
918187063308329281662632216019235403217627253506032940597704393617
742542690045382334436298972505667736513346008337071149974094079613
541963068818390670916760034097941624949803118708218586401443752663
808453178309511804328729468381882554208375454770168299455298243415
031427128586402927945841782582203160882958025363372386923569989472
675781207466294130465544026115987505645866914010183205266254946208
836286946514703878374197051951547125339451025034241314463031428262
941350053469608147097715390093570731591291626153877912639061169689
542581722796592299896766763688213577202873456201910996509903446644
925661788661368542829353394547736717371698953124196639226668363226
490423070579161215363474835676531612521164201095143707330520742593
996022025067676218897268895383049089638398106243214119257581660823
172555957207878496937505360452338798489113004693412285896535817462
433856862952999260259195004861004834957506523543305161519907328141
072464458372617812478675798778172194318631564793028721981651825359
493114454382883773600636449400987513542161843878596687480547170246
937122320365555634956670660570469697908146493943488902944725223328
275937526756816988835367125924611981005059503089253010711412663511
581601008152544845279227582714417820005900070728921663420746939972
765684933591491176082584138788540214124263905594442631332252838209
385520250330204467781500586286976852338399552796544823790414209557
630452177690632964170059792606934950800980422944490177054155555028
950080005113498937937028554125836442797306669129447837212667369652
353414207415673580888986512657739050101445243805549870948581445299
253988185297483166424330913536302804451211361180987168443149654766
681709386009018635864558890618814573660419543577275712739703110378
243253249503745589686030354690598045800905248052194751520652219263
580967819876566528951863094400132088571842769425153092667310354294
661072422642012417328124982734024471508893831097993799104191823362
760421232957120966489800441958144366626135667883844511635641210502
634991212373097510465036719484795801815756801864569611752860748748
706853045846984366064462651375659406794170630353795190395608929318
799334451539792106751859809749567339332814242220908104274547711587
760765878308609022029819679367422139756235343935480852579199846024
451450210139506819100753691818502346618664411019730441241908581028
592706457100876253638318638827314817878485046137842627353996844733
104327977555077361011654858961873856771819073134993538629615963029
905531295446134362263921716597956177390604440787507813754945211973
208478302763224798595456590555972379298056798288462477745031982125
326002723762738858202259871195150473447408908100214612208681652785
325032109973907089144542968791040634789063732355993282192137909935
716303107425377644524774881006706458813312053552738805715080858039
614691685116704240955588373493909588361182387348111589413513835293
078054067216557532640036939135084286736053291648090977893707678999
131288823496433142785435811801958492828753772545043183137753941016
461798268382531938115361916613172792805181395072679726871242890187
225076988464052596199163059247473463578164462584460739916830221792
926319031452664823790440943089391638579328364082214116261871962923
954843267499322484787543274961903554684886695745587239227025492415
603145538523835263508087523897301290709651288195785945165578160533

372782250384075401639348629865270314015907385889723535117042853138
424078503497352314654863100678526005215952814535083409330083904132
756577588672134490636402881732120192091357497333251704692219415001
144713269063552369796506095619514156658921390896624970432352828991
298050245126550646762131164362638879059706099788704131651884837060
488873005074786018889786672309118839311397065833302349621339728204
962186886162200940297090167685838620504649347813452249484783613055
140754395306043324658841839488556171861541893350376978471481878707
861852009396048662631159963019876765459325782053565286401082972451
369529098410908715489096308511017985549881918300839464500105304448
525482104109706908319100125811964904931430657358074492298979006460
713249997840973064838157604587257067354293213405977888986237058552
172372052056143500473157313501598234350726893415340602708378476532
675793464801910488308685467770611171458649509076620849504701685425
522710889373356784730209798472986028550216365546289580385076683886
766770022293816221494634697935735488963342068079540103477113287395
702090657532461445512500710373049125346262226777757242596072807298
481380996573893077709645518059552440606976380707282773800739929665
723916997901790484538398772684135340772759911540102065939534115201
429207990657805550524391062456472669508160166940521470513528271635
119446311241414226604370034965059326393604089572386378302467738004
113798401473263610012634311263901409243754773178135531349962015973
068489437745662697805643005025511842706828816995640996773071371794
076298295654410357615196833086585390871098908572158514893979334011
393716377392947876781367077659768715495470475543397450844593525770
360187091449084343002556657590746227491817861484622443653505112916
087818738017266940366518391277161614277856012970306041944802636057
144062848820903049100874609890764550275173388819318879857480311682
930965594050197791408366431363839136360657430412976718754288687736
370018617848937995736892537595010323245546710330777418617765122150
757854850156006004604038088217679161339588881534853905368358356573
390241123654233976580885456737483050504020425584747888979290739954
188267225664515599934978992800888484958149401181152115527508941684
054976831715849911517342609772250120153393846598719058258228680581
337546183045434405978344515414835468122506451978577597618036886858
913232088331224798880732602522465987976871020397812344751824793667
684366929965814654090887823084106118409288968160071712549517908365
048854719991879976444479088555317371564463965633215036771533530063
880269511300620641248805912355313294397187124976789814680123049044
248294824536796577443839202390756453322067763543853879465711591288
967022701643680709817241698280145657072147598669858065170022191594
666549407141017339115490121352471352786312388148766142720132064222
524548421187180105785237504792361380061458729999350993143642905906
165159387048755156102905017525790236236480539154631958686723847892
037566923129155651355379091575744539779840678827873704504373117828
571058708693260059714821857029844574434463623395618523427676912525
342920269065497877383322871342775826987537430368613247671333377253
498843062125308614887453701587917321644809103887259668227305918358
451756614873025344364318290838208660163042706369280711195499400761
984041535415932932349526793760399350014811985997776804603514098812
881682743211203127555326359119596819317604370002233957772278227896
767767542937471756655703237166465325218413676353978637981152544169
193604166664217440141349349640942839724862617069048210774657463946
808337682164782055589093550852946100291851793044907705587256255377
572120524897879291479336006146936784623649990755512473514853196373
285871566229159881873314976325785177210948254087129953767935276586
937432121237834116756743306492303680458717490378909996726513749270
382954481530318183224241723089144736716902447169911245337722323139
072122684696234389961354256846237270205169150415523650394954013907
067919629402418703430548422048936039388770140133666482029358100390

207613117976263199869407596628098517998192357168172972795817297158
416519480847797554233461881233753825476519793865967656046944806883
586750927561765524097327144335577689997899094547512072958624637837
180873660206561399449338936801773622772537274642739151213198741058
968148752877422614083367653017460407322651837766004260903336597167
693360292202099770197681756480137965379521830735628737916911538739
615486325857127181750951633648710399132704274165470535154858496545
944443528680125665217495269796913899454531037433079246751429804456
629705049788153075164147463982117405779962995514553087414799551817
186674764309200795479585327263659021871299408679299762465457086842
347330015326249530254764736907456509761210322718351676039871020189
782773679187241159253927019128950824348351148722907761179822674334
357669794073606038289124694231304835992765126630421654535217633212
786632332597120583836662754678387659214066996938081519909567181314
592623081221640039853298815465827207563118613016786301873368547939
077258856536843319856528061877165640640846005626819437737589959596
198806979288224445710779753720512351399670103414542665571714263979
042746749977503517188490284200084733689560447914987590301979425422
659962421944501798290665007299736698795587021362020825679895029487
092063242012672117319121447994926500569557598554609723990180436327
544324219025587245267365341472201985428975429545465159208862602699
271402296804771226844822860989339142079704235511465029560416491740
348805791442102730784348601012685703348872738704969788724282471511
588138618594251966864502153635314878908810201023670060412897255999
746930825924838703806414163771616677309365770204873195255476282537
537605410382103036799618590529537082179071010419851110571682302421
803853993714831094595966717979011978696655426422819445692458900456
902223334892709684887032767000771761070524550371096015300654602984
905100701031103481079918586367258432140180822748068385084131042054
798377461387968365793473608309863291445475111770251738009156266159
883824566487307239510561175599059161717761634579857362303461525979
635184347594293467605287016991404527432926437584041684646719079200
031184954786292240125737508509044476430044953252862107310360395917
374505424098004527877555808186082779803858738180072531557207586439
895125742954174625026978149499636329610129514565855942170953069822
972518900483169484363582567231574482954000847019582449163817456772
878321734944629757566106281040323490194458043663016368545664023985
395880213575199932095673198750858769084160072404742376180115832820
526504623816390113297207037717681896765277246489196766746120925390
368052034069104235302393559702428605722504681752252854587718993414
808896113738640905887112360779404531924235941028098759991840623606
946615166883678046588222749184193158014919031819169880288848734803
044062308965329547605850832150800124035329200049351644618245658975
413222432556732180264056143618541761808396295144217178837720679560
411815942080332517943698225110085149020959715706151062623013297196
702890508625012629234722523269517928634792796949413410000842336469
534969248712664157192437460954280475262673436589181707702917214571
376881255410331735148294688198900791870226573601870738468164914369
998710698460019168909659372024188504797243572837638913875275313600
298245893185888769256121988251672940271416627411010905705167040440
240807140649882882985695919734610437733101144769147526291069885382
513703853578097465390477906725501646780336018167932988743147163098
648057947836254965783376417688679087983527460233567625001817865629
403176703662737302309237265015031869264107697468858684374140692621
716434662553291614629553325918200918687796526137256435633065693032
800057156543535809233076565795772013063193887579325708692442805146
587176897430006920533072203251388620140979782370094896330559785585
878493114238313860039017378617552209062356810032937440853412640038
781539652055167556863904484472350354176691754806153804641474445076
554838518994926417248338171650941634908813494551211465536997899514

514123030136483088655984334157677830306407650999291375965937732852
848900951058617801653632638360346033958091117832929313860201356560
139025057986284551478390706340714849145416133152458876422831010556
006227771410782662538967036056454819731775310733683758903516050091
536723613251381280187161193079201225835976438373037059211705425795
342335819801531851512604294898262010078592403169382803396047268025
850129324956056042463864006433321674827839722136051484026868059994
282735984112876088411089350780405085800613234373880083980984059005
429303017718380077519028171052596650391779096019083197492602320356
029168492700346547031505700489377556371112640943415616715755224149
500162735696767253721992997363102773975492830266662742632525460584
033687460373253212936619174796400455063838863938982948236983787509
245339778243178751971179847431936368164143014727051314058620572133
494425048536528260864446164422843850298557364319120633565493935605
282227513765833007498595305187291795382470946042298507110141679017
855558776489838261080439307310600452159165787308095907827632988056
064229232120232077855561531050450270731776024483138549340474379703
990426472194245081810695586486573927624178613863402401106041352026
402662727135022116124838758540952400872014214462003929370583436197
576481019267736340022154316600814160611606409952708962292182885930
991787560903171083557497351817308836315172918737386698062090547024
289635589233454592571183695513439603353613464486035196493890255279
396853650534027981286803044996293254654711754305876107969995472343
611613493541234088929457834056858566597253673176557256497694857133
054142273797582984878705336243101326395879860008655569101460056343
697818915923790484504172272211386176827208260163149345105317896230
034308562997973575201294229120391135746597393937081862784548327039
849487109509873607449216379654270600143612989064171600578857760733
042307674963549648599293139697135128483938233910949167588127609318
503436730019811259069796487490901250549746976828472000553837348241
411931946144035624003740911007021800262208954655465412745127067062
169714158728110866892283179740356698924610404876326200621906771333
627520401636770973844571534830495891916508809275590114017100518575
248121483504767085020112920564624109509701245676160173843285733272
082773188172306247453368386893615738339752968578025025033317197237
773991740399857825983521179543913002740409667091053284265071339805
230340014103416831698768638549554703951339378965439153850025036567
010030672218112617115715652431966179249286065748786228769724774200
779128836498967094983038864172813042358981119278282474825746911017
632630117113528812801038314324802813493684523986741331047795742368
355088755495752734885269651357615831493756710070034901352776049566
457901416645319959574974469904335987971996950532065535025954725119
525724480804009247760329669175706463163447530864685474801740459102
398530145544357791297359610903939709449797803870632953189898664247
359223668789143745559594694968069281187299469127784323704933772982
719772601713197095363315172659040397132878904056511964061802291427
136220442007053539697287187384030654689749771293566238982663862780
082681900471412422003154158250170198907990430390291849927767740231
149383515996132359915896028897527030394581548554686058925716687784
365599773020685427333836251795736435488710764330866849761643393595
832018354245360808482085732918191056364111745463879494518834943082
316284773978565207368969334325050250436900909851852888749279872947
282241015695303879640216684095715413326539361378451395527352942070
203087005459922745754523678873686946530890764964283904057658095229
327706620352520332187582701937202329146321104395636163450956902557
655681605356623516437808930696373287785381023284864626846687266325
698198360245534746345397303483817702775174023146485590687136362666
347792755931475900447884862052529926428599587241086470392659387016
740293072075223624763013717247798201345514618159578089178901272700
189166373095118427306152744669942657918888891004820762432551044813

147161553425124889471171414604274991283651157749220077079472598609
864961859113433296317553943351109304512895075736306266424621427808
791690166672347976788105603255886001036023066865884136930226697399
430491456042174685451712842941904983586549824881549289230213551329
325156730699100312584637670123844499518775598994218928084451700782
150373470241370410190901850072082058227262399872123807410197388023
939320585419615743863954886476480466406836821662162955090624672992
775498684792551449284507062165229807118061373068357835524421515870
422601289795491552231355128311452666922735734568074852693886830072
796091432020066141139042393865249370363161112216201292765784105377
312417069744162566703894475617282362956728431447731529433667004278
779017769427383111105590067980832107160918994198885070821162027885
238137013430658509442719275185537325672811919014776236383593558281
781177304166418054530456309784513633613809163470387909675554130107
370809866501973664840305250816943191284395646243715392885266696593
499359834180899748408463777424935113128211615742306853178548949360
705628193469437595499671729825850161001502467657841264221268221765
810910112900395628255611433189951645027024833070074755365407224760
262499023610504532330971467113281597996394334718527991215948051590
607304460623637463418896767032921495615344057825666281602800564492
322762233867311277572709870836544166101848142293353298882649211164
909100874369492168360208203466962529265862059184814125271583891869
303912908127024087291592662803975635633439945431421946162354273813
128752681409561487222455045893581750891140628560610281735781110743
986723112233210599412011972123618067591235467940114002635456984348
126709828026043262759366462123313236210893887124780811461307482838
181658344471904722053312246444863743218989621364414870313744351120
251040444217457840740750928115230874323846656284788766741761459597
125297529715181445132249752673847133725359611551635231386203197159
001722842925006932912305231587329029518455372615479891401699958467
669851090940081326691061250819355809736662819965419358446577407688
916309688230499679153080053534242772928140157618746775718231907365
909358743689564448461517624470046686961235922362111473849243664971
358334947205788427386165462785205476955166259824191066110441350387
982279380557373590330159081992929793994801333358747767559226766259
739322113821151996583517747144445726168731589032525087068732193733
677509612273757286805492797339729054554564543608995091117313855870
591755142294885228510500108373460856579002954811866296182999787606
729790875200945937054894935990656975953523161899112293117458166034
471110553799753159590717722372898353414042145978916556963112381547
011670117223067482057906137809190891639942099682490067560964980357
200758983526177600910716763709719138891281835797212487435420568516
923556588624595104782466107283546185405634073552518831575863576215
164887393223903065517142613899717968324292885827070095269054733061
473784911165024851309454509126033053054973964434917048099061678844
625676786200773007712326096753829059304729360896612513353445636132
790760315976586159010158844054608625933064795264633779187942252900
217184565550248807216842935467374902928722019069086554503960955292
597637953437889442499420480601339392428714034728201489838762102088
301065499180264817098484537978590525286861143160162525753458436533
827492420519439210229062300460736586549746292237700700474505994846
662675221907297074328758598469907092817466799344686523053864299213
971370808392743767312183083182945123864191947505726340073506389246
918271184058477639034550508796999883330044098791860721846535780146
828560841962813542334891143747396943635347856423691726297899542127
015533263284325723687501872945754964382026442431741152678939600707
6848388601546355279893667582152343945023868109317982749075824869
622360611767111890871804342058292895506492775928982028552540268818
878592213177126118964115876216388284590901389318309486408786619308
170867966760211575690064200651397502604646116302603605974333875754

9332953808223886183182468742654563055376015258463544421723037825491058534672711364779057972689037224033210258380759191227952438040933650725978775930909263385950083211823334150734440958536561843912342230320604898687760077111217146029396636883939671915386594731545287268963341648556369428116381153348472283132434481313929943455151930155898359570555859290007466799426361167921449154595219617372012958302251334170171951388708499010207603969241179493394755469467117645291421402556429703764404347259928659736662617346278654001493860392347932772881771137285170274148919217050779710656543029547368531518783357495349280423880578899354027744908847869712419138483130690573335950857181854096095130623235719826584874883179688563594525853904539388313443339029461468269873609180343869752816571573431212707033289791020684143470640257935011198243040907296186077415870796486167070584835028488167475387359956826856533564731357352229485434638729699798598989177590921499329969262798571252201860931724303460061476118821510714542518473650894279034137423927898874475285520315850231897848079146430232807764041773625393673711196159538202705963144011447876020127384848502076834427714104333622199459626256164107906601151599318668176918371929887916207648005862142895427224208018825936726145413404530935572267842571136771943483103242128016092651821668883105269394184292365902381079339686639259681846778381874280061815511882758206300272408834465354248609466816152093013081564287074344916807501080080990248660378418316968758960404461222731782132897982542722027371135352776767610543987171357936591502174373539890238278509238539012100771109717383826597233632330728886404183175276642610829497099276144377388765109505342607099031130707428445279399819142676244439665879805613047427878132037459035380338235159654812783578259172856014323547135910777618206818790552794502499331738649477429387357791395501356758159581613346858238512307614133274495668846663382696172890440637167571533268853116347093043023363213788723108006945584534526972255513773943264605035213531677701309191680502394414918743604219677208101568191592158883270756691728157325450039099391497124260339887120211295623518589001094344650730686775691141135176241368261569821195568108222259921865051732948026365330247148093175584238050177801641997607273461461909898500089190263171742871451992781697864528510988607875514671418804563066787585393614002815597796274867057623520631067652767847203946921013091281839671054364496445256440547307639476175553098586748905301608487274463014685683718789508661288049944496306534048894477969561267305244834145566247359797396570201203266040329304214631427086153632085282499520314729675652361380959360205483955027586999062785423591534987525231922511716934496551088361374197407404167463496095317988580072463509022046607607876681305136964724072741087387481964224775819307740140727003383821110248650781342596617044707254086945384169946229715456048444868091095495424731432287484812726937367911248640894220137100151054393048260486757649745838295824554767141860779746596621955156249953532899111994066297978107141660491316932302317871350501758804519337573895636661323599386540335632513183523325928500148626797004472894554418220918197501261409602407261652800972037395638040984264462545862860499955219755705030862181063860186403905311582495332587037591072186235859947555890670879220046911777885422670531484004433147775875150199123934825145320923033482899199988345943776205756520809364773622767697043988546371409490012012458599107070264307062406012874558888880533615858843299712328141999512525013882994581496159862096706440683217054822665774989550079431884850492238299552849738959990061025864415001500376190676475627203709205930721485289261812968204016462083979009304028739427240512807647261378296522235571004456970223561069830289021899168808537521414146834701069420292837065652389479870432383852080388119892264304208175010460964756730952609149361483004449741417170943567845087316832871833266949452987436807544218240975

947053404782493898173347424896657770249887705832147565395813252117
338243552536234815475257017247728914262793338972645293343453740161
237251861675209171562049584961946231131031566652196055291478205442
686377485484085521664178969965574614274207208859343201704983826729
503169885056865604465210277069387716734112990176081083508437077511
813386940462361390310224709435849893664205386512403456465690855784
142464428110459331539410568797352720406032720617225207503628646551
294371552276323797440411817185549769677052922220601360759429064233
041403587623965812697049372744237528612825674709867173025556981427
290214868900875289833708319136109211917707255689425045571978109258
535280858012461135455896843480218661013000901468975578569658383603
645065029182802582251135005484391094431855757472821881312816335546
895568632801257920823490692875842103638590181716773761028320915652
616758212001742422653991938100869162421467633815458052756090025771
834464652246989445082662181377355024891987620570701592876996029981
294715414776201516147515909220876890423370791487623510148097300897
517103553487538622423926213366203401868947686123547244011703003189
363168431640028188641489599187929545358166937826836935003180235457
164367589451809062645651348417483820310680554583060867122808239880
812810834805352390077292515609138280501243974516586651654704172711
119643125641331131671139304909830074956519804552401696669300337420
411033579680543853761715349052905168059068694837070131481421784663
481264412510127986373104710017215888066637427484884084081226311802
965810193000307535114361087086550728749208027443034987800727251736
292590550362681184670976430000336463694243860140702294492340822529
751199183923545079638790486210482396016735453178711060406063049914
742455529735142064186656026248945540152936697969772353240979549724
475765709885588179184885855387373318106470353947701265880134979700
548617889723872401933153822569636536378652026211388897384542739785
294836101688928109830764464125641473586561325694850537963797870100
693790618669655222087521049427554661353483123817443143588956662290
155417669327335088287665320833903436391927645172754110771965013156
703721684896170111351572207166661034345833658547597995856447448858
051644910536962256667057863401564603103435068287990600769337235705
622645749426633094635985748500044251048780216489108945503000793393
672017613556029153299789591178362046181200708688315865350046527379
985394341048898760228970515631091731618918201443634174527982980723
173759392751300646573573892090398841936808907534604901897588778017
794234284914356979393931884162263707630888951300934727294788010475
593766641770504047462525442623329668957154820869357833339603670529
059292085210491500484355144966808101926554838740620009146078013901
171718787267573028383534118645716459966929734794442249862237486444
417805912929851578201237503690478166824372770969637137761908699486
118349862650751387743264556041167257579088133538362091223835294467
700882121692826457492264324400704669135220561302271084666961497977
457611664415554434902436489776227382123941709716497782078790484036
254454537041062832227316965954678032555003874273731812320407075748
183036561550804978897266334767981258290356950975511575972395448219
033572300397992227431412859809984077196938291361091574592435214928
796609376864340459787578207602256034490918602368988014718645316706
705500206410662845023528453725915123961171923694303688786793094823
907998503769519520251992774399830917234178427492937877754870450366
207258173925554044566149405523441802417781271077074778684512827355
148583540792119803291370448203862419823875885296517784651900643991
307683395191718558250667354216804904355786507016395167190092616514
246599158245152812840035820112898777016001176401669478528632075650
887163996727188520401224254721884728396966464097232171067618760126
418199457222881524358329194824803186886998513302166341452922765172
309158889206448650242705691800808854941394946535516840966587486264
464762752203751081739064930534359643051286881901684961490638342850

```
8612629430163766290786336726447703021720769246829767958185969 72272
2660468569638104520985436099550407957593747909500622772906782 05638
7179132594522001224616256316344574613488311311587307401805343 87445
7964086641007100658238767475019790164933127352790338168234071 86847
8723497072873882483966899860778187236320548294072104260970370 72730
4095071565582691372461731112328773085175426049499321511099157 152949
8898696654324456537879514941350863819909653411238638987938272 17513
7918401176543965601124271327306174769047770423405544096381857 59825
3444024607246251205669993073841598523801163169331159074250156 39657
5988942043985778839049737916885671412838010123244458402326415 41475
0710124930077264370554705437651844244425022596779997685499828 7234
4764634376672921884244785255072685847300614235789059579653979 45781
5687860616972183333645732545551379890158902563658320758048692 58067
3572016991927191643199409118426643673049573912346998752156210 65297
7150030399729326256422176004621510809557819992724137060306040 38339
4092573023089166037987313806867580951191805064849162770490540 50697
3903748035145877377006788749736309235009170269779162300195374 15929
7564128053597419816840715699962602287894662875040865826886232 82152
1507262158508662960652838368461733707048697059050094449458867 32639
5697012915120391738721577475623866192252808227762868481773621 80675
4316808570508490509393893874901498697998586469186828807296079 40090
9994772237388560455012772678899406338724450046508703958028240 54132
1591513176304326525360378362788086775579334999213685527302874 06602
4022536003311110239298849022145456915509533050377398980639703 17756
7503750557763521863660069025143389817284622021089036907396366 90245
8727155790216151667495455147950178239395538818918043026775937 0562
1972238910943063056102174537510146920644948953144841979889428 28695
1624134270670154377292246056501086506957155031888607213774271 84040
1219770060357610152497031847062493706886460166953555915984018 37700
8180561014752343039096237421876690381094620457446198955123326 02031
2878114906438691250166478712184171860417104374208153257306621 68030
7742735209544882269128736081174559286962540699023428282182725 05939
5202533286861145669170454684329244665577430529345209792486810 14241
4975899660249588057368696921867766007785184602172461266785370 96093
6263733651185869854390174177193280059961759156736366726748114 09080
0980703474709238272071597529284189556545352508125231296733255 74895
0057538855124780075693536437757035571048482769301587449220389 46946
8197342419500500830568925363528982454676147095134860994743540 09212
7412011999706600910849973383929312471311472993835295474964498 12231
4481290485429793646051673362121817908982235708959149526771432 7188
9213980523549899219408973807655378159066080129715037173540388 88857
1846964627038814130397860000100393108386490345825353247331006 78899
0142739772922049764890721650719781697429437012767420516952846 2796
5647246533154210129678212732055480400042285251756295440386698 33688
5521375564177524428615925520708024263125885092103905466770340 80009
6232996852631337471785422860488388418595256551698091775347963 88933
1170907952254979001031375476868821917069604160158152180853901 06704
8232257956981278444784267497331393462105178987697628702533470 6478
7129338884609305183765827108922653124733086085353788558057873 51781
7669707270955365878977362959756928044525433886182137233013630 6801
1746035558883365655850658870405956202835390465790666065667213 06208
4889190710804888090483693416713011681287826774373111765198860 57267
7395625780309054560751197626683466915872002971190280208867329 5043
8689869333967816260917455476719556207371213242309718244349072 3600
2445458322302863589509896604085825194822383377422747563615633 2320
3447308612988722391934921068706265661948175674345865228571723 33588
2493980500799036257840680702719231318776244743598136794623749 67972
4430558332102044203336403929094862008542400129423347222798825 92574
0799066148402160927938082941706006706811034224996903354272632 17523
4100042274348183106684950205885277793974184248682719184690954 16860
```

6226966507439850158548546996496105863130669510934615412725007738 78
8825716466512409973628339496578743816623997266417379196717781061 94
4471130546638165753372983582838173687527749385281657193452952885 96
4720416682003666791085477115955673202293133701257914261437462199 68
9638898386411176621888754756973984406626761226600442603198558544 10
9140098025925859033836013550104925012070736490932744414506167627 20
8656282359616377339410993872211311157596703996611305906569417643 74
1357165725273632231106604334628872248545324425738182445440059675 46
2909064116092390859798299118346775925855053910584016870940285848 78
1388176155999002478522077323397819580375378136771055389862207907 54
6685423516396167218455489454730795375440698398740098343142043949 92
7094292499275604232847079055492132188746462567878070159141817556 86
1946590205802469345534112403206056754299170143137274007283043058 78
0183177235430791136694112668832677717824280219739291234738400860 01
4856058564361075558438843499707982651165267489988211027970785738 465
8126909223084755524613713430246509038818230052967696361345332745 52
2018586335098721272658835957875812540421012365493597315110740221 13
0364407707288891858938295429358975039186351153781531022970569908 59
1995222200871870655577976827292945271336293791483109333028348729 65
7885950389501104783045195979575773823934369587247433573204044976 25
5674177697505076947879166643662802022909118484902074785662880328 67
5551309958851892722988111748823828481782025904515280840551504962 46
5173801242494824704572856949430492152679860898906980481165784739 68
6544994109125669994486852952529814851214514940233558113056905633 32
0523552059632784626247620212643239981060564097143639527158946731 29
6327268127070438571661498482212683750711093608397483975518175675 92
1295965828457347011435361120229872423535247829486575868600319213 75
2470212227793320335669711807740782948414585282299466831635609228 82
4786990499352556177784821614723205463392040565000069932998886383 54
9373030262566522483973399246922864132694159719898853753707269665 13
0952894017398969025504035230017456111470766530016696968741204029 69
0461353141906026926072697463962987213010774193417699283250364707 60
1858936176600067932138691591863688841786104911136071200609032285 63
2376337023678318283219257420419464815274390553993347511009210503 67
6215459061431882713570865570797173017245961838309290071913829990 59
4613680542985723902282445106392399692443395231333267064847975442 07
7641937255579956775191105525714103967319287827405625829818849851 07
2130934412785524917814319933295971386431712147302169003616732769 12
6560358638822843668287914774267478939638337212336438774782848818 62
5385362370817529003207086223443912149186210116810714888224882739 46
4924838857528951876553638166109476886555297179620079751150381950 65
4714118711747535167246480032440204765556194562417858859224203198 06
0119457118651803665071650394490592347997592273892714374226001213 37
7393268043612979596673494058531372403873438967022321878620598574 09
4197319090542963750369847549744639346695388830943686926033048377 58
5507051607024492507354751481171179212113102665663911555078907939 34
0142459386046876430282343524690922565107326638095657960452195586 44
4450371852173393881958172018681465801743005216492372410775788773 74
7724587009920553606352004932539690901433544585816049618501662928 39
3459647930348349915267309223127705076444280898096062004010173359 38
2490278807698329013423551545344220062005916177822307126535313149 74
1985360714507148717775600843804047409974000976688961802903965683 848
8808952086631174963762226843614195484208400317646571199992542291 81
2399050841052454837659703251941613742693188456218207578073549718 65
0027761254439306652452225708153150532390400379449183666346994966 28
8011951190310928502823265996180036245833019423076490096000604525 07
4430581998689445361290565548540117560663019349847204079548950145 12
0916504413105947874723854490942260858743744996935546476061329700 35
4949300300063369801430601049798934990789527881858267159848075795 05
6128675430276796927707327795872046784558523482640227983253296426 43

866207887155081147408141757874189336763518762236192240204582254133
244098141442384560765270080245062981039087109465244549468041922729
691721947169029851201960694238991434831198682987989275793146618177
806615813962005118867796736993826261371544639038352377109285552529
871300021912699633815109505427266919968186007916517857054117068487
916708535337331380454872380725005050693312742202394681131053447844
274444375015580051285281596148260455078383719802761785030923062108
537041548375358265173546591175496366225958969078489826262037407349
977257133192309673159380857425959953780992414115203249279305269670
370086733477824539301440844815986941383745397170519914949702557966
970846172266517050911494302018165341604241684299970483032089366212
136396379709470551496804950936575320472960746068515545399746701588
377711541435008757809888875038499481572131899854698800023879266745
765865443080449752730034669648295261974944095042195080219267585054
157487887222873835562578349287022314295093237448530509054235650657
921380998724517755389287893413737506428005163654597648447929323370
484371962578533502810234349290472878582810162095162873982002720118
449811180045124448271793877342001082629588279585046981323491480908
361307176066199433451820566470947560160278646308423988482619418493
736342700174831874408224577940643672632797268833895520693808380009
982504390259790248888098183137319550350541149389044314812788127001
348806994739590300952291409988026613089217180990859344669951490941
594208150697073625928963270954062811901175393947697449985476398987
550054629753704320804785087309734446572388680148108035968512283160
842244674226494434167195835944522974641516099516996268188058295924
574999364820556137264591800358533274959371918757895117434471727903
206417020713949494029308174984069248827126511314532885316460153561
184966264212649801881518995501898861641633098595856304573796202680
918400697601726141760698960366872383607693494250438279745778495884
914972375416123568086978787897809840196264073776691849427669421344
370977584174772740096975465937809500379800053186791024976770973017
390531995886671949029359000541013243398315004566766905880760425513
068611754941443679590909721241063392454359537875891716264706498827
652812065556662309557566225473798400553710450399207366842500403647
427024018036883906418764685842861909762112848291653350661176160788
160281948202337198669073378191687317581416602302400749292430956975
495574438521923874656132536008120277675587802386938236784411948539
441674783880933328886366632020622714713630871443966987733360961919
336184637037782862491869448788236199981235837588339495418151597647
465514255998941828302267942970293510653244825885510143423173866145
685717910190926936704224961854161229064777325403662367123126001580
940528193668718595470726706388949938363028291516671594154034358381
952807089474809761974444046422067931448110644716317848896778274704
662883085132382131584658917383912525213450909753239242523182435954
544561906119817359340376919518561349845465482341062280116602933870
592464781751433623807604771251728852036958391064588175708428116320
067951993932337854960437043040672853605405677135707196418004328316
831638300946682887603994837775965271815028949475254617093826381539
130709646718344195362544633789782299866665652833812427270423096729
031923525658098733277583071812942787516833908867057245514799526324
041953012048843647149086070096756313211049888322420532033263808144
836137209181885544198720742028850783018064302128431736408718908876
990175457612548285144256599574846683395715482452029552045282553074
868830658310075557952103182091636642717972505687611668603270149033
570403273450458149409520998205531610507289261428536131424231031424
636376716171955642183370345659152217574540808312778159564708177437
782292474620359008474007394402636961578192364240014026368115994148
534665743326197653626997589880510808104857562497592719939000000996
163264666683848149320937666783980061020747355417459694645114150267
967213147613509287788580193772462446468215997526583651948282985230

```
366493140589341525152401291708652418837168426052148436994261180495
830303185872472854533198920721285594747562217539159584527180667836
268628051268175882172325638965196946872952343682692685559419212147
340583065079911942310449766130569852897138191077714570815339381833
715537545299295279176111262751931450134084254851890314142119222658
138049293417674212747019201282245954695156088225036349234483206206
947635890849249125954491909219898413292439604938183885972476628998
697209158369134840621332210726946966417986855138519698652209056610
576060214618511323684977862315363795024426052656372405087692 41592
843360512804576357130146624655139460548579004789201872562370424415
623842140430981277088495307069113314467221935421610744001661435534
897167938694035464899636209355647988610619078376842252145823612667
288680834994869210589537143220334807991765344381892572529059148324
241248667407021841713007050988462260582436802368933162632788041746
962259853946526937990841019518782311402301046320549772574540665384
992311488887134367952316325789348332780350972522547033187808 03627
572702003774132454244358298690171476421479280910341055649619925644
514787609374717135326051296625897702682839348769681490164475177722
239714918951098290307932843108775964097354701892412390539226915752
651998988619106789955888957711207456511420485571754284045108382187
382045689055834350110927167983479216262886381054572909411937552275
519929002734578454679702006160113429637666300542445163175087 08100
051536442961217878215924463330889486918677376045409703342833 56623
440390786790141170773672686567349958954640523696619449597102668610
271925277912120529517959466238500521940948210923102391523361249654
710793265773037481227186083500831233172336810779130227396183349216
700294299347335994361071157537998584741658700528599129438130116932
743289130260300417029267625886050065353575315318730759301828339395
704367722207557461547456284928894514039379654463258255806272541783
180527060008855156382839546924007213099723857583826935338801955363
613204761969869325128429575241146319661558253690709544905920374653
770974589953079508600695544438921585991293645284650445514569102522
647777210176602400435485326611487645789339971563983960469643324901
870929375059462847401491761052052503923732522470990050650931725452
730524750526096851985253485581706948045633582245566183156424833732
913099239064610541690442645240972554536226685468330431279675055582
233100669080703797294820047564840470819363416899045698387047 12941
032782266844463193894423932663441926446275417508382597265017 1812275
277911558116877225564835113590323769925848613853501583275417555150
873922836796949897151575881939223647218161431266457382710119228826
055773260323098256078942088138982919911529290375555569625991483334
516419524740757656789215139490598879609724229646922567968091657518
579374192551627112551198342990530629694917386255300220517321464565
188574932522942753216566558351618564049023282004555594135528909418
078559995555054990501266901121006376011248174583140978496681703606
041601496595447123073747468969947241396965052165862104988336828655
507813531551427778528796298274826979085645318330350425603177939722
079829736185209217842576219776792754919621107665533362710491065562
333930050101266236064086789407453741042799643162779419696140605372
078814795554799628029961549878226410661425324988284056318559967147
977453438075285334457925563652941264361234417200808655065711193364
968260084889524778468159770516427149356820335917928317716274807815
440154471992050204082987660242111582258095190501315343060101105365
509871575089531395354072725859167400667153339708308695555260213475
454909362263320745682613631450819415854273212949700674461636112970
976199601189219894094919647086541969224399749735954530619427913108
601429236903833480013799120514968068595282612546939388734364909293
047906246864999889849332350376672315600548894066123638890879 8891824
556253141892882330528425991872537282567637078603201569586093771736
369297635595212593814435311916092824182929041620117810398613608520
```

361316947657867599785928940426535050730607788445493689766839107198
206731176117063787485125211021501283733233543624370648744563326870
140729421412614157858381965551412994065092167014462801234332872584
095975423697196895295411218756653220425874852609276183499256523678
129502030467026990401891229972380646204423844800622913146423845148
960487282318045977418570058024178129492730324195249497404934156472
921834352848819672750811257678211973727605508444163693066720713225
322832939034866061222663900504560226668975661204561623396654722575
361625120067136583019777178344616730057404569665760591065710011416
473599323125793431091810123727995705943776159670989927685236536993
748165066442771751639159793366606733712626908118421693738206965086
933268567278367422377736381997997198578346419412651742119122166807
094141328451052283380540670898696278267940317872319008190509832567
070850850228121641355573897628408074405836892092611837502034836245
732778071659777817946163599471823403366493103179242461025404104498
066844959628375430763956943587460986385745695158537656574417862924
869533041661821749953596336670364159521613054299211994803165803345
233211598605666273557587861977141211361728149799961195385920622982
519726904609829963950718740157855751932607923348939164387044887445
174584261054658645100543068708741727032083891365852042328075371396
616412809442837041081272455439310796322520451554024107074270603294
709427393217234317948315190703586443190996209550863909841272646602
386712246718013467297159550018451457403207176733576166904104372338
794550943820776780816313104910800252177457824652170744652787910829
073390023953634071880147122052214021539910163122468998508619561004
862149317372169724539535218437453636881449794358137650622410815240
331585471385436580057212534789599241798496703729212532889231110280
180698268795596666193291061687613476012735710696141836251349147677
286411218585998276390801631779528380954558782949171306818942804812
162283691051455691962701836659235053351648330769475554207752915040
940519018103554019183917854781339979076569826761180942052936472885
371423043542649694682815292877823974063168821223732374456862315139
837258397068991093644998895037442166815744900656679808924052559042
170664193504881640959639162824316832143629361440108975585506769190
497702681496884636966283610029944263729375766795745728749139191760
314775321799111020937645101966794147869390383053398993493299339166
477259054417354904340287290298985610103594762034889459848681777527
974537676177573995965557530704049273167399967822325948787405942966
970181424300351254182902165212736321093082337506463162641492382359
545529206549277431887226249176373817133446518479808880151513554863
387914340862002425332359229689622123709008840261047825557058952996
610185602896063397328975472062743770013222079785882131260046886764
519007395937324331461137760857466389105837741473829226069341136447
344381801467108088925548874235344238144831374360124854401676688462
135052623476597766536469051567900511558925799763298111537628750719
588431793825817316692132984346887238157977124122450548790913954744
975728131947199653757472790042454031149466065801791768998114222415
723349332342522544914499033788984003537864534403546883448870170917
967519087806686565612770335075469325548773977178257498744815264893
330037030919549077337947025126191681053880745667467878612895349206
823990406122105092573938171844053161513839851413736403885280864089
750997255564565302536459282603124812026864254989319332304588529318
824485832343921700791479794490868385963075119447738560610401545243
436652996092366414604609827550307560637145911578925197862650285973
963723697632927991341497154354728028966377757464857956414270671832
393474328493919445524984052913469732055328661410108385636681825473
565446380574263855117726202262319821454156383651699940623200411583
174354920844609586155429471796615870340678071574739814417868852356
117225393747628939256626954153281526693867497031762515735111670916
605449073150542365979696372353385919841772400717659388941590512602

211955723734827554037015875533702922766748543049173112168767421629
538731482811932934103621399791419349169662671289665025402384951651
074720110803987979835631542736568943209086961691592208591854188743
873453521977006442167718349020707435589979648887971088152920445877
016792450210395591625422374900227337734540261692945761540998564748
609096279039786594587798487403357771100243230180059868806636273607
009566028915949753076109753036579363360983975089085951360115651737
131088306315209324906957352760947045135701701191892478888252281265
251264940726426810948762625080455824620474113626298437448074593613
788666218423172338973157649129623522632803649851880855328622573415
176213500375739158483748686415882440506156235330750447028600668907
437530573761864245216740300989960886603536489146093264618987311126
641396621683691648849093562717564027312907200770640870053097416379
828131310636651121902439911030088878270485483569423163174979072 67
448494953858262417390771750869516976255583857051878800128286401925
158836702207581062777126604961179789527670325976997078642854207978
860423217138701984279664813506428483554103093876073207049081544309
074203012127159078133358664064943937949392443729770845492835970553
526540667708584932339070525724564490721748469442729004262343841886
334655498364767023238310729462562532651583877419252043723471610327
944214492430406908261481940114574652198403573869712540087163473411
645876077266346442531257015499038387315773429151445306616766492847
438195051219489488835954499981650366614650956693963832863218 0099
516419280242414642355701140082868976082439994764773535589894670 91859
390181542568880135648419768184471931496425271003593076189260670 13
104100978078096312544695495639975263899943050555407595887888594683
114939424740397674587705648941225855877984999604890303261172089492
798375405934741317038631667195098395724476892060282037286395942101
309369651055759152658687352748839061874959324237449262609378092608
310993599977043494595030797360442599422242327777304920981844920054
589783609758172160428492560566644617364308249758340295671081499230
962054007593379890472213080389392811273273546647614166233538913780
827866877196068464757848840162299215085163696394033355782428160898
953130344237774734871173163430391195977075812294480069642516002991
944436562077004079266465703481765156266921634499192916347423589684
084264480625728730720089559681019247228086768758948134745688592702
078459050171630529305872892590921378488844787798788589279472953542
179341203071798980648637254921815347886097699351808986778553108091
742920130091022507224614753366176580874681991616842585129096350964
608497608953675487101043182977699250243151942969125736091452134133
067074989629382965837797740848031573482315212853722401985857367268
474568820789138258613208602889741977339317522655729550603469072054
605595604624406066190622558525674392739096744317528103338395618247
978395832333862230166768551351104826776850370561195324666881216 2190
442276652160315504764045505345204074175135792624963420354489632638
787553166172166435369908592250313058248217307730386606474687001591
088707451176613047400431511439007786781193993924057970916012734287
814678586408507183707524193645474408062475312882054951958320339509
147061924092494697710716300853402836905917569370123796256894408826
975663952527777109248283196544339703201803694526541044517560657576
402722612471000745821248644627345477894408040361332825037035729298
003342518516140918137483474363831489743406467026400188258254082674
953758984047052882203449932089142955616689385556343024420859058622
460211304796522579316440541471074420976628165483612574542015626222
995616873818702087017424549891730275076076561220930373970748 28984
458720344426442013511799272081880535702474558531914153746247499050
003106017103336890733101997056461975052174885479576206986208720612
701007837870657637482475629133777364258500135946671786898082543953
990256463963763513412006563140941023719314071544504457566525213861
934805668705558985148754786889119144361380875279343545891787138849

```
3968005010359873591873707253162549045172113177099526603630744070470
1465322055515276912558017232098299125645422608817953401873950940450
5463292849216637057946153320286230170706963260301943478405564878780
3958745500550862407044886741620670250209186137619977728894106219220
6158928008867293875114114907228280401178881903245922826122718507850
4105807484472744126798117773032881936940889067088167150568317475696
7893688731536303873322818930336224792926842291463077857909510438640
3185611725112536968429711115388234845119217033518807034662484920807
3983633414921030978311415843471308812599520164529991171064180563810
6167113184732898711533870574402255469955059398573251204176262946
3351519688065371271843620716465646990625301784288540415886043042760
7129898259981232119266390246016504902433894005797066822755735542720
0047950621394445165944320443902422872289351081977689068351165899210
2488370337874411335252932542686041602918562765504409269598113500180
9606119620863770849234421977820536520808230584823514310199796859810
8615375010280997092786494338337462171570267095173303738295139957870
1159192552162437759683869523143599102933236699823738449066531612360
7049012426436630979843012183956168862878062941018341175108595681760
0758998466561086175120105460187926181540205695980042415594681354110
6272633877216124325353288420002079985269561604503343599254645172420
7516952996226365258603196424848175493188606877637606863902456897640
5887031974811322993388979264821457773419639209363134451405284469060
2141229135583975145740041999929351497578304829227453622720060220570
8715744530677002088853275966679145981602022825115646603605700871920
7482891475936855018155751190048748431461762318982424555660297412390
0555981032682033486927822099697017430456373695146472949947085603840
0179166779756982607612309997918139536828425822269230740040682992720
1290877633861224619082549031728838690309736075525609914783932858060
7835801749325294881559542111670216685009987386870727080203151423960
7701200560571467120853617979746873945737577882026452279323188269210
7072012202486860291922673850428624547933798463986538776187632753930
3626021228652881335887439803499745252179567920387721896893717104750
3891180591949407466835035420064623085239758316290155801908659104200
0282330405860402874449484829955710323293219307147293724589666834
3579998612574197419903144208320906052238756548621592897182659649410
1285566993721600949452393494389673340872520773462050057253347281100
4587877618058637069357181658912348364629759998100534363373106735930
0246739037227879097893316952054588945464893184538662271549154724900
2320654699918253968714110214107711340958230940464521625260522196390
9222479502459839866832619775829663231392024140711875296389495857080
6352840389900252844992856138845243758545676573179118747041933338230
9094376006454504811277025142549034521413726698344882774994609010450
2616986279634464386538140454229480549608325464355618377070326936370
5364897034020415244409457103588803652468875453623479585581996708650
6713543731824193003214108504615517602261419679481708921603339011620
1001146619088284582353856564648721339268336513052810848634956917710
8081194890083499460793303944156325754089158092341957795783557435000
3476875894387073356294613558463461536776696396235121105831607148420
4344059141201671558305932807002741020061768287213174175837974181654
6803217784620300792211690096034511397995505444488922442988178398920
9807549429152565018123860059409431200069071530464218068754223651060
4018798799273113907936944162809825304749572920885907555258684577250
4047721041417224529875125284917311387005170152499891766497265253530
3618096423887995118791607748720125157519547595096961841137958303000
8563738693644811289274998412436530385059445780045799453262792168770
3746830105313198853743883959748023755990385974954942277534492528161
7876834154491700947260692721948629060913159286709394672287373833540
5042142640688175336301550164169164106244290490932065909085660966063
7310666562750224702787326342167835807862572033147872881256351477900
9845099191916904544444960281135622813610619206622350356071552700250
```

8651864256523675948721430220368591355820629952192960722825122381 90
0829748094932443611914554513861496188428587490697018624511650885 26
3879911102713062439035311497749569574001647890607913409954460133 37
5865951897973033216716202412222974144440909485900250009487747758 94
6536205190372126470041662583560572188927187031457599198396972346 07
6778935400206812718246544487937654029021596483583534620481655358 52
3584031259874253302487434119011237636931691216370406128391720709 87
7538794721589093401435231769248374665189497222113632711979000826 66
1497871105631422518293782482165768298361768394361525044104794881 7
2041981517714795422346164436210863986285976704632770331806589084 61
8138876889368628942026984389895390666087608841836203161553928838 68
4274968725636560313370644081171086928919135699610239296135770632 24
3447029574181634766784422050863095224261518780421920734090496540 26
1991595039939299819487485724465978847559632550270344557765375150 48
0314227421698705646844850962335089000992309201669432418123346107 21
6358248154625885167762539333686526396495529366749271731348988600 53
7260470208611288988490165078446610270002027927610294917528277029 99
9398473167099027605696790400822171989582855753925696911098876648 97
4571071224767405684009029660208658125612789226766330841065783430 96
8105597009417212318005487060393687939365073675026660949817816985 860
8366650280821615604200503869795151955712733794910526341554719554 64
0855511709795853703145168146527818597737755526557262605701504825 02
1698057798562060736296979313287226407701889092800476175231243744 3
4038972915202376261972729955136333792255740238681427338107379785 65
4760040796872511782008703815949205402548892760408146627487858486 09
7624926329419828089194170318815361491565270751091643291558421972 06
7025964788846388722855393848756642545793430328584964564561363307 0163
1736390343004679086405410795244236115260783573687018948848669612 42
6525159380651231214044034905377951794801024706302444361284592213 66
5013375314366116074749464120679479320097699281913225724726859826 88
4758655911535538042889565660876866329306411499691313825187546066 494
1326575368108517617933326763944021356772522550478266473886668090 40
9156616632032758575093748597681717382032585714520269941730820583 45
7481396633322087867916879511050937332687726578230594168186130532 0
5774762505118020878716841921707148625870719875488518687045071370 95
2392963868017851867290217078703796721502128514724532078848703577 37
1466186299366464079473467424980967127517110243353536572261046436 31
7338951789893884853140464857813037004699214704400113397588532792 71
7965222130248103118365420725309633959792588797943687736776160433 89
4172185045717138839920983471099289765468775834897835409958193018 98
8774562333215400686621162152761938926948944216221792515053686454 19
8980626757917725889570013559070831541749569729196418913872831174 09
1695889150410070812976770450587153959702156835884855948032583561 13
7174530990192099647286738590499390834960994075594883466808656434 71
9749261881390097388471252205412005525346421072806170256503632770 70
0734872631036307396500375593026042273597056398676817796602809334 49
7203618193967964971130688746517768188280330261129302225785390119 76
3598874527969541286844480463811607668005435802378861355227919516 47
9460292515319612754730311766368571938956754723255639640021870274 65
8532600092759743351774139968945107389650565172692438841319501912 81
5339537302591431318196463176596182258095618036378527076863714999 15
2201560165332089744395363978725099828461644255186891076735420192 12
5619885516271549967655448682568412682877655726816706262228951888 51
1034561986758831855341400844294493471139328430151992949952468235 29
7746169825395242808677376470455061713978353173743504186403600973 7
5575135670684974670181779253513055606869905846331649146759272445 59
4472917627832735953129867391142636342768882374926472663599907219 86
9643008187930218299848362086317283216009408002477296119591884919 61
0784407231294735475364414451705921060925264179401646471772045874 58
7374336121990127456143960852154614654407358912213455442600103615 21

```
9572641602952843814442839910866756539932062040121453413695139937 18
8385395620385474924539285349346096451661900699063103117690967615 02
0504010114765622039600054271804039314861869085472396944478715431 38
7705983293141944105969917878884378960090915399234727636724770766 86
0966598619128964656913427481555309117669484843185601983763152070 90
1214958320198073267500436264540852413691295457394044716785408092 85
5613024566412004614290261175081396791087839476640542708981369603 18
0140476310626323875787137649324190402285111913037502576543610464 53
6014583631307357675808521523363035653070518119323143761274902909 93
2395267248923369570159111577622986061223990859697535848566645068 55
2337675967356791464791603834042948386008223388538295784067720466 88
2709156483932221400869534456721473867711978688217223525023148238 77
0145203180453800866684136135736690156208891506945846744497524211 86
8540364579708707026494680869369008226594224507285645594366208742 44
2034285923256020825915354712538522859732064074544777123849303852 48
9893825620422643763549958419808478553884166436151713320981292578 04
8831405781012174094974497581636152267722155101319520969867460458 36
8592515436310694764274946286409294315509552107447572270540572 17
5489570434313290467511581829283888789300937547652163699001239634 73
8625939860195403890784538940363009564432331923073576777204186506 364
0927939933002742148334537242855973837763831289477063272728960233 40
5451464306137668822119456761100085170367506748919454226768822145 93
4611508171206737292783842509827298015817973142041647698524953671 99
2149951555297947451653999884382220389391406964961582959182886697 4
0393081648303646534649105724162845606521076269446953420013437430 63
6528115379011313455084762191114194741122740456671388951069875835 43
1309565163936697451098465061715555684278056470072817474361353412 68
0212794368306851093097992955885006214202432271217904108339414155 44
6690667762952624984929506919222905745478174546321407572098708094 71
2291149493770761008499228355428507198329450901274282092863442623 33
4689650308787021434873092100017718564911473107405194353674692971 57
3033137500295258766795998340485680120531658894371590462141072101 79
7678142344871200494847892029048034168926130065327417934075403030 48
6092948093449899223484072947456593142614958916181025136343649353 20
9904841991401864993029851196991732667044451519737488556891523669 81
6442147188824659734111360622704790116183595961190826934135046499 23
5733051573621870163530583115826548749595821619615059000240052608 55
5139893509111428958467222518609897484084844853544655179405017557 46
5885145666063937755834411026580424600590629817858302225307618540 61
8241740351470206489752469159794782021648431052861217485015073864 76
2746585139724207728703904034310140078741053689616754211371324483 85
4660928361918558576669954600010176617474141727322502448365306968 62
6297264674896738852848035979571511218370064766727832798722050279 25
8026426843266937873628926517756632776216650340218363817009113175 18
7032551064049296021835273579272984707635052964029914972322748539 51
2624871345908797337368583238132253332567427423454977735533875079 378
2269776651958282893006133902509341329751405882935226609098429443 93
7050990865888571724067433609621102849126712801532898724140721494 97
8958802437611079526072006332908753122430686681577221675204802393 36
8977318300642812032149784718310437196010707862395707277335777733 71
0923334339361018150098318854061112901737735996905516945733574055 039
4194214670665967948073831497857729771182191655389874136674964287 222
8155321643150235426504342593381360513065687098199910470663878525 2
4015658473737507961366730529543545035933282136981609313784013161 16
7199252614690253058478061122606973168937163349760956672390223762 22
0109852700372779757142358657010000810275939587042664878788156979 835
8900645862497150125216557236224916434608833591474302716401423545 87
2184034586511090796818243153351583656767521557011586584136001584 71
0640314372122621706131687336590033787030056262458764765385547597 54
2092361896308262951231831064799577596631168242460473070257433457 54
```

480649004469363506260718042370398875087645521891322356560363176789
839769609267927969422718762199012776484332931421283387345368898977
129883856274612293780076053600121837674145196884139981297628712900
742783424894197409226880693299409277141919647724638799118353141911
932299661259594807015149976978894998010819580639387278356468989252
059088536824264100032710140899210063994405568756532816001157531352
825966789229695578027355990665624198702580594961332882779250388169
056274408994602316456858039747696056884665695011672744942253403543
179744124711606810148528788785109848774548303522637342732079636021
220089959479629347104699481402084212549849053200501189079257229331
999716632135205859273856246073397153075007114601655592605129672252
391411268409518823438788125544895917209071669670184913815661996407
763687292757262153019947696057573767066207238588712870584924664848
242505409226442734243807287922548922536257183342878008834482696697
097285840193529587236465090531350623934831160585303184301818091468
900126808224333663302733944680537824646836110753792936275477679068
549759160894663419677345159041424780594694065506524719268392204344
675357735817658846351923217436124603242432742288574991848029630866
875945767928857209355458181640506208612237158297460052341207497853
902635369813990891620219827703117677999672744738992356434552729233
676892248332694899650571615908798694584505831728044382996730158911
980578869506662704352300821224075589327799041663398782670091080129
524284590129325441764120465171844611528620661837319398108853188492
364008429564081406524364762052068711610005391256527557835377144669
772753592336162439726529333519322532641308161797570215586254278886
330298240106483440809740327309503450718563936429663858636510607072
446596993229461487164695344524404452988997286553098620116453389968
379627801698867555057429260575613739053985353245785359098553852593
277593606005455428327736753893489084913231902780647964375179526186
509542607816264248964402882832982666153639701790378714487870124181
897381503656335210822210351682431552835884119830195248698972258842
667007991885579345054539877851097936097071506838347321826842805353
693097518288884464296345771880808168738136577980418353223094031348
597076272721306153305350111296163580811264326959355835097400470680
987410840834942263333453551727277279186245091896917767742876744741
488538692106419806790213858645585209907296808147364092844764127253
738996467052774406670537291296003984512625608160374176659623721486
731421183545237728753274697300622095378621557908346554034268493960
785556529313605887720008140136910285321125919031885628495946394849
986832564029199268591038747025072090070897796303977273827000542411
006292965160561020159702377826959262191676487010113432943487843851
480884288115593217198333101065335120000534818631716626256380574050
105772238331720165969596915370741660649880192589796715370873018000
900513889508429637004270775665999561758632337879766652006281340660
572305426531607016713800617498344212381673732141972806938718900192
618955201092467338506146151240941910093289041106094160073390131607
977037627550558341911570253389883170397269994199505509635147815968
480526028893569202196495992151292708992036577395851929498113994888
960213791942453965995761044629745264063774698221742030799302223419
931869715854112325556447312870844029549186746818306928502904452155
019605640002634158214345326065453014694378660808468298995187307960
141615789924404225417872531621451764621622521314266658278029546870
637751302238001946271980746888885885494921477450423603860706756074
544935129484912459894271166353042917390263989516318666637223775412
012889319103025358438618626408370345980121156632520931213943044452
707117131901424332348805201266041843288986445677506769713694709494
335717705446927728514789035897518626604701033293260929185465279017
368178883181913537675756462678519538772740508521864480724003526648
905557352139691642149135369562253638929326731617972536616877056553
227404086238488288043800711715845624559232275453743835765312931223

```
485671812987004871215591773006150156400495404237516975320430853572
844027027839960063562414125218661105481482283154805797062799807605
081622329663862802456977475868800969421644599653783414190406332560
478932254671165875479928442580730316476493620390858765365349793029
398496905455199574306360102289098129980273424906806901779005941496
692833298671324097636276046205597062279789347048124166728315689562
988392416859618695538766749727275987039989747589517980935759716084
115342737850267667609798267156690540692146409197228459569090836725
669992675017629783125865935286350183907917442008681431293524249549
102530040442435460250764568322066143339867286354779978409898860298
978511550483166226571764187785096856969167239493661574984186901571
245554114093897778944649528223681739240750166818242613183273491241
243278182581104483198793282164215213613870915833831624221761609564
406968584092923903403663044709672930155867583246482822105772422163
853502254512166349350343857862250295001017278727684893990079432918
317643020675654058970816829603969462587657802189974380236640495557
339845919334611895713616531236186535300340728987009639130811838008
255999804048344910321318862011908880965301631672755845145796279319
871659255522753590770886715824979110522695762833707787016400491783
593545509739621639226176852717932569136320148351715090865259898833
607544923110834964595087244687451128211642144220271852976726203107
818300000729250564437371551184849685411448553024642557912184218925
283826390732538720335895728226595495426501056373608189521930590962
089547974660189191287466488977618699712184107936037311085847885653
205271117909384439225204972886642685194674529737825163766209174480
261139478514172900282970371355403595948983652537675484555165589396
017911735658306047647605363314546623156234661630508626831816192452
196711131389800124408937214984714967795507606597376526677540277800
599156554754627865301317699167597781943029148167060285499914163010
429238843637049127488793995180133580361960510592522031218176456039
070674818801130237326732217013304543246072194397112878984837630168
003128660767750347464257251487177958573760627248881291288180644625
310281472672720121017258574332331728901072555858169951278618743211
679719368999727241839099066353864097424000423821320261074510996684
429881285258965355362185713027852351146373431000120593150477557843
630915825965743451169948985860831788153010990152627819802639173124
481926555606610119585263494452788267507217103308553823545855634780
883023723096950943594219349648595140922867178553494488439431526033
756280031821962856054524668745446130390204635944154069171682047014
167395716624267266205893282822191389391330989060740956373003165502
092355363146090357239359775070152315655016754073008145301851985388
252395136048221938563999326076465239592621943603701424674060001879
476971534368103793729480800552521079851889155416933156832057891317
469269960861876787874023697001724620687294032514512749640316655532
444732772818097237412634417742030388629192439963149121649465895064
865486774628204319753790313645198882087128483371662703404640055343
526161350794666638366252414391678061509457383410355300008805430 50
119175673278302001138413107131040837428763549994583869487445294810
751344198021599378287697800677116314209970458544468639545810855702
800020415374787659172644941998873042816816433294168405167035093549
997338443134094365627457385754241050571974817748807967714168843160
299998515608106828195164610622660608138929154791861498370376252182
547094624581009288640674250758481420478785130655964610104397278463
139985468259782669867365837513605567552455237742523969705019685794
617197919289551149322228481133297451521334268798384166490972142890
825845478865903224451776718223443365104797005821888369860189107517
339391334757785645537785621064077325625489688540726395022251004 01
930245918806223130553845895447923401297317078506484001251405001135
354627058099368797323153652971975205183627052206410069176964647911
126329272791864806992924562821527549906358135829298468942257267881
```

104567531238453592187451898711851266890253215547958296139245295129
594088756903257332648960092770395786447155413811989977005302217537
812670623521790024080850750079087381517144609815263542813218283409
726362356182638647291459245880859023450801485912150907060027336923
385969088689199475541932183274750018677560825550790879236210552204
409367771143785178227512212400009172523222185964995800459611190235
249014214991642566717749572872642056931588990126378080396385697050
771329139203412620272814585376668640930514537495886269105656416230
176873020067726947673689101899810325782519865912374518621985849515
310429798626743658110374157510630434902370417708595714755706900431
449676162577136785547663015533943713254133236249896963885922564017
381594520091656020244524216644645953552946581011718689771895302183
763798813049512691370407791369116538713469925500413764486572142927
757478618023007681907236352098180301365826109259042267011382959277
148404158071275501460164324682530918504358417541888768380777279114
779272446560668070502374757734838040433823934647246754960394225292
904030894287986342835278934854464428237264463349333884041090197651
090304042709474389405157392242114669990611865968148238501230789847
440408400130437571865853215339143333522717193748202402692394018106
219413718277459318359730756832998457867437049803061711405234179614
899816067920548197845420489493346064407518124078049703797893470788
105790260162864561419306883396047738524165845486304818054899758280
870942938554718228883687963059484800013910528370675780807153946634
761336867560217984811305297123363110534096348501293676930707434288
484681893225546520170204251865795856785417431962215301639987045850
695732657869917372631216968781688349866787992424935055528900625422
473172958903997336426963722125581917602495776217043835146382052186
592935462560570701079944470911720265801777486751556659204489063721
963699870384395517504081380221133220168617318706969191401827049043
480845894767708917550555367905615570744211629307587960490915128118
553963338304689299552310706602575619008552688172499684026175424165
853234412416153837638439477275039044611821562439853440631124904248
713573874667660456827833003498467883946400254757307556254165570202
087383439459770052788454519282099379308214694991119170437314958143
783704740857878352979149959652961329114646595684733729298759087817
612003954241264118368269815345154006391054515124047936525867587835
691585869383387839633265792494451936760060359037996534385775926377
256062175915818465229453356512162266339495796147401936877361438812
561561036777039710480282673038910756968652633386651818318493638583
565211147387833770749576375767466502313257030006603535809187750278
682932097844529018832000777917882840297305208279219273372068780583
470481076365118002027106067485855439836892909804969006114600699760
899986598059473369897360269943513632339094627826696428469230956563
232746501297506729522958741477022372006360591489639654925523934859
624920948655177332242097739261690333522516339557405776183633463640
491001352322809654662285370678249176454794180646357639006269187033
372232723574184176087781736996681006815050958258782305945868131372
854570205137365545493090275284793370626508415707360087955570530181
949992850282204555491083670047801394950462421797718248466044219759 37
302972368591879397321085676576401021401679523932781572944082690782
096934059384586699422317465897860977263454148508768791307499877939
833869027417304664030524524665283202477640598424966622042354779418
166437753703512864491492581848329897877720348489617005731582971049
497336609311246371490982608935872934184153242433727698310797796145
981813280388869174639435485643212251173090233147351859097196373111
735361161170286370994225545308535901285233648977924131573251569688
726043411930180283139672596383200801989656237857611882418416676769
588787627290331708669874191654207519209661529248851196848108741523
014945039809422210926081240088558636204874097999121503295184837255
756586587327614014818364658944536013195126860764562183014941316324

```
3514368952474875546151902846306140800931603315738090451938102637 94
0404767706620651161190588699383786067710447929145722743681566733573
5191099494856715423551035335704350612302685267721602358576583371568
8342618447134661528143111170916670171572962313889418144824757527 109
6030796106447603417522536083096466503144986089502183327117273322 284
0754238800891583184833606783472232566587741633470298350317474768 00
4735093192820269182686223336157341121560631608598384038313976835 33
8944639146755742704293329257762683420512328757521908203466866647 18
3240965395276142082825695176614748406287579342077681970518597817 05
3382691721356455311630562205674389277462111635738906292974687538 57
0233034395397057772072139859552975519660286329896909002524080502 24
7096760786726537661527369859826062702397003500684340664004437769 90
0451195047846445227107104022326054523829559667683904192471938125 12
8887448957718371422098966785108755551669075446638501876404645557 3
9385270573800319104025963123138544744173288857728360608576987772 78
7755243310312766324440423356859483642143071806162674671189432582 43
5906450526246263221727249806484706780616369014208923397278986535 31
6045795852431040208599315239676780573958079372994044929970067743 97
8523233500455890205906628919668285867562799263620889774226980662 71
6994236590015925252144491434369553129323498401228258600472378712 61
1564927997558433565013208317601439825235160427519749672916963622 42
5673578494195460430008685828013324633421375326168047492604791764 11
3544918875027542244559201310287402776218594893303654441802415849 042
2587015184711498445234615844614128067976560049284352447023668143 55
8537723588464021317668475958836662984297905949439423744059292615 67
8048492654231974695786565845743068892272043429078648840796138277 30
7263390594628562986054623322045338446175064928920479168840040111 01
8423434868088422356591178438549108023877694729170273542191569426 69
8563254653736371530396434611877498157557391767849676264348694040 49
6304617031412441040220240037028892307057228977506462775217463847 59
0959285625221300657604072467676869962990777184334686319459276230 64
5230965955872385569188875940952820138316929789723526256621022603 21
1753643330910291895966095983742887632335873507289046539470597332 080
8813856204329993092676708246179454318609014514914079840733067473 82
4973503175263956044266017867824858088483446542985630723944956287 41
9572498536650774149991594245791551439236256038360900886107473021 63
5533487610697201254582381890404647722139986139393734481607713989 97
6863808511177614555824668035387584006468904410760852585707900581 42
1832514386663268815882994605932271428346446773008278980385136424 42
8281254847314255686497416154692310230570747570191464608201858469 30
4644199897213455644401380756206949177072501472984336849215029812 35
9253768613345326724179734539803364834406994983677926757215667353 3
6650918048165498077499075280872902118769409805035667528457907625 58
2223050004770524079921730346086074093533388772079656921561535176 201
0683272800052607398589916403758255217102527342418718600211567010 66
6473858216634472317319379564518567789856706607497209738882354672 42
7871737107809165066097091840406481274860374296805116236494732317 76
9475701087261820492784717866338407888982832854186200484618984966 99
8013397841637621187477718147913974876679750091540701448832094487 22
1908661203516980200379683386200022336714342044837067298359300387 98
9555999881241001034926268542731811422190616134290982449820595445 48
5614784485432580784717334920401854420368874459592255886201969082 5
5504874320503247491937687450417244361411162798800397896115081557 47
3992101876441761953272324347925708107648028299054087381294477309 14
0125504364021351709963181062059001842899246213500568685260253247 5
9520104694228770078039960996805641017786921740630380135077058048 89
3744101712205173820998675827310564392974536762645104745654625109 70
8842870239660751779909797526205113445300402972054928229633982879 09
5349027526428662066553249633678405152535209155014264367624927464 84
2554096791461962858261954308594573909452825929040362127808712723 42
```

```
4447277130254551998870370815819480783367007680624590220683818219303
37353433107019337955640679117963634405328509932868934677818035362
999658105933444873533061832471949733558834386212165395217591965422
8038252760492657002692000052877931182827532722238350965913776273391
94902410542309311987604717357690093637988929949222831557446229985
6934197286282793342601271285885052956832378274835210529111938586393
12137528720090581389940893905424885620280067869791631199550989927
4397020524617734867258429635937514010872026043674604019154123416011
4013292079970234704063258803431474118618656804490901631152568540021
20599788914491874638101519353409960049428296852299740333380143329042
2837003065371879906684060890510684629723692529681063679141548343923
4308721493417710294022733536037838139747327742933992424478965080403
9581343657272771507559441079320555982911971144647394718116288869103
185548453626495007134441773736828364642560149650614019924077509264
31002233669985469820541702152160119216915919803224120965725387493323
9009453516032575566106095824691063054389242336169581390257238919574
77805644167308185500613800842734969182041013977132502274612301608
738328735376372902078646932312522480043301115225364483005433384541
18812526462399001417826133932814181834803559444150874993011389734234
10387669608634136066875877541479054357773814678529829370949122433234
5322343977460271442576675750096989426193399596177577224452055594974
640371786866848989019121615667418643928437127970389603215742404610
6696145029919933126073003356096881585266598297290849339949943382870
77441483000009119041431035894247101194524311489880184620159338029804
910872131808235369143147440905312201148143298580916887236427530553
19169538269568470516463605224568023318262699115625828961408546559534
6340593695790664499383340730657778082645019326543515888524747765534
72835571114367528966503557657679312001753453083874968658591286225323
5326712840358187342127141852813871184002117813596721388432798084284
77135173495015825834001483679597431906604937178004070944004636269134
1577317317088646570229761165202615519192689089167177454252146061584
958618340247034636652433047486107481746916782283006652586700776703
45594660282277840628997124134790467779595762227403285473287669752293
541138781885573485559882398166146679604795362413310312299785024305
802226192661962002063615935461235599519681496012760493087496650935
55428535836125302547643623574174844111063806450312010001894720055734
13873974574237427366764774863033906288461169685821378948257397448134
4849759344785595612703273526242665956524342040768775581490007512254
71235315983274900351223303510989333614410736716919184017505810496
7027136975975666321121419719838105632454627446029569263483143470454
2562388592211262285585141735421775746101963558829124365287430822923
62913676383771334467419279484428442865572665006420101916928808109434
8284725304207845440481680209678753340102687465036667583248906442704
153697652384238780818375492746274223580236075427196879970909669050
44008289320134032433851608184470765362056664241695354141284199660634
52157077779664956894773770208182198571187693611775766710869821314934
35397824497785059926434261329987411995494369682256149745573005383034
632929572944198881191777361951216050715779398571661174432198804871
696020924571140699106441566007241921148146369113096416948482844935
42416240233214691866327614803784854693028145698864885682388037552304
82288277900628522306664690496400372315795505093687601702812267739234
31995542183212993032629451955322369359699646792676321483148204031034
210919921587080719235549825456119106963564608413123151115958198656
48721058272876777181152749292680460522806999527334768970582092658934
72923450037173708434973214729284101891975247212201723620472531686934
79425552592484292111022203306720118672599363195518284457448836301234
6124556041238914976306944073738851801964599356770579238873144130164
67921052573419751335218147956732203170913355818737563963097260260834
9590334392532161788095458875725254110507652011915893975754199417244
3306494741279996467271655000396157430455038467478137020663464441798
```

736950028314712982101153732209840933981604152632892694637771377076
627889199846628634017239260886966471964882503991050266960532118415
290895014761731911740655960481518304885686981310452201092881852614
088918854238409593978951471105661555294514292199231381450865352307
147555787069916100261923994487249448029777376820908778144271177412
074966011923722399093383136198583154122217847926855673604995103395
890968987845715004852021644551117639293243070987913679124042792556
393431298649877943588740741265427213000273872982766305287930260423
879848691893609064843002317119669581333987730539378828779940500627
757143742246484585796036476867878733405238053098268643626654794507
559027525657851061792386544419354742125826286802883552824587172579
610649838177276162186019137407406553095412824955249470605917241409
619565763741554795587137560223063355149490946654121605612712517730
526579651116243501893551328143261552013483200582211341281311505550
483474554942444458426701362160028413942926141499435256277887551393
321814584645404039055272847700440043501976061691028889714060247007
636125633396834850831746495806837311456371596452244129619191538321
154503089842051303660838777208752150421560397486672323077919898875
159060424233249816580432944745364557992338832733156374067940518764
682106260341508313379518201769561278799418519294664753423652652156
548151069362221332813120802468126058876269836023666156798285980858
838085514794065963300845510815807684982036767734741706166338773148
314709046212994224012968816145470177227820020411768347789106328381
906061233225266513559580378355715038708358911962612600907819638699
314847483131996898523125739127337704172073141110301052781683998235
019833859991548097216236735822848488923140180894692219046010468727
059135642071588575329090675654798634354659241179257283002569645336
652468754562542491206760308992777274607489196844304786572332190854
987212285381697472182250206205912803431009323326257761074741406490
200033956068928058400225906486143606016193905362086574325304871568
337603408290115450348410686347557760407664178204135434388847571669
486259829656264564696917389669465434038167826456587040702567814734
333587560457577971311094481527106814171657687330019257801991709718
466859567348212668860979796352219056380974995258971382268848791033
877304199882065971096889275230387625898439887721665651198544396340
386032152651104298963335570202293972492975073498551626922762026105
043004135988463487851031175637657519162050962463226178880051502557
822536505080003956464122175712846166156391876681953738214573704447
771838611743241117591347372639541505250492890771263354153043501490
813668360365717221163446563180684604804195575920368349501285623402
874643938843395526076336305458751196974264744935937682532785903081
460135977010765962566399188336161845867754690895437605514246005811
445953325500641075312067356580049729732578243037884478133154083125
671663762129952155045230445743843929759266511706686042657735357875
153048747401683642758512757244525600953141792071142819685740682247
393205348917058584659837872620688298016238403324864459858052138191
886477589154336255668289513214680582585444390469964774722656360598
784317271216699501297846622749860338493783223091226214562533498936
540917763144864447854679273298394373342112273232097831642674226560
762312484425143190562752834053565549977224606073165918278466986788
151400309266815740956008743780092186659326627348081370835360899378
128221397112117053615686186591826393915762081499938642143824302765
416251698416515637816421115938428697733312260866090579014771924663
300555318670040026798067959323566580283092883446275425585551697871
887876490308658420235161932947651656035639301400204859281841688779
780185932337637995824687387961341514486634638788313104321224268953
198480198805923842946863826317623550499804567986430797296445121935
286614559833611344679387207498145789199012440260974609041560528073
621849828374105583644675076117237868593229988923068486527805327616
400881251624584888068344449171312851620043549255066708077084044886

645440074363838802402414844734825953838585902259082475163855357044
778252713970032400227389232288426256133994435525441026205229467127
153845888528161033597368340583061648919599022070952588676837929176
106155126630727980760673773763091526947363525050799710872849322633
953182300687134661437637358772107641492320281794803799242621343379
482033431911463884861498191660121303026633719119668146168710962704
925833710472637742739099873560815987942482024463212155375079927124
553594131582386822045413673450478614617385412197715930852397576644
449592472817908991675319400562267211577326743668699772293524808629
189332149199533006911584586622859745056329955600867635331382528854
185790513173145847727969091796466840374008997114933175942316239545
747544543487747511573559655017848623098521956328825159322630298415
291256502285240079293646380198253885974668534079354963905276721089
602407226902165986957701097077531452104710940664188755288569762172
944161585890367176649250679336740399512841724072006864140236647987
681125241175177028408593470301717067343810185185547219617153752137
418335111126344430887895898445474063778318358635224515362340143471
449079373302195187363997346040268169758508907231191745040432785868
719752588094537592731012884934285959645687208640187207284577438390
763901238867232187190758409524846291787624684708108681676168478084
188413286583906700000004329454952406117387935551145911457413708850
935271654923117068947909038536468460329495617535377232329378597966
591321702595008320275372732495883939974711953618621483672831622663
588712929761702284375623738150756206419931776567350594148890635640
8742818151418735854692522239570037613654287553962822582996375939904
616967243898989408380724789786218700154973483097079629459189179260
8057128228689028445696870131114165989138863127781593774723518682963
091058806010955290175556680675722549683497208959068954889965445681
491749325030614049507826187895539126356248586513351570989994457868
360427490195968801588385686134826543679503363252466464210958921519
6263378204458043464758845020234168439117871711167793717767924047951
261029418224640862182946838784425809707476019662778765172541794510
907327749386348944372897109791139438113068118811735565904438165897
915270070080548714591376789416415469030432774050584541584217494429
340755333748110148727033126027163691902091417434114618458454200153
034875114566494317007632292809840645240666736266740797393331009289
896134504104630681370119617337659933735042698229681019852007019254
010492617960687384089472765390395679435353906509308703797335239558
739394787456656825585339014312057772739962568235688754816930753001
675331750107451670601682507558006462544029424961821208913135458097
369829435994383378274851643722220677181358392527851939272532838203
475766937071698580837406388750680785912338933506522592743863023564
450461828195298103104163547140052256266401058666382770473738054445
350928866481488822065966118390956573563252360365961803338988743455
153355748314675023469834220084131552120549495090918997365598355724
665153453996101044673867519871545256187517670888769752205282785272
125282060448546017122203725303644256814165664528092880055014376360
583107259964944140041968197311980878205323418212600020811321079206
804249996494275748166776252779259167391368097803739516663223286830
130190482666988009289862218775998757315965584161326487054034063551
897616168294742217035546322445192894786153122870681286301783422201
103451984501057864683248766088612969088297275218606718275763751132
932778657558648125940930872016004295472576208339838714628081477248
189402820552196065966514264787409536889916142560160646899990612992
215098553615765563535499376043153502857139976425347237632475771081
843013848872374031299707330498536430014072530977958107681987022293
878367145900925004968575455871090030161816478635517669763596305904
011236943321366610753726391158009018454887672888457125925109982661
103922078338275626936405860721771447534893416126284850997759082991
163935576373973765852914076461618421840996421226937943095776718961

```
1628732823499823852256005078402093900628869719782204416913419 07002
8326784082903164054922552177043614948673343361726809042086027 14138
4893838210504880094600746603947365764560137746087900094401851 222014
1675159657625415953400988518116033345219227198829260586520381 14649
2151567209954975746574121840872265982904709816997694770462990 60444
9850597373439153795911727617879282581027512847087357920146530 06403
9981653143193916378152772080529370561041950408315638404416909 82549
8011690886933267398973578946640181868415691569823575632976824 48222
4011287921884244618576699155294640566290166904997555669414393 52988
4344256785426416518076588767878411277054465770026806529408460 93246
4186308087091192877265263141021849796839359392705889477289509 92067
6636221097905662980049143362834639400515694290573477125180157 21155
8209996910177071719230360110070433115887838832366296696654022 264840
4854776482834575670668905571905050511052185415435154693883935 58197
7378138913968113261372724346005931631458890311254293622905615 59279
2501747619619910195167789816900207923762253210088558477068718 38501
2769327729528040165853397238089710497459473810934010911975581 3596
1581559389688019805399375463461872776231212179233187692538078 34302
9836896388458987200498459081033244747868863381950536877272419 26753
4868383559434108549800543903363556858206384964264234653355060 66815
7315771705647286943524697791931805605449457074120911949671956 6961
9017236594583846472994019056013387918683672744493434259743126 19778
0478441599321756578481011073143501105785760831582855970686785 23584
1705012783070222820380459292081766496106640927499729889805268 11118
3916478860755987823426305209615104413208150752142404324509109 67165
0421240171104106253326215744924361333092353431584616983024586 85749
8606452430473373731514518365749340006072826417616561705832384 97764
3286521370293287354862490477204269209004148514789522056856285 41128
5906533734534696296385733968323281144410784960481989255007213 3875
9236805188689375263048910179867763637368914947698858426387568 24112
7761679872965261242641338858639240902840317288244966550228001 62806
9612879737546024913312161306814127036294494666848177594566278 4049
8192413594973096775148644864308929887205923647604632874585348 82322
5458670304948097879202324165737901191336141491107295498809053 908396
3021483011802370047424209207770082671854797602475229075459932 57147
9195113749248900916876844462002869991523927134171170557696878 91561
7823679568310215819646202170605268062841247090176969222429250 60323
9873218683970793715150469416034366731863442207507002566320578 91475
5688747555064713998009811392613148483733264585152302298423464 44800
8829734942151994450572536496656563106482463631167553075118974 50201
4130143219861839532240334959239699747642275503548513019942361 17657
6515872699768957821579059190220483491877652440833063492664368 49441
2291351233701268002994279949241581988544598720817150219250572 75453
6374839668598689738575712465569329905192505430082906939100414 21988
6508603398132300645966218137730760808829302428147165467856699 02950
4988433938817004582940209386839077536915746377446652999010401 75526
7167297774358113176346426554373004638148907563361048092146888 43063
7367517158905262973574771560959627262302158585557117374642320 98875
2532686030661180547942090914121360014195622378837238528533728 72382
9728634882076781218844601638605343275701282671541383398053762 07368
0395271700124375396553115570201627669697781680319641721562052 21036
2946292221283016104701097407447057662910142687135155084967150 03222
0943811098896110184907852752677392010636059072237880166868674 16742
5852095262040377190473541289867537952216658943815478318738748 6082
0137904727137149971988939222482354648193099535451512553890348 45994
5709335098462770020612180879017474441630675883913400385987412 65963
8748372862701252772111914403730126856598525717019594672260471 54042
7310867380506793633798256620843331428942775830692562513760062 14247
4681658144834710510546503871896238871385241987006463380663107 54789
4031316424064154804535409924523961352622479689882636381757714 97098
```

159319582507861035392106027775230521651067733984327531426645067401
048428267523433731495458009451525603298395629302254765233678082735
923290746184184347689103016134483334290175522624306351131969879205
084912697194727101824336442858787553529328426972982528248435948278
782183350605217795138560210804895840208012882953878379794205782240
084968562204851923721711754355361702513262435492722236295273580070
977292829947516658868924835799900405989458461278467568960959951557
090593111613785416019125155211005100527497713004787929201826037703
345793812516437548282372572073278295702104205741098367510922088792
743974801752188098840840925625324583432597386890875984211300089945
571858659872439399101250870516146734244487370607973834349484905168
380684060948071838306764449887601608859329131744048562001644552010
735532135704743305668668610294653297874361677647050188409474234148
276129512519742082498136631844413699644642310826179297998539899803
796066752198088011262677173926816446599365877913266104671182315599
977066885832935173540350371888525005894772863865357297949038055292
468112895685456575645972578974981946146990323669483573921958157003
074074634414172537592368753624956027440727966979928771979056836806
567575800251744645250899348532274467203630882154451784535958804186
665518640683052618702108751121812619136168336846624509864501367906
427706084227412724740368090914323500535305900384569644154743958816
789568269944518242080657304350122307995462351115892331466593876381
746591543714021067886373441050389565579804077089240867158031464114
943939437623537259993149415225079921730391232967886763418127110664
103313030796647830084208585063777476392156847246697969426481628860
878748008689613775969900754628118129577358030370624261307811923644
837997395470336228493556734478222739658444552113782752045137331783
285064219963367564717924651166131143573751249499769325215048323344
045223784981868634208718438720251400074114157185639735114473445880
398169968902345778991917490420832437760367356497386118406297863196
463025571847048076351844452370408089793661520014229794249825693024
049602272034015149268019708962994843578435612480184296214076190669
288264558412371014111131297927147218627673354278675877365414234391
340903853549416903703376579266601581116054751232768748621735110542
638966501384547233109710764464196595134724568959028105494278517059
590872122794972533279552453802146221398253295900327023130990024956
872901011062056829175414806738128466254712819544151110807691164588
781270498721432952166962118341313964582410857305819211212747544805
991860409819857550597862263700997495588476632568180223897898165934
385941785354489394269489476672314224992076343636565207256928365969
222436697421420958235538747604724915389947673686190096091202709337
536220039069929693103477112979396976489631718391532374435265215107
263244143792982145842878396709303285201882289327130673461189504428
540477018727813777078484863449672829823358070482408531422866612055
947751606243795044628670702970405535383912873321647855878474639256
473598022882823974649395950331837683392751176738580376773206165263
413563236799521583254046582298027058561227358491596435760050610521
600316345514105468794537147432734226571839918992769530890655617066
587936818566891211573331023120530819071546564847538938688857321524
853524669721022831623678920562143298182328387902750939084395316028
091171825357745384851241663769865846747487951405628007746831168997
967662397974702147894428139832023120113138952630952724396197672191
556641628777850543779825910070413520742994798194196041327082246594
211994727994050247512065238422998892781022715914854837569244042325
944668094935020502163673751205046373600821224998714720544824291226
939103013791673314956176449623284982899337413787176590742314052174
832901146043528651687669790103146978073849605272936918589322840748
675008554264508203662981442131839542180212076038583210000953417184
237052902202692703410654384892775275332579632425738246407532542841
528174803873345947319749016962201876895421500154027220602910204107

253270902619757656704584975011721480412519616407601867447793493704
546073225859089096041672412704171658087305877230179409992764393962
911626485949134768591630674368809901519453885273491484510674668993
386639978878351844493769868522785151729698344071138553266161451091
433346114535039180806923466624496914709696919530795316219884442480
784864058911479715245689161353457782757581602058382748491165323281
948354453474164031568449713652627836353807673776288508700458737891
194810402546635953839960433342579913237841321194215923764790729827
072535594881288270652357140477093047023246336115426757566003468832
187555430066867084412960050560442710326109588094507798357131487619
015080661905204536141672087418300464877109756240885367181651105240
436530333241334882464923846857033381744863327155661718944866483620
788709112023000467562162188907574302099521923801197829056987221322
463653088737751573399956660317687279848319662657376895230385324119
736070706521532483714729926443955992416130913725500899610383841689
048290479412631053879044143318885600767005282881238378128712229161
671752122005207035255110613425335489003168118292708286845864029211
862311798919708510125376652326858152269019281333206138739026298882
245875576623896158514288333087821759873037251025385123996851100843
653171826184137236322996909672704296835311027943238518699281400760
138234059431906157536315461255949014064353638215088679276596904332
792557720478647214942057306323084278055331197407691419535237122419
983069564562577219589708238351457940153638355487242272249180418095
570574408535570321778460395118801548165923358842696780726908716692
333879330414689888740739159426492649191039267780567328580307225539
489862856231478825338300920371257415928771392551735647133204503384
078890336536756118462081549230550205351442024254773847502230601402
244113780502443097389596733389693237730486743205665480336862103596
605503185411265287876914225622145127347497830034363227347949376360
281327973342173623305623330457390300549067727897176303893715322525
075325142331592551220761841595924569676481437373882236268449975004
710162758246454551098788751149513618573696167149690750473483702410
138925931505502067111283137279772548405466270208261808773520141128
354155245861172634531891690036646310194880773586830464776227639868
509388120460342500686840467168871778602558044055319793343037858216
286912081753268621409484702214660322996358166385208628165545645102
210422955203313249961122057302085752999004757399022470859293231830
094364573574703973200230625091357234770032356085209953421922279300
086884953062677432046703632315648379658084676980261014799047444134
166446283817495513788964634980336690697030910911846972972422278957
915236151274345309525523394715058033614242434832341816687367845116
292547632157304573382091658088710776726896882611390754505399455683
785188308869987442440987003289859284911534970877530604911331499782
603701722928648231877338308895790150298517195709635741003490524692
873174575843581367924760188264823827254082701540535894137472446602
331673416110917433378557666128022849465399430482049866609342646982
946769399079104038358167434690824764145510903070254241307262477668
437645115600688976903083267294901878829655882769805210088655425976
124400519059751449561286450785187612394025808736298229248935698519
804371001423515642306163002062527369620353183397762095754657263619
253343878638363167494062334932370967734212345933714657233513008014
083824795195761156301491933233195591888305291526224955919460827280
403275906144421715945292624626081919986903528856607451157495048427
562628606808172656941914098546946323581844306454991163937668842444
271392158352305973958525820971248160882171799851941759124940042364
789956151430305515582767486088789569307191534134890178811554624198
119742623958406581986006636257273068643092755197244562921941538531
311538348672617927357988695587983576263560430569775956094331220056
794400147047548034222501875705911168594375571108684804779552845544
250334662570388403894027755975919150223542801684540133410802959428

102916112161468997223161912288795222162159053788456606480134975713
950821497738054686830844094504384560680074614830962662351672963690
595241802674279911887215409303168887906206771247858987296316187919
629018056047575073717532797588052198875484196732597942451201905270
662870479490067969530088823441823766051096774830338054847211248619
778580123496494944437967387450147776946011765152666600955185146807
727726885974748923000943275293371935966316214468609153162868944231
368527044571316598038130926339752908878546732387691452736223608116
249364646935192793832353883937796826357412852956658228647451162224
754727118007819724056826162794119905266769274070579656215764155642
811360710454033024621728443473117445600889962314507667341883955457
093967221952834366493058330492921503066109298355333876646427291264
584281752768896259550620254204857523962627003932183499576842611491
197777514207678894142983100640011838255139109366693776775871352703
972320175142155302812561285704137152363961687583147128578707017167
335675597956570821044493301491149532343224353992675116437916497845
186686310300636014001685724953216647501741097447818368275459029957
137108386033900391172890100185316839043286584836833880656791995794
585425262349940891885783942721710708333995032880038636858757615370
036263803402974530935670974243112389709367502759588577417403903581
535724387061406851805718010980813152725063352026267948968693830227
360917348711416822194254326349957566853799963987156086621855132374
690956135128632534594066790328595896416532231542448403506905710288
350305297249364133355219517929100715666033821703938487074244305516
921873482171320654968673420316011426324972802979335653032643558238
476079234853767103340721454866591612010309793002278271554668865929
202952065977335229636339452485972445038740951602858543243965256444
610009632820457430265066079403920339688253988307745239296559995609
408822437044673734782908175552175822298366909531478479972485486131
607140048857566982852099867471364990905043437646212311077419227186
639916151536182870285038663408498647695221547679954821158132528646
377327825527872815677877936264773669451270285789618429171832914083
346938222057704613324123480722688895055971061984098456124940462373
447948547411356177782419304015724628386236174384960107078178089093
632534450658460385683744364184828221452276905818694447723028977707
312462854730542924132616256457199235807925111969150295132171340344
547548407067144196311060284267556641500461788405694181145770321667
406647139437050123837005545973804030898578063048272753024955474479
653626908865535177636301065242695708469743140891529358129641015448
737186035661955206519320789978599183323267156173000120156211375828
325027066871444187713710607740342977026859063889168920207691592900
528536334805249228409835362263133417254392594312021345759485497560
618285044399500565016095975134770758713854475429893935750581805050
286892425533709118055700562227736304793089629161053399212609542681
217449081968572024942547985089041041303641152429474920574465029020
449684270585592489374645334565909785234224423182126323411950921373
746651942929419631223160265254644474182956201892966880738006930869
482518414203050143414112920722489818295476229759682663248045627177
971891184763565237762263820036022881502608870251340317839739872485
317959319854566732256566897727833994852374500378637344288068490983
039802098757581286296368591265494226233320327140435535799329145992
975552620096443979509818286087477783490511341371712986858625678687
094648905313545052641339127717798189927319874697858047310872568757
300777775089558477360731213350220605148464006157020135476951272188
793259408315284359994865796178514794181592226485453009425878371929
767686745910079650473847692524061121829837479533289111366479926341
411408738468384169545811190041311660598965113951878441950772021679
405154729374931333683648091588481657159276512235986854487656797976
167837945873951572999025627683590022525372485622736433411728896630
598687917904310011504695856064354303399599691731589180939993861849

```
79860857511883893183378213071300558803615163325959330684115195421 1
92673731114842306739172104369629375492442757246622719300043339922 5
58130918308312769291790042656519881851417964828897445933585316752 8
76272432968794349159609332950788691293448528673413567217400285319 8
60415560901788908742117788809738237918675695392880713745638259694 0
67426857314154530241682352590601172554090867755447992781559755653 4
38486588116977164258478161044831868447695702117415812853603665343 4
54999820217625492012240730147989887216544654083968308691893534270 6
85464707762791515730293846674629114939788928845965855544667457801 1
43099973088912808692470307829903805098688999457175850444912303645 0
72419255836348035914777619114062195304720813584514318363624456297 4
12638909892418997053416991497943737766856277534576906663107212144 2
64681534975188921994951968561926024574425673779180708866152244938 6
13678250200165448145297515236775765225263188848199079792354862956 5
30809169429946843292710911084456813445610672549861128507224084859 3
06072591804146909551582151306891200075621289537698323030607064573 5
27300829395329112222894445671528901084040337781879385753832943809 7
24387629763571273212259055751571940150975377375274406400532368597 4
79275179942619299917947344362384925019211458168149929686167921532
45161352256037969854178943480227456221819320708129456314502962229 6
63224128102049705434634886060304416240173974165755648684964905498 3
08001801663380495100939840373891380303244298379268560053724814712 2
05533051885790878390072755312158443349047073368082943815645116687 5
32572416946773497361864212989400447465053289333651931241010912422 6
10723700778548244919245494994386997302455988635819031698535566290 2
51960593055573400219721870708506511774271723391758475327775709495 0
83933359355273196498399145021907182948818509177139867181607418618 7
81711652394446030973181994299052106511967902398630362873225601393 2
68970241664514726594683069914703534843134491713498285091407911488 3
24546057140575721240033622432265100300917920395572457690233611615 6
60299520650651411490869846560642144026119588382836390731692061090 56
90983496136918566602380803328471810370212444015338938857207752941 1
36565540208102392430182497920812183290898650204167254252095585532 2
83566845895804354426948758249952437797043943055994067941105359505 2
19785197706013132409485515368808123017180410538823395196468323211 1
12057805771329196538584742054892959851133969644270578393919589432 0
55165814827932930272186227891769261873160748931553673020575373851 4
66596296035917465519126989239816912956853424338710593709867613093 8
55506620747469317586655479647069533572979479916776037966434932703 7
86288113675539389725502510368204796909481716494729866579505796345 9
58364609604709919944281804584735952790083402132210565658799526623 2
20358774915903914081391781893484817749458930138248405112259102501 2
05656914577124576115794499294401438612545856904723436010389407778 4
38001918787317457654195713567957294809011391582395552166715470252 1
99225665611140917423150611367855795430966352877778102494807981716 4
53740819738403952202645708279612446683146114224170777664599011433 8
66271600007231677601913301329407727999780250002063410863136517630 5
50558432415501259457543603784171536966445827561627664496805142450 2
46005519200686140812125729846046505312661947486827631047587848342 8
65545751671474712599358020288735665126490938439348532633106947273 2
18284736199321173724443480124577135772674620129359086208433586488 2
74157044429502438015036516217881198984634262561413064571440070050 241
77536444295043801503651621788119898463426514130645714400700502041
25833280845689763629556720955464610182083252720977761718316313982 7
92762491018199054686832855957672030804635632284171354519794316120 6
38499840597583636724590549621326339510654132986231423738660705849 3
06296382775604205200239786309521070939267511710176598222602551604 3
56579865219635817551838218682418600091990284134605988849123813895 2
12319829508276225311241211960403265301979247307825803980314068114 3
86419523444171265646705648326064224974020343273344295152402099853 1
```

414074639518199937386035101255120459422906695045628370307476147631
128095812326138954212229347615880640112562119341657186223516372938
104852390812135883309043722535557181745383564646448062599653132050
900060294603665043486493699234493641091639841065080416148443891430
318155997394141619715102274060871730872204609647120643343147173862
814011368702010323417171921434748299780876036081933437248062489130
987452134223760946447152290225962155916369794715012965146264590310
914086561154336758502211246849743878469277397644031734933835502116
058740751259727212919247039343620926306000840575655308569000247263
193435105786075132233520576337060461446984925569430914914498130796
515797239820590844450579204947011680747464616975956386308166953669
838468298106923208257454883743239207101867206122338152806116612064
288419967288632442859887976342121968328527435202484038368983681596
580185129671608127591651527374824130733941114300795570457266832548
285289286628514189002655017853578972002742392239255593711947719113
576020931719632998442027242230615710835593197112690420593390970584
479720522760016722143878307016913983398331287560329478796934705997
719247551595861510289146344437885307677461746800988112259077544645
566087366707056295564010410011613926366369930088779704729504773130
3735930189493273729600689013555166980372628737208022717830068451
800976360625081059159064198000114284655236437389660541861953411195
857146775035224528182957428237236730644589778804635868950481775936
374541435451939399921868164658768574416202633744980092249013557773
260191135770086259916911855116294516710625920982412982358865939068
317690443286152647809990894053992592456299228818927368050762403791
201467770704616883369034594843307528050833857504860837621078176798
860764080513685114006876187148955283889507556562149199885192801586
375570954634055882300445565048957797738119975617599767502063275742
520484537483807188610791701069422021827740155900438614226729979859
388412154589285628751848256714502810062879512283064593931508085317
399992575641141850767454347020808408869214562058266737504950271304
152278974981204186340583338680240633349398820896647808255878987465
746517993355341430586008544927578852260948337565863562359526562497
939724511133727509208916840182488270192113266830394931229143413161
638880305199205571488507934578045265420200184536530659599553803124
845624600655926357965926089236117147066312984207401770808493846115
702465669060181860263236279616569948760351936828877610612239954788
532732348673088478106223731738973550686278307145376685335224792853
463555836048076550509209399941099819622540197022452347314348200964
698637307442632841922571927768232834498074195884153982842124905366
674652668835314999734523129947582841270080535964918465222324121849
788077125563292270850592255098224987801108471099019932713230225801
314075337601372889067824209421175610077801003549247141807873435483
733283579093300989943952252489486061342202652678062985398089971847
393028495367649716765724168217788890510685771592665838676663241919
554607681529740736203709634597986897853431125984964875204495758704
010687182512399131630151406173362456632720389977394070604193825445
091708312357412544326822147197535051721721398356428474010354036619
801117048396014787687271939262996563284512742791226696061803904589
277378220952973619766732002444777675351345405443711882667289609669
834869761194573197795795286985536003459291256812195714230257859258
042552690702367356877551488651653913592459586029115373219218411163
212505624306014987651117812608801474467349923718244055986057074040
451120190978043437663149433364894484883599880312412706053861151925
419840647733524737565872809887434333653566287230036917953945731644
727873298290931089782446765174990597126411448515183936769247320985
590008271794251469855945202546597028209652013328304651408171463906
010789768166571150992967043364665482764565327009353292400381633384
721392894793187655654532463635486206351038347068619531630986483506
549678130812798409198207152593295048756079597813394195222029788688

```
4939041813727854095077272686483132516403118290061199331275044175 0
2459431750816926596650723994424522063174445255440021361797923373 99
5739178923632773787828514491222400061042129312539647507447835475 38
0931516606487005466575728685485490474548626970314590821419556277 52
5937224257519113728141202197400440565832202244789660266551639225 5
0169114062047528421785182083062338389872726806838405868344957023 02
7879203741930171645710381091244979519163422581479402653153774781 00
1692172192771461450224463265430330064907454122403581830851834851 44
0535140351939710790679822464935640913025446986283955333242275948 20
9843094186470882956700692140178060262907381130440315627058123463 16
9010109221342486294949304024358972806565660535631312376851134214 38
4341513890883149191522727524803327578580237487834098209031986989 51
0363909747241804423533958089753130703020102432720451029528063266 18
3771798019915941779252799294131916839563668872938825423754268798 69
9940887633982786640553586609298463131228032901997282042629517549 81
6291213149015176593269685099344986114648349226949347654892158711 06
1268312190931240115984162543314628046781658068099869208195051598 02
1098982528227041739125693209314082735565564358734126803495697700 70
2305161872011498761613432728087788221490973811575767461956756463 782
0550050234304403339941396351304160166678494462053740077405418480 97
7666221697913910445038378686482994203372593766743825643691450633 5
6999074942547546496162404999976405331241216520288030792452155086 87
3070345286768505638880214385950620885345644800388545519292556874 09
3495293662083197375796754564056185311596244039930367859528539362 59
6466694982913052217067904872393858558602864404264693781922916641 41
4127243643110234964150100323912051081579776152364776577346891986 54
3137670929517812718610102268277125342448748336644257741206043266 19
1774697913308865811226500767705842280824112480502987419860574735 71
9591631503339983902058330630628749068879335068768792800980811552 87
9543812071685435899060710402467594301268173364762407609626548479 55
1797512070932237996714473890388682849707485536892061083828562650 66
7454225530025289112613696077711406298541602431572381572716477755 97
2004387418479534627190863526437901163887688085122853415141125463 02
3451711575779568336434851951332156206693248465442914162566291140 66
0028923005173946353856464276434007066293398766501872543632357736 65
5682581364556849292373991265478845709986209735688705496794859175 37
0868379443859544474439441616896841575687815227393965986660558252 95
8969128843664536460330424523942254369916308830044144836494077876 38
6800641840442245357334011144695208237775215932864398414251122220 24
5629603640704967347915497251254942052490074311339573362279612369 28
0863840853046125965653399087855867997837596395395320586299218377 46
4595590267622537787262291446177602035856886484150199759222254524 21
3981734028406782117968962110203447437082757919063483750051357991 32
6805381748313912662337375092086488062992131883253939564599355675 26
6703224069585651681501175847175675010871072286271536023019695599 81
8776675769339321811410620979583362627144223353378545388944748082 01
1412517220547869561762019368267977612155759516735703134833659814 81
9477805859303186217778054428826406082846009004337582100418769538 10
0855096714448889555894012180543310469300347858567812066452228454 75
5042446131252615795569557567342964437445450936895173867108541662 50
4031879637861284041507120295618620914051016242168009039515916101 09
5991772377415917229672646295474003762224589934688411891551898432 00
9662589285161716199841331704689643943450221265030741336510304094 47
1902418659682313046989436631709936833759592138723713201984965631 5
4712240282219003311278950564759828220814621427151508677501225613 32
9635237640000671624767113021634439420320515653273460226939041984 23
3063942860026379972921694383326274366029002751508908374244557018 40
6738592548697745177183878472224126066994763562570625994925148121 75
7301405190585922183811104083625964152807850098904295422806767902 96
5307807989540658893058083920456244130246389034678496571778384363 70
```

2490593647324598851666919803804533806259831554452718809220133177606
3024208591658859105395711118582482520443339109150701514450559178163
5658161197087951018727185624379060983581699772098676126007533342963
6147735792988947907254125791580823569945392092468604175737743347206
3255256974719747514725524386643979691080623769399533649905809315 72
6920582446193195739831548280802214031384374855781000669777614320 0
9550440422972046425338751208758361556377164375780165878675037668 62
1719927777825096547974427310912363782196008207333620578038972878 76
2990809330130665794944608784766655560204946768564930182477385241 96
3180043252814670119734026575622552966025073160108590137876242985 09
0249835264939745331152049220408449693668170039181737081869927806 7
3202104675229583227997092291307830146592251655476003286255121916 92
1431583881955836452408626051057764070847471941777181870973784297 14
7157634189382544875169574712573582255312508611819060772272943279 00
6406855409598026724289562583214185020887886378854941282891020832 75
3390484463517373324653692084823823497768608518021908954933630011 0
3825759836511830880187871705134936424854141139469177507202327226 94
7003591637563767873432229106014232458997695741102720825013554670 67
8818714486810950386648492378113381141160977442528646132540782080 364
6495338834196266042084517738702268799104499590897582506252245434 43
9195396777032434684324643377327813699459850691982985450403285112 55
8622997268891841997978307299650776997938274528903895797965649628 2302
5273215613163240957521305606079866784921914574747455425494205457 28
1985930683717501233804778893683031028299846679306488049629671054 85
4738270248974954211296561367553522001414481285719631284529555336 94
9483321297536829735233322801500176855300043946477203637062784856 21
5419205298830224940967157816747544305907111310588662718078925456 05
2415778816888488771874527147223222580217485631529204544310929726 2
6955493405615043365506420979935727047726984820296600034933077172 93
1732653177777949227791530149525129001378538387544103327242881734 376
4130030935936848990249056071038999686830496554369363614668437767 11
1363495541209649713256128652152075984465126779817568821297057753 87
4512422635770771045530285210322441398095543546706218217793145267 32
0875232060548198066255523135351007669964908588025579183338895134 74
0709694158530072502675140574506771235779681844609879175269454637 13
1520834524716501354315933430194931335209105130942146847014611315 57
4022902509277403763664841685257140951102795850267468206790380739 11
2674430141398111509627054859654125110815085526788409465059473579 91
1434962297088318705291275250190486252702443527658684649907745831 16
6097923331079940464313440598338990400028303421981044957808286642 03
1137809222660479261940443554869497535343727497415335821545012638 05
2934678178840278869368209529017586498698728938902210103788055152 54
3574410085854442933169598743873490899686423883587872244967054980 11
1721235491041522090718055314449764904679568009773670657882581980 26
4252239560836866155988082374009957667686788842120640705929716011 4
7266826281892952861970564818833989585342230219951279023766792526 44
0663959165485070700647558004909140823551644393573082106349125164 48
9779725431973311017781018248317821167749277410742274309686776454 56
0664819356294759326356297390433314681927031876550074391829903226 83
3240523902861895330702879266947518675515693705253293820978001226 26
7637603311966282474762173533456620090003995333522528158163797287 01
2242090397273392106141573266440949180731774642665347803794714392 10
2563555842371579078722874896655956854738394223226607794331455840 0
5911857564207035494412139093024267004734579500174651542457180446 80
4859380465694346690968965990066749251613031575961756795780997934 88
2803438683752679397530955817234363749363775663011446501595469211 227
2436639615496441968241394576045956575669215415820024241628597228 01
8272781260710473850792698700739677033769854741379545924565485799 95
5317509543585957724512915131866272845657553918354429940399784913 05
2935136940989632182297907741739956421233797192326475236792491349 72

584583740248668777780231058228590736239246214604252444716229047347
400473569604791465114623359305503750041546834661605118291013945460
850335929438028505479703342184492817817859851633248380769719104045
662120998023195730715656032358818151187953359461038806723751210163
093745497523638343948056480747285266737969864181839392918213584279
359711035922043492661052796320626397052820107055362228885615788784
339912369688815936443782964522871645647676710723505322520831321144
418676489861527132718144147325188547183530029445416905097618525860
869876063593110013786116006330099789276354262160744808828212712613
797715530969901531592186679410298393171089697372283402434162824001
085456798245413199510137473027831657613360096094404204014147635593
370771621729764857677302112929149491007874315470677213566182593721
522998362795576779356319913366268594608094520915743697618589028765
896409269318631431002048505837896680479122188948048303976524600647
974373399670612938878543198259388553509327979445297962906032757826
757578216456276598995487242445373205234533788201791918944050269212
012955716243357569384084465801424244960691905386474351571879659861
449204189391951511791261909108055981061483555993528669009528619458
855864700265488085477476298479616020206184149341230633647404110665
790178571678215392619945290527641068306859626934759260525342717931
707212691919467483116573197156707024925375433896022854178202820417
009073531647665263474826851441686914548473915321336902835795456128
746862931861027907298757573252990705452781451897455860757085960056
721014694112864661176730901422242422772279470583217666580620108084
616802752870543892721254500214246065547114406412412124654074463772
680264588558963571408611265657219437752064013851731015841255427645
324366284776114927415765633602816456700282300492681248477500391161
834998671208639796898607627310725971850404242860529330261105303313
760071472323570534946757885983654314960777163731091460970920149066
572929091498322325081326947100938362742120226539895535144448360226
162854736477243818248102763028448213924556182712573256499849023194
788463971001486783559402415220313533428653153481423764813886869247
206194757377320615578516509610243526618447369799940440682356433010
113700692316170309362997931560533361927011076123698498064544109433
575273225015171484823557810800868482073754010994528600560799541431
860828214876884359410801428130685676465949671699525851213708657044
318350787747284450784354269992721357393978310303943324827312738893
091378029359457303947003340774642643374437784026912969384501573900
137653596154741978925982658759827926233842636177622103925990092985
553595066296971790382124486176234471479176105688520262117601050600
088381463173130875958195412990930052421474705629045886711324434699
236817187598098029382888956618063396463897916965382794406427521650
885242044177043762686660629330320461353870304380120358153881347378
733497748222216787906025186072592567073348421772133092432587604155
709687773275841895463769012963134332284473826375062298098404249600
157087001392406657221192603610003342518135165622508752092778995254
520210342064942697994483180199745250271455701000423357510895630892
428966754668977003011583255476623280962855298155173627856555285137
821374933249600043490452002484096398719951644353048555889216065572
032959979402647579471528196315469982609767150975852463073883009255
919065990618493963967121474279309787043087053484328992088184090986
363980775161187725145833026864113931868983607554237805954811106944
626559845340400573814505355662946923363663843426449065714467177158
615662709651034261886415283730219455589662029391738620156626817979
809420102916396278759658933102628792385550583875813669301969487534
747150104215707790880668792174897592922122438267623002406556514737
179308916292689831734149287305245877415772155273598052682307009965
921444250050147016094024056874389303658321794261048528907170188079
987713607805158010040405017752286721350466257264225639731340562195
182677081753311653659945691761461505682996659877541573656271200344

5293313246716256665532590253250980635512652059805476196977598981 71
8021711064554013929499681531189075850361708272614107983935615829 94
6906453776608268565421548274278211849022127060629204136340971699 12
5620296374726240559371945146197217732756916898233566537213836192 50
8415071365223418891023698387020881177838349047930256285455585989 51
2473223388525791415815851761867783159061141122159287805100771250 62
9064252577466545253741780411259699829565186661820691665116674480 54
2365499292897660554082991531916367537448847916634257233088976059 94
0326441151848502243569812649764289357523226884466254462534196728 02
7027437776372432719775399004654679287608577118080139703074072711 90
4189936541729866180358070741508792724286242191598426772890932989 93
7922013858244608021388589184687119142363802114290362023947801036 44
1480199631197369878327139159199317744198703817214016791552215891 81
6232151542806785869557065174884736516755567591359654182544054807 31
8513243172117769228968754654135035432675733525581130610152919138 27
1186015130852237190028841416491453067313929592380909670645202323 56
0667935876040116757550626570248891169673758317627201790046040026 76
7669274962786211089989024635802037607149194355766365368227099460 28
1541262628793285298002885597497217949993464529712308810525803976 60
4713224700964471936549068439873504850878163016741689626691607264 77
0116727765515604006683477413816078781801238921267251945236372453 78
0831846883143384803082516719814061896808905248332056668746190148 32
6836775881876422780524568565798251349818956923459734035945694011 32
2715063813429769410405707299026238229719012789684520558580715794 47
8105907169394763962641896443592635067298215287915491127504769895 51
8786258080163960357397873470337183555355488181503325870095522891 38
8863875089948211072986912950234413192257846105473553583701514254 05
2373847786352903324168347819617875959179994460098734984419549511 58
7999305798789929034215779528965162606317424987255309584791322932 62
5046640813348488911790350324244839454671604916984463204638838227 43
2753804269230346515407052168798111194275813085543300825876847116 34
8091375648664125048722807218985370086304993128766896566822654128 80
5313888004344774082467847681021072670628399332501550446266860717 34
0084211667020462015291542542784113106917445751695123900985782352 82
2744207544992928196500047678920107815331010418340944409666329807 17
7401108579746490989954813151596064034800760550664209849377084650 51
6940883934128919833998856519991180056147293142662930638438631588 93
8625918588482873849712086914142610611436641798548233803235628754 84
7999461913470019898934059138918384936924472302342100460473767023 32
9529593594465307872060371654442385565091905909450950174515312929 42
2421499347964400325601916881430589474075265650531284698717447033 34
7578117833969281083505885397019511723083366203449076422574911726 61
1285294789331418444155549857002909314599759111872963131822479703 35
2666828878246809041682882133690389168996322104674387295397401953 13
5780716898781126955755586575876171692058683904576776029301311024 46
0222593720335643046292235904494588590464995826736046671335006615 43
9346697643481266667093512109116083337939337267991603185348005631 99
2980235274187032122253051585733033962781641558883888949400770542 78
3635292870479329332464771064454037368235590959136418722085792608 40
7973095537044610756768816408737894928805338777636617366021335493 16
1690925706176826307571282001082715328455935677816949553157756423 86
5213456370269568558220453263328891204409627285934760817809796662 98
4208836469291539890170340835544884707935929201274743147054169970 57
1729412879987482762406780679860538680291986716605814722422183834 36
0051392816461831637770740028591283667611363872888766686245102195 96
3980529499075264653835870041041557005532491726060669818386906091 51
7176883320252093672196493230313690903061352945728658397368033156 98
7252778758239772297011670276977985883246768483373047103081178395 97
9320428608716793054564708570447618827032971226140192640486136460 95
4307468147883669949773741525860603413468560864268364518945488065 85

```
099541195454614193842715203157921617371415216283586705338884137039
063287846683679897336580765980593736232410667234888459847221119991
595002836170240450133587282708620331029467243772135100726030300793
931172448545088685826104819377899219937892037960792456877929314766
905590858178973727425926512156107261547098892998317747980146503 4439
187906812494962739681873531116657313732068220464047678707894840494
454489956484665160976060454735447005221682392004828431199239062654
860265044867152208276908294858949379157598937906854918798722873848
094801168303824328316268337650470011567435604239052396093371595 94
607337407887090978619105863099970988625801211322685292755042921321
880861192952747633680665847779147545640478873215588800396666447800
324461521211794672545547634217045598643376565672916520322698526049
950690939458080643194724660999528147323605930923850550283193696807
928936590957935862756437701115841017926097773266192868105915725949
584136310628033070026960657108020140233269716315236057101432127 06
591626002970851461577403173460938642468128413201574905599965411073
998413444734565069778589972475668508043400760143891592571837675018
584028752532395280732155815151881280907948271403883302497843698432
273263218522947502267693453402530662956646815399851132080607785 93
855737400465264979685992835953476727781086346716178147367750448711
409727453145381962211887563762238999744153319398172565390490699807
241497993320035717290507989440763376561157806282220043949378359269
155754502692513213219429769044763601543343215098291913139143560159
925202000904313455645385366753018384561104590315774374795080753760
985519144340296914398147041751626973458084430027021669514456182970
111951318772082779432152048976137088478159525735204093965537683548
217429764571602591315513692669753367919747535771349770579240162241
994654185126371882315560583031471407641572701697274834010778398807
981810621249808603592464355868737162124351184525213924903782151102
863719473143340897521673854241960490946550437949283676460430447327
490906722846485880162913769711065527149160324061368409579680825716
719647309125880569870247245584879843399173378060311277685122263153
792522609622522056154326406444007865834953248491213943632525222745
165446040487191652377606800957311104825056289217535315391817351002
059641956742990348075618490234853141177979534123211237631988310250
516386314162286314744108930552547423721286845090689804705730879406
577564796534989346581167159518431286218184666816859930746386125799
818884030437489327243233628656981337819308822087746105448831206632
620190975816388169712782831826548442156817272244099004633207236090
588216381754886487720401653871245470444526505855268002244484343 9
489721982943784438815625864616959484688497318108036585641174378085
118399949409064860957000738370555188930877036945506236506379037499
631824986373836689667941457789510383264715908855996467378346698 03
527826867290195732706744548118535902390818000048294283568359341698
737033193733453711521561248327399465139680700004783900751062889993
566018270113985161596982528964655406475089969898480252875023018309
488665555600951498852027873305677847743228907822834378838575069 08
005583599970123434085849381569691515260848950810899952518871066 7724
173169234449562380287600015051842911251092889741652319622142030592
696660982031805715009598539926140745758765621746521574111868844794
830963959229185632932676539250014560616298781663262141065974034 8409
744600756375251797650477483309184845905493205358281061140336751750
627080600521851659744508218660594276425435320785994882285536617210
059459805162635504511537781109921238375651345924721966850476941024
367672119380809453652455597628140121311837984709286136401312040516
384366096481940207549515494073072854729229387737894306768530564821
168712504428930124967466862161705343876990323486808868940792279219
742668791406951602782617223599731438821484901408071585794191391969
735729007904055454428498299013629703100501701862013507829441431399
160311928383706900065483409901459483738278176218203392334584767138
```

165440169530640339746016794493795072436219410405790880366029590530
495297744333750193912971339412337932785503255634850420444666268415
083566522451632809156180681310074669040720583172360476060228187288
522413913127250488909920880840605921148175731192861175207346380973
376739181536118126210614534370812604290424732841237584600761060447
394924978801789887947371276773186651161262325102830554003590611126
322196458053003448544088153067154660590816660767077261507873576340
559599385684884318207586414627586888301553365176043769624468716018
783109389717925559908077435545230248197133424368559911056887946949
239732398167994836118920355091043125960356036469469932561222612082
637422910545276834606686365193237605888270987265164494550728371067
621336166772140417942611395220379652417162473120593225991950113911
535845518877175719382694300701509480143303103664261928135603290121
465821962171272264366174293994893678094806922221819713655472101366
334424295133797071037941063342103271463169484284088692455955324758
113375160939375156088396917584527303259494589656469494880216947178
151013716782023422473281144677022654389369966736980832853832623227
733255415956366421470627963106784251279562819190985530120611587113
432645766815238245780656405035008880365998736967406780185443326426
216162820250308773264830931334130190665231669252831965493430327661
806514000404548881024292860938932217467138727019645865590194175399 1
621164946965818765366330316039189475064403343829841662203048840317
377394052257202938389273565433468631625163007724941320129834853991
766460576056682790449653546315236614730419300599862017523430805859
644431014842976268128442894609216047062946926659546597197803295097
705456963252408117167250627160308417398789316372703183833273203958
647813040488258019965699107385204701626081533057050379473728941188
428603751257351672215424744527307658778248738149532957895863016846
392649948029931809301508647439039597738694101807116514246786566392
133031984860143497024483877858929377027570478571924108907531885246
051424848173952956939829902212357160846355380856377573582547208379
006440437659951825147922262081771020763230658269270868743713618189
634759618235227259459302545590575055584876752960422540447238379797
953029476104962940664899632758231612228940203046368226649321005633
221086358879876472003872010074224935234941410035856202617451349185
427657944906749865507099669924433160629610461886591168403989140320
896127413961601370678335217142255986935921057005567181624621757161
715986543927419682635866129844288915304063926846644609284134269828
368522242985941316566816243272394012900795674018120124518714350001
792840711181834125755099824040140091423278917959539335373665962757
784112211164254608795083900433623989613182135054349385573501855794
315629975595349634789528259616261539588994907003300844012081545395
816885007542268375673078000013186113571914723146390084845329708852
145850570731823931205573300589129839766238970475590432120592631334
894985103462134120335751146735481705850280310966420252508712907655
924750499953226620106629916144978396279128849471750994893154192116
815094771918741127647820673102948422212862137649387365874402596874
370070080773208368583929617208477758093769718051426830409157871009
526204083579907636912032233822558947523299305100007255810548811084
638668962198237212750552590786453052618848767775668529029647332587
237020651796111437400386249330251460280678281673275872325018086231
769722196396515510054177028430520710754244633204559783957158335995
776462207484915109166490088450784620676998485523762880178658398262
985967104739676333354005587760466293822831479408640163613239583256
934856708573453216317374082555355420644120625085409758696478656852
234124565152108421803248583157926849976642987098557077690613415503
939868364726778059476585976839329523271827315724135473678605273364
330963686993914149321371178687118399236694764536457558965456751176
465225878734816604251892127710705464702578423753906655909765861718
670849335646036264492194577900576361954495929317791911721237704228

9526565271441828780519621755079843780352303921365692366093388337 97
1003969743249547652588383592270939471319631731918941021172996734 90
6292149684265035519728533607255202865632100495892441002334535971 74
4216813200724620627429288986218078698997368360630081751372602134 18
0309874079642970097709883178612900988484264487547015339174883381 56
9972086754846655674974025805916099319120298285237998065396588038 96
2915313148862244582602945597454862507761570086591872525010786479 39
9487777937407292829225183081087099453928042730755945547793641021 67
5997839904034129746258972293629549699997444358497640795307196033 02
2401436277446450851065551099998752112166653902280032891113541127 94
7152213708280504605671670198245214513252280739253225377212401583 53
2929863096706873410684905314997639200478150866833848878740905787 09
4116545936014128738556136098429799506227287135732489060510642890 44
5730027509894418698341219671298780798226535317914240572899850771 77
1582455902659718489057234776824568824726475562071756214960768553 61
6478098946055560105175154663226020505770970019246004254662044356 67
8651457084110259337408733632193185627781355682670847504195013860 98
6276810720277666713254220429062039355920471407535734071133087362 46
1768107242793442731447869883074808825909918141794493610757601308 74
7803819290475696872126507406363592685566986818180308626701031764 82
8783013229246327273145175804957570500678628948146230065411216816 44
6432521922019807541835256781159434675721987796982695295826377253 86
0982742623501559407174776814139544989756371280890436076465644996 33
1382930649430535062383958630344291080366237790362566892485335827 83
4207033050215359346918967518181501503371826125774564418229530230 28
8502405063929382842189503295304218577942103021687533566371367730 30
8606241912454739900796843309463270449203164874628413148719884922 37
2519183403227948547691965517221487708178205184962853688156910743 13
6664088723870388852026716731476920137098007854292302802694771607 93
2856251437509865800210307820845436286735527276973827609713038094 01
7037104098643683615783508046106832009612342028498054941066808398 86
2707905886393973726345478796809220796195464841166606015234527494 38
1339925453600003948758571861813408686279529558929112463783309848 41
7253875250471713466054044602651877452309904714383654986191418557 57
8643334620111598737570172845782938980748420463394062741243948570 30
0919564323142407915262591440575327627125816783377533482901138932 64
9986675440723470200744113653485702013401668887518549646052347166 49
1904262913426939471059437006208452314294958473813945058301075414 82
6072117190359934184284557319843894546269912579485510701463271245 94
6841918039181033077692046527058804311591826443776784582504831382 30
8885109525415350707453486888245287946960040940580763626203428691 99
9344414844706000123694967829038225804416503670885877243788937139 67
8959815319691768825957080970616016624671237297796005482929878084 69
6086823553325778662995848175167837054591142672787286539083533098 35
2926737478256763681304737431255555432040529443484817520633273684 61
8418236217055225366650770553819616228689172468223594943235305168 84
8979796543522813812838251301278408762774943687157106252430942052 56
9812519812395306143444003452673899547331550845065571539794938737 82
5769317609605803664015796403567950383957674085825984650552933990 34
2543565733156772763019079207355350720023083993029573389494181513 35
5156570209246512962336042208384554940378582540215372998640360708 51
9562126290471023531326059397210944351395665044410856479667343751 39
1865814466648595660642002223045005375497495824886848693788922305 13
5023493876887752533274817577916692422611381684735895690895132168 10
7702806520331372839396887826007335853145977304434513897970444024 87
6622771664641263163649450384404614655757262445888491413648104873 33
3724438321709342224837494141056209512387900415286070340833424722 58
8203730685426180567790881362406401862107608331806378612504404881 06
8201782741589226608518098170313590248083677258011796589931079557 35
9292767234424353786687286363997130599776626630381475016091341448 07

```
095007602736422263052282635083749086792070266190616333703331466608
627427714736179628807608912548585050286130456909792718364618356342
137694786881838741708330730003432130056006912139769282455970345531 9
422631921459396539413470351370099524345651285083076829206289334256
397565953746796328198655379670558398629660734910881286072093628431
922512209703381652919535730096929537286037032799187067069669043778
582861501186914897620636091029775073815034276702195472287348658049
963060023646793585095886310757415529936898788098644516208805736300
666288407540400748817146206701992188831643103683673924999535205202
814214309224988531778090369572557146909952382798860933631450457792
404552540136682040000669584989344621942626011549448932428316515341 8
484579462190650976672016424095542407010489602267532861395413261524
864414090557468435266745599887817899076602267743621702059645913244
980183436318259171263658644717385791999155144697145076392660303545
114901788438308178699509451718202883404756609735749387077897308463
812732681939748822144167996761996938740760249028639787943162990546
136267421269520605512026880927250375531804566730083671016378610608
639175291121261339609323465566102328113632444359035568440689055279
908814148246788844947022870543239341494118007830668014853657380311
310860131036197715740339587814707602895775920301082566005463312401
253101371778969707675600215304176313916963719566407225015253395763
045738114082398750730810606379439824331369081891398643122517351697
746441553505842244741507045331744873255072070436766484800266474875
553267254896885917618722435578318178882829857879289004965801220561 6
639321388029890149269273188008750734168595013131596635166647717579
273169849658325936060714676898091692808004385713984087062233174386 1
957193628000109967838155922060500432792825455948428085628234311585
452288034530832281799700491208471772957918808287708804436690000717
284249683093284853804161177453665635672972718129949555600716472729
503958285485223408776826749019852123565694962536146800949184952438
669434249917239265983153302964126825734170821449830971452883754603
467024794891257086715220439877537051995877212653108371327598522494
770512457872655250390311660394741312794913893817139133858375461118
718461282426510156593944076989316629018741095248579726860938459568
095358113917074793861010511221326417277315650981203191881751335175
975919296253908229053708897739868592487182252769875143141404614055
880615404792759249107989216541542914040602677905530384007856103 40
983522658512838200247059396370405637560114289405753938864982022351
312853589587412472489136312815081577665076523264287115139479734543
141535151827784795806237065569353261446163356069021084400056257348 7
701617564862318156585078324018052167869410976976355337812666130571
731743277800099859285443437770206961803295746722038955889582084836
280073783354918024897478561715226059262396667005171455460164018461
736903128658610854065993553411642187488043406985023574327083487942
375569062871425734860058266887961598277046873304194928719631405 34
222345792120464397497414131154981832183930056448959824744014406747 4
477152115682569578546810272736538819621906816045800293161448982099
069880541363677440892544577403894699646304365335053381625237522159
603972232782744480788121085737893344077901738538442167111281255460
677934193454358864589983688451404899069850086785080717968288943872
467900709546408741699063573810090274081342604316764077607586381746
448263278554975784232806245419965150936356148114073769623026528529
430717670430253902395247956665734505488988221405424140961977171784
099225849778377275016612267138427073857033870075408650746461534189
365184705585550152318754157494856120493798583434378459553655496294
567588900796928062129027699078155699252565663939543360622670385472
237198007182063154023574919078203249540787580862614799582732139473
771584330757591900819052198192963929523195103782112825842102580817
818492925818862861153092464795954329661112218666565914213138695791
713639104184417252456722800490768951776932231920950566383522603991
```

```
5746123154237143796995115089664665116271157215949354905430481645 58
0731219331412403338831705500691929101642484533104237523531370761 42
1293408855601467303201084834771830397998626727652960820267272295 47
4597816482280002934158235680167930902907288631624257514187978982 45
5900230827823530443980739842410913577977535762026404881911538929 65
6671535966866119324983805180239137555202190939782857275953511768 39
3976895210718166032308542157463075757418046111982133083479615235 27
2672412335720178167855927454640251175574735376495029380003230454 55
7918155275354194787635441963569508796625937217127482785502023405 60
3370439608555003458522663662536626186095061849824762519913313297 72
5342401163385066164402230975277957130615100794156659051461930755 81
9261900217815047277020390497762114346250437834036943226200874973 82
1557268710057194332131395762922214477810441121293678807346835851 64
7838574292967920002152429429726018147804843807196404774966099064 50
7814225361845974663101967273620881869734143843279906705996805744 96
2319630003255312490504041994356963237224542859187553468843908107 97
9486662361120019758981656777806741233031283067755089185489507675 82
5801129897979063217056037558997953308009696821846405472170103000 07
7324617917831258390481017644087435707916643452569833099849988384 66
6761273934668344420065476725253946693349831116780973949757296820 87
4659478967779634382108713516018393395451067845956513188200669533 207
9102771264437433503240378157612585147846548684383504881795243550 2
5096753724719782920247509038697915027439347438356566344490817205 28
4573539406364284904320084453702167638891443931712278449196455558 01
8906048767088327216164764946052429111807617452752312858418615213 57
2631617769656692330869786379799854641317003961050458504526889760 63
1939795015292415120562016519479376883659611142108571420152836983 91
6366945359036146731166168530597554574538491260113570864555334082 97
8506882204151757749559188999443960495938761685887422560526781368 65
4400519519733791443913095610571284053576246178334751787094025371 98
0711719122332094662233012628533162205435961485823199123431155945 68
0308917613879435531754966142393766699209593825149335468474765974 90
5942409218685644030009116602112437736698330120676110698260908937 620
9899579419980179906826655834324757017914118912142593980115961776 94
4856964522183212580669914872489993365188734673904472714751701236 78
2740519997315624345545847632849022413169449606389124658024322824 05
2896769164183164759436727082704433190719397428124655585299360087 98
1743952771378514939989634046257193560701899514401135867473342561 18
2249750316779037499801569214280844672252010051132582408645142420 4
9984327916081494976478024640847280123895355146087635295228779385 72
8908578569853472948110309851650205370994320908067404382059980202 7
0384550471751069136538348542001079937679606453673948109805387720 75
7212286825831843887426232935980079710532951855145368843519904896 72
0819552099487854872555910360285364308946102027009511507192537188 328
0642000119575465024328498586407932354629550809802810597202436080 38
3344410252508240537347508579254882578281307197230991641198268693 38
4731466873390286086370527544041761681197874584732267354785730194 94
1047884843862693040397732021508070004304603167746857185467687970 26
7738278933336387277187517411743629136258204161341159362813378652 26
1553862828060382223224409982374643859883283303646909304488092116 06
8801815690722300217648463578767831934929743477528765679235568404 43
7008186928436616473278701684986548883270859243776425595871414857 68
4794303865559234068806572369223560423696368212996170391919483349 1
7989004413483313243319393236741977171865052196175169012147015726 63
1712596082289111785698715546271463117706773864622509895064609530 56
8891304880303846831978840945133756309733323935911155208547101736 92
5163390747671490141778463779184137474497982112032340260438020819 49
6932113777291249318207280682232635309014185097382800224834085164 61
2984529813976896881650017458902103531858440710987672387528400757 85
7154195544539552048054094270717022127837770000304755747014989518 962
```

649568438412356391116750330509300321539362893553029628140000487130
375900252260545488769771515632124187948105843827419800043685716797
904488157840822171208029351587828498555486720695303148539135590760
678869828323025976491933692832597849038324158772153378304814141851
598480940144807213351015547465606380879525895087118562464994688253
100588943389629815808701009264980710654775639973185554595047090510
163682977344436600109260370148790117772793270959106274408460479508
630612341361000455907882854261633817505948669180774790586834965595
474865898841782119540317335414166790579895494937719901615800151662
585501389150178218904275209287100056754786442316286693003466297035
917251889504108499073530776272425065731745147616402470454826549633
455122502335201426257785901426637197365898693106174413859074484947
453376511916516124299459485780533132818015521100069669378954875168
856649060053790568299921746752763217752970406501478975980651432691
325214069444373100732551862319019182333317958590772749249916648882
722658856226942290231006332383940437895912125053924966220699023749
502471821220802810476388720162295539578894670948989196233363746654
018894802791541664329829009188011449334373034987613591851956503649
851597698223720224945437803387984129963831541440105495237742875063
832065157641860321053743881394237277001932968433981123476350145596
922292617511468015023884731643383864316730730711205490978367123953
294457337986072801812909076419973718301975520145761947341871789747
033557454010510291802799932764564574277759843361538895294991870414
237814768852083146276879500386703980640535300193679919813660188628
963921590418560203133154757510384091882949982912249361246364968228
784399350722818005459274218285384851701550141981353259011850653886
447754945854237565154955136304417158794653219086863573186028213573
498090066483816390697329008155232314182664935438395769040091160530
973580796633014019887025507805379403410782332241326514023040917174
633247203277243134699066643412546196210153467853501321046908053754
740766572089305525390480576450176834245082433464246953385033343522
449217243982859659117517445614227514401185153969672951276870308813
362384262776658895702245008553017589937996200267624702310458244203
666126393773456442181467642997514302622571582719032596261715813016
533470013395444479730070176355159512246296001733471366477972808588
506894974001674689344935550839719072448422476014623273575351022278
493865227207251222353714653965572004724865435276789108452937585308
200837441534296653908434086492076345650817690527800722283425730554
633794073604961502027668993523541382171598650013054483769049962934
440500888502258034164448894867250079060294474467690229417036177223
994809766721477877235433178173360428224391629389741431524746537786
957605716437781374414659121389578977949089820940621485865135894118
519560491398218610167819976575028706349956127506595627908622148395
216115483811686453595352228637462987058030848220518507123516446136
061626832599845706348778077110611956871523223619585798074542705355
414130843911683978835262638173306959364044000121574467078063348434
428026682433568992895944276769461702385016867564957518839844376799
696140028320016552651454801951058306451941904286775783183838857839
697935870754891623726815960139990648652051220980298099521980838425
755988887952622682417264668090234680934109355677167177297277938599
536991693346252436232353985450485225815651837134992901483126461674
173577969658426766663241469809938190593167684173002134690570601416
366343576995320213157821163515666119929045791932581183688730945418
569971087702339828983038992484534125431294254817371541578979522361
263390085380111109927128621798060459873984521111719053466423437621
822040648336883534462923460252851906909425525854890992513727533985
398878449743710874740439534186306880688245762391820080495238903310
251330563930471120466503741385479355567231288366729667992294961184
751620505513776495053017484122512322244024906102724973567761689916
208876728714100534491477098341537281461845364526143408711838427146

706846996112760115016339207093936188765230955268585990737858525364
913384909799436300227448160962794480278531460243890593486103310031
607776553331202141369245696227655222362764811007546111489209952321
397713367876824310741318810403175719870138809929663938728660492522
770830563442466559519236964903517383855001267773357513994809222661
083623717051026568687671298869895022525447288327280978244883587368
424791750077975970424931275922851578137105547979386668975240731327
640107547319272589036371609797331978621941694412420638330279372573
566717632772254705582480818115300956117986330430046178170731747388
388689930310696565046652827639649304161602004140512293022635436024
551366053357380762345763903631878025600284526950089030295521279806
574959328452776205734214756296824790985815281857385423616514512285
570710446733145461319737210714084669460039495354836932579754651086
093151311838572657930323512996606443005715805740868944528855816795
333530538702190882338758655665903013711538116156157661081182363279
242838660689235388488524921577506627055318007365836509821800768023
646158818685549978553060486125044585702533967032871718088243340344
085755608146812978614700974929237787956219120202340907442979139991
127947513092094044001019556066084654625979995840775650988608386203
609507662100829444150826504862473165782523290776876681103120043609
218666733144706402544401922626312530828656230396608832606796475445
337386734222074232416566424772899839758436661566703744012675728517
041486983159271132976906061480142142870402795104639594945746671542
581491275091046048859725520655306819220226054627748630626565978535
138763906983620932593596342861606550789366818836448799845250558167
525108592335228217236652678266427420031403228653768567349974198667
040272084822497814063293662415046530510650065454138689008984245883
650805876707743957496825928792032363405506254883736558791163281236
506999608368959470952346885473850357949858027175879922666666358261
917537143129972741362555188467606526693577264606151537852741351582
951316696212564657613836686022272914528390085294751378380722940669
633892747084502051870202768106316500005493296267844288166877163912
925368326885478658553146844846941995190505298537196141784781003501
801913485711127734111729854427503268331302334403753339509923874086
247723291307393072915873054373623869858325224801382365884679144394
495146759074315020900378519836766642418877075358173876346929834599
879538079885406256191061068522904815282057576103414761657181751534
188926688090059335811551304445448476445137602752402782340914568945
450918804062796830377279599812267150402373199236756784507293911976
575314453906859747735204277061819592711648460892695703615426005023
636753128323001909118762129988571793936467340992825480748406419974
411088184813759817604698369945746130126703675949096569522002361519
412704257889307439699138333660925505091862962051320078527790882369
581984768586672668838567265843167850533709407627473046775305654429
908967950919232990187227342839796448535341021918318394101032075794
187827301350134621995919006348143799122097033224944771856824614754
387262164279181658486999566438243377106054644318996415678376331047
745952607492664132631308257624861013336433592316682575857277952645
704419720232384937793221538694713924254117672212441579386310730561
064800875780209023367481784050435910655897489598735917813137206754
028609980458298027000397769534376315340893615478609855047569379664
845315177281660881215670212720346192632837826447710332755805738698
607314397317604758983290964731651334286335632282763543417845388652
738185018085695371129880851719916260473816040100179378734941835838
054965051941462384424156258724423266456834992320508821450885219963
772047135573238633996233457400822907936719017489914574669908768688
123729812717671079098015341712726814345682666688036397492647344781
787326991920368156521359598434723049945053452755140492252206774679
028469703777191301073659038742860548485310537071220992130311109666
280721399319326313231451809569617006293533052864880506334709657686

887218258895999103708953658890444460250062683256913603716041555703
933711151358594836631186503191366092495744736892609465896546650206
674371981881763805778831202574266710596040368651949360968516818768
196730609520208375508373338699478609578644563993111870594596778642
234235611717489462971274690529258531868683776306501764703184527855
643244426118422363814289548214736727436024321465348720887045860313
754360831921031284105795171905920613935520439955857482010347144930
443266315165336636826515856119575596664743261521955887971962312600
294605356617736090088940784469621886654011543379161063845041159054
590122210306567959394997057553751321469869577569779513026548998830
941121790139947890319524875102996004655515576050829240397519953661
215603706208180364332124948598780392896507414313516442589802672647
648266325933978131252995301324363563757865803061566376106252920932
934444601933230364087689937764584637732235801840868435828290884567
912737592152838610386184178236427739047410167906710692502295308216
014012263089868503596862495842445351870911195844881673511091834496
774251912158894967293481768262707018563588247532673511374869330142
261041855852002921411207233234230319697367432679010385415714145334
190331342550650015195143050495526266703484297442038329873173959478
054387532583948118095350692669990563722897075769760914176804777422
814806693122580236353583307404865835084800009847839511281860633683
843458014138970687847759248424746420092249454803423647675132425012
318021977554534676228944353612005715152553551669802931899126314160
555771027328462174476892928728976784326807308471244949322552910471
825298090173783739450315282328122377865331234404690965346864714905
675485293460713449887432220967213948119132902336622203991355620362
095448515316402461136837604326264937897103519533173482543347422237
418465185175712391979234023087523665485778822055639686861860618088
210116073348809595335481943594190224449078318629949921155603698712
834877978739390592131861592246131143352913248533323950658785719731
429843733073020853729696528872407470333409924747663601453403077225
935924053190293458460927259097986851407046163036157661633226043117
863318216470649978194271438264616533013682571419374442624706612458
819005368220977777766360397439390972176393301969215057794300207357
227104328717226497525674188855432043259603695798713687567625872364
431066073039810335102415788124261031709459568829558352097712554723
780054850602155952991096285277571496247394001102190005760618957569
082035111612750791659006912463352622933132902003064649952961573549
329024372402139578558550200180990876064139097123429096295205555511
682178738739462799987202101088133233274247883454351493725079448359
561097594464382153496145840653704870533902423919118393473136076821
495107922910664462853348546372901325907909719571101328447266700623
144109534562880914968125452154777798807646355043277650859937646365
839595086899158799369258291573616202708149067575760880254436355057
577797613867407904637624871525692719255600898253412895425956208194
280213924649265979767647243367474887015356456120735851963473153541
666883312189815330290316679345845382379207360613849368846343406225
719563706153741530796342951518513666883264113035770643290066400889
017364280860232837044172040881990359787066431716080666597566535863
317780713645375488402725832460230045428374837047176204324699215014
834708700095510302984304237725984388980260598438055769737763286586
731996819088746776428413211799979183474077812480204844468193504770
965373083184702056621297035005764245507532884230264213899643504133
588592861663103582800519339383723986552580272385974815544109303463
473655023723119089789534537661794914567985518949127224433425030727
027378509290705508443743319796373333186540155763259206181485920309
073826654590553665744550018284363738414985130689702409220457212046
980178767375491534637651830286614803842152432650685940565989288065
276707581473712770643651148867917800122743214989737723276693746612
810228400609952790761552974969302593145743110293467321296005437369

3848653688424350020656080648963385850900702153664391058947214909865540827207553463023057740213445196666781588283454347512417305292267563634030710438015322080876647069359402984509613616317780583859492297939333273846586896174733802926345994723917177913866654127535318265703210508070671165314312710892279195076340291146018003729633858303971714880099487518269917492529204927208487133917207094002035166631048402098927995815942264660581100839239183849623137798634166153100225219974653990789385448452680535421477887352037103809059490326166703872626743120779873689523632093989011495230410664645454861195295797893498369282117690652202137668710920319683262864512575318408972855185246791873185661940947281742263840018346097656067119172204192438276316292215890107538601016661945941252098190812632681680333478780258528884831533005075576275445743318410569328661145416241555163413432637128429541103822573810164276161676168149555686429303052225469666912927204522926220867989277924749226694936583815154885880108167036912749186441452428622867595235037210228677302951585773220735237442626222912879582945779963461111984877489795095726474985412917765126012113724255489572576582749366358383707569166561802767277118140484827754795381746975085129831581474493901906505996721756396964188400334339875891688965080395999096050617669573812309777444883848220619558438601059267369830387169345399414321944435829325816648014595894554104674642097443692974611914555745703925089652502063860063933260960502271917480936775783596078489233919322112118433160563715678857066228443575055809888269582046063096336944578578918952111062607510022596709677669317533180923070111798638733454754845342568019947629010625306190069798142752728762928225944031512511415719893751530233039169555201337768042031535962444342373760956092466835100902963936143298767556501208091070213740611294615215208282693539507343746096887595589882725392650095684491795840397882980770553942640946552162558306816076271136487751954998211272358071441112622547846611403284192022404080265610610125123644100633595638633109787054313054747069741416256788079529404265797716173529171028576205367960474474938381324127868768571268680745304320510703941626127835212661880751589788315569699379294473609016687932103410858742489134007414353304342265577076991507526154747092975402890220020386697877006309478538220282193612128511719692329357346710113610422005768107450032958935392821862767713450076770164407463788372339883740806955060501549754512210901386165611693435039570002930848784590572561761270244143651775222845694370977595584233532423296460566116456738744130633863773357400472799517760305994358436165200773759353404574768907542907078687763863306378071995687533351868258258041194028282031474461122821436404453146647027364337034127406680356790753961451925862176993704490495061261533427908115808202865303756141115409643811662307124030564137998618372157068313221533406334975469359063879187556117538371398595860323977221968781243235886485977083717522141494616698574377950513800742464939248881582513989783167808192426588344442486359315979888954277807876499992569793160270067737239849812542316149589446971174305751938907790228734746047282883555755105379071308814106697065187726872536142661050616612619305332382796814620844062057937163521938168191505354775009829323134806862328590704000960555103672959127656670357587237568289389607163227512239642313111593435624683032646934882110443282398738432272155345080468894346622162270202408958784537699766882845602701553078611248894927100612402875032974371160391380395495661803575380433966389451286981272152234520473901039998767414134424624915312518710097722679967657873528852686412306300845789531036409356918968770105873120221412943447251024852819442680540654528750102881442898738238045406579064874726670608150140803024447451514046930707746246268333960709952662383552559762969010802986503345907126027681198534926848219165285035658561601481763505003280695040269951892614842279627186446825207654249637272985781241823901

135667814027952286936795248076610620344502921239216343182303500813
703383581015132462303685592178735105100922037155712246675178938965
480906058751733398855988710932260282525355731030689452072825419945
438250180050564692294575423055256999870928753901023048823017054393
609393049983462625036544997133370940781337228154743837801085414786
163181560374846888505175481360437740917665999047980601308743801028
778068238645140302013002756335975321898071991944540115708150746082
720012073902569174038710715190526772593247247590727258288764442775
242618401014933832844813036926578536865885703957480794470139706211
589894091101273638764949573496125178436694808400274105744921999843
306580944618910066847744447961648245447813284745844192838210277000
042592517961019755639473822731700370828665685717749010783001652082
699025785434642733476090618237182727995270572593467255222855870871
976734170085923532147119772988924994618570102812325437196194142949
198878714423026409897809136784336363838927030104122417413920656011
656855883178797057204836649869779021430580671302287302403210851660
579972124507086504215489623490762730706553767402559595510022215791
878132481051405274532477320945400021011987421242919289659195693331
288621507571913113871418044457410711894832617483747769212642818024
570967723671490961281535348636726515130080969451626071510391273300
262055721700968354768368633591892378605828854839145689717490689675
133927447793652564009950067412010837715542931334401469048624346655
678309741104188425545976292776246492447499830726999392627966971160
216637020611988738367590412353349066195221720221224354599557438222
372483160983953225860806216333902373681158958047753943963416951712
046429082540691652063965016269743986715400955385678061661709692805
547793683287852043897319319924129038965975828315046590090812356095
742302827334495569814444244493862935727177617470902483898584803506
500364622067864528237413270480827272736888611786039327852082767935
256177638031619309385152935009853127380949680789937528685680794302
673615857597263887296688620677951742464815059492174609373868456867
001226071070667457824133681169234718844231196871764885620485000572
848817503010919811955033291339620211190963789479731557029482878087
063970773532401199771658546696433150458937215569431027086087844694
800250876312113943263380718273500185270622943465952085898656511717
034217839156985408629219689094869743539950327113100970967440708460
293949487096293274482005688178602782288576141228719168915065848702
798832144589426344252221901405421160763793512817060839774819094593
609084590140599713768214986472067772775582951792624963327373540260
314012467706184191811639080090911517683348296794657875383475387113
871580665376853507305203251966431706885214228849805668215792798298
949879669825760803682116595609466781380036402225101941319653146261
753866536466483836460487622682347205427335418565025999136912005923
754266096115127303841734011895159960003480588359341940758359539515
993691274984411653205630691042712278892510025952796224829024129567
588596328288638879309650981218860540720712558525609029726312159247
955359290229875960129867466855775404432211299535146499480203646361
104737614465655961496166891101111709188246936246183955394232926
828206777480484387896944299587715101955871842806325769977641614594
345738981519350442765626143298242336593118212647931256409550934997
660138843709318701667609158865888518954942327310660624459521833120
877048694899555277191928726816791677171593279970274033998150652255
156568215157743867829554354163710061571541846408729688265793992950
482334947735010788036021800135597464937859222268944214787650708162
290451288057934485599648532944793444073883726553372219434250766649
724842270289716058152630507746158362630484076361675449301180665477
510653931923610024378330339474431431905477186849978941776692845087
185188641054944035212835760651193843493166390927520437593578116909
829257324231335854581717678184705162949344812506605547296068519448
095518782595201652534895635622878925438477666406350918196613579312

367286161340414457660994013174413681388381703214191831770586246508
981325745635741156244405381352844570260131021650218429769322405854
104589120993849580600275398059948569871279696495171270642686741974
045521620436784238095996630720469104855364814046162982606130266318
413341973497686521475247967575752378198325020504927621445188030596
718780063006399362618428939188725003477355501485691141067868432153
022345129433320617272652633098167238529817565216517664466881995169
186240309765412640931500627120652765201555629804337351534568599155
128097381596484182703797573058610499372258425209342316593756495789
956309576269430538982262637700156158214065326754940003180131798173
437418678475981855336436499577748086844836340378660495686512311576
744269764317790022168115422638218240579093458519114487652931393405
342335775332507439783957979802066993692146893687574808638417900068
318073351948114288456008987830283629938999457738610046820191413205
878248450602410060194288510124618988895728037623864859697014140640
602875058660753434319531179031026305682007081488749156576168507578
743453403443461876003176040951124075893295761158812832739191426644
379729990044630605773376371812318923828801160309009805445063111307
481749886415434845689101881958169016781630751044744766608832790235
342731815077925911559496649285095012157804937705611654575849668561
8154908274959107372688983292084006280809535553984647567791581802270
292585087891250408874272048249286815328685536159304207397732215289
519886181835005425816000229690285114662266604853827757808527693557
002631008101822563609538835953850411766822871707761061066629830281
227733239829135073933549409385487179144816729083003498138735230718
157818227960493707056061704154073189513174435137712953241892944718
403801845300206907501588384372781264768796632011006594806022332069
751396474279537987583197687271337828537514283055225311455566153085
075440038323751108414421704790235219390203043991697293751428524084
226764330383565110495254382106944410093494380189038160839633620830
159829908908073778470749086916013285939369195187088732839380975368
710991896575096155584072230386519684057026077082518184262787613577
932115099508120315941251205265340640516457322185472860569453808728
642027934164172941567317053391789024469644128367356988373087646076
879567002354091579752296958558507673418152397772740100105753704253
193647947641466580164737625300825794167290550819631840651068853154
928782521872724485944707144628628519816728603957071686941756756438
685240627600942373480185070440304383344447576097569720188015628724
185543971085801202074372603445423476208953436593905834169553855691
220953709059012086750345509462137004116690621378643946304221938373
735355819365517630840424851939046432297565256717317764741761967186
977239277489364083897935044453355869480497388323791231124970500663
751582283708098379531568617790110396680440241080290274724556020911
604473065817986539221828274690774432060805558887848985428401870979
681851071508460051569819393984557452822543659125306709685848267108
032259742547680235513001203856833975865324746657060600419129569070
954976131018524068992788157867094418302626703100208406551392353019
451041503365097157936630303210113113376782842776313549185460876849
622910716962380986944599178274050654321449235578884802481779433256
905639695764854308518561452045896438646053963193551939184017523213
455502722477482403016679756840049224734549951105035176628371116181
695954554062388944610650549136329570764975533616196678013357628692
817627443953660285562158230153112099643905655386030812597902858846
286465950425973432147791281866683133690870110245900748147366054046
547710081618112969501411038347014746777833408383080193814942399482
822558848960508285511895309558404918877769255712745734838752096594
860038701491387254599053712154502834191539683645162555943536805837
472292618542687591863292079782242726425000632913888358990191709969
846407253456568545810764689107815291167793885081137855696657743660
106181607692447026588091511752197920028114744865093965142040888685

945478138214177085942421655396591988170408152511138106446512623566
285427707526387834240403433448222521461704631693498421263623194345
032311993261732311195672465249414197988008189092470030008917546473
292532982932194831112751637423418840925693173154715854379879003423
114397453374926755609590311145793638838288460303300716450143195928
222612218089180782562529041066103735230418999955618832098953825428
851312698935716803592199133892800772369988857895354402785793523422
614143517155473838375785483961836212788167473935250797126136355516
877378031685172090974565169313386449639703936607798396451116297763
078741115905629264789787331960416484367172805047275640399756210131
244170767618917028164698200434946451207789802080428508479869172339
141453491985042796646003475454775250628346157391228512619671307100
769452232545044947955334550537938772595379939934953871342603846351
164384834625984982603529179660866760869258464821052883384906978429
720126834334691949177206384631487675982681873622898076171214088806
868904690604988090132408283957981780013073986993513454887742617162
525269786043219160403146468810831282252675210253160075967248913074
060975280993444537560519651272310275671020061667363915337443686195
226821065608817849821379222060377981606850433370030303649707664607
266293011894007651486666016397368029437706423683145528616120033238
143552773028505188616232242889828707543050057091247317413278732010
112754441840688472235053796881290398757666069575539140088171683888
616352325754066461422640978412463796645581554822358040372434458506
721184863834473086706140454934177609983499668776938613790427780452
105234197329978758201100505766589675052819932646835309584324171992
612259560560343083321000048376761149732215370777143966158812504108
275875704597246615081353499258797404471381165332140458217368234675
501110109244238335934555872377074860466306528902407178631925440065
808042453929471822771883524970117533318555960126725404684526187026
981129738726725829016799646408963908306212613443997783702838563421
813865057035034044555419507166404061876067209073998371020561386339
496593698729756026978145295590428753030366136800743605013546629747
310807319049374607912499689999411548089935692711010277437426004025
413349531903597007535697753688173039321877405137616279346633198600
432130795437523622157858568167962622140828481833404825623045467540
746072964085684747269880982148492127525162810088532467026706984018
196837780898437361914811964386401015886829355822623806864931493601
324067389477105382104290600543143996402709996532725896589553007384
479689538920777814847166495638715930383781225439117726806314270498
617422390557078211252221526555998226214821826241572400257933604712
023725763875988032748200534266711165150370565245630720957052817934
362076923890084309588875620351970901350116228760188566867758347220
753438807986802970644543953960104655229537710065338099542062805891
719111952686844135442262733949185919945093476633796003654778005652 7
576726436703809853194355013531792514153207382273413840766169814011
628732096829454248730834883426694461333750600577508467581804386504
699081614810566256257288577493073745873129934109688832820097274390
590146919700228582357363964843053817629169291954174348772812670734
809704958248102789303722208860389306414221037149139374006044261379
937670221137464603243646094203855391219460428464549311067986930062
485868671034190731450059706348065967374029869736085376709472632623
156560098528201136962549092860058135708238716939149223490019050958
517161625673010585424724046237130874268011980594350546883513615450
395477718112560388074910929659599196738793616169394783647925269308
028482079243785745473194369056744145140054017513418942111802327606
073831200088821429745908274533661824907932632226045418903246980894
095763862447936349826087846026371329194716635341078099151597866128
585930743181439044775012687793368504706464686225695663912516380580
083530198667545249215545131209609243930197083481668625274870377424
977014203435858507420893728847060082974489411964542762056436266242

983295393361085010764743962439910623479091102526495505258166649483
057161893221131826217766038491925348309803860179256313609239879292
240928760724659028428715388559631561977257880747152475579424907766
998189142764634554283732060960644019059720952292140581233149340575
105870366789478312150836440502187286638278692813107599981319697721
078481070100952795215188586434776454422669928403528327150986629574
846369730599956822863440495064353223575804611459876812235521605380
130349894894843984754980133673086808558070859063762979361539734521
425184322210510632965816025908452220865501043064712815086808316137
948239500325161011652750504533301318954923478401637363978571842681
735838288184784694823405926850314983080195045027806485541543699398
172283663405312842064559854236416337195275502216758454652842071436
506249678381807732802697392259607536754488199108357725666329334019
303551187725326199389357440176505439862926980957487591014754925262
845211468446373387348364121755914836914967266122362036905279404891
907105911679757416183157848647453345800037599162504186665577416293
865067760643899746236612165330638785252413576152671006971392224358
923804589610628988061403096838763862774609962370883522794115115086
256244284023947385626185858561878047690620118207712852776392743571
729266569136340858294064889807441414857110514768969584311334295890
081269940830257318528692049959882331603009458644081825253929898618
871473520687330745078796891276049303878530109877217604144162905419
168828508541407318115989722686719318833523913459673023331860825126
163001300270671363062720187136267560551089547309355571956665658747
697493827228679538510281214413419932862822952555883096088076411751
984783430875706010834199682559503833524628857683335214797812555473
181668670744678242980805112210472778208116356490062202675451965155
634689189596207833385240678433837789126136241784367684217140035445
827042254650628904833822321480097756866427870335818693073066998001
038726539116361678338569612876836113622650003521557431006924833647
973108682220641990695811773026565882665186587083645302479592137642
939296861216026171600973539450259536739385888048255708773833333344
155558946268526316597621981237049396669362423704635246426590077082
299795259612077589827584559015371385217962227921339645430041821777
332106736835207891389220699002274990343184321036175184889602157711
644877222830175382512110571113463813137746149250919957319982891414
428906921960309407133978286752723965398349290070034338423801949455
857090978109464933823380965823420056000354228093017844044839887064
769894689837693480823609778495446416811274495287513178297930201368
035647574255805317351647670172891526432638753834398896248464212617
266929739880745522817894675931741798173993448704351872515528932071
623822375178564104490232850102554163192562588972119286816890209349
190913690059400419210194598092019583813352247906851428211904825132
169456207081494891903651936916620222030644622040298073019888307500
093780743595809458189832624696789159690515885460437712974371982459
283038035396696941721609907012003406017414000424400715217294642316
796353787897536218518107477280014182550442700850069558333097502909
610900594336181133765338966052333717983298437815618367290078252510
509996810465598501527792937387852715820298839882303960144097417421
247671365058347787343948963364050770981195958362531209501966515049
920282412763847344991474072020178313238611301040067528706028501323
426475039516879077667601926524453987151817473862936480571586958225
354518912333276433535893565376418513437487659633239637227784556348
801260898087167082966262331577976279898835498226934639488399725753
074986240379769689597750789729963157850377363905476587976657087951
625556056698033970595044419470528060956839838391450780826785540194
868738780158225430291760755973322396902300138816270968501514885930
166547385106611634591759621459195252245537263136878313814617132424
537049902078364664184880241523794936450055741785335383122386456474
553168462588961469004095829533176888323628211944602544453486346191

```
96204041084814758836034191914737751429522710245653161010290175 7237
08928929409019481107075405641798602072282089303818987839255000 0769
84923382370044670513828744515466861432851637786187207212028962 8522
48750299841351919562120315560007054061482301273341806832349891 50273
43984573014836522260422825686071485151668074213766267427743196 4146
84815725036560417191422660416481138467895980854125142999307420 6208
90108768448849544552992798365483858055114951454684498265016901 5367
79693324573009863417878944008274650050558733507935450805101953 6724
61954639361892515722995783651896316311004807482218931328599619 3969
71697553124775520134304029783104964647920577498860334228701026 8838
89059765959584122809698889075230174013907853236574801408783640 144579
78885289533292480926863079858329865974794769302136209206770549 5388
17641060323886478320927063155375043403454673917600663655808963 6133
47569152923683882005245009101002564538314997248771044448059215 0703
19849192166503912278497127162488714072753721367638120557909916 7143
83139687034156906571476661386508766768898963702440470015154955 5001
38398391174600356004095483469306602493245012909429491355141285 8038
38290309242714917119963643678011226634542848284614450571707080 5731
98145041002019448955942119884216156754164939230912582738319852 1874
59540406383406075650034673985212973912252225511330093059617473 6326
17597288070862396626992139836579457303779029307639335372481853 690
72710601212003385119095524194538303344691488296613810662769202 6559
16051504223581641404537356291103978362411295029065081823396104 6271
54980953997928866381746314015683414924407696556905190730224288 6084
94518713252753627319328020175791952787143507239559025894468791 0862
65464389926128350870208952264726967339383012298799296433568054 0192
51923486660557977840934967465607414242195132085224596758430864 774
36013061850769579799639325164542506551384287233644261622919494 7972
90807007023402945839039805935845258699657210084339743229107556 2861
36428048843229793947178240364346669263023565816042126029232350 0941
01839221080410988215509119880677168701016936854496020186916511 0655
23499362200888222189756919196409240890168953067780027720561143 8629
71884587027791863977903841915219112152017840591215263619732085 1821
10231985532765909333089487752728359188529905329979589391438836 3283
37328692917187365647600722401442781118887741424041504680813200 860
80745262565302299176049036172071578185970050253754243228106193 944
91043726058246642555480136490306806845328206384652052514983057 1468
09260046950664301873018402017529995948245371245043871962455748 4277
13680820731539785838774037437598901777441505250855380073148629 5927
87266438382275530212506837137598600749047975309227365110389215 7420
10924339276033204259287194262495679265124898810096279041255430 6461
07738974572364855627686979795678821666534132099715497940088990 216
92879434961066163253544722727484079512365744722881325262229321 5986
30150993102226852388274713618115212594257063668665179921905016 7415
23232811504780625421794802736831907386005294078308106934383373 6933
17090389979035010714929542263386774655829416842173410100086911 5756
59796631092021546750717186456841015220634194339180983491489438 1408
67980860093952889481105839665224679451144134647125613181647111 8830
45362340386521397083246502876647184245238022679534351860053211 1761
08180043600277655907331094428683804530025472694934360704639031 6633
67686932056836580785335590158702170612715207461998424572008963 0842
96274579107575250537534408686820530095027762191482638718842641 4115
48115304636727144471484385253766169074517533782053313798515263 528
52434281473700512552258229192857806205112889535501143149118199 1364
91583012503583350767170681337591371963565526543625755780718317 26
66453963053630607549717684240213120162599629660140408900606929 2
25764050744929171666140381777381510411571951723831845126078698 6257
10664269671478184962056648403774153646074557005781940976165260 2179
99588863075808369055783137576318078611644320609942741172984633 6709
46150929923107432824712784299231821068996644919020145633996902 9685
```

823029166323787932769007152416522545722906388786633580218882729250
524869653473800017783712727301338656688020428446356405057298917201
286017949548271823209815224403647495615149271055904689701772516636
021166278546631717279664089447010682906348376375250608819619419784
400582261255762176289270255666768909515583514173341130440445442947
701746650167750631277882178962522387696847119140318153377546423357
315108035665291524325226734189117284376056435983518008859647853182
927737693523636339135977872885781547500897818004970295134515196162
071672981763384164764218791884836022402292540394387671200086253340
953559106355081658199985287993082953825468024148566475992494097403
663364661212657639792132554391795452146709985740531122351138519482
889399294516494935647628383652945654746672339795514279146117785860
736002423372828925419204068249689956996272541141153594588522474390
359436886759948748901041044036328022722811675210205275654774570671
427782638796692433810384160718958498630078753107949048863665572443
823644671770699991751528309215631707053988968853509028490416941221
339572078147532585978615682928372752658980027130899453350212386661
097492308526729022244003916011424047404606249658777552554580616419
268745441992592874302125853464598710518137462676469381648815755588
991775679854623693197386704995839202180959568750057801796530453167
534327278785313922320158239424845187261472867065585209919014832582
136057160174504901423210197696313600002744890116606328595539998289
257284185515710679199394527129570003803063095128975253191082536256
955180915181977704788147641822234633228121202754290077307278745570
602125735837367484393083962411303455656214590077178490296933649697
723249452917415372272887271646458468659372640833544149809741632661
723401421459028093304279604554761185888625108944115803079063907319
753851596305389995869418071202106835013305676247554250213788919319
247140274665090609915337327333875972735227520294950513046440462166
397560878761068219612629237129656932186896246311211552031477120299
605067112678170156780407342919545679157747917472674374722177837104
897278600757603854831615553654334149996702954742841866607795279577
083601215825893141897868286579188274034521199129834413644937520696
134237952471823786712180176461335697453597250365888750756028581703
219196093421559745967408505573058707295469264342519452973669741593
005110714868786119407890192799397760839682382107277023168304381359
612386588073895490476486449400052254674457457545144172807457911281
188047555824086343145371605862958596872887208108512622058191242267
126080274264355543658098900997597602249090533221066289349478925892
128693966763437048270512743606505110923288546693096940139781977297
187230349364141391068234616572291839092113439059461122254525933005
539651869751071653570853374686188045247343166394024514150672342544
247726250680967986634097830339030423464209234824922345030305943020
846761045106363520597720256540874688166396681980006251275287472168
793591933315927969524198256173987009577509608159692062695441052722
715196993222081415773761550747406451906379831485661146408923090199
397917174809712174534709654056356043312633391089380962798419734286
169742921878456272449752045977441592337029154534576768043314718517
030222692563357995461687382998964307681634225959132759724149324185
248285635595230317821683774255979460425753922412291512904515546280
642762578070065662846390594001991603452253592528421194468332768707
821077114667846256191852490519559743989502558853086122977712331049
162624434298898704927233826738594913382214415934072315775701210931
299494661345536729365665735951663268503260809154233058545266091125
991835050379783441254436582425251311638990593360157908285268314494
172220189700006109723735145150354538117461177746681278408514687438
450588481728349796402154939800676804251325064680641651109201223068
443332340637457748373366931816153431747516579112554750162542346599
504750678982401836203707661105554617857380980022299957716434569767
846514807149211660837744444796773846294507702983587624927875278514

582821582346582508772506598770099608584120922330265940231926247078
194505242411497399205259606345720037726964604644181325735732019480
639147774395184258514817866701638652458331121537894851977832733090
403491957615948534812377766478557045359620718065488551579409060476
297683173536431095546253143599234951305523850381473769734393595698
966430470202561613445404603514867282907594112759490485488811579949
347948625738858717475449672401099902719354182167076334622593608736
176661100190647945739794733155401032029075340221138411518425379902
260230441643985729702563786482547422194736576056477875537201552570
515919720759326165566996225188655243578681627843767994875337722423
006877976632530523916382018799906579830325873399291399437698960723
834954050477949465777379252279495905058999160136197433079908793564
826154745891883375909876952107820197650751718734381695716840613542
119346816378702625726445838118485587488241701976956909826930037404
515762308921950425915751159449141103617495990692331996001562380658
987414205871722166020489925901524291979711502787900333068760102944
892414823149157184968398913588272722992908495169709743885765155685
751232143847381359758474577009143813369305807577429534042922175751
968352329803092677736902051631979725234809035431868836643389850536
806617126690210225762351384725544397715187372642521290999490933037
216056141990065373900013749716538747497648484999563770686520970719
085256201738964947752069933021172712013926195927661223041422877299
492248368069078002318259766733850911257012845045174549621736388701
328945634271269658152046321314731191017913568958105599458385528085
450980483663719281381048190821578917175161197160041998530033759354
361362253406958972532518054575080505957415958674837243997199896842
233661488275854141827355752443091088654779107049240655327808905876
893694992633376169067039329702953169140681308979344731420363288189
433200711574081527534821049913269539997545595193989103667153405749
480974902349989155681571867647866560525310699147343018835469137707
487257779729362591121890139664510502702551630141702938035360273533
498360602512854283969753785522482632611466995254296937099514808696
373414360920147279066338661938852276077810472439328121756212790772
536297786750507823533011951547981831127152621707182507285400452542
091108704571899253343887744326672766948384917911102532196637736503
614390307241776195559728156091978302228069630126972917147208195762
971600157607626805222765693873794789818500247056104089154964743064
463179291384189427498488121191235867192540641958335545340637155148
873456902035738744869571693470189636304694003695032793070548657942
118832084708863374715650669064543833587403362125858012371735070389
336642287000769008277558701359226738276059959785557515245016544911
194136329464408531089061802689598984142638425756825010715296473648
288792613651493949616643536377481774322051881418977724359767185736
937871899702138198388631244263533685127570698711647026544283374897
367752025886322145930636402538434806268189008969049347256537805072
511896592654528221226869645903021315238237296717518237444915794243
781999407451630762671736337394111360655639657452982177904549511164
895291800438859252851395903825690251206445307165008172652709204726
177275766506943007238961358236135066098813075035235472461037000225
047282359245657171798986737249898778767725248250130654535434785709
592987538303967763102969846506790461351002049548660086232100461589
795224607224401566160273882633445414889469699578720510526743479323
278193510648565220246611584806631661201133699385458778365605920812
586566430576418406466427959499545777414922502283846466289967107271
030814808251937618008881975889696384449132705863643483129243652802
947491057407912322244463045646970584043842814802733429724316909633
144128775390936380829648660187482861034504003305477205792708373729
005939875453576040513177566682688473957310078507334123262528468151
300009175315012983163401265779803762070345030460892055837426178926
358837988824196140899674128791240324888371054599148691601771282127

980105053368370132640327523290047587401197417521119645956610654147
502437433807424265858723409870918158605116415293232689277803535502
470817812204616724670146043795241595647394180150296331348815684881
957908055112080526165743733038052895312715941466945542420876075955
360455958606166216230221020100483554358189686750330843327755853326
324032594259094855067362085681011331089455939134124048701825069182
128735305287216281836687723376564217739660875996201159611164724460
145129948853025772486198831787606029660941950896003568301139150284
369476007624218563853895666325643335185848566800297586570029997553
081086346957659261615843022495171427192079021183123025549248530802
150707514262303047229930503388069046222067387634469367314949115290
037815164790225955007161565033381234059261201746992490311201337726
317957302364874002056692213912879141814492962009327713737401194859
293295595577035406327067105671055388437767773319354223512210446588
530379795749513606515516914292333810764363990820937127981593350169
334371223100179667125831822722213266405283266191858994939053307557
051814524049078513685914436892839112822269243569796940604171415458
515999605949366556364966000810521037397596882328433583958606949222
915692284870208915424478105425811949279959254436975785548233047190
362419515355393825048928877223889443594605619943079723140763465876
259844638228786945998065348316156199044466680803246491996441694408
819260208994376544980958693589438888061759306636731691245550832688
930426719918825436308974033603552688701296974925461143871570086965
217490006516077946047553434883793641419756886529259323136300374200
530570135706740806577129158398438181553749812209913516884925463303
005805036352962874014917326075620569078384291051212201519299025268
624488411522019566364224128414969866589082429254269481542717526873
268296559827578455519178308167673138901631164299393178336656116477
772874580386517637844287522527974398283182131562205097365694577553
120437100903712541466381988610466722664956805824954217519094443013
583881245023861927628230264808571815001106357752274077962533419957
305042643492101516251349347193885358066010320758078127139516382024
200713605363987013497583505345830940622064378032350444735813313147
799535474472134472281965693281122104954119286769357411339631673659
537384447666412710718698343678799444808421074704069878839366325291
966459200005143668346496199490796671645023296665824910010116879770
752335958954598362484740770290872089106914695644001109231274286111
819148720925928468876708716058072226691632394590178721694608523206
832502586651998957854255815056788836240471990548814467622692767734
808770957745553986220781285268032644062861080280605846766215035000
155691104332705654300496153264908407517618279949513389998724910823
381582305902537145342756324208594583346695995855591584513691203514
605702019595742615053106608768045311675628858465545826163958713803
288244102561049077625180540885700626087705889386030335321058464632
156084772701522512390559491382442440115033813081127662342289809594
850787481653626253751042164332135701668464894465620664039771546526
313571443170118988266296083876181489497965016924348491709426331334
756270098020859962910110279748715332542415217083867853411312581160
000710184257663407089202472350530894656550062507070396723492803785
116540047257255114838210682322878985574859193763768063736676323391
437098692552582615693677367422132675291950447458700891290160100902
200787998646675679618756224241993050536402665462751298490287199531
348467272599252304047164370772202944022224858822125165568129374205
624954104991770794263159382090514043418653976132174574065468662211
997350187729923470879657024742108666972050522600253050194282546523
040217028178768438532361785319506500922212419715348986495719862354
772431819090627999519048289343393100049052335051558297058015289510
419906401571328242935479202998969080258508526150612610931425330891
483045475723811888431500194984416292896862139450143603436498526174
714329119982550891380302560514037735460776305662968961599850449485

6925083123163213421200664740286314721756411205476459527606114462373
0118776810757477475675081758439055960365623894801807218671309776
6661531077884702219189971936354265396639740597826834176099460668169
1475617743400145337156297828648277970954439929699063635152528796 34
0653156799838513473001784585729011684077339036727483513196283875 00
3962736835586075443833384288228810893405434136020582264729045011 31
6410634352524608205339359661958053092890654066181606367946280187 98
8869083630313938962238936740549567260310076358818378618363010859 31
1869080795694768101499486724422352937955923432860887123155480223 78
5633006998182188586305767991382697906640953067904900919080960193 88
3579287004968247560298911514910975007752007264851120910402607580 68
3934410129872674897794483696126048546270922448818973400988872611 04
6756785594813704707216532295085708470525136660333275336104349031 13
4550269577653808986654794713368313201105808242161397831113426247 92
6088644390535242373393255956915866623766967098254669623395080812 76
1451138515089302446311322509475222359927873441645264112740269741 73
4078600832935053584358313744082486467114338817606606816481097697 78
4545012329485197926282103131010550253325522958196878243592541266 19
9820951681174386290179442946511016555991285062468639812216203565 49
9919755892894312626512184041627848023081825198613779307223293982 81
3103401339471246134757116435736739983777443618421828927564708366 26
4935029530640117308083950617222844727793104512894402170911724370 29
7231951187859917803467636629858538543450640625213264621318328349 19
4998649807264323784615626629935537371745104568323711751578561182 12
4192363463998893300952104389917252586874985970054592878236504285 87
2203575543908786658309860136610543257844521032919820252694839199 65
8449504537392035918115773205084124265490145589858465840431381963 18
7258833789402050219193807904263442754294400743899552421711290507 37
1878462088622976132980122958589938290374996320393871549239406770 20
1096048081929368184845308552504281369596836189674321862788602378 98
7331050921367305754504323969001073957415431268691194598973222419 77
3549013175424367570922789257503896627354315307215570801716682088 18
3232177527150505532416779025997101297914284734949597042235446364 08
3673760319251541462536158790579012071756862969301925028543047586 97
6650034470096714407084676429921683135262983854698028474683940194 93
7127674061993943920152639106202604313245615355282041512249951179 23
0184089994236359148339405247920525912436218035850780221645432202 21
9288402452208501356932393602049847773190304546031299369436032323 71
5707371228555767891265656470324659187599292652908563890968326143 71
6267799021337903176771342278115226018093187325444131189560386326 38
1244781893221079703978082251771140124316506156975431191940386576 95
7637673161707615142181103079241631602818180124155723269958976413 06
6447454969842867767624996288848988994585423071219426454576787245 16
8684136241367790073180125966644142346124875444557836410656661516 14
2566132184133782544289187868206982153687858232361743929332812895 93
9585847740391384872183944334335158341171168342491918075962633086 54
3446903620477397286903438054858496408159470399806194745691117486 18
4476009115573733711194752779039323000724839310376365104026975506 99
3534920313360866933822034191164946679766980261931461125643220566 83
0166626029926087223240594783640079707611324454674101760781990793 28
2551327830638080059040286427235276257760046393274235618111350941 75
0894139938325981126947677567543583289806835979656539034628304616 78
0885075499521217276295169817723342273644222390926775324007831632 14
9051560781191764239815985639055969710426210202220348784779970564 686
7913844204195923915013570609190041199328685468164945213753576298 57
0017007410836449803362947465248819016514796131720529111649710629 51
9010884625152605564288934187430225252486719374414830807286416322 86
5495415346269807939688487720110699596740500349982718336369632697 69
5092763962270674926669217799968055812540075842941252058133655771 37
1758114072115821814879991958051991173528404711369217859527033056 40

761116774340779439820407728033567288343129765775492395212567688343
240530958535836186390537823665010433703192173984022174731263783357
546435695731064095147296798448792016774704072681146748351151392255
174891211570364718019247193769419396656576443590759555648151215679
056765824917992678253585224744778864406300829679147886565470923114
687557688792555601060700788347339523432903033176662842161314861591
468277950370481715859655704657407387386312641812853877030502377895
286088475541923159908526300130953191655340290592988734647692839490
676407659725908330524136966549562074309226689526317230818063566483
199453970463405964168997447951572876675886629735385085361230967741
639731875052229243772146095323020470302095778530062105218417406135
761556681414301899650485233744264225890584769532668542184365478126
204592019423770166278367571877376337813129619744076407035840904187
039011089205021049078464182546630031885405204753794553603593640030
820088722703653707708527393402760259385119531265884930734062960905
394314556616651768679303848322939287327301691082456603462920963416
281001639885986449996654732755298769809216657616389070096878268306
247463951495744581771861790410319431156644300474453639907926697696
9170887354444566075109133657120649605991395030172921982698367104477
562745699625387191837712796829565439866897371924021541666724994257
836037835416308935688213720132728406075267211705121340137534674198
224443866758979691228466319693329406092357024033831247290644120533
071219956410308554698290074653259903930978193412637880394961756231
664251999821884141207833761649425644459297039642321026340610693413
301711865811904559534652936139851553982302030826622895917807683453
234633195843990549249752505979666512685783447891031971185927646539
593727592933276582442573110281115168141179995494384455506398877662
444576127829627943376585936050362149872029573452820288490825788500
756183225864630818843591171472649812718037313913858972298540484001
808504649690893972145088219341452980167440518762657292904458078248
222722219041952745550254112542188310092898685857146081965279117416
276993380061023696678119932121593767692434237488695909932946958294
835737584771749352957692627931290539904111397678714051690904101444
976183298849362159270611979663469650722059913919338100548188515312
037402984045276633936964117696596189556420179142408140687826331634
746519043530297407421915703909907263053622457425075121784846363182
420728945600995823343440709047534480505928774744713308343297388574
365691948715731637845093972021305792610883406417126400183548099347
834960414259469455484599880076788026603426219906254945175343249619
418758909047637705842685956077983232161372520391300885480926371233
259635238426080062256844781902575027567757933593833924027742116916
685001980301891081185414430718621465530302530874395354598530349008
875353576446577107889373567403330613487754682035260517724849305508
481304389978020398978880332522626959286104576945778130759785915222
259654090218413420425478657480907355060675081890958161096307419362
389537565041789585133011130940743885760889230768132389734449083657
340390725086663908612335401295824274459320839327724834466544378431
410929633707044037893755259667901713669668107687478016546728892416
176197048280123555946188536297944217362440238143298724979488380996
573415026222685704575393761864079355881730418953605627766933941551
198496304824331600638370961579010717232737881176751846742967604690
260183087399984590943990897991506819771082181764482905012342204139
023443229373371569716930693800924144759611699145445183793902093575
224725791968819919903473479392573683217551096646645696142527743465
878085464103156988160339626543918599759131058221880352506890915915
798555339548306784396278857135072692433011331911593080177585009977
637901348754631194849690058999458259221919894493618160300612362919
552693645886903382663739625986732482623527581309467245795126415412
412333224109485209631491860603839354913143564757632340901893196839
427089353742576765205402409121635649144627424899370814921036632612

671055220278153190518120838578869906882868407676489401257918464457
335393942417816671722968123314509317551664070997893966375799162224
207214249604160798561861075546645192032231153174112441462325623048
205681535897413896597321145893400997992530885880960006646234601132
133940160175035982512267163355395923033608342753477231486044442438
576263675150079279550213540230485361368647550005570347499233841181
348175222302683487456072111770358072231509995929764353219569323709
661885842175593692971524628630010754082179814356289296381212314040
925114029980940402323490888855880564652027661459881978597766720690
268372754246299598391235207906845553590650245288496489679466923736
215623744201207894274831439336504915512617695583402317993005097138
414209255603380304526534147588999440762603213038627047720612443619
370777535000448723622343751397980383114151507549772043819552737108
044216678765545502989379840959464544556050978917321156337514714764
746841757639948573325933569601783467151221844480019046767555301279
039238968746424737300691852394143147360282410591109266449610979208
450327278154891164906013133850879613664306837903050955681593774462
162296689227532396333779844893818472628300472314627286511025782264
273782844838976097302514180719588049998035991739380712085611331271
550278558473260184921765260786685092148730642904189004924846021181
587501262449869393785908870029830889961310278167908341016249465705
921517492446726194694760392839047928909251029538311061935428244834
100675625824862851146843118999272381915878069021709654789240182171
504039382553675010424244890068537762906962467570285690579361570521
242533770146437439960599242938994412570196324119720706067572358522
529245988904681355176228361383975251535692452256654222427938203274
376179131549015506447412705344091962400099046834073646056869242740
612435588055201253814881296282056370142993530543726081574628624530
891239325295642963072313859333759556103774854510477647038349206442
125375003890163807672707750925950732728879830720381706143582065158
865531457885365532486508845696617160944113591633589449710048657345
982618108400122210911550277517790987716803999267975760526781096405
175303431378626872683037393006004129497702986201367467772202117432
062368089040212955273107682056986669490000532591808534180937809057
408679075297040784858937168738020559039904437266948407465513277990
993607002272336648823952762574956993379013733260275285775298539883
377462130112566854643836972619469763089870348100211259000564253706
049103533483969736063181859272227608175480152370312117832221949361
931761462752448826138710632928673754687346993297813469399886040485
438872243404170657812141249588244795048383024971760248590491747800
371587613917621179670219572783841842292334545899594387250309344787
576957851919956658483945216629794850864949140465667951180072310380
350014875371155604890875426744329862109219797475717987032187482617
407986452913028957450456687692557691329968857316295951540791316458
477845453548523488630512253400372102142367295133784985086903930875
770202492310358157533569157173565991981246952657736011879064040410
160183908155066268457597263198130969412139350454770177115377086668
195487613199559430096634289645507695441169124574533345763646473046
195654690055997476046306239418126580426810279026409854359176746549
566231024703806506612795529836218137819047800721428636880355322453
427566867003076246326001320881814932479631902196202759529717181516
210146749516116626518267875254622397163987030418685370808346894278
871553394627472265269889727110420561227910792589361050848755842649
550068584149726602535681515900503377024513441602998925360302025070
857167319977848998064659093567037826150903772871827721947705987743
363690383058594498290240367365982345056444318917544786852328031554
409687225838835221861594548376776102759226683804747601937063737158
519247511945118441558390827244426571257300010805628577141456464119
093498524354779736365746496741040795906832889784160814453506619753
768856440740381545993869640105709211053262947386716629306661693275

387712273018755196360852214596070454906146238066785918305177392883
838759436655194835635990606288079111870096893801382302793393841247
652757288565129975851941835544080524877020940851041725699998265759
881218864513610777658519255610110515884452152637152090663359054571
335050765270195801932947457129394495657969892745255133176900306736
899919824797563896841471400017861903490639168347091811252573196013
662586308974548716428722565516168724379892124491917554313145172685
685815099366793687171590489746742162179371385070100039684863497092
261036525785587639293532018670546035850533721423948689127590036583
662234113309595869911594687963500368182519556885278062799589315103
236049820093404102336335938877386723912294854841690715111594928954
193425111938249237541398007886900982943379409965710874601307757917
996477181136567813462457528648544638531775865137550706828261208681
841990855830666003809756049762217677464909690089609078269271819499
369083790254340279186471599013941499641251384097248205657047761921
094828365278009603870246121333069133522734831987983582192886885803
999437934721202064993092203063249569856920492475906249845603288022
280585269343621419582926497840270514770684230950741484245820591490
963522360008744914889887728615037365347643448091611748829429540580
659681736932271657821786137003523335758991636795690651609048206475
830925086898157361266580022846585157277124748610804916576008376267
822936590614908952363249698945799870000693307223396103693484093095
393580131571487439186650790178369800292739596715508139877948067149
378637293814498793996449485254565266914765877577459532012465025176
143157756196571329247976346347310452914606134934430214836096193732
506280380219081720221706051655298741066765847428410707934459375464
745324583857332760384663799682186535567695677607978650619851660055
136959264794406243959300225887920747628783293359073897229719409522
837968828491156446739896703956288207892582076789454435700415840320
115789429950026067010427367391499221688695902136362057105185540614
264614346948489810765215409411265451072532846582969993534358804358
404544871841108573908074048097208473217364763702830414205508140539
250456774004090488410875456114123651437424219813933456188708515395
909951446973731630085687234115702248553861272012343680004069074473
722881934750963815618735762883878372310423909699855059703435180448
005133787219358244569519209073306085570790600097916955060043482680
470766065530677302454945343052284197288377150851000077358921369202
900907713895637361031311332791254503817510694518687760790499390588
628912687562950438460717304743481537813571025521760587141189965508
115257317129091654132726887075636620916743740532566749860436912152
023820260897776038063603394825987359426171617617579590645022405715
675508462935164670319705223399491442380155437369963852689158779533
356452605362112531321383193698560732376981235340004417257209699386
639814037522842721736826101915275970810214351091621418825166007125
945055822492278572896523994150878493386581901441776332410634482382
070163274242294779343236679587878418971329341271077848503819285142
758818916711852082230914455008243615062921385732236038363216252692
473257025409558646659742218626161265629079258321607773463825056906
196858348628403083565305959962003788300496700316280058752693472872
029401450335318127435025468038309594163570998633591951385164523491
106095109988089015086853779154470950345375268795617570638912381181
153696495242564294775337946672704981667028487081203027208647634387
776527409983938221408578721000452167040681515668016516128469267581
265818247569295095345936210743166608821866068804215974235497923216
176949636207016958039007351303625785395741563187492833290872178403
575289877387591143849147438289805664899746189361772681116839247499
215156476282807600895034772751750422386980204858847081290741260091
435555243053320738988645976407822497374813499394322483629786733691
344897834268834900642869258377354641455718695573813007983364624024
076027351915386851377028048433669969896028750867761151131934184423

468766576034012106658161311292514596886528068686843269841021032461
813249663002381553726839077533353058072876094180677843698726199210
329075732147557419138871706834611646686541893268280066000343238472
829526318856758758451265401370894650244157122940134235302671470639
506242437520395253088841953187494176181120664650578568714029551145
327042548028092743653647008450634387239336258254389101101545913900
875188665507693121393488005055296754929410164421331571856941848875
372742325669089646848372641318116852153046142554867403623991764097
777456779058671969193808856852410640407252097369964210458692104677
218015023507910713622214163291696055551166195938868400487351081019
415557908065124642463652379392894010614462493392714588491985018631
899880750527376600432134022745989350180096308605531247570364407741
279670321931105427183944715364973872337796295717729330947450872193
838288921988691987730073693715567983204884615558108869948790020853
818472031198532704180065992820856076621159196853018554270099633503
924863125339716415353097156719373323102926850104532287995535325396
536089846321182030442952237322217874709832793435013119240447624064
455426915054430476307929044201311243875232777462035775455974090457
903928655912686911442640517906550734042364121506797875260333175824
907937277047764433424722252974197583489727467951455716947809850567
640483074886392963258564174358094830480854401513208698292399868612
948495355971831604967637081992841928190206754147068057517241608876
729058245707737846421143307643742297572470996403300314156511019093
302365209788985472543366670264063735738210480847635269988235443330
611985006347039121597508504568115178858505571473981910747504449835
400820796267077168256409525788853129294840309798068678964308133715
538122143584030544007112811514246138029646537550252625343917638022
445819887756398466642540971993286459185449980995834323608333893944
238799600447476938347306194276840372731720712378292969416545531765
063217715384844760726997773124279943515856861108745555947352363104
940384208436436297521003618589408053168430222337342527851369523342
598924517948136360386588861321085748580258555260472235630352223330
786128726153263430472299096127096886739311944188073747065810221642
920000038723341579765407041317497775975661432415587134893703866456
737581449065885360848744352693187592400518112902309079972257470986
059394188064753387379757454356426769286422122271987440442457664989
095037166191322251607976254109136913735983807126947913668942491221
450852478233004718695007146887686375982826457298510395747411309378
476356018668052515122277936609472741654150933970892214676267719236
443642216792233202587580146163268789006311913203126862353600404405
640376636899440233386944199357853438329785980340673726073279607324
450145407073896092504479374883134153026618960882900492054722588555
580832705411149155456027709374385853913215476257318025403619972546
022010708850419753042360813174730278435878475858332204840133991388
969013259299265592183476225626428544328082123855829977653975884691
443051507859106509234399976815429946433963706309651627224646132240
222769025828330186780624606336868398063570454273154551132684023273
360752423553423523744343608527775196978505606358149281387406866706
267396375768126611957066986524270099668084461704140079832557566356
794757653882707275479137257999156117306992075639736627527468692808
394180180472850957985060335692650445201062148383140837671675637346
589769335935176674219010654835981206603285578317983761613423329098
229239747462921975412301438244631434835550739735076333603619310161
074820618611381769343278773412802226410130943015997621985744427508
299421560620655279513264262817356901629496761394684504969346965133
006378189341215303330815521003182028582986633365296404806504241084
494069083738640283868296680872396244309517103936548903688173073128
171562598239554610264733430591105809609531743997236623464156354003
650064547145939948889393034017149658486692934225910521499882360823
100986776275100932853611608226414569339383456283320156354652902909

372659394559076784662433260885098214010334981694863072182988910577
659517188958205816014454543454544275722764563887281472085802270444
143921466565703535176859968469852820690412634876851969289199576010
212130856614820756578166096399699762030808186845854942227363590396
661159137728413422600909411219930388446766481906865254905691840136
523533517211630843542148079499626940576620823719314005976962506914
278999109575366691952888975532703743787964537740554278278572230755
151082084769207696129620856572103286075940042668482985500961841552
348198352159603434931388305665167696221021642038655108740123808698
940653924630240347955800469182258976618919417028534511806158883015
657970877522203487272832658781465172507887295409771286627189547435
123836281103583944871791927750879953399882104913116265547423097763
419672102914596234978118347601874992006517368097964974350743739520
715923863972845539974893387361438468649100558497289824483307986191
944319231104152765141743202967776559873023315325985039415259672782
689034976734083715651347883152219091528992545246919324590708406771
314369987393390116162803330568838646602074202915627180314756946985
936867109751890909630465608094573757674945044085203216333037433675
178081908523889948054509060802301415377133044121346788397332736105
261453833043447060438438372223231170304114865436976394481605292235
612373098630392888445560581570783316247682346625305535446047485012
917552946120866358919356710420091963907457442735793246204664592242
502101413058396564901248006181025849435269568729157430982639781673
034118994585879844931427140313333629439696417810422379371583280193
781098503127061028317281835096473806056173723317254229379408531937
011096190703385277260942227943323152425250292149152510344619049450
932063719836411071351931039712275810735637581883943954113229194303
909883406072413426910991289741932206546998754899986421282821801308
803290222871929779875375683364923241086052644878206882137041484824
100897574930504070074327121325729043584554690960477101931128459287
027688582277512097653810989196621293787719382435222429948889266624
546036542627245321134238417225241928089577420796867214498318376445
973390473537389570648418880353343164744017779415554420755001484557
987077012383396707733368087776877648508057094099060244846456784833
771206384070606019052821586039573320647632361254028189167009447527
644450483761384600394736883335653205618719890606035058457864489260
338621250720210832856743334284383500161758801070698123488828160270
128892563387773784314720320837840167130111273401094019056449667845
790626008717089549781806866796979385555988819750643994354754745034
495583796977073945898386100090889420389046359394857291959287451200
248650815915061144300974663567677016426795899444525618432971938857
831993037353331584446236294113968724651977764238457833453215939368
368799422474226533375562041422823198837304436486619014246491235827
592775934457711292324980074926590490193003270911160205058434359720
050532610070513737303987928582431462242748458279853683981520415061
977985527668374625659628190638546972553787674299158133335287245675
738930171600124923945448727007104849966909273461137142933299841005
245718510885647881494058716816709589082226023439316024388257609807
385722782995557746688854149916823248106992267007115737640499511588
699616023432383381640417849746159887895652955372090234045748944537
631511711765420356285809766913809269628570812272258944556971245547
234701926412994988413920937445444579388446120415118628064476951680
776452567012887821405379821630624894480593933044454688606140699327
704039530178647741856087743755641693870918607866459889053288067213
407635439550304131771468944098770355141383325312755193985445239029
484924017554805865085864065742348412394277946253568891702439376405
306989167898153993719903969007455171780260466048374664812688081666
944262940440477692651094912325377229987672312515094480015430637783
318753240395664015027178943941097843957254506916055315589103122933
048897353458159752208022813815515619873665301699815198643336232419

```
882875204653002581802823891948061914523254359915766988949539500546
966931586746790210490102002770601049829917799262331289125622887083
941260547911189417060692360670116147281697025564225043894778645090
907701105631067748339065594710020665814922128414119103926514381527
047422274024026764455225692239030823825360079782918528623139266850
865890191272107735295557658509537869683113263922701350738362522104
187443906814888185627790762761961138963296561955804601519119351662
053795879030411170969352645855779633371699679234386952672234474383
002850228115062126392627916568409357244483445371020044095021589930
214993364127587251491937799407386714001341492087360485423625756344
526560618974444687223218562184433420682070597668029748218421275409
808128069884169235614988732439935579506124220536137083543270071983
240770396844895924647791008578235825625867975720243611287950614667
378305227208527175210889635956314424476085363306891181465296392419
137935824357498226727583874218278445692980104693956946583854910054
146621815328252254174828775414681473224920743626565916272947957409
490240689196237870161266952537570735899291865427575484203916459509
669684088777454757416631817111481752757533619661522045013343733888
498310949691298883924221353613105336667914865370994780317010563302
892938286737970204572392662764586950046147056871659126333055813099
599336676280784456542123993202846837249444370606967186708023560211
696809766589385531375167285085268032423640525188704217732256212038
381864798041831984347189887627204511137414994839154161411342520728
693431507892352392001252753347552522022177703414118104227972077592
204192835228195131592024371143670185788072005404295897091155564900
682869134514492780063769237424386773813732586148492813976007223365
979037331773366200587050818873262164998740422835029463743898925342
562437078279091074530465917442575313277196313548194975616710670966
742883471068033843267373375977046729846760122798258110676761538930
510031548375035381959159345636790310306089401565178688570108642488
447516362844732523767537623039487865601983334467199674412707548533
993646969421268155739239998318759254458662734248328554773502358553
225671960910406411441430553406664459251747939725314409438432182742
378224517453424424846381765216831772144290029509709972519052388756
212243699802036820532571931079487768719215483981371733625310128244
747371680200852158860485933889748014502013853939806619762972107312
363775733060929707297652623225948635165799350418295787358098596121
470693331627374883792238051733778673209975229516772479924044766913
342197709869158847519512354794085255353161892271112387434194357251
436544636378447684952637642612675671270120247445655993474096335584
245929749909240681691133673759304884985267642950102999727136199520
190386707357294903404746855636222578729492194699492639600138478500
730291213479870511721279838872236057660995798594344885219428016758
570913855371229847337095607826400323989293435957708972890603849673
982387262823649486761708481147730099110563510819848462225123163161
604666796820549170630840617777608717012954489677424625738952069117
940575848612492430403473920992235182338985424196950479634655254376
814510250989088124110735136888629100051728129724541403044907815199
930037436764986656911633350853337573155536950749374480462353228523
387639811344125509682868071562239477762035932762579246903925550590
520576600376934389553024628542906628153313539913114245974576205874
362575647372274189534728556440697958167204790650605766903854620128
339834828578950251596914284886965999160778547319231523585280715542
129913116620618628524336926393954083693036241673576610775338576893
765415787289106429762881023015421194539615890055860074532852015825
570383138390190706007392110900091497678676538952854213005313915948
322752774201220237683746322304553462828100919289153128627206104914
867872771026654751878017644564693365054206154595530010398542892384
226192750231215183369890467451330711547878653266069693185139329609
762787383933692888194262597173509567135132229837902800512364146981
```

062916517033171038350783351785130962821754376320524260677326170263
060412848344846858178501563728073974099767744884594732220540746626
927211439744215369285476465877073674905705301562721581200055097947
542283094999096844237632221887444575591247486841569691547256779309
767291711394067169225139864877732534282696785691902696069987373270
253426415394933486445637776695461760555859948976608473346109064284
927965844645266300165818304556552562349235038718678212925880655522
992779142080143107874367438612580262380202261796939795666101155656
654353258402219277348964222406773262803420646305016189711098657313
117650294981746379823027511161837608793478454837294982097494556764
530249298519064128473280162657570650008969747107658608217524271505
827635636447615344109917471164246426804897634033724673990458388861
202223455921264418204872462233691452971293267773525231720119748111
900240979868412122864373401569243629307607813772013341381908585446
732304457557299395307020143513409259360300871246644859642488664114
225490433150290262555094714710583393676548749964401012059497076058
712529823966771872913810637870547331811893520139713996730857828576
793430834079459106328925507235892409185157211177464452686350878282
352207470430080819055846551957199398894030259207089803082826204505
431141173275127329754566256955515582957157647293119435291618772897
973853273368946469489880407810960418033435477400518967632297430262
781038482219241165771837496092001924970280696423760313579360494386
497368092401646021110770021311525993403121079855846182649043249748
796329435905170684029698663875122770548303086375315010237871482779
196928605246558873675221513508425685528407492994676644786421122054
211798388515521957259074920133293878254456650574821080722577976194
603016188083255604838189946789262403554997874011604075520806931193
262343242697920546216763003198638862290016117658876643969403504606
386896654921744394392540712427130168601121950953101567161013793816
184934341672530440689725901361973599001501740861281904930124963212
167141900995312306584256116732527490462250682264686913917818281963
865999869783816744856738070914305515313976163701542680376902614917
929541837949484132665057472869247820570341712511120726762829217169
300231829698301393075691037311653035096216922509045061163914987804
807032303150997385496025741128524471732030964222151322315585465241
869369453750581094875930938743990898016565658163393093972745063873
921462883205804133618221352806825571527870724660594854666259845854
292845413968566132365478233916158674876024865913184549396606448411
205311213453792414400085811964722617514100237307382450468324743591
031505894316034222279540477685417405548619544494457895823201451603
096576999488426564378718008594728151522405275421835606336631254390
579493922993760555368607376648245242781335213207352764339469261080
374073427362336314407885390742843143554142457390856619619904900897
937881981042135822749097417002198562104555456539070874422297963576
239020232929334977266496182079373357105882324918157342065673186264
205856524278525845152032746612506847077250718029910690292750233478
770022504087092708272511389359948386461785558444594390895963442158
364834989063090060457736750592164541391999702874825964841126116377
164535669247553695363736626818218648015740745150912717800691534534
842343489915808644706845272711936420942279976302051277704141636281
862268158107369658191209445626957254317623196843795668183065739222
669450720941606555339680053217419862791602349334342313640954691320
393613393895193553375887491529160915869388236136933093313269107174
973049250811082565671731731585039939200074181844160684167409902074
643253350067748795711660142996937758292977596886463497450452884766
490894518186381253213946002001724543868309586049575146734682880437
659412180999411933603134669889258501535826548414355344024378835955
454988471692265807929010450876395634137634678405282361931322871932
679702962607493170449845343320418334938949105015516554798583434145
591791924278101911679629737372186471046517024695061347830794201178

958240402977179627868301253877704964613771812644111093563069432170
176704083928570445703506876159568456110938888246000543187944762334
946415128353894585673790090999343194961504020710649676916394289197
035140456533072666340178102467957850335354065573367452536904657431
995821052066934570680929698277228257945222847532001358530910814284
779360478094191802991159458547337298823801889173864227155537337678
190613846189599394128165479384490729854651521781698624716251631773
351247105178604379775368957308234856160226447462251987808832648525
243034511747053646059778135989924003657161339435817224339579261209
823815120389168439154889807533831007073116556121187497436104635266
477653679103577942345636996398977003030522545595721780171009850035
291256486779400169569223838475569107596740863189966611764049507824
496553493227975824451116970700334106982927779196896263005572692662
826633845389608249700959778112594517031787408154467819742247936899
685602350120491172122661190368797977833379007013734774623937064010
527524806900939933719849862605607636878164471949872561905723677667
636865589053083226229298856022733853268741119640148903303471630861
923130178943545966540253679788125274547513784826633703403394227395
912592177253096629778198034941182694324148958257042902811634613664
721147105621624761687365757341833536785164515484704823247598679089
696828667647234428065500799820195080226504490085101085046944423497
347317022301697034526896061620412339412377815493654197097275455311
756544762487684172540005119706912220085177219456211989161912143977
127558156183174774142144618489889538244390791153891137028376927613
538548416444857682291265891990691971565014135085804898180126267046
224911027091171825380064126453394928113048722825975388100428039386
180079439060519403777684666736116110522646592892365714765809060866
253220742158894868329134838086038069908050337926205938989405047430
822471332402755747104026359805025581509356900996816173822101113194
984531686862426260023087726426068923777151945624321659128049286662
377309781519864981696562031877497763972401459044260017320558190972
217540611067049621475452895620628536299396692443783149172730768415
942786968251933158780723333084651335175096565788013899344589547848
777591718214170721847676353179377342226547603928656546943670204795
246732917691219572339889747651151838945326670640516875389576887109
189388471964083219410960419802419896296438959847695680086619988135
087875933994771289870707288805655600295807733334426354239058475146
177281957538481084906859478237249733070798561845588170384775743017
932086643384799853699796756234033808202409247159926474884064511646
046196194493130495275047789311355004979298424554812724868317431785
838392697398834528811335262308980698709569247839954853796404090609
689414075222405449192108706476375049253087893651887846225854333473
103256914272007113730339545573515087994605307694238245770397590011
073653828254283692940714108370389939610261880939442418387215806316
755013747412933984670566939122121809855626221446507896112359693851
095894858433645300521693495594497611972668901720814880639626403475
629589679478386069327075341018589466407267888675595283841150149024
903100325782625038048018163855207986285050624747396449608864750835
312304082445150826827375606335417453636857566729240880890281603840
394324190985145989659244278794289089289307980252222895411581805323
357966337157956299527059156581925827422473478507224728086243723112
322237708835804232799726569761834571847572096113618861643064193549
008208078954035722597816527103664349542483517822148338040109928070
685765288337806597142144243781191476453837400916692309791536572602
605291961098182805414453135552820901681461962489053625117304098124
521050479827223076648243514276234463056762692615661100958838390670
719471560970440740088686862839553781752965462529035279945805138830
028160675280536282036318284523971927224436343288214813864990974774
815651984993340893517030923895353819803001571262226812485447513813З
951872482231606530812743302674236287763188018603812319191222849818

523573130769708946922846257295520810477433267575878305088752505570
734618433197018952764793767755217215464448874440307303862458571588
845359711368016251063726858893282790852687070109785515825531864100
397480134817596167607806319485531226049376232014085536851989455227
536778327529975978101772802830372967687932527155807208758325947289
535939167466336300026908236195304264291567644984200764059427047291
192447323727128977960275097378217049574903632365369642001657072245
90115897251187280332153696358666601087818579552498491387337979253
920197378143325487581080985247028623980380792464260724113336467236
158957343810694201463968211897640351832337160142282227975047811048
642840704636334448476842714148748673561921378379029587100878467374
691464130845805595732938731541375057992937324000498239795938143475
486030969839648674214609373456315747022549077612689021851822481142
925644995841543660081434586444916928848345819034035171110004037534
397637621517457835931030802532846181783691894109762374675594643365
032550905062991756613241320781387384205187946107878984156740430737
165641344508039676475985127139938523503635249058025390572743421373
625715283037476193936998175385744384303696019329966634123663291485
592542369028388847429039006167866314610934639559729448720601001974
545130538813566537229818393222863507640766966926285840374649378380
495718705608206996624024394533795119731539300977376214587429408284
533332737981564214675693976723703976315662789400424364716027645802
909048489353293717907334950508106255047780603991438604314828510242
239618219660140126859718566361499928190533123039101099277888679829
252338999270171277671858394477473405782247880622762844771054918666
045173702701312477004084051596924027144678091861316083020068896430
936702842298771378861197277925468805501288676170444759294144575334
215086704317791244468207571657581521890120500435038399581908290900
385749887468831703843501271230433923479663069479063369783131770961
963367862123508858315427118825520938880927808233103386095395796355
490683911753698093456028724733862041661064018228657152806529111995
386109134136526216797992092312050777633991096014683477605539340094
504773110491623231120257268494316621753265488994855962686619233545
380259108622402061216448700226333688131169702998762733079936724815
700609201460185554759435973347856574396702673716109651793024931200
202477142105109996580960966881636556093098545323163230403473738355
391864054965634313025043403835789988824268508377193407930301741440
731124629055243775243284454032108086252448943818395568062413876078
541524424001577843814355470592460752802293799923413741855185434350
626888382338754065704675397849956431702578832118442601515253744218
074702646834293579454724631289825201372524676353366282009664551874
440650434186303103037806128720065988799978991148261286785955967801
994210989815871840159420781980536513523519556386569703171395832943
5886240604628397477788437941470245875315519281623982559976172162346
043652391035726662483089671489303720647593008826147714949516111086
561371305529030061737202892389904334032897813936726157421756215977
705879806570518993164903335978919349052384043658363592166311503240
260381145947251288284751071279663604130351241251840186586396789274
674124394867696402657599772129493306835033160253613405085989465597
331748587275598200583546836690953920417190060065387483512021488672
807668735235693155205052937712570616508012129143804626265147784352
887777974075118847035414558929309431496299102452548038323153668636
331126318042988388481572425438309873031888560158130378923286189377
344342946795957770854336166424143706541190797398942222137998167376
547715233095754251219536883603644192311832547048244836289701037861
370266437138590420099752137072209068404891078636369939871585586845
570589170193784998557202222850502836483771928999471141104219185510
676700744157514564484059704869905398921538218279474935623752543106
630561151486810325708241725022168275215364228827429356110161287687
902326790359190701275660611969404515725834565506867660106176834745

```
615099856027185657132442156569334526134295681861939542235952840218
319319058206413322669363195710215542620531758756112001628792497230
817956393483137458421906926194963369843756208586325555123968158738
830934490394975199715443661837140789959996203254372579634794550360
322847539240985045748307984647464602475375452212277977730245955238
767525014016117602636344707992299061879813296659000708066206335295
205657446618944620710383836131253485272645123786016214063306126658
119030688862875156311503179447141603627116980293117746224806818346
444882543456668205099775330651008428207230417435191105790140939557
590750279056653619716768576484418412325042111504963817313931990921
475973185563002229606733805828619425025527901660752043750602682889
844427421681923198909864947888195415548590600801751140883687958957
761452008198705663103068287169201744305146594216682429611213719704
386179019226219105806843479203252196003859194413551091619910703598
958648585335054453651824025865704202381212093889178754313700342525
716999031955716873612973605800541175744749525279105145741810095746
904780998738821193632517481522211030053025284863966050045749577669
523042077317895759463551341818367793884935381642794872018613491734
227229996710957884788878581307490458235991994278184047085100827264
637710590326081791082266951829303241312454161786902092200722913726
206288416627427126454396156623532903793196710774172764356054792811
489085159568200438255372198319566883329259351693593520075229612080
079665123250512033045724288071173080936911854294238275625269783458
965974289806865215490548377353113219751540472343087678041251742790
038558764757753259073673983107666007960136956515960048443020669835
492076568830380388568948440313562273608912034890199873511812071214
077868632529958944691335513412987815305425603698374399414740432101
128518411101679957352700086573212978414376694382359604109031564355
504612094808331532522888813107938482210439422022193431529094751148
814110260813043774479959007102333014763577612224010506228264281139
994842191051753473305328433819717255231367836278965215786918708946
170562775035778489251738155960963676949428142872917436481593046466
210118613088466207218176605883809532477726705093998159571713875600
027025653995096050954866877593950888321283388943792865124824281395
643115676203188591743624000496259204174603398185800996779838328333
588889430588723930874946616067961161956457549891972541234176324750
355702036448911599413371403805166587645839834800460393937807833355
846708697598267526054576417463946444501764400831558553743049275877
627469019374913106178521462595623035725324132305510242893440436016
753858816469739710217111853862407651202460103680764095898891535694
422530033534995737600776355923282849038891148750432656353587065016
619591526216061639590105309139936721988696975948781796685141310023
771954511650361026472340456407299326233585158540298398667538051902
251650052518398336430176464469536575128858950409463295745357082070
309976601404105090718192595639776125697777852566903964902900100362
222803664975756763220955430998386280461087068649192028480768356444
355386050378524424716405586487644326817832957852496570333991207217
324442819092299668987692853021175533719552032681451612672776693968
515150210937638957825681474919826770213384739467481575729035920336
723103131821785156706487484479349609661987527651069497639651819412
372692059130379662287920662889124983553781374642267765272839890920
953694770809104020712370312830073672924115339164314237400633698398
111717453438423146922338002052633166795507731559181027237112143873
469345911916863644904294483790225719317523206755174006117411394278
313365246852835226678466374221049465266794065866380108549933184751
127075692280443020199082615985528019310050594513322911806458062876
895649189096100851468600871722361668644174507898367322174940329617
495739694280648610424684256974935367036808078168088115093220388298
758868613998483332557902142846543868221607824009414250304441167833
3415417600057591688191667775396683896408302775493650516802419941486
```

6539275075281190971522064096398385648518544416661343367273901507 40
574194882643075864937769101199072076701183378714082125647340782611
612372123839093027517671158066134967642899078527110367915000764504
086099766004897077556378588153867917258390784385883986923188863788
250918696106412097133906234177719298111055743370843112128635295541
209272321219187961268189415283326269597094039427715577330025501604
184025952476231542292040397655115032023064858273339425533555835253
859310382670877098128068520901463824298996156515322330830976227942
308776877860371418040701762423342525414247423669062209543413747585
425483566395739907290133932698526768178156509212032144569259934055
048291305272314357515080212673978295876808057884397853775830754350
169363604120163421512082933539940314164638983192992216655345054359
106448483196177780951481596909294297705163082379683427005901548736
441275970455708146690432315621620224218834373167294361981393603750
635930757032906500152376284879379082558533971346919411666724207840
799411327513009803584946554906610942588507525995589613145647668221
009808777064730516992543377717778150968861727321027772426439061567
376530107935562420463134784006092840188452013796691989379181538128
543573049249370638479818846385272474795297195450677611189522383150
716730989823909262882446887119736222736036947984079881961954956617
823990157095362904093940220082326290962495520849334116278405970222
491319926215737025366947777528939781603271904359932237348100880205
792674629943935450965226397178908755737227954471741072073382064051
072655136345780979294119947745222823139810299863039752049626867628
553613755218250268209287957602371210470984121491843548655763182243
275883111782109806647610713220780638404050988189476350070176832760
441165722109457881795287977944294381396187859580240995317056296320
058738209465743005680025261683265844601194299422335675654565709125
249534692764467157150880863531857890463437866885392280489869493713
072641120561036226619148007348794555392314578534198384658319180589
141204699421019723861179927034049084483286789622500602048026808617
692925966576756078095081281433830389998247497874128369483753470950
487363298076734349462018260457537358159561632738493815342136403224
834627253272249333392440026489592313945375381404604665204431719613
268508812496397233681486170231254424870551857147729030328172883242
663807575476183136975642130198361556508897126044683626510232975265
341428117480345399829753917427137291833545275569350411206448837969
609124112332206918268077477811480699494643362444767413568164627294
078053050925637509397777641175552575390381206971602280677111136071
796932906028016962819596008458275832199737631302603402202757652321
837740649061655120929791069362894819109100895588574676706973733489
289125931672620052580026505780988900254195048586050711549471684424
354820377534585305158807630519501067320752730439102184737266518782
075381255453834179332344967978765971638193281141243463877477450190
115462497805790935781425620054894637302634537541823705113279176531
058065083464568019487046970037318644365095623708816647564039983022
344318506685997310843506915891203292740978629674512047716795498857
957296507129737040573166502266728631854476537226903895563954279926
780135110989414046257768453978422859156179090636226306547699218389
942903232307921192482483223830213914538672300836640555235145630777
943593816450644688063009934897137056138036223066541432170121132877
802046119782178135770666162417795206401565284733255085249886782416
654403770815261152658113892395832065480323909508537177939031310627
120642917283581491714920769856495701791270690338863878874689012305
641253533354454845223426122808685925299256830406391771022840338030
973756772313664214674715847456187918755170247611614300415525181714
828693797977831016414200249678781241833976917157315077970703038334
201049326151147389217535240863274805184227506368332156368855656819
961324245930475420460811070946935768274663843935076770423290121101
816731531336821146118446822631567384059790849226525701002864549609

311680359780215148454423330311551743399473194127838344216445246622
631256225182638596441083649738294995499537585593039733455625632111
769137398571054896742765851911077867436908183579568894561126736195
690062155716538406888969191812461544350949145089772752985146627548
394149177193061806134895881283913776320157857643790677933447907470
040213138444468929470798267216633425592357782853827495799974818797
190038502765553004101951060957864307844052739505749759769986169247
289622740432950086852688886658759913008316806292758711801073082778
239655308964782555414977530310630672129218448832966343477045236750
060384554950783686158865916888568840077724738279243576043138464172
977819567940707270023635351073616646918041069455087847223271512147
570722790114662605356315611490950170911012337049467876305252520267
961222313919712831365025700337404546952130623855440825402696937934
432536764173468393050140129024349499795459636236280534649153689243
295652537879271369060745560180479690140368273177160396786954531675
771132485058561098234357100351945455956725997913577443838041632532
209790876843280075648132212155138015869657297344649538279013335383
354827779042987576507653262680249334934726045684012948224678202722
381743089454448735329711806583687936158663407189119035683423641669
143118819322592505230083440167456929885439551845331300032934013453
508295067031027455715194904934072327593734296187103445203083473693
869798423168479738636490602522803809608888096047129594253750637112
442277949040925534929846552153584863257320990457367410977782024911
707727252442705745677939472732494682658915667124605170330879632666
758464617628810651233173171185297868915241130080494129151930961360
269675717297322096103122644565785768638501512622918987065822429434
669846429194569095782149358520581990372097731969172149870249561539
717438975854856884577739978996496600856617800155230745561085410541
718195733564158087330547116571890200836186347352382707351059618792
743296092117149128791484460026387638577151242240390669584686359426
269571164462397032293611475688043133915152376810478705156957344070
914031618667921188282506447720696941559843198761471774532521575385
009760157140537848452027823349512523763867810970887762762982414334
496949185174643362399733158509826744484055031934470293655363004246
148209283112728016054406644316911557485973713470307535812636450970
999969083884659422107337703119640429123691050712027577677821542645
143613787108532560059030455955342418737501517873696887417268349392
170623667297959752751661209622658805929308795759613859006771471273
064561526953865589126357569162760368602616826751180811811578316321
862816486318507074571421364053609621950371658114052208512768710504
380288447365255692046732922201753043729754053396749885879789004514
322897558392664973196576927766377648104300265855115333063411447263
889149912745323765758556022834594221119386304642113725223609111905
839429292063182244559982300361772848883285456045708898829625934479
745636915514648303110085515761839632433188731607062110806215147704
589916997525402288422611076560159720472451747146923211580928605868
408538140629869767299863425221665382476413086051164091220504312101
066380138614215034879955100388458907802686978360575577656304592335
796123174047153321479189930574902104247546798203230123719430664492
208785080415187907898462841618886399307821209519327577784597120442
547360231509687713354352764762666908584822376257788082524979451760
398196043164557553447303829562013753394852962626277461080403815651
717995357830732798619614312928891144032899360794268797120830216428
503360155621350662833814343625642910352065892403927536761665091959
644167768457819272207824147517842781435198002149114689443739433743
194326213836688951851672674371680300747070824892287529498791566219
414936431907385975622765704447533681885408996232883734188708695235
447371572701486702196291041084319812555982376052920592010578284456
203270741592897542197565818555141189793596001583778661311307159998
136007196198560064303947661504710305551747397098618628308246123368

993707201092235016559016338793111791662179715309547589067817005897
660248292587714811615679701594604182112762710814369546354962087487
339930596661697098089727435426832103231554369968498554988856229653
905808048057437473017093007160931760404853433668883931452617359375
771375304069704182413789495101016339368506243853591434312640978106
224872826978058937457759525198609154091685924199118601333070169011
776809475819164083520045529331554105104162449268396808754443203152
926605642748170184081477384617294183843770487004982227872192830648
344379828245960096963376239892252894423985003350892746795698224025
063984236036062554374173732025090003105072262997092940560543642932
028499429698538670553473190603008347955547295263266485961469677863
155503875883782940300528309899609842966462240831949778841922864584
352652199299824118485703870907678891412147718940009618066949242179
065961534402305467602375397664902749390104165497611258208179751097
179750787482039022740707844277783787872259522423287825254481496870
576979194302144744463639380956402007993235223418629406432422443659
167226194788042571951743497917550092814883360111224900504356753075
593263916205086219354591360624956273286339902173488045997232380530
171291604027614222320195662615055816861374877007621777475027785018
12994795646297545783346037925718429825641213059387161215435651346
539985301662387813495075313126213012052341044293609876327229177351
284221163053019578794625767910269020372366957244181543949795205282
220022678752841576635513898908495150834619755593588174485939738410
89355695032536407380613428234431379283902350728712486501609182634
980845846816365007843325899699157827374372371632751207243414425116
907673303272241617653432105999836918263574393617446078828972931711
12012767049099963264702056849046650089860600273531016768270247770
164126115591993077234415726942639423129642327461391532288349425199
447905094332122065651331255492443834777217413422540147746233258522
535781948839398903981863921739605832824296857009579157889673037428
686888392707632729057847517057592486708539666854335779664383159634
30074152182727064014589098268556753460081654571885870949772899544
072952053976540993951054808440936370759552766334050737600741662473
659731435326587680808233354905809139489524255974830864090896898520
302365003701990105969322080099025741769368152126909792272915242534
518017045412253605407229888901589109033907768952783445590172362572
202193043627867201006947997390266505514691936790479595835913014863
425213743913509539479471141691484127328413756387889166889056430345
855496645836850746645640724556535429890419154493466329338175328330
367063592585167202505995321340853379429251981151389114540174898504
222590754014192442535638555092560037356789143066589662761304147766
446283565605863173372497904503880172358695793352404951097027563721
487695005178015101189125856270586047978527428184977418031816532776
2228185181227902666295942728315350189708118048576325563033489880648
162864427893222534199698472599033250509694393749715284735935500397
451302458556182537277845998168447405804907621459012089389346976348
061003960735017237323584598663132565861927607164849817531096791067
167263009894183997466911141043418874919610274018876878666786642905
879955065077060270729203016142279613210167081723205657760758564153
8093464687494194516673362370962285310231803088982718055385965646857
723709052051975393778494059415608426116606422552105971645633611784
21462934700913548222286248540640680357842786550383453940894023902076
46035275002789815768668651833040272968541179175281572530435660456
0160776434036740955673830419650306957003026552526923829654736017
554460462257733210152140683444243793605381058177549125641777562917
772374126305022780138245648762155268809285697278224847945870006071
781494641272624395582410548209017057706646939940596883437224263450
670404831312251927674343347409076740228010934554786883848494317218
050063032639809501717590860646556044379612610979268716529272472415
196376326705729771007713654611537834258883709699301565991371403386

966681241560606305108710084516502784882727945516389288827419604396
140084847260070766304641200594884089901444287023061776726399081359
526260516943199020519719650522269177869468659222691023262591261553
969781643389448151310315167207610512352328503215908186800408472650
285558099862936767632702100455695689840132430292854596981739151369
550030603570540193946473220531160498377527666020598463757785155846
314926056349343778432358614423827891827195931599224262355372865366
532876134117734811355718629796253074780591388357119407351940420537
748387662048875298466865469030690500041329131326447601951954348277
678246422805479576487110335025983258674120294750763222499344170297
948250151167225981094200601255270303817115328307073797673100599254
054514215210420761394627647093302740977875737676392280809437167325
973998085252835756358624411166796905227937663800059448701577626052
157434516218571721034622989085553905538162124329139853417646686292
641986500126633218445069667169158281267111916132672921211553853776
353601372713963587338347254161485018247526189390456432958132372703
750950178097341799650046062046012023672756875229585484536739441785
141630080949834313951258045323844171255847254104244715183666585796
799864675864849812550595248781549198156302118060604371403617991945
454814182186857323777013262890617636725290324939585717222722996900
650373610987215621918265922436647047377635117398266802198628105088
521748412082297364240247662461652614327478874529492808345545093096
883993198576456366197815555359201927448581083694291971794870774529
846761012034794086334911576889342434723975184650357335848853663911
465583286510382839768272273892776022048808759962695933672264807971
034553733016098398698884144358865758603010854761938117486975518361
049950412288087336040040353509500409145909052021192303540316682757
296014831044644863432040342585052448427028808886223665580416457104
769707291439243386475215023506400622318602838103846482969298761579
442424300100029087808435261586075964881927431219777638537057825778
525781598558187802080600956174547357164959799050802163306381928093
137378222442424347985462344826617950420898194936645482331555173365
342935525936371871188671066661629952454231303107305850796146325847
628721000348467198224056372787545503695676515032814243039936316577
944121132761213501821322271229418809043925788066972937305437004031
568154016801482186828301403805008635974767803958867851123800665385
850086690551244914720335795078974917231821608811593031500535021243
223549504624301770174183598718000134055204564428236235677176726508
784318879339709265639081699038259760511252148966681646349362526894
092955800835635295201131073504032039304589042228742055851494373368
044804822142297008600383674926104865003153682819050585085850386149
573047897412162522226379172174866387706031332566403974828195804938
356298934675019494725758270608492855840001777807698696114670423073
022545111912069288536599878927385205434944412993220128760209694521
053059850718308041342448447378276811327543760478620364673027400447
515961625378024683155065375564891912018398089911499002269380550345
552681871441149518136465549580231815652732268961535960195525516631
472088507767211027653317393874805166440038268409261600774429973012
302920369783006832954113305911492501891604167380974803479382409249
359765638408591693873352298111725985266057516325282955328667957240
115072967248853699906517024025306671986358740773555360320128229275
122109753992023754612459732324852672583771467895711339969466585068
577281835381113229675328542353318650716282077925397165914794583687
543716887450258089503617484830121840758809481474115834043984370225
808249449337987439102215989003752887318340901370844409159627408461
439133405111714417111841660607736502271752724569822325797525489346
767599543804404004506369675442407320820091437664030349113291267368
830378281137836659511611345830382967277106837832639870778430293255
458438361480492566222971320835346149770313256162342380891946880479
263554425889886452898006360567571985818009472856472741482902587295

419330845001148137105762028105245405074848643303982560355008321147
583695121628021567209959722669539704680086174379598323739192072456
475745800299652448543097585748857718809862356669658290930054455246
376405185812550767155376083554121355156283745959014113368447066869
196594087578697848757698297621990244474929941848499656887118737182
737063870288236648289027636156281879851709196436411892005933302900
229284985239635865283815762148171489630529744129653026235327449511
273409475113364328814590086920067393872558570570522960771399635351
239505849432921752354775351907345501148745901866611586064511133938
883941495450503792549036347171013615609463469098515817573155784143
020279812773473063372845507584025168819646949434773277508017333175
084110525664842020366717994352302996605606081819133353526156844431
908445219643910727925950480952773214867559320120384826741336994777
883926950526845036180133846338792302696301595881133405916419948800
454000865696825723775149749089807869222669186723891532587218422760
015297703214754704009077304382085782235892407231416816528339988410
007824532380519137810460918992388758074765527278774670944973318520
718197612515830909221205216623330924779906514965118347339370303881
394648997068215924998021595429445730335092724543175618148069504982
706148548039446638154787293860083237706650860562844114493551475494
058787250432482062665351698563774761004946269183892389356125089367
556283258416919865694288701728782261198926669809759288502435136247
376503449664016294599781878676347618706282533366975953704484076846
202978672774652747079502592942495487680519836775726242509765157298
802122787309828381850963257013966975846960790109056960320231604491
702564390104191483685167361283592913814083621641396533004913795425
040800766309740255456464578200064534716397150351837608763389748389
518900915599463372652102555189876484720627780992846041599319455561
917484548255790123863119308185500308767915977542748273122198402253
315791968052851805796514192633840718776791045320449924848491923925
268550586508554574362073600444554191418878001689067878272565811428
783258498842978781004887966025364002111975344586872935309407162211
071566789928900661197930749603972134431708179105320256348105754517
640476767230265858500351438360775268209816612022410070567317560016
600554255821228034671822061511387842861799426650991722690938440432
071948537549377879171179540539141270207985567784497687211104338817
664888354814726741393816666682971375350159838091886960614749710074
395776200306268061599165342139732932227754094789843588102708756052
337437846177475775043677431179604787593471922692977390806365675456
853263588352383553165275682594087168460480898557529874737989921682
691611765866789348747976872465614587353816032521343674190863536587
386015721698966264810058978845233710616282342369810445283950854694
039193170488708614396863452078313604679984568523821076837861390072
282784270268818443844402944512097243317674667670754832519867373389
686582449500955082974460048557254580198207277613232322881144831812
344282699337666264440669155892571115026810516784480697446513429259
562162448593996318059488253269689939081486389562422118629162404581
264332925529444888578671685414060892304719542363248571769993350968
988217246786257270700584899308346099904802049663711957320304142633
982710686910257665855262823971326881933975995154631888824237413391
535272231422662133239161814297624741931389943115429840126422292269
360528981393261355168653922014450860419793477640236749978315417973
197835295692480295978549896563254806401086849219147347214086667402
462707086930113914043097417530836742622323136635465246517420634859
366705971148981276012726765068630748946699289223320644337954056722
092322035145905076772336044605563014928698546294072636210104544530
851436222796620444082502022663993436189699812952130681910327549066
386847907799484413139234784035319985922152029362242707289959159939
397027529731403198433284004237159305431842861676702347648211938624
260289700634362040011592397846129690670225597072071048246098758509

567774274635957480947604279084771626183374579311270092183185735184
628503120438552122692195193166144723018513865600217782031791278214
578988553009617082461670270262774866058157245666028144119416046601
204728642404211504727145166681175166731765898824292933847225739716
243505289922329739257547470024108483302959242770529476455897469044
935819556806439709572263208381566324509843135026615339607951403570
480304717459399821523493875559483030794960444379368578434349687707
308391896139018597768708975448424372018934491684411120512872499869
909364767644665045386902665488819799675117777717405880346956960001
691586772342161013434990099696427067577492178589254964470616587445
196999657238594698056459335918968279731947755628631590418381290122
521650847669327580544412749814530809248263978285297855200705648496
829965115973571861091293928865004103403972184838914143524196033604
931001507499640034696902555960240570068252936797488779282682507016
563154427978416713977703415976804956306229506606166662998491144411
576738504605273647290962463458024289272849530298710710461825068398
501263598571738892406983791596836327931159759990187088958039765122
906261122134224548890272435814490129875608745516311989585767623434
923810318815320807735909564643955028097420047654106469154929113852
616889730951717757572384683920045760956563590209349695986088366340
277624143836821837594777970822425987300986180541688046461945933111
026201132443812459466149920321690055606953979590283882395418639183
441901624950424670904463698701618537286435887185547782501547119307
840191398499296460450355687876233541937666833809949237864033626200
486904291473144683166932936446336610662876074979105993531241679636
612585471701240758261546056546423463844867344736598922090501735099
700893886346956241925864753508366193195778924688275936566973249685
243669501140062182072300590802028369813644953921111905416295212663
729906770369012925746165346122337935307300334609172752925745032251
443943138141765165616402104245414223514034819264459355796837362449
867885789900599914561876611242310706104172854194568537617583972711
302829701872557828758178521347280893197049955364542107497241815741
338848753294704478109775632150740540881852069292969981482404640190
372842236956877010696042243305786939093549156276351020767488399026
126773759570451744797064662812379831933482378701220660068399849267
573991465237970692855913780519174286360783241047726796961763236011
977101633949476749330654234803552862757002996359277112325959959103
156287032537230648132649576011410227785824507057714982498120833531
120355554285640793349800994371634851563604371705770197058096269887
074455259323352945604960412864111863563553413118849402436802037381
002536865614485897825381735659359009758067996349269357438712252832
906591792338106182538567112276788235131554834273893101607886870001
546993001567898052177068459717049569017577976457833308477747828045
291078202694481910161954427925753605515560005589803854310072371158
703237122700337369061133064975970051876875594864817357172870447540
411512718013222890370200761443258485894604717115618279484922301954
167366460650929627158050808191401791958252733674768036051262864490
064589680660149731573019090888606981119710223219615635268130543142
434369918299704292845916548154435297795852152310963397224850743563
177613806076532338614797264894175618271070820686743243753866891962
170606251673848035466213644172744979862722811219080840756234999867
894991000253107508333309884830742195833136158594965506434448771477
159169684644350804917025998301616673983930493195736674998247831659
924382209668398776682624534332606555052470619954276734317920142043
085791564538420214884185974342832150881601581760488141831911197717
266683947218915982515519489656532479100767966887822366200756668539
133245408807395736009639249354408795403758907416793408988006169831
603324726328218786585487550727027935293034536874041159355064640854
347375390029219847429135565405056224407190798859056522870447015940
103610223896642334143553695078580528055396563581593182729704362132

722465839526377830130998921627268488343042865066204158077275603241
377129150139799628665063170035025063964031167383154123253164874940
939698687474852665005698898208483902062443645341200763947930679928
781680014865600174202299545788882260956496088501617365989066400940
099652858379744182456393075892816458729735592682863697073027697933
875284667224367425949738248082826701258312539916919215122526626009
899654099212771403870416952989260336332434084267908951521970848770
815804244569296376708197250126955756971906809391685839538448057640
845996891652833912862882747149936488380519143173404424296767308181
144203014194157528905525658830559409785944557248371151680795811788
374423367356776590141485200757912409171900708564469596484449168800
433573516621251641162335460046256194768114725616328751129567435679
200279149016524863828596150575677990996601596020154734074853639588
934537291238575018510239848602399163503050468826311417679080697977
237294579823001758899611726202618617231633309842953362953106994752
233643411411469191233488994228275945005434145103587579080530947457
966931914186010730454768757915387123504880976312881893733472938060
793261749505653883822647725905358346153412545220726898323684157744
882166404725831516674853687814268723871511980681225891343921434856
082201752111255575696225232968360946381187007013435637555326661249
627708302266791368481672126408061000345883190456468897560774054800
731728411607444714985004465756734136937411286747409854099106427508
920376003865632501625329377668849158971090296046186603361795017959
809292170457169234605063636872791689093371723308224073640136262956
951945583111580856192347245969641804097947246844795435008161551169
611341591550690442915014037091606976503567906440513143839049528928
252246850120696222586218113524892689062617641187467307744763360941
280352682996944169246809908849435475369067888683345575463081201974
965467677304350580063333178001553796257772780054213478505242015433
137151361555110412769895007605903425501326894062257449235514303566
379611361615331102974240930952368195329663054058133173421394839281
361143654785366173764334748789008591994600184938766217774307952070
978100699620379139490999724199877542952643108344180319523992808810
993921455120782933849028810514143537295521867031469159881077680709
864863080381465696417652156742067991403377375025752142066429732078
941696541343855660267481142994729217292554756515180272320537112871
497226481400333222157597178165394699221984041747835000053714877645
728638021389651896936773785576328108897737697479409167753858139258
641082515587360379794055576991068721268021911312283555114116509802
461079340388813573897641259613382152761748851508306908701399478458
783717677763352619506676881327927353803722768970898514011065403346
788180733921152892662172747967987523822905329905049267282082560244
760508182215964332016226464044021468755003665985110241869163095981
679610388562171124856211541666103723297209808625117144814226509715
287438796969452458256209742407132342135292698067313486151282503146
751428012923319935549936010978027985356180479453942399221829584116
741128678903803363555795981358018927195590199258775434174653292262
220088428080421793065205736007817666251120871621246261439867676694
132106095727452485127757676908503777681335286497623032390963336026
143451319202537694122826711510946320146036578799427615401902571290
484001251272533845175619104740089275872164982922626034735317451123
314462940539897489926909716952550856443119912952085914494496605235
800599047994989754629409007745232395362860485423947124605148238843
833375419793508905221422643444436585429151210774163562116364208930
938368056199768393849113726233057405840493591925443639059717695705
260090426395167932145864875766015069659163204476905807997869760197
908810610861068013308124564920428654833272945841960274553100694141
985792658101282278065255959393123922023205564570888809518343136873
700698285262991243891536971330705968355679941677365746812274039172
036491699215652084431004389409581177219132083647663251037635599687

9185343118314103779021975877911514167578895709606671643372533489 27
0989073440618289755995161960752196729210490524977030666998069407 49
3893456886697727502486788417083522627650545911435101205783044923 72
0834916289219330211475342246603673524268507166613088485303963301 15
0235862340259176825428611832905164308820680817518937206231605465 27
8755976839149656845095164210453144710598546561592207651333166306 38
0120508039170136812684688377683565120780564087612902959176938271 58
6436310910766706887516307834255538591853068558763947397857133903 90
8351266999075216867601351368237569975613092734166357138138764199 76
2599739459878841754536156941660692622630383648108241307218933938 73
3230123264382419306526915254392771961193620444339612326114437210 38
6043268420305686478777865834742885817746701045890196949884209646 58
3553044487790757160656263713723371907065849055023990371846808942 34
3788124900021123414969569137483092657075354693747889476233805364 85
7185386397011444396073904598542332986778662296342974624616938470 60
1159474428607476144809188603428765396099134311046573756336568542 619
9156213770148324734999956422329538182638493230138312371049964634 71
9825316965518369487858942942143602060215624902929994072187442343 8
5998713271660974366750317028861472963499637195329169110008897135 33
2637546857956889635022534114582105189497716889724469485907589575 535582
2423668243781984206755373430293882701667136671800508922528102751 67
0276827408415880402605193842940540323514155619579720931580202279 38
2970429186472138402258762142625460004373007389833964176553227260 24
3557550653409632026219306260958123102213230063729435135775389941 64
0782117914215760810179890985749277275410710762262842197644246006 55
5819439250282463849825555839143451161295449597405699096000023997 62
2962231008566842323808801174430055091413297364760505729609039389 94
7576213489492558160616036193385216055753675236453785225126406326 39
5464505711166566195891028136676202199968279232727953325603413338 00
0597462263109345076189178895511623335592444828168299986982546774 27
8852689585538872969383033072997570346358935017579448383328396474 42
1663595695810345659348527972308425636173738867601539149876992305 16
6414950605085224451106292790627125018977423213301180160503421462 89
3487480546359223920642635567084165113217757002477174544502166779 22
8546540392923379242153429003397024710411273076562214112073558639 93
7116387321848207967130940606707588328077037857471134668483966479 13
6053005913714416944578020648507218291761586726803266425044976032 70
5667706344479232725469981233823470739865481908242622151765805640 871
2629414602294415734395626382811471118410305281513977686383092594 95
3698683879282341497967679597832817576272256928092676272924938251 50
5254302356564175802423778301846241403731697160077695391770414157 26
9442450918027027919713253119770952850964421174356211134492185597 41
5003217331835393645053116824089525558723556776999600661634353671 20
4430931788993614303223139763199545818992868451886760145028786164 04
9639896322385597280992096386436148344549679763000001571219016678 9
5853287313171491984009241920837279514656000120677385109103459270 44
1969421268068119527139246428881049754182559402129791093759110169 23
9006985377577776716386382108058797688208013504239748770854306872 60
5532074178368236661438315300284662916873550339601082317043326035 65
6019104226451001483857142464207547613467990720027222447013544257 18
6249440572203914566680417044130736785643404082354433824890853205 34
1583549572936364884468560741629102910247528112524258859084808924 771
7427960078844961603839218887447926906193940731258017308171741024 20
4945636520366814619595161251122785185694578655117473901140580305 77
9896278216320549516798196879838824990143188610383089196387765492 00
0263206383211133459619361699799913012441587269717119996082665643 25
4179300214181394556339342843522328980929614970611749882185829400 85
8021277697275798609774698514908042923431446068952859471818671795 24
6462273780030674079290109319234095681965874422572423875187256172 83
0418305695776001692996344075516034728457000275432360463586625202 56

2328754421155063698413759857347942961164610760273663812796606881O1
5469547704936161174801893725854425046835977591190061564546597O7598
4420850649588615674693027182991089790577348080371443853540430128 67
069180065612787398870802855609324327787045269631806307490045395080
624251047475019593746805111136959358104761550476397982618634442833
735582899939921113764659011796953747742732780192552591935349907210
255472529861963176900777960775231069758439926599532685900225753361
148223689859933354371977434305686386649140010704590833334434274059
574449983405521983957135778276332706757246052056631336334466929248
000019336230850320815531849491480334473896354790728349804135514056
466803279607021178580344372885029898448466323304332588955540292000
963158176314580346057222359559871405885097004759397597941034612584
048852547879993914841137968728991591204362771185815256085694043971
011145788493313136234080535376727147305601647455354601670668797799
978099662510343719283863274433363748926776560370202634758321395295
365666285057603456237613236095966594538210823208629266493946266748
607111777678541242246856321710966432025800652710026370855243187134
723259666851482026374136402716858164413326940617221317784054191850
110879527844704286089204038083706186556610588547430559274613038270
294390650371456433297798397826468821213448967798255745974631247046
379667828281400027084538882401062921266069060163731382498916783834
657390244215941101504738872011436232804649095992372157110119200653
647291543668788490173776108115773797979214070933391554051974872092
904338406779693867704936842626963147523868481307020249480534248761
467485875279287464914424684183617204622732012033834353997595943623
547907030242857658560305483010847036891658615571111284744293718959
958876644182018425599625422458461819740785269992795926652989604506
927024261770575324165827737087918370706290597680471064709241130430
277812811549491819140176645855548796758427543069758893599287709702
604283353443252018463890947665291274877159444319942730949873494374
850145357087171243727474955590416899117521391309918673531210873862
517201382049651350511796527960739604183007547236265382874902697962
683417132719046331680836683466646429616778740430984768426561699851
244341044802843543746945573306218795025601656731983710510714676042
269948995401989443333940658488931628313529757885937032984944788516
716291920305474921264365226117615489601786271418144218263593589880
501674538947116832216625332626232806037918480042269406631041692014
597407452378775906058992685800894122313718759699517897546232806222
949962002452137826616808938019108557306014384730803461051147123589
469208953064644688349000762245429399189039422337172448402911240010
287308279693251904811327032204396188816221256771701491656952680557
633883975257551089710005422359181456334305690875650996507429883818
070477537721649535351393419694770420308765795760416010780580751142
453889388183203725094851810111542628545883776352059537786013576732
524495829652190195527331660193644996018068415899826600532391233931
506403014495594638560861861883024564263784342140732260666123958487
573472727238358655911599906539015459932015804587615337388331230331
174834769822876292202157069217153767258529916401868429795977101331
448115725807292776615923743706455225098107308233132604818769051888
381668647420343544741377332950307627839697464442701506107431465258
605465664375603193141530980759656494008957592901023787496747970385
971304617299364709911882337594028327297224547333665192763449521706
305380065935354434414664305270571625580183599139214700328679653064
790892817835646693687268114602619780391496524676323126824044581694
570951028157227077157423817999562005522808853013944564423819559528
586002071900950518519866764161959365051514932828103189025812467053
066783119746398189250102015126488662695728532619359367571810966747
313517158991266012004457928155779392590589948050106901123778633973
918423155298948373148318232096311984944523808189174897689029267685
757698928453326378697861483226433857783158370758326561051498160300

399210359051060521078492263002395063075657866242001227591956688887
048394985903763239603000246417503405861732547886141728067473937800
410097302414525000001488256299273558006847483322327953602489766732
524099388271541467224188102781480208548630579981455266865726091924
536720444712450981195528185009266542837944689365582494076819857992
230482733961420467584660495916852063577042088104608015750788496638
793568830501848216443312730615351825507488860871430004404047142842
249225411080721573957929401439987039560020117252705481342216788113
677303667641418644525690301041720968323818312337962768100486957503
970342598616162026571033778028738361834818066927937780334717519925
142720247947308759594490579745453203253252214991575071199553011188
371525343584806583301483051618256288042800056712238804822028233090
127626500279853167540269025072004787882118172285919974456085946305
954807213745531080523290932139754091349761753002727998896366798057
691989330776557066630976029942401850392561189377814293196964119075
558698091648921755712750004353550695878119726564940225410191863405
851652932659192339812646226258047528486164124221924258498527536250
201864440983991681532325801239027433170004157302834843846489472691
164778093396529963817614896793594731059466935168608430072590148061
776468014212158711599577453549091408934374639492427341238452586169
059243727630765343797017582852338533984276424858622498803997755077
465387523993838688574903189876768352316937493543112940827017016118
664361558920570813126468947903430123315768165120583433721980194222
343068236014735404305913885951812127441784887927290202202832942933
508796196272159940599142698441262653888339565715206351239954588823
845374070270430321773123992726291107070562208930405644388736575809
648665559421659246812662229242810998341245870779924446650112591816
680289960025948063094464880845715290665082139778206152755644521372
438126247579611445720423654076416371760243691697119182922751099049
908363378796274782153898937790571079898325410163262926714431762387
442013603427640593726722810000619425718772806607056549562656583654
402481554252319335359831075925091386646533688304458652944240244181
241461278800958128324385902554322188509669372449102521554438229254
794112108432664424729855037151628029362469946768872154265767623014
915625447181759430280795604048246389611473912440199550281782628852
926534666115670676869994317156438956762152277126250798747416172364
114451658482153940254558203675347347761569445291846971939814978601
304981462300481984184969281363029300389667036245130062245454510090
849447717525974265546800581046440293392876918195905929668268836775
613922536061424073152744201158262561382036883502643110222625652034
193245386450579977314673967242549645753595316201385589414278516118
018500067664923288995388971642283871352531142146883351447940916498
384560830928801390065130321093115082348657675051769173656590118216
901138126425869129308117494302111978232230644581543091515493798241
809292694901225815802671490849967163190350691695785947843362093672
789062484236440503173235294376090510212835896933624091308778992017
078112222893442345048723831493501501452419634515509172352334327944
942568830675105513018164772931663895290317990217648822033129079342
082746151227362719085887761456759815123197615291344367402647867671
606295496822328234634319683270438901018409467013392894199078350542
822143772703553333409247281277167123337944748656906339598045207729
119091035556158024691138084799665731749666205671560485977427423197
149699984506843153872064256587603181169084133817706639475988337829
611859275845260724782102353562354757145246033326061605245138422772
157272776497398395653342374636921236527537308826213777132108174099
840157531453692544638531187926796048947910351105820578300810750 0
605454574948054701613244512492931653042180417532121226468453564399 31
483768238875780938758520326808753213525690289144614698326358534742
860312473614162764389088985940874026779572371288069023553404790316
040847249352311644625720418878652722474748254095302792058087458122

6310687787144875865347585434780508225097335093660674076267111137275
821697304755667430252150117136686345446077709647165618893036561139
837040205025121993244967156218763899660577339675321382431318705969
3261295070432338547472811900460521943705529459103325321919534198466
424785806926167971271234225621240569016619696299766422423040227186
212046543547976597198136188485275562577337331424343569391503044382
664427974084777020667959896506686382910473100606504798589472662781
033837077493911888740462418343959051672434166891873803183385611096
456754831949119653054760582069520597537377872799695599808113129969
549065704515239906463748490332351313172006686313791825068691071649
130744417746957422325226494978817531934833864141538616859890645581
26251193565245729535066377283646402165452746663944318459742337144
310536832507224850637843782481018646205715763218250621368485322551
665213716821683266021054894550498775888759417225611700174416694084
213912014017625671140599869234069598323361509718275598833878135330
123925785764115895118619412808913923103122143521328944659066844104
16628909081594983482886162614213379247506761179389018867329576496
103014869050094582323493258851853302641282013265210673693596383400
604162887837423100719365651370099284312699860074066865214429629597
6952956244245812053965390764906660250823998624968133989057371875776
532224920684642912208171738475364705311892348308643067617627505864
863953253923664790067220915168513660615304715286262002451516866558
694092628875005123265558548758099288417203226526924089637646953663
539882603350231873745523245505344812966326500081997175120389381025
934087512353482511358338763859557623321441821851946554029361536577
358708064904124818326570687620973418587109718909839032538389644146
190020799091536794472978680687397990966855811369765271053068527617
807044533843297602911153025354941106567345657966965663422279581251
681494499176716416814058599860574296121068715065134929540235334146
988887458549167518269054881199897801068136904875464456187814511656
5643920961446593009388846004500672426923088847655528562816914493513
309732635612437410321785972197583237714575773202845438061804655779
77228333452100321176703229217643365986554035820577972905823424558
1176705168728829524548792364184448952876522512885047808762567045808
001281244037687401694921335807292739448150979914757719561879589276
253048616366852791308189106438917028775981565341253670234200369487
652133027268195356618641215204849101020771575204387478450001152267
791808064624112034549940997916806987512513710719797069391359269883
34647715203196211692853844269822229396963907795705644191509106496
425346480059793092854378598681383356270194766738065661688635225690
313986837737038764612214982990406838915649079373946475695943468852
731045052971288818773442617122536818738353988350572123172919902288
928229413092205107223993128477049604452273180148594804904313993265
390115677850524744785620564670254170606207401055740039571353076277
814116542262897935234798011390614854226600729563377495025990243220
502390594363581141718605388209292196167399061829697521937169417610
928928803997273146698253552570641999807891940830403734763234190413
6829679367326681218032416802686767337303999399272492141431673150862
061139390679405715869113708034363278281895490019642377947298188389
506403295869348226564169971745439720443409163068355369715895449065
096925850049666278804813270762209324969756222629955568438223135878
0973655925550532741161001752591390021386204081923590453368102009180
62087430471168715938968964646273441608595762010678692321578625654758
059240572306424641348461056666720591839918016628476466044936925616
322928425989891320621814897816721742924375587684685729778480900985
83873426541504823610536626422709864967420695819437374831271588731
474387300293061453071789324915156933167202565106056148613832615863
222084631338432378165573213577861496491507726584120908189878353461
562278789186874485773979148571965347198375765928569616271631632592
823124213756274446115934490219389991657895495450504316360397112447

```
8956564720944639564570641643818898225437846673019267359500015440675
3586975635741437385657799133075370797350950150560536376725745540113
3652355103599223478363496804213959464322699264139284247218032211161
7840186707854070675693335567158741802085905598942651602968957773519
1157534530389709651933918800495583209532797785710484584994245497 16
3269632131437791316753106404077435435745857870804729211896596063 98
4009865335949773456353454316842616922061153154974736100772837872 37
6399911821260738910023029484759159504204258788317933645929389284 37
5034857814015051180780778427271219388855627372850125450780874767 25
1121982022703405547945394935026683247602983586415540752882546367 42
4444887906530385276174557838883680606933610639749258875932900372 17
5196238367143631541242077201447900609345051547326412431704029441 26
3412733541826441428632606393550226755527331554292774630621572564 39
8218489862380633284988299485292778941658972402289638335800787604 33
8558629437796418615364155683466708554414813755140596800080551944 29
1260491951181979565585028796061899904130800241080140942509525500 77
7183707849026742805169256190865165704160809631231429688543530200 00
2209803320782772890383598702922437907639396254093780824091279224 46
5091057114222435121039570521714064087711436148403470125393978159 4
6969772968514232508459206081938358682694571412777885607520742180 32
4515856697216254096255343047911260954235672197426194847430409234 35
9211205688704632127511335396516813829093080954442474318534419962 07
9490474147161569571036906988773574665954633234499417677037281984 78
2753974898008411955754332055438267014277172962253193290594970535 47
7451965665759640391208715661085175576412307028579662436658892411 94
1759227248163264822360328087064032352561945527440388289843727677 95
7309024384171481046778603296388121527344758149953540728150529699 07
8902628315918668268815645597660552743451915670753649441949915728 3
3805087479435636124889838076892864634417380297659765477430299611 35
6275995041521405369099559568670737994737004663597801820392083042 61
3301793062617303256386685895180747454780055244499001052071464457 26
9583556394371568740171344032685024796460890116076899376900987790 21
2792376311885493910115127109921773179104372793478735020971903338 14
4350629281120006357430968199686180040291680814854872932935081981 52
5248786598496678601621996047168864328670592568677653628534734982 70
9445552933884788978589423614413183828373612487260984974603358974 80
7588706299882282467458075824187153076268360200886683195011060475 254
1813889675421870066476096520301422142299866008661810458580463193 90
5332217595390529481915799626236542941992222371913107586849978856 17
4918007038774554093509085697606819027223518493384898947432770039 7
8744319036394812672315531905361174281732885966688286910205801895 95
5118159330774570303621371551603465625653873545666992797109197113 2
8596550923784785936176549513512446093396597621683378076720614032 04
0497303466814233408521204471641670398884535365485467638673801779 14
8380601104671229707000957313742563205861567311009446453823361856 22
9918745049597905574212900113390807312589385291132075609060425914 44
5702432260166033138610460270274127500601376244641378828499958852 9
3286198737083699813942793745177603656220123399374853021588368312 18
2654365964600376257813048130847970773310928329334278159533853589 20
9161353906795381209572636346571154148823729718258817886350671274 22
5256818961823600065572422444163665135420472318552146828124947107 38
5741767379027251369668102257803310069251481020183093550133753037 94
8844960989428676847329400661727414668387254128733864643936018339 32
3701755834521905775836975854301550320665471443202370465680256659 18
3449467388168014192133152130508152900135673739072748930563988898 22
0981952076778361218686470697896149502029962755555176199347925064 266
0373753189548627614458294952590651399819155408898465488081352603 56
1309890409213931766809370381007593487529006352110717683259820772 73
3546720675353067277071654235412023018762745239460686092895138878 17
9406961210165551488203229782841549872083669461943799133315166034 41
```

6073589453776416941500038167114749242735615772335285697910084720 88
5397770937025132583793389332394255262614065308974229970087812957 15
3277158870021681374488374936463490288091182127811943499369755723 75
5466274450361891679862306753753298915591374417012326145031375828 88
0818406760780902768557381113842940767745889993283210845981514950 72
1490858473470101558728386846432081043627365042998314654645939612 85
9304437405282010850077808272438336278932961846626003534212092250 91
5038140569437617163108628408148609597260082676958329956597570383 01
1185080672489987042649328852223497578221761425318011055592464002 85
0080083147225611919408233975551572031473444939652057571959956210 28
5353411093478549553851557201674541064429015955273957558077796885 08
9147472613943242667739130421354573852762767934961442562674473956 23
9416703867214161144627100486088044130127811196995895419977748254 51
4048186988081575402255930441632109326305791378563660491641962182 22
1933566190424990998801901402651477383283616235552166193898162233 59
1529833194033127819711731061812286455216930449581596720306174414 63
2559475553468120117809987056552666076366405779276754289073215979 37
4451108471425482028035535775533308477229446744087831382226353403 08
7218586166739374980691074680971109561590630400169540993079006578 41
6736929913257446509218778512080080987321277315227737943438047023 97
7401102552988811900327143901076083351455714255058259954417413100 12
0004666427223636650488342134290368101272660964936637252920192080 92
7088604318777977998739220783980320755658216874392095223569789636 24
0257954918698831544325528643815490762624213197019648890920936463 77
5640866101213024699379597563999439235051427458364384284940301252 02
3460974319974718345407323078024262032284313972927900179752127430 76
3910954023219145015575807447722936774882478637924157396112749222 45
1831879329399973097882778508371424015960432572026685950654917963 68
6060588799417080665227750200148995327731044149619308808407144987 40
2102241004938030788996741361752405293690017554460785401583818755 59
1421906323852638079218547962265180603315777548434613329758036048 46
5174394887398476755289073540416761049343088631945919935902923735 57
1430899104459511001921516059467190592015406347425392289000728231 71
9238708095938385955320825729011503326920635017165440046804331001 04
3800859106904319377316305405268589924511894988946082599770365369 93
7468889929928702072353315255994118789533427531069023307314894506 83
3251523946127742558051249385007558868686628376985481942649471370 84
0737941006631403884576257948588435398275175755929770737255711006 53
4169387013025497300308987242781881827056291048577384620109313171 49
8026775273494232839869879751042043448939752175393853318605517273 27
9718825676090550513960337555719054130733424972155639272261865693 39
1178786039349967554486305705233157502077807248158749327556779431 76
3530198092199861586617072189288791858771450088526066524893038329 54
0666592103306590040241357910912864786135349027301871890249048227 14
3114328146322658605230935441981732052623113553218288672421159107 64
1404614786967233374248802389272951686410614152196994353845635352 03
6794139846477483019304714674593046951570486347582678976544470629 32
9748326330430726448390187894741440627105812128047960026042977850 25
2237465462514442734315688704947326470954665443702673429086612053 28
0248713898688280879834943910217369900923102443814958747981876850 91
0111394479417175960149603767840628101589854176501936927819583750 43
0759641423702283857824493686786642104007819348591275034719359831 44
6964348010266918745087737607275415637644119337966616388232882786 20
4173951267735684076906510310372932062619234209358204350107109030 21
5025966571416492529589078617535173495578363790172530925786273239 16
2751326738685179476436765415553078778044815813110967915885780082 12
0862944827323976010332467520583221228051048017689180327398107337 18
2734594322928480367456009095259544402450326127291919329013876437 44
5796822540338533984183919785047368440011786980160248807288157790 52
7826643742429927707778453924224570044995713617624721970754224147 22

```
62299086221806355252557799512729650400720987974996785381858587420517
34739097177272791199321712967502782169024374955381292224743457585306
50267840149230297848852757970510524393282032352780963344896936 0569
61697544358837608620203346465940586455299664726895712057 2217397395
36055406101279363256838952352160018011998050530822656395 6053759604
35766360411398625038360451034629627841606289194646227553 5354339388
23197848073163598330631908740530160225053213317672241598 1130690323
04225754772537711495439807184064726777525224532322593441 6437980906
62247504435798436764287652833002953018920294697113194283 2769535641
16055353643705094450980842612339049179399223813242964588 8816547838
54528501269197476033394822095531181513680122144002522993 5366439555
77323311922123387173472439489129801871697560265761528104 0038178685
61340745557553169170991494187073734054009985000721602781 26619794540
33501157261677893321476321289040475582853474872792397723 3956730411
35635788026150855897641600046897233047073234838779388313 7857830681
03577591314151519653612402428694215367249796117074104427 9452867235
67738937426134247518672936554811124725028790795179163908 9802084146
51039002230974636534628718488669292376038030253843027248 3553157144
47856877864323274105235785799985511523579368800229953132 4306551791
87463420182111984885512012045039647525031768630648086349 7270511360
46655171847726976862772105857390274066673275544998241730 786235225
02846042579890643385219758752616441579874090106158610694 3346276874
91759485707039944854798782248474548212982605718156507551 3709789856
01098316558903170418208368078991174847646248513713578485 8532573997
02479353229967839946071114621879603274045055201541742647 2532451027
07171149581993053611063604562468639921329623737897393826 9908269476
19423732314917421348243084053391695971390495153250476397 3836445413
01473149274105226902813451964446796244523929418008845148 0094316322
01842605992935321620232798999671472662058572775531888239 4052383922
19047913625090271265518070986344771211814915367294227636 8351729924
62697935080715824897905055776579330785168482762323363771 5526243883
43613149549609808999489209101116683455704951204159394640 6388354514
37155278945555919068486776756697700464700740858006588753 3760242223
75096084959533958202422941715040865928517228997121319706 6807961956
13789142219649356295564040439313353648544808529388830399 857073054
12377208113408785631362512159266937418266337465242622361 4019095866
74275872075823921327621390336547670290934799582519311659 7949572011
69711311724697155313201601189545424643125090787493934765 4154846498
03381327187807249077074760671376935748474299684843927587 8159542167
62287090367856791216265280038110574969435327154230368634 7648256680
12409927305683379262217374444997485473460577252646458797 8007468015
82048009436700945089376577188336264145813265550885391831 4174085293
12466040392800890638178811792241433055344594227124657251 2529982549
14363036586025084672188529806939613544585892435167374326 8434840529
62218570806138496681419128073715680875400315051631046705 6384735936
82547943979887800098074189574149456973824408957448660213 6136597799
79804678410430707695395131801829630641296307035947202327 4225066364
84858134045826962501943145409840785325161935378452350774 7554820805
17804481332452085509552571508335533066088441073912351137 3875522474
86863282144014289982327017239227937354005168970211987819 232815267
98146762718496978971054023263530395937649472273767856576 7352742910
09816346721674324210776050294402258376382315072103643233 9832436480
84809674516729866088598677917041867561219720144812943933 5436149888
49902637109441143803957041012112462867847510122009671326 3979039029
91002471597130126589475914767589377516372980798599170076 2362485162
60003356887137007256006439163924691642285114886879206627 20801093956
59059790684281673236340286080679330324138589918616923816 9227861039
19276910394140958043581559438890396070308907001641760546 2671339141
68500932380294249804848996629675569312529009595908647314 7339784937
63021757773052170404532987749133235170190517257395696828 97813322427
```

8921638056291877276976980751214877581477654912875033499446155745 26
903929485508508277875911742733300207922055201562839378040221073785
935490757760288195957825391983903833125644640979748524754628722097
366338787124945332239760421365912995324453983435689366563570191348
136425400229662982034675542289129337631174427895190587108193991794
620606197532853321803663574596558870094569774272092853484439954462
636830402909648876782878824956793256647635359535912998343917001821
914289028334430573560913308915344883786887093427697493531332489960
214895147318625551035546994503382267997147627631537795056021431179
379546103882884112885460159412320269907519363338622738383875307323
204093751761596008944026902836972789203453833981658057737959711518
880923152296875752196266398014111766966168262173311570908691421899
156199967839352562369953481546551054202483683010513761874109734291
153448460642855301591527222451492494236529636136866100406343167005
888314494771565036900110309962639538054831153339282269848436905759
274136389124751991615802787850786883760955916300876229871415085124
256110246006953522616029100483065703439747626118535073206221931184
908722779309863933060322823953452220583273989171223786631389246098
021275546299458617472929973675911754222497972791577817298614489398
710234581982102296376448522597298600468382363889292350484196130154
183520436052075257103041912083744591355562143011000908750577047781
992188011731892042090754106982758872805927003002943515162008229520
720165605440858120622092458576086983450411702364508152642477311812
734470341915088148633709958761378098855635855828492513929817276610
951960686047698159472534300768450779939597952669401400771581779942
808160137282330408853748988066335181933174346443406499668879260398
990540303140521856812781712483123670325580771578721263775122551550
478588081508766682646811227212961700196278768848372044308328034179
946982956536377153852716553866992694960437886130961610241834798549
747783063991262638166623253583048965520948244667841658757533644462
299171226880315296282752278891151226846596051303585307545460708695
057766804605833959679690307845886956038705284630221195005610917183
907644032772678969484614617390307752774229968192455395489741471499
590555215175364469098710622678332167426144271709583786524215855281
033970886825368444104252720783811270405699067325650835918105481906
601709194930366444548704459301726222083097246084003036588249558243
060518201800532123747433354886433216340175235692904644018679270767
162012802338372887722491351445809981380549607227680865345222490765
852736126343905983111761248582921877146621497169955794980051001132
768410032786743790375823273610926511306478911345369925378470567058
073695952411850343522668328334389365082049721537904179515011444723
446812568207430436662614650446763082107990791686191747463197547097
651690122667413580456247344557931399751781600362252091683142606527
335183689226367453671508957043115997306410177688802204647508195308
854527188480740662679756664722308590762961250807071552694556812355
994163914714236673639837667497000296467480434759556288583153310371
852186819562901571658049623167394365872464920403775452117348537229
606840573862599404310289583723881538556784449950366448397025527393
377491717725903476975722864295001283795097399232938542984795298669
670906402911301556360881669629593408340622859274743404491725894054
990134268524042096320407966771681988706060363768197063743231230792
043444486859174043187594034600022718009381402297751662708222587493
905870267947624679330505923216797011069524556203245215428815289129
993735383985376346948874014942002735431553527830522334568538458791
244033022910425037547613747824765074150938277737794136622669230101
683460475338453757982798232329024237148986126245157106492015674332
996417861584964403429088042812656885863697042096275973877581738121
216821667339966255101689760812921678720372769877314799148078890503
769730571510278125520161256145329162262133802006076477163033028429
844042226750541470563099785987018447612135464575594915696312403513

```
41140866288104485654520108519144819565548040025618807078115404040189
705998020390954507656643404337629525523781854022556117339673005332
888603277682092263371531923074708682249136398665859148149120960863
766148692577158450915243061857320235143207168796142315904613178661
856028172039475671885051218961291693459225559001000968448902884516
059247010709177420726286115474146724909047847779680857919590178399
489677146322482666943724782816670931396636780028261153784181378658
122132855399146737086347800143285885690768263357202626958122383132
890793157375604486844998806658489992618932631898503198663668571052
708536959657959838837728860736319543843037159947980591492863594267
047678111360815849133560813847520869710242375753491349049104363858
046356006703958218693735212027321076311170333971297802166719559633
082116556137243668139508077210739281717557248444400770889979161206
013177956479547071188427943077947986740187106173982476955667919233
889793661390845572270708838693130781135240598407802127920527231592
178594429900085850133687434155746752120410726765863821131413973592
009494266623262467411593219072033300675788248907718660372111309452
476024539323268737797863537598054524104208713787960015679399237217
697303795798793443614322235519617743949820848966146004219899660098
212841849651883862694971183355583039648655651757019056488208949145
917925609412417546342856165670841714843683199353372809639452893386
417914674347906707663859847812844563994060646651068713686424266804
836484147038872211193267391713461374335491692021045040324438090875
346783313395935676737798232779553231960757013276103064178336951792
499709456863332787015407647283380278179183227040020094470146100178
462665167727977877556739031567845898300450002629999503000378443770
998799433815354495574391485267680423683978869307493133606073028413
367466937289976607486394051777484069220697012005793689979070414443
876603114892753119301358594196113341071571986919372203448399739378
065028122838242450525787201366191242179795020804250365861172736037
195389499545641345644552631305820335839757630464324604152545817209
469828023563243640171494862165976649523856065113140180966394791262
791017694580830322292235412476340608890591841490842125005804633186
857827778188544697362176485105353201278622014236682715488802039992
467788647724974979711660974198651686182682833326892870680176179543
768885907517739469271679751507137795481699065238552970108039033847
179531258518192820392130326781480679649868519455775024392314084762
793127057430970834952493884283007657177916794280852571783188315220
375074229490084627508889823940979805609127505028439932408093696043
527859463655774807378891315463809249577676501427378553441707747191
569944899470573622961837161877691839658654762944810483957093342977
246596394576391654248076766533667405275067670767659882202998122480
696053328987259984934639809273932892227879817303342094688935968605
214582162940638188749452289159384342985032004605254247281781372642
588044804189377303593550854898813997352602422083998184615396711836
980767055470503508988333854321388958753664338783049639599117833548
550713827508623093676613475494990466141084960316113683991814451855
878572028263464534079342501589512391944964596678051060721944152527
853149030075668965551375906404676579059621453862826243849351315463
725671174889169746237102040478886658331565967043501572452835602413
625523320676890043965075874878578341728686425040109576108833419626
984576238051381202370889045956435541210380772219011531375100164439
003699678954763352179287119135690889050315984289230803993836592933
83133347455864703038250819685042678593637513128963037811009920206
591179994108453287185246304178754673722908539545911243821970821322
954108592430535593238865360643790840217534320609321838559992379233
195072503989144941883893699838345866982366731360180522407728805039
954787393218376272410488544851867947477748087369900644782888113450
139119213036937804368199768423694957223564020011914799238266419708
377952748684032234604813498637136652224539793015127772722345967546
```

8988497047259845418293793225413477711934971232860405169391202522 53
1285264887951599698496426036151482361068992606193084110274054929 25
6502492018058289682795901444819208481399493886215672222596949485 61
6647913318537909819191058069634964204968023491780821740693142714 40
6112064533913544243625232342655270306197488616510546832682630631 55
9712339656960488882813460453286987878595394212994463783268014099 14
0565487635748547418697959812823846908614214568385723082956512862 07
1388682342550733864683870287556240746293467621479037769266401333 46
7536178680522928713770681374277651192791475381841374318936325618 98
4259501686634249016454082350183305994773784138752263554052088536 43
5855198553492709886669793708912437969415389839288167926843732526 01
3109213668375682995235057630793758376454175184320973764934476834 89
9288344382710722227474882022154110293544227921855246044324053478 30
3299560799481452957114535587256557873129062755971604758490477787 42
9478622322324929105746226755687542956865600846482073284212494898 31
8870101904187276524372088641194885194094692885180301848515346879 27
5294291881905429220857540161957205332896137187281150441019113464 09
6020331118681877118319535776107979237187716790008767275171238020 80
9791357042774149736092268311435605766213195710480007567419496955 74
3947954969537900939999908404342250251403485375780983874271680706 54
6149451766974700900200983059154652997920652750279195929857478303 19
0408772543875249239352828083499193088798134206936389985946465261 89
5678933241819952833708822455904353011546924687019176813787915612 68
5269488576564697135673158560438703706904433109577869221755075319 62
9714797947966747243608830702745073655101963099469951359872435884 86
7638586997492944966593747325508867866257229925350121129601756869 06
7732389560115066215211688693914880166904370088128325718407234507 28
5051109309921597328772338419997894121503168070270427519721306120 59
6669692142071793477117611181208287158212387167947981460863247277 94
7919980743342260812958631652963248355681054915886796748573188595 27
8605044270446593897073909680528402985062983086623980140450178330 16
5878765041525548884923754578203702168627148996488656933224422103 440
7701221588924787041513665003096385942305286189918115194049432352 43
7652681524276141545082674637028402216243012123225223829070778487 59
6601068488660573272981654457471581158584753702511606321392718008 18
5161703402495555889774998672955041774972411048708597307255279645 07
2052533317158194115074031096031205366481323107589035668135390713 34
0555104941263505651275074387591640953676090311914755095367215585 49
2311430923306935432830900118036332279480253266016807992211418600 42
2765485097814542935279151341309825356857542475748687661268424599 03
9888949107363026256806695252775419438207896863050464184772159290 93
6312757708212338200933576996105400144421570229322839020324545121 15
0831419094826837886900985719753310659778455711969838540258964091 29
7582023238096743140655410717797621482066006037232877509234480971 04
1150300724360378383157568737633581754653499936075861655934686338 57
7541322212798397681225755626375031083819599395539928485958373580 67
2240444716351801538241913682641656100111774145547532384379671783 25
6791638476229640084298891930216276712761696625826058729773382229 63
9678555839954639116301793251724326849760063556924785762503494325 02
8829860160782421449384027805758967928305341458139936341179053489 37
9617844783346705702206811280956205719115088641616725260646352992 36
9962811145044521052910074417068939305733874981383727060978055887 52
4656206021703017023311281832912230474741280196650831684211623996 20
8885991908594199865882526210760346993652725578189164710274445843 94
9456115969228227696608271572396159909006206606233677288289624516 61
5445125162979382679817897544241412353828407450945988832827377423 34
5929245762828961884998649646984549152825559497842719248084298754 53
6572614323919834511168363062139657253932020228362238987710997216 99
7121595074121116695782367676620195977498715778246515341048453572 93
9420186152182357720676028304095878947580666749509895268768040906 44

```
6147209219651543146251377565493474334154464878755364884779234699 39
4437032172195618354484810039515934758459819968126343547482756240 05
5378843582086678151551518528709055350193476229271516703254334633 3
1534372764650683643940962356028727780047935995981704118715513582 20
5683626822435050660392465358445198169585284744140282732340057651 93
2921443281366703112718564191232204148780935109983925707631090039 51
9010506441778644800101272840017508210314674282459571857623244730 88
0603714677444084491690446479576677882779451244293406330914246738 62
8996889036184203326589619078265129914987629441496747817918961415 40
8022860604304653995213980262560435190928121528526221953559446707 72
5029127145091262242225811656270721930431531042142297463953953833 25
3988806897893023429783147853708309912304286687532079662790366063 10
8048113088580500060374421687029684551491570566411325851632723288 67
8650448711262235062924142444359896100687828768475490502162390613 91
1016534311392611708902366792999100657988185318232694187034912142 57
3019152134721084207945169224616494975961381229071302489391665960 18
1943317018334347763518132462782018863765219255263152870099983082 62
8818147956598143014211684229992524074255372356155005102519074843 19
7534535996577919162435706133028075340050519519629572668987695154 18
3379212918056166283370993782557094335312217534646093465539439329 0
9944313149516655208604964550483969665708476682073741097814070464
1121354216022562984775698171882441805702120584099636688865340011 58
1330441545765561359147436155933314257544939463414472142911469433 99
8561180503191452379615377054951007770122557269165251123345583133 97
1266343990434716987944452588228420288490641904408950063020091874 76
5262657785035839459875859481449858436892479118913097706518103603 9
5025767517721821673636077170616053613463093796052683077101901181 00
7090099937839591249498909817732227470542932727717629420598627683 71
0911237010713038144147827168054285576859920697465290032380928424 7
9892052800412943575519067168135284303740746999432664156207169477 00
8469256124482760266773303249678118984648390700326158079837302142 84
6117142093495008762308887166831350497809596544627856109067824871 10
9035277135030772382486903024407680183650972131304757068996304964 84
9048382783843182664189224028314219071673354596384137776950863591 3
5552173050700385866630248067338745438413959002755699079210696946 97
1465396481632317814769256151511162312547799314166840116523063005 961
4227025431908288388902835903692357388254368850391151680965410425 85
5487651650553111301060973368535315218019731623497633223683159810 6
3974431922856181647872375172579968536068939707223630765020802867 19
9317407717366794907591531961542174042346620542687740196239863309 12
1278038701005321460795645408803128421440972122529111655684075622 07
8267223957109054053345710248973509806078810791856308983291501279 19
4068137328744175782426778829584400142664560921540042534827676135 52
9673977653019107397128740391755896900800052460338008981996405333 72
0005103226230720087892858747687291586102134285590277972022602964 18
5072078870883697472857167470334038322105788833455922797202759124 74
0529794402895652003333919448727756212033165644798564452485273787 84
8909299884031856047913071780148998101617263975132255835421555376 89
5401255674207107798972079911702072553981642337176566915902047207 51
5136296059198173316347758462546918890702877317405274824328063060 2
3792877560785274591690472328011583213150370488063739736213794622 63
2267443786409171840139888747787302610226109824928695753781848686 02
4096918340610267874623283837234252332119169379085945502139876683 33
1842205227922759811290537285766397021868418420787521785934663006 01
6117968351974059251226804137904137436348512347676832297275170967 03
2580116249413474930998552808755123274511520113031452323595772951 85
5963442794885924396755041069316393975365304948500149898740984202 90
8687281048712129491620907268440842353435458518179383447566772087 12
9339339875697969302744068625030415051943196070532963710350435152 58
8154299147507542962218113474839725236415740936277201882392234769 63
```

381251449399055072376408625609081487621309349684116042610084315184
081571282826540872820077044558056918553064328786718689389289088926
432334886671941193841830443149337759745780030562326438580265365510
829505117996832422944957163945532237372345942108757418725827536716
575455873790488967882972990140159136935395319397010793751141382862
370197592608182174928659554108082414098275281920380978543686042838
687922510573507066687970460376119548465793632499550256876747202108
556414719836637325731145366848659766811601186563340279480354647539
170784882481811925687335141371080475464452670577133734147124748260
190193870058301962934503124405858886441773507899953222045320213787
679917663143350426598603720504975759021208659083082695879079038772
127373335353067913830918296629345441975575788935102426553821342902
496009823381759568979559884580390469322825825841124516402629377929
428772426664585907212905715906835653813193015943335845707187378424
731321930370817295641269094249832468464902001592014149450912432262
928940526892538208260901525092819283701282334619214253172974768
508966340567740458190826662550041419011080920820768286735345430274 51
217902598148957630765728680835160840713562436330831766989051377790
195923784147660309984428230090190504099255850116382086164368996072
489179587133724659722936644117751261279069090172315147177082379178
633982441627004492782073717346465136120618496557269214374002234801
217115293584767602413524497274926282618758853773429821235088622094
228203215699638891751038181482929455480408596034717968166049398653
986398045933197373324420535815522441937571315957462282050840503407
377597481161621694906933086298211705326163206922631561789900569411
832406612685582692793763340211622013370006843692713950629655427459
389367040956205370308540860501916432390824417231547712620339926097
243680059815928040649004632149108842430066994910965650320887924801
153090172593555418833651826214424282400983581278398529430854716929
632199910524418286370661990695511016501120307287719087389426926915
328394645818736995442323875274166157172860624978756951950012628368
276664876509224683212118217353692947263605376662613783567352887697
974841033771073135470434719464889088083338475779874948464304878384
830328690791841684192478564178845281337051267820141257491899 4911
035695858504890403699566670814802917299539760817216951688608758329
368237442513573597656079267457815374070135577465180317951595789915
617263384275500177689425021350671029379067822208019138058524573068
220767483696640729574403208972778684749535815336512955382081795757
564045925314356441848437880565257813353940147437815721090697569302
667974636613049712884389853868179466745491921293354100592389044263
202207404593395584313429193090286388187009699317956668290730672796
696890550469085703840055702011440443678384306179332068142920767 24
336107236901452925778359163030151331345299539355983951359774601939
943195697910631973382900860422458387696799370994066184796731577943
259861739832191810851132861581678278256385823723935543172164 9025
375755278077145824504568320980659014920822553952834920455601739613
262430209014743800117954693446307779329880417192322364144764797058
605960277862062385569547983212689745357825076005726984398998755808
303030282178249510789695199452104779855389306385449279050075205658
540046042189345083930885477949954509487011944145000123398927052413
231324261598185262442544430594508285904768172585002091937543081310 88
254281793322903526057391313601869260531550846494707884850337867 7002
478666593545811648878052386595159782844484366023266622323566661428
102006633515634558767855381803998262248347916724567049271370337939
534620020664470963560702926234022807975885312527726915287729652184
662209407508223326350357040912488759087215756892649107354343855924
073782904238110155866294491535364600834751269729709475508496751680
748271699872808995911420397683637046279032963658757748301048540309
097433231170681088132492293225068476420923688761416451633952264279
925052018463499654736332836380292848060199436128054781587680540836

504058572932143712838105720643062824217511804525894208982991600927
046503933725122055231793861149950987631646507005539805601337570813
309808860597721674274339615054942904211348605733669088651477983641
025364296979632623488626943901113210147997182716298823453288482019
757902343936349162284440431352134422026636876284860674701466175488
932233260087084205304402182197186141119491176853813701920852881216
339976904494711800143405560446675901267417602850578550777923195858
983955702572511368855361873441886137642815690110942909775510649189
329845995022543340195349762949592807584990204641043036180480552846
598966725812354097950230690217736911930552669573053304521028057539
915712524627345492275109852754360809645442668339094790392465179909
725805133528928038019170605600464420293464483963715761795997640389
993815150689116567605841021041094722137350923657545564064261753234
189684700520270198721364533076338765137143414392818530581078640243
307020963411594542155679792965273561643333637489734282045183799309
556898907607324621307141557512257912083553442995178465789737198319
942705762294957897530161486251213379783428093181120169802066197316
798267692767544576435797047296215131494024229180462946106521581504
568939595585958052050089324282843154751756472733862253391027363282
356809227466390483224023706499708202015996017585433141993834581678
073721239882164259592852708413549423727958892894779228087837587154
196991751406258031589105443245918398850410011842593896358562667374
871856430108421525228996103671661607317805818536742553016885361921
938573861299885457472415078613144893257852414619661040636218513029
462406176724253850994057613454932319042002343698899407483972271184
083205642273441306217397303342335928684939813638896873008758197963
387659669922367677702537905916981935844606372813195890181607154055
279676371125147898256929514499637150164240770280896024814121924797
715524532451965787792663305182458040734934572268564945561912886251
718046396646443334791491971144199154500585852867724303630914866673
721422846782122730602887042868766140264549764690281617045243381903
337046458294722108963830594117930864244287256596097390299944379766
609039708610353106119442394363314314518406074706345469527263080030
021822688818519190250385209541885978545993805635769213962958662923
961183455943245575301380227083874889306422420470925245161922696595
412538142119162541220721061273040042744190713079295366819566670852
734968201866314901833669205134419964852285839745309233425860392409
344553398532008546517363105430006020902870240606549941532945146752
046739678019268998692398515464335355618844398025856782136844182550
520878293996680864708153498982243702819235381577828555975748340717
680417066105042199166059997840947702475885799074730243795581422372
837679876638753363618147274334790638116359037115393488851109245880
312516953207294508225257501902408371940158573985110469075751672703
349621102564663861156293748506440476834382655381260911502754999374
998014512661214378915281528544902067112448522772378392879684712607
668615726069786937887041435424718174053035352136825085638824847634
339683765992141394311009374049930086623359840636844649371046527973
336976145644735159603144009943467205923757891253421163007279706010
600414777601871020139436837626963238759315606544321274448390246327
863137217878374723913363727010133364190431293058400406371678031665
048603854669764831137416071806590169323789678176622316353688069534
310670773040060600536898446859652838797296963412960897111262368198
294275597082803823889351077725801673594808002618779225465678206029
968380556901877306242631622403514428555830002451328580400572513459
355509516342088274002292211224372162534543047978887464803966214275
578803567478384318588428026451112476620941735129351288947768587512
994487040907063980722931254391908697250019694268569747707707618779
019651064451578464020362809063253959117222188338843943755323399234
068267433706360656810570886455017633870290535605177098938930129743
997838287679041935941614295980018404081243339224334425948040143101

026326537495410835767507843421726910371932780395805139695559227816
460686236251975059547433755636219658883828920886359642999903724171
414378512941513860847573063015794950782840403494736132679999710192
964421348611981003643071526655898776773375675058772379069264784478
929562966208639657255974922797386320993030065138638079202746809743
620735441642768757110767875956677958182338523901804093803007036229
683402905923118568157109230673497901232154451582835694519080731157
281983803695228909189616896400220442117161873751344535005397978083
085748274802094296446024809698031879824081531406849881576264626102
601276692282107657190202090998446054578219887552977577928054376263
642074582261059687321797000861238618734931158523271737595980367936
441216220852531550958659116221109153869540353638850072159065870048
344338507537564348495137271023132506358851123472587853343750103691
522092619279944301463446455953684089093589427550396984671693572800
076205370327223203761024062889768963876949385645440864585417791022
151161291344629029942956199767453229520643331972494489083483037242
575687074815577856398230269810006932022113592517048101261945906228
121098271352407199385202931370704269075794782592755834779349676242
333109833768334606586094395089104998129400892741681333292827373624
843262537908807276793401969237636611718441633652316436483655205538
053856758043207075342338345927679934196378698686159295779663718105
749895886591268460972655299880287594739264194045638218596824004920
544513916094183383218279900810974741486056688683555535963568596712
785468033945136540002373250529975352920604825635666226649219478584
378667868594773625809320468114029155475738356808646259506953571951
055753743623909834119324340966100425393593511793027247797781041493
228552240369198153672121084717079340515832918745974388443041840041
247478609386889248686589368318465045914469875468792973611528397716
966202785874956344389630309563152038327423682904995705287785949732
442293586671788927250640228134212196369287611016329753285526817332
011398764375080103412993393235357024503746730629384879066555220905
339520901449027869341409022102904652595660747857997750579740275915
354328988785328432287350597431083260323444004668983858228353931999
927400912029214304353216112730945712248506546488841207760569583876
051470160988914125167641882409098371486496908267581366552609275889
761375655305201579098321726712010880759301816500320997737363366386
981705418599125673424159337306958689361517250046149411845047128342
863433482948953900659982491811068895433185916855963107345225858799
083072403376504019808840327525407438050215766827588652226503509016
580683357911972486322425715712323064153834190616890549840850268724
932106784998532422663194071881144258659240272477279746237058238276
432401086066738063548238007034848892393222426969091048104990962197
507231930374537091615071223065441376889923973616514235570315123888
687767500304036856404447692517557722505498709649034290116122691635
620410207709074025150580570585075094018031905929075658258899580247
564186031341819936955267541104224057178533532842900485532525581106
817131029147282194894641528546013004472433128480821674705269898051
900333820769137683481110235203300553349115028136850779307042173096
480130429662272865054068655324634369599645705722386013637067268967
240974094212715755203888098337005602479864873644875052503573323004
506942573704605229676559740314098731027836318620390913516861308702
303336452147900007944297675590712106521396542545939640872290934816
663137328514947427501694930495316487029044642048789031976014171513
525546862646759935757670040055439818051148674192929895997731246778
637628434006394763050107538372461040643150528764498661660970862791
917717036949230710720955134004066804444923066959080565676453444873
366458312883482640983561827010411435780020503950673456049481924507
227734077869052799761532604130541035994910392634221421969460032499
812198348429711320517745672801514387771849339351235174901229896238
410717774900065695210334507444168324517805990595763870490844975796

998436027763248126226839092668600263310849223620650347057993429336
831238542863633590239512928856166375409080311085468301393866162378
299296419293592717301523401442989033666825873511779074381604656569
870983369596376297165634785517090293410234290587173092004146818557
854227197503240140063287014264106804310934322336523150448120634953
286374043917728994185369310427283678570511305941761201193205057755
390628786137179294077165669030942763699071550440087075072179588137
800114076745911857264437936630731522027416030327275181043340793553
987890424393659294940493071229077598929025778793898083570321048806
599160934674415844445257762335392087901408554824062846590606836137
736327068060659180153774056812615556774406395454261122138901109364
990004162674231793020609217810743907109711169345716758918532768721
501998209608045727890476639126926661149382985544115782417130859781
852679934088990613071963764266881133725660542822981951734083394008
039830064088879972239554137690654006763104369507283056583744372677
429521157826530412848982789843318188803106413580861228428022374428
757549794838021660157482459497968355104815065807650413553158533020
697245658768048822749503142484464037689364761763800948449763634900
5914763478104116444533289745932483570020554633395060376521261873931
647052649784971651396500942107562309776859954560162714165624682140
939603140574237694974469156905588150719706788490125628579181688025
897289799974298833183210970327920806136096052303273484319186009150
250032634832867474399332628630584219405079618821066934699665042805
408594630354474343122103521058504530042228420177714557243723819444
309443023681839467593776543224532667257959364357559760515553745824
500680267236913487569339016208036582027815733517432177309633888889
322995272884742869334199477608204811172091003959259269682775720820
746302345741732418237191115919739031014015843126394518694819768077
502837859867015597602994419046293734183971628234018047759051757370
654528591858148305327080457688720144123978748536990902182935948343
758200622667473523197835664141613923272308495542457064065672544154
997788425749211250649615763473048880484363462217174261374676636804
087226210817209265907622175785702808778355300392529390653782082986
362915628599644787618111798886865686158862234045040231469055336692
722635604419543356291057367401312356198733095517917543832204183691
039691310786696728807626618113150654319998722861349745565617734111
013421914649447000540198954842941320881893013158350137307276704843
319596739517394941172835544003305193367833968260469969384215681758
260491680352390468042222145064215923357976698824161254573304470079
005479053492071675817921193861105992599425124642803016077960672294
507482403626932701862562430772770824467647665710714437858940196386
288155434371512115962068992880974495609069118569355536440615041009
915444115058884303417230111023389409614266620172859782436443732899
721153052808364981514746288932768752427964971655894072367899592036
362596655457313970778939994777785388532018602939212873804596050323
616958807927427939016160603722419168171748830035039956776721144485
743061730795774748328192086272091910433503179306477310873507413299
20665597552750580577767421204644464533562109967310515536366845212433
956153832960767209569161202552181229151677670795364681551993275246
651766759006001077522592890303524842156250768791258186307547368419
198952626227690129616402649857422604990193011655201552220504971155
614019821669517346186690741978202755044340334624478166018995734174
371281098293807478209693705810448462883086665349658335846842866106
531793621967050308613685993332507269856818551366047282642608893025
932216242771998872454803223994072300416409829345833798180211962386
137503588042527953582959156998130039238164325017714114082862125087
364623023939683965946892543307223449372479268910790099671348614758
252432163193403799025670883917143120273260725193333417839622847593
470444209863170446298543835936453207545358583538393438816239179426
277576861082586962055828913919878727462092593103918162396640112367

131402398964534632355889708189324604142670439426281225039620113596
788342277090352438694316412674432467811314571392278941952687382127
745088525382738732639524543501921012417868196591250299759090514053
366117174805052617296172847604325411902788919232974275450070060931
380354388166578842846408431103687214531287600003659379159867496296
826276185593529327881613673120746914995885779133309115451064038746
638840535203639099658028656912899913528626668608440243121897484836
927716327395003005354086258385476189980350451718921938062826820719
576855525656781506027231459780471238318685439575171148154138520052
076496498177057417952202779148202660091723297357444909911283809126
163092157584831820899987218254166143573860816231060624324002284275
255761409592864032250091857523354025209484470868144599615077038259
300993556219910524473368753015062311612560721758420612737320533151
095319964460829770096537324530485112627140325473545298457725952339
582954570019374214167802286357546932610901358436540859938740155655
597628296021908069343361983013667801884071662800432838458433562038
700884755121775921862264509171082954563505733114673029600618571420
965013956330155239045990518143967491295381872524941681611776067705
948640166001566040696855906829258003724079828598343223217144242758
299157991803674547472947155700918279065009444798765017110165940
272723868007884189148252431324331612695153786435276280689545605629
054105687462378263792489784087740373960465008623838051739987631160
953527798171450174992324413563695131532160019744455813741239705949
079491676380746712752636802460984939034098283895707617114093481462
393261997475879131885397140478840774409707874434373786895044613604
794854628519932430230699051751338913877488135192529695736718327703
104296314792222353404580579588110233563589262921433964184921854006
273746248382340577189769049924088821003688420733770717568287084588
753581573313345220556781981564311318390249014368879365233012267657
615807387689897577387984289955676005103228142057180058511057501560
794418019452111573556623008114176623597120572948671415659103604067
469867408794593749693419946143065674352931858264957761337948217521
608118737633792349918459381357808839365306934420302966315701802346
222901726404678458594337692614619768670225274540397152546873341546
090460569622864979435484915359543050548685069367954799771058978221
047860455769490189931232316177208825124498312649980452367232672525
736304248407867992124943801573371863455077359899000758965689860512
542127966668416917324367427969775259836382330225529311075533173461 3
227693160981496740844124917634682178610590253260768376982425467 03
237183595135749796804266002177656504422100160680606245986795907713
664937447187224269238921239056670398877844100957575913145464076461
170637253829984761510053868214643768424053541038591434735596407718
932425686188207310945216941713737523330579527831687833934771007633
710501310900069248128647840811410130366111533875376705954449563190
962689035709506420294118407617121956038455199168484041506585802692
426216628867434364783362030455257007308097241591429979290715863270
641460737908156637435714038729860444587861990162831909869103107429
066745417766817730039643359693451910305529784741457955978341065551
646316799868408784986413480552713580457235911561796435152758820132
832056567181622225596027275194928733209619806631434203676145581672
084663948544127988867619505014524374233642868953408846691464694011
958708282556534210094178099931017535567035995883964522164957138517
710121628072387931415040181626880132677060686488913889020326183409
472388103701287322715853400948856118709238689169327612674773203973
726203701013288450096565750257159880106849056678153345172704195911
720500400308342943777685728463354262719169650285655468006861006339
254260708517872543178209826701196342205969078065172301551975177709
294772590755015145915793077746614326985151510871599824052665277420
503427875032407827035436939327577929562472434502989563115406459399
427863283307030372375220893936694863916665114515076193454869699737

917608613116549617788075843556053652666350404985085577728804969297
376339713066397879659773368779652190214669193798722877743558672908
815195787587956272466510961820784115043279672960789881491062691288
559960488056462981551582260693779860299775666902579737891978906454
505133884365994720672423495137907513040124509684830902012729180247
809756009708012699102755491597047094035260597820755417691021972236
573350494086160872866023374551796156152556597547240352029337422288
610201748739576568655642230790779753001473317708885415425791807263
475727875564719357213491053286993481564069044012749996412353704054
019325942982259362274242834233605953289876551058789086010266566880
878647205727790115877843760986325358966304580570293925627462808730
264057636977202866233076906522269398247261183992898391923634507340
428323405664850667239826041216361199445545373058164601587044606172
117458095818867994453963504519488099445982546694155841496443694978
178213384029033406255044282922555835815547207890004080198302785793
429488468307154676837938395710633631014064388812942517792235189595
216495145822954378251280319521446997850455346904018431111667210490
396989325545803437266407385993384955987164239972320079876818494905
553064852951674380838106700783325232030453663022236905911567446070
605096647381534524028986170711627146968607848937313454406473470857
432403467976989833741201956463994729247154854146288263490304105045
073447742876815278510101526942715965290023091176681098151511260790
807987747592222035878350897590760134775120741518212917205050664687
556014514361373438702489519990395755997028047108746372560334693564
930963929121070821092396664870317862465563979376475542916746764890
553930221116038602984693345241410062662570480227982440771420409523
331925994360649570282168987822215008745880686780900031304897715449
846181505546131321476771842001457533510215252337002666991336809506
864881470835048462157831539584692092974922398482833111723402239215
653994176112447211220497009559657276525282820473825847256801610719
252257586405512916071295819257949393888247907824904434128783258147
803119840933779645060899848063138986749479895269735021881941983125
771333291049257775692019596238171191322999774184515397943621221136
573450384664480561528361032836169878467192616336813252047594127645
023873841505014765415951574165346693260246779479366057032385874229
993701013745211577247512461207782552665086955013790793682385347261
978003813900249962221788737785628726429651083005686042576559176418
711091183254380010103878667504696935709610776124584559557746380137
690825166528409510520910640541795190745272858788886996608893715108
813104365687919210543284327671969884035863253807911193064233683929
193569977267117113573991079020792362742676738520122344870170433939
505455330812260964424349855237189703135857969089585294548969730992
898736455703609460917580265565706185575335481201878461295398227918
993688735224048452690216357290403735615147711611783681210661192005
717123428519565806884630068856141623022278290815840747350798866237
609505337256484395724594286855317981242738561972706344774579091688
649235198559085845113506481175387573849656484436214891452689733371
930626390336514717368943279825609864137172842162675876623165555463
882120967354360922400612898182070798821258850530165045069017949211
433366524134435395004417685024615179539325445221692268521508942484
622298029833053771388322687192485935711866191861642732873434156118
287191723102416450211323214371526185076672239730729981974784051395
244300472912512871454095849462092110199918800800230135726715501250
005869589498017691924652197529778742182779118754053367722808816092
683321330698230980267412339201633001990405312725498944138277301750
711338493997640717822277997989443196500895183067684121454231810716
677156562591357820322008887475799639790271495679386648080857688808
672456242966528969779615652054219766645754587543395325510788245218
362819533665731420158737763451745868871971076006199082561237275492
890488238290058749153387883973688187633204811568874566464707328968

135483031769919532400175821769513812840418308603824078255108239251
760881742568618743947357575633749189621097161729052074195747308217
562400751285934147410247483597617157187744181676146747591202166859
267987908678727655085341471611169748007448610797544149494181003320
819493913702773618298197437139713326485483779973881675772259476532
498448852017691986667148190469989906344478604065400564230792537926
569422448657834769854032418598187721236576040711942844609162086102
807609421384913821511829193207015274972437350218505576598514197798
891447879538091131571342691228253797173205677439939066645088819946
454266334536373026891966291894827866651870141089809750074503084762
931010446257125068285728423536500874141963991653868406296422335686
556693679222134282552447527875608731588970320601463678233842860682
773635487118000376679262252919609891210136722798674922869630619115
284207645793401052532677322030735054909751501417063907829875103673
347147661543156991546878233556596606931001098761468028832333534050
140998087572983583970112797048816384165075467306235315501639255290
357179566853921618750598771715392758710919858145802101638593385227
160051290948119684125337679663427114816166242874070516449829751611
173693220349301368486965695296277597415945954741345251301346462451
956339097789037954672569565954894285432597031508089970478172452189
395022094186808582810857468626777238053460495467321757137324988078
180903071124505126399120731567923026062680921492744984141744145431
961780024697541023379112544071617170980841147017752839294492370284
724562742485916971848640221591583620247178925328332426092974523632
972410124594428791455364525265839777339820597878446793414205854862
212170854439705621454998640144250171728375697803388165163595527505
540384062561306928247772773521715604238277275816436177909372874938
409693266807804700939508165940833018295273349375577344320344065408
538122607508317134673151101913975534525339876123234723294592135298
314327461731927769550437191220452223958967898965863428240230737024
442128209304981579285205396253085325961910036634353241219237278910
024337729709961196296742834095520642727781616039090855971447105219
179266983963716954603262943333818420439470351709569812776589643410
110713457684086219157324655404512397799475813347921023818975204059
031106229113191508222215668028878587898024022810347586125670516772
659768699220984210744497429974825588672053548497086308375325523604
670694826182977877079856359181657680766896984291286387593122205423
831218945944990490187776787813595932964057291863568387048995197978
123105755446608681946795295063374953671272976286652902716550577082
872719488775777715512532874673133166925266279153637649645409182317
574368448138686141798147808553716429000917009375027402800293942676
544677372305535216252814455216514344951891354005130275322146461344
633323106422348204789911232999541156223682156171003834698193153061
937447799483977361767154356549649546077190539570559850332578809477
149728111155224896334811004890355857046528011521196733680972741860
161746762923698232957375306843220141088469766841294989775354421838
538202946271418446502415093724856520101165800444076540704894132161
632987977566792675679544908170465699302936205829177186268314922132
590972902312738193597341183273903326784806018809040671714531697745
248611821059986766218583996755114547095861221219439867083942538885
480073071965599199497657935507113691593609042250549274805440624069
354224707613515088681289743676138105662457293205962675313924289436
325618103762299858893293510789999000557516593177959712255116527435
070187161011551794478301004646788840861219560958080286104365428804
996786631127638803271509105743805010000285487699077973509527234720
737702377945613065426499147743471495533774905364672541569813300083
154425123843842137580043479529003721492074124575775892976130380644
627136670015384320386680005835317897371203006663670167371521285201
776547246168557142045651751972321178324335340968897590385750792885
854159181229256248051456904079334012795416007439183753158938998826

021224234158343936177190010147844991538395963367976548758437188074
516102472543190626608920005793064225207897102358062194635995464072
531491585968214826488192212745343890357750236328956302117079433277
068935811897270160165670828365851597039069803769461835178425151341
884554618580360951048827707031390495466805866680538258998273 82306
032610477332949296119775946305397373662401004027349746911074260471
718792302234570752792009890844809496581427610805064520670538804448
304019398250635434288532287712413985062947985885307038010883542961
909547998000510295456041881963263386617740198908067186301379 80663
739266644775134600899798006559169851705755473263032453784769427697
433172894057181414413391583000290127962648752035598377899024956950
072374621615813807766726566245010427736194059754159169163392946060
893153721629762637508695904016261415157961633541870253885147017083
187888601968720165759339049343131110569909892711409946617463458 6307
776281594334204292645584736010729588178641910162545276955391350506
833554867145464641342497551124941132749554441252453143562736872786
828282666978213377379407288261157553087533541257721696646824553250
888345568683632488685539911669920755970367891808268582402504636486
053273612586891677136105605473644969881241176341471440316525098193
217026835930268360757635405575485477689473433305666847303686509702
523253383014283081133719946432459414582002041033647135727782702 45
156201501945287150779405626486150547311959021496658257348494890849
015202914320823653539902469990278185701002223403667136638456835 21
121334597031885933578780448400754122219420040458394530993739203834
578462786274054481666495197711114203535004181020555160701294840590
811457134483875709680496686620324645954794717387821144027754517414
273234508735454606015360532514461498279790020788739443202288906405
438617879984141594302843064814191777863024725404173011106112804013
940267612320226828912018239454350412047653684294093023607463437759
595430620716778519941727207986685091266937729042383606488 23613353
629841707318314245266763476916556594057649384387776724591234277350
652196650935144388495382040940377696373720365509664316120866406548
656310774364734885508315296719151588757015490330045035337729603098
109670208829034863360090064901668890225456011236265801200541178784
296228700398571866958625129918889329891282226190579994573625397076
491057835908582294698469235387416823742902061442177392289388238384
475091039308381426435800120652912712273772797402596792941971 47847
098686388101755504600149109481680104757962688812628830368464886923
260798773107614186596571262402067336979853649717029298401515209252
642031653912469542485830004767538952564554581194674782470494711856
999203134816616746270173330674835650213370431738732297926650001919
269834727365689597501953300164569055783229664888384325457583022924
934663718182666678124655951411209059547154296104210591482776949485
411032678803029824936656345945972310459059896219157636969236883249
235707617055901014798166166292432129640508329169209247622759981009
366040708677554064733819728699821268694693185851465735510535814459
988385379525418419455131329677547385739451602491598562774392567402
274770923986607731700817239200008639570543595463601999311837428013
500215915390619708417409107742480637558961666881089318397777109457
706994885712000145516545419946600126760511003668380459532902242 95
451427923882670972596243472259012881609314275492715393554542093109
168577009280194988876326286824848792323662287599071527693992933685
377191167712633090771903802303723077655678230220778565371713430877
951629120425159289265791462463265400901581818645031327749581589889
671284256497088243556466118274653684707850708016694224803970725961
943394690628380451199407950028259290848106699047373076898998891847
170957744177404441165041569711396081646001380802330899617680981088
384565375584041012600204328052767062448993462652310686096699307671
919673492488049537600080606605730264807525623807379418290787121 1678
372104374311967348870638250379417671238906060079588591136286898865

957580624210315771846523535613396300234587548409082392653283590341
153963523605164987561689820685430895577778191094197498589791314138
627001327690264694000974346382858340183619530853179670773453681614
061027843616301884101612893355381695728179169708454070366919886102
247143603311781302208260738587400358742705719062222928547890222895
934049921042647519729070697291826712858340998405696739485868591511
218932271134559884203328608039626418750245939879719888433209887449
354390882663727929192563433776409121526343058026193289830349997990
280754252914254948600278821029579480513575916447748114421473979936
506355237010814034165341261782418303812830604691725014305696044466
842547910439555007862658153269882453066836912589306240761616566916
219746350549665420652792798614629773401097288406873433944529946016
895622408681163534165643081041610252761849229327096090304446857646
431414220190328728488843892016470201619268470920309657655967960876
570126361307801210544903990702317839722864727106799294452472126298
634434487873126315260070121339463514325482360456005216276071884942
211612963864784525918361471951514811566842073640941941083340448261
521210736831047317054164462931335363794416840094941503958430999282
264187143071523217864719654254136270340733898948520330007097345797
739359624286060368455836890724931367817118884735945141462694081985
427831166679197929070480617685887492123181756611550358080526705738
555836354154285583866073196000371591827881308152062389067803906931
920838677716677543671224973127599653460302256920164118484019409845
714529347951276932743528313421602664618491104571453692276652090637
933230313292348332927601946001731697104927127041820944788663127172
665648355861137170599969619544269038818022367452031969340992552453
346017315537158603329393450911966137096134952314411461898862230817
521230597330217516477980143673669779904464291251569466008707759104
572931857106712540923960077666939522418767799256103441239021458950
505618283058497020706078420154806373212851732727529724815001662116
837296552388010012457148410716445827998345944100984828415328626727
589433549461500196876115367892762029974081912426776376227628387387
298799299774907451257865261559319634580005411046354850535992505223
142231159860657782881261287098270870186184364993140692313657104034
792287492342410868139607304633340424512944548716526183149971976407
743924221508248874921544281612968330295798910403266953671050063750
476749847106262246527934980950710535685017013024388266553591542362
015824133414350650247549532411438285857297660715088135703973894167
054454535601998966063666319786910058106368525639276421850588199301
314358165250199939326054757205319781555135618734200669485025185194
292358554736747885108211396042601207700697392122258755094976976440
836793020687082025906788052406675671398803382773132522190161620877
507058781037513425288250793094562292807158298971156198266744922375
770680926804957119580293637580253717267079219373451228745830382148
951016202281745024486751885487384199237612739085030674237842826380
815759657891924264098717274045973940926027440447784261539817840530
041468362631601844525604424909238527837846347285546502366639505281
219763255182215184336214247487908312606536255835803225317335955814
222311728322406325693122078648216631641329756327970713760029576218
437378183718341307982953047572632183794691496789228129437687162693
079030598465898945724062228518105869738018247295457109089821871769
750514785467546052594692869761724353043855883190888020077891780606
486355148656482989246712092824962857657515782918942062656557930465
126871750371905767479542415479227976241597980117327709134538211323
392997111653729654316331400901229253547341414725770122315201311707
122504621997745316356788768464659577361680734557772369302145194871
491820337298950975012812295514304713867808573107588757477606540460
497181746441021903419654569912313101214506034689400051526701207390
362376659174624722777444025395530712369630706973005279584000996422
783465267549297379633377230318150277729892538411462527097053961114

784119033993887485375121545168531346616329653082456290845187097409
714728164944714841814464857488053136399932901353355514233603875269
565456457279815097084432655290415262393431309520647085595331288086
137477077175791856838401030473304337189407809082302871464768023705
011830268077403210666601712770753319195365202640302389002630777268
220891196402099101476752144976111029718754020290491744941298591721
479014235277211225465985814600697205437122231168773005687179940830
081585363351860309962800311649864590319394795439823403147339512942
270361857916637874105278068972142775764125264084229245037580632279
190973785221582775080503003679094195681717366839715001842381694916
592547688836877310991425230925439917475481554221832067888907321478
358870791939878308788820558677593246698760602283734344592239306516
005285674278422438865350275495543351534875033996859717751042714148
993154953806162860775855027687329634844915643269852749792044260575
296417516334738440486713858289008900152810635407441901741706541343
570384204362642304289486842993656857665324790854063751738366086844
242826451754837952845154748793750475502526511255415907663562583964
254450417235037532745157650012991813473361202228480172602662506112
753003339319081856087810541768727389281317106611002049260506406729
571644116290546447574888724280538920095285194518709076461710880939
562456225496217346396303823171318045950136471088025283006118832760
913982650912317401523404387997194096117135630149740253617820231875
320094974852670943258934502743423253721844588235781177800764715680
462767348005817690977375366671633928205675654946935082425907566031
501869075602672713665463965475734602822183416378782156932459098778
404150854301844973502259213532609329592652757543233767246625876415
213420932500880326375668260111700987810929961966053109748112105827
997235238486960278114842913321668694476393533058965772336994674324
878202548005179315597900823586039653649281639408651266602924950798
332421217738324594627788393013157865568093488905197706293002229146
281930775749521474678141135558845374315086860947680878104834320345
179863294972605389407005622284929211241294093831013679646235513119
460523210723592895648052413876766937188612335897481649614884875772
245465354400700456955029695054751175769189844516393204348982133221
889955117777580732016664169023701086084799686087586601224795843388
239218070526165535480235826757864969866327007594108845676125478180
171337572894105691685300367828713780861678438910123101743580863546
822295956888488639290348828248186479720816718816370667135084267967
074299056085040289239760677252442323848426382065830435368117928397
735061207971093075041188145752904354219579868819885486126992945412
842302852981967614685160616044283558894343013137617191461573471891
805754212690511015602677202406119579101132797449215938088821322789
064311242106392776673305905547715203079515317966732439192071033096
318099468936119568373326775258605467104636124315528950865404618112
421465120725643415896123485889496984439890410283247945196356803461
459930863207156977310972430227120151536385589184253388470959897718
270845274856668167742369481481372503211994742844222187970514980496
216341264832226717428377255397346763920415334546610930432648982848
098536627701607474776801824449251987038907861529017108698310737482
267660091826952686401716029511511746470119544371520203443681627410
340485186250036651476430281180914778965055745818887352739647028650
993667928638631775811537705039973166523683379205178273638792397743
063208051568871252121592031171716674591037384901859959683252722312
442629720906085097698474903380776843988128831381696828310093218802
057077700339933305807600885317251246596920594740868561822715139194
533522001385046845593878441522235963805543666781139163665825908318
455381629361940563955576947620037594173968216601124776604819020167
858663627229226375209044390269460608083364752569698836922780647259
087871953711047883979745420859642582011289323748129193279696792774
316155504203880209260052753869277584539559538135268202166578890114

248508271382092786721858460009385637248933481283056036489545938616
153372367618263106598624320184406284836440298607355469592429899553
369851389248896960177204953314727555164292464951203571613124058047
813499246594287445601046212794832429949742379794094059382477597438
995176272661845129121058128042840340260279492812011508021919743823
728175153436950763763889664807762891354605370876429719094150254282
706090258729811332378512243006329541870698236209150294027706920739
169454090334826155373156337155232855199877280965119920690592796867
816167629738639126024725244647438720052236596716056885166678625642
015788790068742026756644327513503173044961569743694511883068795992
226597382795957583977197153906219040032711938145268107527528729754
740101832396518451399959842541814719344924290267861626276209791099
370977101814691224810865857187666075034994834964638904039480535372
245294342210673541716899226322856693320178317985853141006115323256
155981500000863131786301768469295376791740199987179866351910945818
913102361931991102694141758487337175011330663346542122342673770493
650816076281002853147482005131790537380006566376922615651531100030
519849547818776366602022057972873945338152707372027732314083221270
278588855480958688900016540068621892214781755113665746784694755323
190580551683533138099759076022410375436347896228177584172732943649
887568156495677644036771355095056308747613520288046177726896605464
072663009855568683335766305281480982035892833700164132557937794580
011948967603467053015594260622626089103388188994423821677348032869
110240258878566552130285760860716480585460304233478685294596939023
340475302043550471725831370701412886200796799066738253130116139413
003320295451905921940254020106565924109072808392699799539263467526
018178669677529478780325955745745446468269376409246227155085888210
378132246086848766347264055401234933228937265234881776987919413 27
436159286675200549284311835558252203290992414318834135567460903781
491551306517605142650528990319717150290610503120711619243010278933
895237686139253711541465094306987785302695352832190645653248456278
113883029314010146741906924496110756996311127617536622715475443365
636215551367975990405233846673503028522115735084844722640105125628
467305028374813083221192694228700313723148721850070271166472416117
352088562301640569898849131642661441622536383327061566185118685454
793836838545846306928249963895796269094245712703788387412783998176
369774766174715248808285952530824492069672891098016842492628203776
433674698379212342152220725842755303947933150366216986445554053087
779995013780827011327272058376746230039695529828184563920645401910
038836532857507029708825403972276622084831844508334249878581415106
119006486845910332822238291026402377498472391039746913093937727316
601802795646800756428462093028503923786952914906466040378953274889
069888236403344123620438397922659517382563351588808275175980783142
336614409327975115106001296082848781746942048283422939426112803939
248615559282044704421998846020605557748226729009296537607769534190
962067683647936612432840347677220471955078037408289990795475514116
919320704079582393119708806934952018042755876285799883127284893356
489380473305319457727914400790560140541718856304915360618849460164
541961705309562336750757106923040079237107741111072633531667621142 5
361873045039604195393138620238137019190762502265345669452215892573
612991322399384820608151862990296559520923348054735330869036728951
264019286313067837414454243096867744510732173169111948074521237618
869983887107807134135733703924657480354463608742223227197919201336
395175302251201514108335872902055916021015175811432990227059395439
635133935813509492865839458758987784306962312685814068610830679536
054808171452149546697461449102744180148269847409747302880273670341
712832753311613411531904962957296479914880522026438218084403278188
722949627002383560694986562208174627048757528875683283345558356904
655947767801773145531363791889722822674859408546972159244596244213
935294411987284846624620420870098658767599651856009277539317154466

008365444754141491708883175041625651248513935344147615022498446773
052592558641395372958518304671352251202698858919690331114958509710
156352615479256579011483274330055067435897081867491302901560948677
239549727310044366501270514395355007125391546813764768779157499068
232686072380246630484114076955990848493574593089690724738725620959
915729561285007773619283634373624061452352114032588515162096563586
885784712316875446664666695954633250804137882343069134697614252759
144113529416523738992974933601720926064426926587285548880548862327
203655281109824005845654202048008533488411600186984252929262957792
200459613735856858181148935802033724474280972884777464150430956871
657943139596240751904133467690816654428041598740346007131200847219
703809401585504509817296508121827576876205942958077197498261446472
786521741325615911922612501532989781207804435759243374818699212049
381852779096694658541776867131140516279084174675556840328480093400
886837561305790769468106445203547318723582090280250889951304499548
120160442564035768904563450005912180087592014775602521521223611540
018396179372721563651973686580946671061361157228584858408133933168
139283709135653613663955606552089395188321280291747719405946941795
320662808350510584908029538231688868761911981902946610982539140304
070812574731896954856094044683355220356538981938975972370270924922
142586888651295328642253849444502612042915916176357473209432967663
385476489698770154632248566477117392320638540963846724169845049716
716201414890231336830696420805624421691863824115733243668993617877
667129134921846317486641156360148557686802839242109763875567071650
648504065769413710227668864725493007808563855861830812802444942955
266973749734491265911963780607188695374050623794847393121163357140
462214746157348772424068518127422642418942547867194618931905482416
472136978632202415198057119159773782591454162982320853541352579094
640266362724178942933233503200175739070001048454710379385688134561
624620346987047669336150900112826308000748970787217083211823607143
251852319771965494241941292276584951862678599393146840122556189413
172468361134735295396177437812480687900581524715843961401159018570
244431121858964039343939662083184997114491778735796081157970564645
509177640644362730459212061324086439750670883792136704695560751251
688009296631957969810352936763239529654352294382918180857652118308
698057860870963508601205471178016142267523209585373731011414846626
898614755060337149752261006115862081993130736658373067085868377270
017069876777845811897300683449230641262369730066566623350561466044
254769753581048889642028053488690296080889238850996581196475122224
827359033882551709405144913623817455743944703515563996942479116603
997311904185163533843056535217108408843219160476974649262030135168
970275205167749994428712933595987081190474922742864668748652182123
978580157804763868561335351889117905948410133012474363010086343252
832831058172859020580462937055335809594153360886282653354369383117
571407575983096574393897865432542123040052538717507727153543370780
465964934467388286847593304642082382867571740857578219416944002133
278298406926460384634707168479413966509703071122354467002364887625
095324587565602702691818401563071737859931901652213951037552087294
666546693563363163156663020126896917750849673587662021129664195957
744973780077529027260413438465027053632009259895515166381913359104
182380017585604753341231403589115831953273805126046662159209552322
880366564997942645583542677982189605388707577818587708433695575543
176436374129422827474262546038151725008267793466296123717650658766
933135270396165934791044239779540204064656174241614060235583246255
728811512178821658573437373163992571472349501507175207865670121112
477877405665697550556033937596506579087445543727904434355689444742
717228286863492050047516229266682209753396905219678079040863454461
182486180990725282573618654836050297822222921548457126273571736423
202249472976446227085215452552578849408326614125004589783199952788
905666460595692909719800935303424001694321828097454662244389500725

```
595163324423565700935601639571302521901084355436276467844321270949
223197651622593700111120814194892401236112228190144455813072158574
057817421497091325662482735401569213716542161381260946505896818508
129625898758074283802352738075250654151246453170127187097421735064
947960227933660523696466051455670880543976806740471337115686470653
750104128665591406709720559971843743696259862761090256545538241396
250071234242113694698634462971050197228360981176390267128929181149
851860203710316316506201738495040555077700304940400247727753184486
515915231518901341726437797016305468330988169202497775719531879 72
788541652056839767716641830645305119453528235016819093243474193245
664064580324481694676333048277663930380330295233679884724590660688
248574254887620556383751182843641523186310256782968480111642942443
802944071605340721140762877260890894077339886901289269557434751205
276479691188235688709124083836992143601470556180349943794595363178
358258166249956708245000475139556969862070962763903621647419094503
902111486033853109833277828764207318554566246963564061737524685164
626972521047672874689345755357891032934676179995664124157468678369
949083413372418735937068788016726457171692368477432418235926 7633
293925340839934304992634690892421868436164649531992625005516971 1032
198656434846244562983147384979849665832685293998202705793249405953
374775141033297934044296338696203178992912122819637934045438449803
480787133148304987594398163936978874217942822662013849755790106535
477236459798130391999385146484391872559895051883577751271968679008
818808034969354702426946578109620141272840808441332170787622436033
862712745543013314487099362737455302063366438098007951374172083551
826560602432815794078337018648968015179783719867806132297426653331
782603228529985738036297049248654269251684482340254741217093949938
686335077396086940206029136693926360245805413550326471262353641082
770758723968431041809425244528662277590883092076032903199148 72053
950585314315408385032122996526660617035024300835057717585138954341
528565190821644652078375127330834524621614298507753362389648569528
875572282051577045846477875834547950735054282289609475707508566961
469175248513457149791207869077669450514753503563035982474886 67408
868198681250666544091483972679393499422305527961731434535731195196
944168908019994245788241125546910384277956163042623827434405081856
044480399024308910973050682063547857614436674151290581621146323590
683960789157239136258890762585004004595201309987413356695835307196
570868108602512878341085700985416400794571140940929211890658590299
408076592997107944823737684171340104260216600106601612704793570517
051800839394158002601039297450066752746346079762517439174307785075
801709053319518059593487359660031796868382300198324846645041636 5516
946180164327516552482445447445854886758918260011394814705832485814
108093512846513927859319545908857108940103269983889534607068012000
322322352783454180659510427031844034464851542448077052147777019884
203557026643374926256971184228011850521095004859217647962967811790
126015401344991485183112955346249379910362808759172779310892691004
600824478140825971873121161869725453625173068683268689915445202788
152656159179234807924498114746084896297478769250233974869453525194
763462985412909066981061760001845864959642555206387247739046306866
034265012716485197858104226100219542221285965562938299580645760717
061501888119179797139592431799114335935160476795988080728103868348
833026033486782803258925436391932548028003732016904598033722729165
326792092594607738868584104307744948777929875833539214127001581 36
961273078972537891285465804569994131901599342607243963010220074 94820
094809271472596699252587340102759216758383353698482825914437472071
460291193877276161580512633073861347143346212541876376924099839298
408539162475755528471650982327743689480509132603261889177282869955
646178539356090006956301890068623766744309495875103773433290353261
768200330649082709383462493709474619028538292969458149869045076060
372652522846936078318086286970741229738431140470788445647770265422
```

455020499044434417581191186666168573825406650635562940150805748274
923709092540022193399716553043380062836076467645915728621607467435
635162001307315913886106138660279350512819595990284256753175968021
768086975187551277333782425558721917350380551574849493131825929691
667100638110572178312352870471848194540769313254950924991445864516
358119860243637537360776092688767850730949885924023343036281644126
541654266307339884502582219648870987576927233692968774521888128107
606872214551910241156052469839531524288834583733464676765920086438
037306108665825493388429889043024894223463098665790162943957480540
430932208603020583691757382180065237252010702089695593615915399878
6999997242225126396959064045149571430034828931537506887945207514135
085839404607905607324031770704861959058858134346433556214251696161
219290869693300762747256160557799923438893282192941459089629025757
039741636916490401537359715738258577953047189553265846383849075815
823255612274880059945542028618890496385851408610967246708042343039
046617193055251006201345970876142144737086389014190585246867244244
155154951205486388163876997175094067418580707701950187538007658456
758747364207058141997275322385736053312499481238070993932544613519
694560725907349449642283550444082490080455182104119880237711315484
140781533461833641269086722850209911110180711279578172715312916416
428261537771609306331324466267026864307667512931997908770072786140
310209488347165159334896387055417374067687910974744373253684493438
001356914076326855494915715615097738142772828932992251728057070380
958335147316753251095253185840314831650798871605272194174480377880
791704293985855786322882647373213943489351355440460058607077526188
603313154500683736955120325526768572241458279726714752253870249282
730779790701333261166702067600212781115946542139000971984410066707
622157787709864947605352720396473662402221308632061897182944095633
544205665293686487060056991123497551683909030385703450093033847457
481554144138798362762613018868975834338273711884143897729151227747
610679472119586442769496055574763341305483065460034675650734642900
452747849324173674016607524127449024026562527440024743213540897256
357004429927977005391301457968176433392003563831283026380637877916
118759939416257887886280513354212674958626535893562095959325651336
188106922821731756547240788583551463310541065004606663021810887118
845324901442439240526562591503055907146365383011145358535575057274
261102392294710259666386903227128371398825781265748626361583754282
944771228687201119598416125600283781538244190122052094093759589905
742043450338015214813227652605425078490966450105861310069074033303
954277263018813674875339278658831422624941985491230361503978963940
989878116863873011633724624808675250038585484284138966513601504617
573081675031926464878904594773690412161808537763800590545901787542
577393925645752111525093073692242953417966773538101140636537338192
403453484352214230803051669970628623661343725545908890941972611420
377232637850839652773161405292799521013322950275248039717866729266
140327952108326231861861534567398239883945340643323089346880673750
688710231693862538117340671533218489719942924164474820422892989241
654470622931734956483003128351813097183367724057707728848130984206
934853417171996367371652700286812200873875190608251169728636392995
060525816141154253462861686975560070132361561340710711151260852840
512228335292998737517647413043257841679154087702960978909164782794
958988962702642284267736067150095648333632280513471880897588332258
968236908078591088960527256267173574954124611219457126385320729281
240327904761174551072262821416094801860757501249846374766078262672
132154597792609285269013565677607725824119024243784332756453751095
901140971681623753100152643888325623253904544515552195923459451140
327486943771689372718717011878728477491755344963712550567025217845
762259412178335887326333500910554099952637434444020688858356014382
517532843330867849574092118090906023065412870116318635267406690319
616564488361456909058813221174157371549170675201065191287350978301

```
86167849481701951750755959017422547175336906043142341511884973711 3
09944396204489701312494139630523728431449519883547737580168750533 4
35958882066825829412015974083870427432997435289181096059583643782 0
48836420854463226493070418121340367296478721381193713404954398848 5
63610969582018449458335937523561093479866017422722254425984931422 4
12638594606300749850592967108841026952062275555792797396651911529 0
49724954036496135409268078493322149268185199580150544593753481209 1
23167695251324959596940727274360097056851975132343251316095927127 1
85730768958561520799033425876067990824682906823136410325749216222 7
33028509701301349247506535556124816168187035564163751350499910642 7
06759465229605871191714590720532235097379930931944582633688907311 9
54017802478335219592389613821742179033737357362242628720334015315 347
74556258511986469417597174181108482001088486262102741508913825737 7
05618944851882050798109768427185124683031413599638976787235796753 8
60214019806061412722056761300428966196597631097841935921798664083 3
15712468011783773372449607720123630180266731448653794296498915907 3
31671070088466720936870603625900376685047781396703904220564707604 2
45702134543664551154985709262449744168048548041844045800945265285 7
59387648681781474996826991013469596608750095278785569863485106512
01342018976357911889769889007842973349617594948235525996552302065 3
73584761256980234480093443830943558606692949567903214811026037117 2
51577224172611046324282638834357280001600920277479607981297264686 7
04136293204158765059039523294012839345739148277433864392830017810 2
18453706587670400412231435037843384745692257454394361549895843114 7
21507932883119171752873534614948425166858083021262713709668230243 2
54175947127736534539536885366791251517378961659440211021338382990 7
84541935861336669567296417319243779886713245063436013007429517625 7
21647289648187283708248342214363577996473078088623982730831756224 6
60156259669078008460518655907455628748028738408877219659785839409 3
55018951163609258277883549478977066855948278406780590351760678952 2
64553641706300783495313397434797183129603508378102761941940757122 7
12311658654787608727706786939466112733971572125995695017152174457 3
12611604763545806281755436105030880031886226476308526194089611154 3
73124201627167349165442223162058599594797528486511411627978377942 9
34222033883702576710173732267147473819805874012199142376498064316 8
65932720581554499196235364000568534486169745452842848037867265824 5
00033581947449070067669333980754197402252967680366899263792014286 1
36505968925179544949154087134637481131977636858587839229735735644 7
87839587709115403626531839928924684467544248055950364623316989058 7
23342683692100282556859392002399524452289824016792921201767805087 8
80700281249969109547908351949224384299826987196902968188452444665 1
72121912907147166761935430847019976369323563850241957659578144906 4
59982057993182133686168585680594915764963386050520445219836044506 0
89331731897377722467081868437305431592267192641466545343398845954
78528202992489219283847841373967331901506994424732711133248268810 4
17899269040080914217744584402666811613798387422083517896693445138 1
04901319799182440534145726551993186867174108328953973320873065189 8
83692674572376868579376110447390593000697895775038226470274246063 1
39784905571119809083923903669521163625641011533464200122539301609
93389920693492390494773973168796207251114175768182583887029608356 2
67866361600240271868042292383950645218226227935978048349762798849 1
28000309858208679848743235337975455809755450150527123181158284079 1
74597392516486102663363588577949625575941519869499556461441423780 0
52224237893376858104786319840054062250378062316309846117866779404
20595253070506675311281367772940339658293696040577537614156379504 9
32501960154702280717670070310375035331314785815009636030770134788 5
27872512904594483127348246859427140293031749382001085217148196337 5
11127197414649111056962728736149132462051424929825249517502359682 3
37797159349149122425634907258212514430671571821559629643746217199 7
71250935682748900889297404796283841468768443277695497090461043069 4
```

```
93538418938952800538530417931897717743341818991293865548035940 4775
95673021835783650709418472506024026335296040636938274619031769 2326
80752620127627634174118182106664817871082736149737918215930254 2055
24434784955196594266021387278551288057516624152724271638634236 7647
22042833110180512598384967703079247943480265281400385235543808 7505
22555022271772833758789677879005397599911661079916058574812952 3854
50375458084210106092274989986641397018055741798108767185716808 2048
75408127134935311364200650128152797569825944793680203209649225 9805
21414724984962673295212957032460362118258344712583408857520435 7242
90601807670347984108247943420062472664368663407632571154158600 9396
56003022070384206709265680252434377704683349028931119649056967 2891
78555246974609380993656436323828773697022281638722594387090358 9168
50235388490016861958980471205576749524748789783404032811060769 671
21572398128427985993883330462890520310759322754180152480363515 9261
51229226847775006435703119715808958834272550668238747890731162 0830
21373606772849403539568277810905720195395290914953015678116920 3428
78730724051138708077707300760728149419951584211570549743235582 6173
90459006003123547634472267820293878949672382732189598577876686 315
65714073491358467913330891524127632210583010944914271763652222 6277
21377950252799674706046578914604720680491835933020599983499669 3096
82196984584749065663334104314951256245976080037765891653750806 9334
68761174288464682796054887243106327550435479756645658174064125 4904
55517117998403432685959798362350049803157265921389529984897732 50865
93643480737025699393995180388896219655906855627618835610521417 84
29726437587003741843581949113548499393120172283172853426309398 5363
68469618101071709560323902758982285043407125808809145951973286 2600
55365123820516211478560730612253267510460588493050395240931971 3662
67033097033102620556407368929118934201164514182634813329248796 9813
31038817404790880228037894560061944121888268137989147686190660 2967
97906255283688787191063764120481859462831287821351467183911379 7057
27699236658657142566150729608889599687017227094663237352645682 9038
24400569519639903039149255697762824655855705030464971753739800 2963
69697867687195583277281018202604673031092724784082342424311126 2533
14788771318676707552033239993085449258509307015415802891036432 7252
17203116337132810797294423146676326683943532212899429921091936 9070
92699268514389155672459472967608560937169004286821697706056666 1095
53899552399784917522391669888423828557694454951211357666857907 4284
98317502349709667067767812458612306177797263401458102627404829 5422
89738486133932968811908010666152507520378693601453941777203121 8165
94625817069625751963407219454463986726371055686348352713569737 1905
77968438950775242948018831781649783304731601771381224088222898 4639
94726609696665307569221499737264477052927014722374374486335133 8994
92836752611185977795631433945076100965537180960325795507227249 1848
76804168106532977482744017416060362900359437655687281068737744 4610
09442295083312108982647286264119040398357442688648181266338000 9175
97122792569169559961954296823010062810252349760876644265547493 9140
50777609279444791930274867465297389985959429991825743251831404 4570
38755160059788588290964438523467529749538455251395624014618301 8111
21282318750267895789854901273355309739707115460064465703814409 3553
62738544536861865236969870263927645951739290482028374741309221 9552
80729301852409213938554267263465173760779737902405183989385548 2
09189745212603789303848716193967100695559547784679152012668967 0885
88816495742428575066942900712201065937447961978790046394326131 842
46279856583791905788617431794957405328887200775080260030070067 6780831
75192199483422536524664239644631233263320121032218495193236193 1341
87495525279387095406692172366774356847166240031723657386602257 6253
31271345419902214245729394339553331014531528156287284342303245 8605
04756496000950059956956272192630599362287037684762603055656212 8010
75128500883586467120168430581524932426483276798781489358756263 5356
37748620539949340527227912012936546590002378738441693815508423 1939
```

```
70187748942207570837893500079000595744693086949208132383619905163 8
49913121728754075405703874310820557698880364095639728037914221546 8
71282067849604691183142897114644665555590066064913139165859055669 7
46173336436793931611063043535169475246632240533537321465900157083 5
23310902673348915470915846869086578119960660536008783674887724722 8
87311995078905251837816201595083791107626224511131989209947734090 2
11693009643937643865207991095072268523062349448744061389805236805 9
03454356434545781831361373762331150257307404542706304508962653160 29
21900263941119129154877844253536286602686039984823831676947240267
07951953659451342192703270678058761361547537681566791970332308259 0
65413951217154438815408270876532359114093127513774638307869082317 0
71085434318647125733820293069105262702998710752416050714976839002 0
04043200816304560062423928566837947800403338004285789910815289023 3
62951940783013962771782660500455255292862190622531004167129918352
35979740101194687759517662250725217391165093806263780819153951426 4
65093135665846238002602879469890507060403270719790564867764601734 3
95434333309871794051466636688243661473548546276691917946923756664 7
04092586656519113327666713964951548271430176910107787414948427159 7
35816335309659417102694551030315938737919508228041071390629048556 5
11492460939481353273857635994169178769555616041049946869891089520 243
06747857347936642113137337069915254490143747126293788012276568561
11270149142511504091080038110352077015707185342472496043311241817 9
97686246263062536583301523194504588455854891125723083189215016962 2
44686924988414546070240879892054150149168012408427172725508116945 2
44912087689530962277955418468363444201817437619493823912662358781
86131414773140768459106138450914349364935464104721916457488099391 9
26464546835421395911997712780669876805310576046928779124607994835 1
22402300154412937452191097437024674189358300293549757738702750826 9
55944661193660678377469814640998366381623999183264697042596796445 0
68724607135180514542749344579109640628579415813579577743615117459 7
64087929232586182623686707891083974435688112622316185270576864722 2
66746184551748063490553368954184790297693657222077813748874957146
13315270560116854963929942882584719142973298429830792181360984677 5
38264268999632967560868130576518195649669096539774122505247670627 2
81897300506465232142427365789651649502686583422385777935651690693 6
05454897199098859431033840215097859163714216675646486560100112789 5
51939506892653340853857195715146285760418298842343553402550327066 1
51132886685726032895125013429543205411756952885144617959012388356 0
30590498684217879830868525706778071742609999738975463953444945246 3
76120572117723847312800068831982567333250219081494207967248022647 2
61913419978040805101742335092744845710490670000260067587616889812 51
18364976282380493184768278645988032945865141444294888506961624029 1
05157771045697184983695426953105551253384039900492012012357303283 6
11665911664530914607330650568551062335792656334837500049718057416 2
14806099380417679552710317392152551646374806100843177723127136733 1
79122963737667000218823588716275503355473106028789391115068076081 4
65293136797957161984510618334101018229730390314876026460531043087 6
33756065866587706907400278743306936662112314042013154067544137156 2
28189903605555076875760418528327170680662093721350810538538975889 8
19719017687992070502409714098415024720551713705949437676788800883 5
34892901152878843742521899540915094650049453062349747372380057048 1
11685620209627743993469500455106028538585749487476909468933686183 5
07421238489152167748303697354059107610692395180852928726357384072 2
11824809077766680968076924300679566790818806264987739161169189977
00320750575748822613212752402494674816879525327756013296045682425 6
63856987731335931344285917286248529288154037226170618550054092179 2
12415523379241939337423899155543684445745803243775177574972867686 52
53590547768121975582970127976577910070824376202070520824177104704 4
01603110760992683829005277725623038099558222722912356576972792402 3
67064972299064581603819382223602135288978754184543025004608076327 8
```

2397221738893425873396106615677533153155565505360900343618800609 96
3474232186372690998072494097286847411628342938357513668900156032 65
7323681924914103348942433517427819021761865769211165779707047074 05
2090617709418326131428103229964233198760048764365690892477875632 36
3331582420668517994331035612459312189770701156487084693021346555 97
4506239344389852476146740996301684603265709078061077669595373074 58
7614014815584465875976966843830225037766945546393848063642138198 26
8386211869368680970017865273685147834513817339764718356351607234 62
1103551285086257859072568786985416587811903051061224700440667874 81
9838563041334885146015407771933869486104913115886047722868356911 38
4904697588292288520257492019900184698399722631743730363107933194 78
2973469792504602836100014049117331670458005824400486580196920879 98
5731819308087950976198239392713876744186689748206309961657042953 51
2435432222303896264239953524697280972748122682112600055927892655 660
6660475738236398925531792231923668477888367339703098233446320833 94
8151512611895728421892310584040661215210969488077105339394284611 82
9650702014310437294192539951422554657630538155470010519412155619 83
4019667201337605838264292752476528477061435332314972972763940570 27
7568282532317260335037011667757723349729627054274912620336008772 43
2388570724193429725099962111560076037295335470402298128528631418 428
2479885553512019959078225226476676548025265749420437452597337938 41
2494056565565082101901642198373784847157499094763226274161878 05
7404400796780869060540547505013972374613771376192477641694005746 613
5926613480203139459187273109930940124589006072645872576222147984 03
6421972311573471493115735999346618285380770319944117392438258568 21
7879232111615839268716930296559152387275565239189330630060714245 67
5505838117807335221263153278873175609564325649706506191523285776 89
9438078224484438481556076734297963662795523327337310724842133180 228
0046118276949430584499488436942311744715095009846039184563944479 31
0584455132012986756072063042557854781459816752528732094049614836 13
7636448189537432617178295380258080798497887146477109497797977220 08
1761575389575068888146130387854585501814302516595349340565181454 16
5000301907751514397583973757010061899060464417344246329050130193 45
6389142656665387164558154752027504567287424347694802390294900742 675
7402494449749223795543561615088305311570895053169448365866373484 285
4209758716447672503551503492847742854150050517975603141678522799 68
3734947745634225794320550219564525879218743022867702104207823210 50
0790070697836874240666133471005573175585190142750142553101217332 98
4183801336847397558489013872021201068354295315226077055742710345 91
0022650448911902067877682875998888603594170036435610468962836507 58
4959407194673310453826978322196986483158536731436244683031032944 79
3437046668944077262609960296738399556953738362634064617425752225 77
0152309176058608263062949351438041734929425429206464844224735625 63
5299900206621120679738396618263578247023029674264164723058364573 80
0953576429729902480265736944418729737024198180341949542952467364 0
1179470348135091492084284614062320420305317232938686926902266318 66
0793921475310978797250404110926479353879884502961654521191328515 30
8689247929048984815184768576162418449406836244367612237881920667 8
1103617381206270296551929103948707106432161204183342481255970454 98
0502396887705200843828577041450511481452360458219694396330360205 04
5502234387105724358884942588059457949534641814938156003449734332 93
2097361359010538386402572275652990142568734291660210818754147369 5
4322483627180987274633659662889586049349215446647508431360485103 67
9611026100823823256681720426551108971495591916820014063086255354 9
5113956666358972856673508134343862895219010168830827301166888481 014
9047145840753010031456465095258668788784004090262736843782712488 05
7108406074669410858404831811691793293912392763974628166645801579 74
6846319172577945206662206480462588414277361791568094148260572300 34
3827854595199688720383040709450483475521639809632636868204349089 13
4450317992205533532965271238526563431027307881626878318492790364 69

```
006131503550420747923635581952372281952834063802082706888817532853
619357102040885988994887052522928403470958956507901936747871279173
137784712946586310635733405695121376540817679546643116068623305728
133677724720479829997190367582489092089944656678063534380226115291
928317960945101950668840732917869017998835622049847270522517281104
924331950320055147722531212897466767487976088130969126705300523676
592895072520615749256950217613817565858622643117740073727821852683
971655090824566523465364922733355544880890180374758248951475087456
555140996088218839401670390462530999724698656462367366125819814710
870278036975810726005375983006133367859676625460046627532311831924
854175944488869856879798308274258976654914204258095869230082126537
104755177764107797933694933651224251007104277039694698974082195149
619561143308175433798434996554335179669566308483755925220713296718
975814964263934801855334211207255140863199290972689032898841 86821
837603537293100368458999592523352071890491758736964773122447 3521172
912126625165309096216622055361085773498075066406478313429237194445
450817580626939868569901724510313388404581660652992319892254169164
305499306150657003822216182954916323359849906997492286089464320719
496210809475794218087876812752666745782406388310546489589721163189
565627349553714344927347619257801820951140973817370806934241601539
265296752174431370287143283063025802226475559324996586590636600280
220786610989441162720027265055736737563751016329139748510940037023
497783360624985836069097996811187188799177786468192178532759040474
228847055230185680255563000174623270616619636172684458763724637164
407041318459988944186765870636962892394641114551540992629111990549
267370694692881259616713917849436471923308504413924820437479800450
106692505278447018496387150835605499973405580434304954822518451462
023951322876951458591203116804381452223359788114636411121908318650
734628365254116729680573590479010975281533297174360124810128245003
760026923513864973958686810996766531244027007798259756638300093739
733570331670872858633111521545481623736984008172683399335184869952
666256171525739529579860169911811767884121196748950091175267338997
575622385770748724785716567236827087476273227894114360786188980413
895057542430740552413940036345374201799503942110683596888574400488
361920039554332380899627382096137351401230994612116380705367441090
420442095891142916195754431530637863099065664725041773132141 03290
097971521817117606194907895439489418079867147669454023499871853192
779434925337403781122043783002511506315492496268716930736187628783
838639348021638948252561232947504362965633331619822627003116983652
399465263214810512847103459085339259924373662150802951165991091024
225276976295948165814977633251409874752160358152301494079899598446
933920706903383304049158865757774955694208902617954320490260055862
715801492034284540791024324473442164868539970068580151827973829994
543966758463534681905471371840324741048915805335161650205413653343
057126341766551920590379062712818272770667156522878529870286922037
495495312843265358767731273203921725401333403826109870033693511879
500290543204485735226607624095297116513881558004812605564741245950
649202132334669218420697221773851392484063946478671413399718389277
369677912716578308876302740277349418128206047053973033286287593720
055141048750997778356460631357002360003822675372279481887812876580
440700954242558613564932738995253294801807186257887780799160684179
238426262436721806655558586652150808165093509618848401027388870425
659822971664571350798413188005390378527498663223735868934103130770
724449176365869927009830695731853189365015398106840062658720461784
071068258835174703582997077355722434049561777532733994285647221119
868492158358099858962545325245225245198964892902580508162814714288
769809925113363567937593236228136109630502465231115845833982740
282965239870205995770758759942002526883589779507442978189091223766
260696828242946849463312866354597602888841767207130450075964925468 9
716434312227229874096700108377244268112793395932954663705816005694
```

646487845799236277109595064706215833007327667615503516775065022207
265014583981751101725587005098667011508169513746055515841886861513
078274032211618842806234297627389028255591708466280266517535654509
964295574563448167201807212405683329158344480476018851729864886914
170613422495058586095659094542444105802291890022205119134147460455
831753050933646451146440583816135301216458470080953081972386273019
840942150176966122056783439285147331674153272668685076033561455221
873059179748805140715201040502464516417175269498957288623143614759
355056901231923721968902194713028498861498586152653593394047672351
161323994773871319885910171572700926740806343527002293075707002573
604592001074504662473671235408302571905661533495577653524262301913
209349452563894564495549238696640362517342134140939992142152922055
593723795058328293261545850833736727257740251262501001996926503420
728093005451772983150634908014257505657970127883993328675897860488
561021944742118193166344946065810046920034310977821260342211274289
279134029963523839913949837479987720945274337669138858105427821376
206215649192701336700704525538238565377376330027511189067788984062
224883492727120801582174421135528392381615217335542777805315929931
555045360980358303534507683980937255542202929146244965041460869237
362575196716744402508781600518729706077472908246624970938805606020
850128023845047310149235001431904435020759191706114366376865972992
371025170177284964393554453050060933980975272092394646810678022792
894565100683173422164595194981828154483768791051726473059671940516
032534077880300216709008352443517027433556924376657028907565471369
264981117198031278909098484168728505061841342992074778695527151454
176949185851944549500764408162359814938184238443247149531362966645
690315893506329858158317156890573673800450372360415757487956127862
447585196182614093228462108880762145772793036266792478292620800438
417437395742127717471630889622607389934217532286607256761842947619
701909542462612089210158236014617573225101084063991633543047788205
002425093552768866927020786677299714593971306269621345260783971928
724477943582348665004968709348012414922532326655423866268221227642
912493520001191462311697607825743516345532088322436196313568266689
949486405800646577501969485939705681550010624849377626852097648486
867612203571100489957966896403407639251923283688763400316106256193
370465297973684615527664120701520443435813751036389696212096560660
278511208768407324099221453857788863299700880944827991436518043943
964706805590040841970755779211109295256962590736177589788651815406
844692473350349110858003114840149523814295993631631177026708127566
624175189273044757035019537094044140937450948266913281289655866747
905550111045768111407108766799315307960916199936705125123226022965
898030280779936350193046430846181563068156632436409287316320656186
544595153717933923561741630145085841332216940449082747868006138846
536975072008770863512592986571993457795795327639825211281535153178
979148220931734424394476914404405833116819015016099329906502587819
241698064281463457955258729639277544665940640319233141521860060997
300510475749507184589685194993937189621622813646801915692731255950
671451633074324463395406341412606588416633712109057197093965260754
887679776094448890801053316502623229328458553699222639692849551623
648691111497578971653483122070661666454722656650394103665236097401
725874525751761362500429247477632685809695110384984137760207683682
549892430324451485852104278462153190331938563925716067237176467672
586123337706812529139636128733716843468418936271757884975427142101
436182594602014704228403891879393624624290161141170066243087947674
570838802262502503145389404861992463058375049229240659546101288630
688871883059538234071632839241603620752755736953947753033454001421
080853119337644319014852884770893097504895340564103151863666656116
689677791937991825899894553777072294114992929557790255733552743701
355352046615093198788073582111059073993236028611247680661363395792
401455488503083535456065652224706329165331169322927497859275183633

```
137694272168038769392886939241371919906459881732494503249025658187
258489910315052928111982072775491770540178522982728688676542940260
501495678428262935669038697972697545648771808091670660671147353770
042778731308958056337542357845834623520081723919355189525760943638
903349970596634915848385632490215636165298498510407624052052703865
708113901828625090440106592432437992286759630258961774912620286547
076160819547659530439988939473792648742890025241012785070698415 02
002256029559008864038882623742029027509100807673202671610874213694
039996693996769484373482613888922799417753389060166342029908596684
646428566643237813285657159896212810754716336084537369273176881141
527031888375035789302513402558946472764173278971387492839428899920
869714387517716526802789605610254042730290616484146166397925285968
878993479965571579094773515671039498473808254114107008154004189359
024408319670007112556692617102824782589729787670392168514360816073
750761320700448559489962056656771717452152154203916826508733954131
707795007848568954121208481360641080321219470136523538673911890336
724182123707753789228155168617377181712963358868664886871151121091
591992844471264619638114716029223304107932796230393973761262613880
733784883218093112166251281144854214241575293111175071931852600849
680150517666032242827371868696127908931535465153246052458740453762
585761317859079655513988269204007880353981911483021595643220528525
408885047715065592820941273421906237590514708429781424899448257406
433155749819631583270724974381181457359478042998198286740184346680
261904945163137372856217386780933476306707393757304132961614736558
838913106243889576303094964772322184119063679201644864910917683873
414108777700091751591084263165189558299876220898226750775600143589
641941219880614564906835357721321107742483007677205056171954373783
869236831214778191209184204783505835497183359582807229850294194705
765221506927493556064016856644190364989009498196197570507469276485
990387837638454976282764693086141672083223239725447809492426454901
609501075613953691837849192184243676944610345952601512403984784608
337054536463746564882923071939930713272164532403939918456887011629
124364604969921718983080998629152664812671397119478057207222559473
482736140891692019452950257999341259989810345491730088327958625811
700505632977295329192639552242309825573380380499798606483084415766
692411926954476575252071332666255299488874349711414045051292866604
699961511100913202555368368801622250601050385550259863917707049069
256474498039720470912873828193668768394226647813498285099707765486
076230219034432229584211391014200056017239520941901106045409750534
321434202626218314853697630090750932025359135599572099232304648059 28
819167602193125371084903107030597283116920089143411665181389191585
771384976443563356350578377913537214333406496022909513995324667787
150303728743811422601673032274305023513544881143481351191988469142
084723347541428678361736457548460606422535013546211599510006613869
703676089600440951449401553611420807197782530114502928448050269912
185961814085614231229963617339111303399404668641431457037767832080
789171168966683849117289393073012854943240145809633924781751154305
874379308740192976068216799714494954426374500187647652530981435106
032550916788591813985500999589492729059259707253708396084654503553
303279510461339808206592209906921716549682608683395025217566293070
788674501418173822578464614261610802067042979280586979719436973478
282643207131533806591074898484988899525297717829019937546632235 5794
205933064471201461798314709846949635518907093670722464261589 64
364950160703304487004263269261187334513127461069432661557912076854
266292525887332874949340726438257088262669304106640955604901721359
523059693945097674806126135659966661732780446385043578747878 55142
497685521308891254473909204928103324842026215407700178818079030444
613698728869242924739870782358846518056643086527821103858834453695
860298835444941768725866649011609632923166027690718871073444985142
642608202733829363546585292903029921616254491022524676514725290845
```

175402158472493801475492129983529898696147580105110548341991057288
633139544884227573148210715520000568754907913963167659424554221046
524343906059774692233797184717055399711518124183363438303360790044
502919234913222426387371866380076712756477828011132654543800496343
551329808643474345748316333259096180566236355118811363270223895861
271319723862702516967002915237209275035938259587616807807380077544
023700114819299767963401558365817767568601678277061133544220095115
691932494479829257874584709067094891825518486467582471333849288453
095679180784039714506826028454369071970812687530744970236755421541
651136317503867821879725137250367662602429454866579979529996513032
403952230386187438329222946598207850652508385034527516686806693476
441159033575608981816681860061945585372852320855678553835844715782
190589216519305181257910603639754287072252477877891298876713322295
607840486797405900969031466152931314283833262823581689509935793876
327688918752076227826411922971560295821028691147486119423072358992
185942905762057478154132846168740241179679798054051469190874439086
453682521129504039955641938193012596561307860369994099284472926932
234011807884495789394673813330625896393405577292162849884437622666
086493504470061552384885720114090978276140256677148155411444454780
818747022662832234918234914644221623054700563762669005608255052206
621812778515563862154326861849256043930977021734746061248519535558
107444291837682694792386184451869030192217203928288574055778324236
653819357574865714711261136474742842484983871951155844878444278333
633300010771187955075199361207814928201787142808895983613512374646
493402007456239745007979441940527042976076791342981456263501584027
022381311065177641788421637844133514019150549916061201969266475180
647572355475996883011725462238676614966204874826059277386979056535
939970591275036932333420412195462572750606113950809339340476042815
679526398659936145466166999501232291785987019081897492413501891391
436845965945416084821012345930908602861893173336108363164858780275
225172836839644034831185941762060663689236853366954013180584518422
509746396217658331330534710062439859991817983440475094957934103067
010052873859484335375566469246518107147078218287254462133378158931
903142873180023011180775882668836019450311325405528444763210447368
050068411286676395391170426327676555211180131488251145180106597744
661485774166750371604610783090483434463836616589346744417397315700
332292443747689830271427798140815084034169653434281356529060515610
038724746752419724914728851951876177603990631918154935969142573829
302380599174260150198046072807425888009057806421470678568365785656
338239729246142010296146152617614519364755031241409747735429238059
394538101539399022057050895544770098919326745136868381407085803846
169827799344172318155802017764359811009556289049227727075265157824
222835493163861960684643523972006781486288845168780229529676435149
573829213356987312242330210331419777921629002024418020921562516960
647504934763113144043856990805350585452140508425576345518472750357
804059496574125015175714585873045446698119372434946188573028497356
006911782835641731623605076163791721258082496312759538189412034897
575233689748497197636350437620548135430682861191415259461455334525
570157035441735277310737083871112316497852841971475018468109174742
473758788227583387233545270090545227461330710911409615151054200398
718518731847880489126923207619130209809973078715604792225958398667
392062340184779690099386022186465940345377822601440065830490643893
965389712215079446408345218383213779107041014775796634782388744903
793302282823992375452236041880340947595909383710272661372000195110
454109616038270816408444479517122082044121588031831942382957743135
867534651686334730122674390415827816096757655171199165916263759273
367987785924112544601259922486666798121804189127793751363243857991
967757749657809098739748903448698503870821152072944093535461055814
421911472637335210298245402464829202997041096233963265921596553375
924609184005719436798858434670409813860875948603002141611918447853

024220020814115662616033225645371372274427616972053633976238238706
789316789391317333425337814007845796795004107119002580391396821294
845024502016089153442950827265810833625023181398117181302566483503
683526703813715290868565446515227647612539239801622847981028730229
917429632392114035834104917568016831142748103812234226602955434916
247476765977115678686657076425488306499793759579468123814507054959
964893286570014994207341245719371853408617364756667621993990345132
747976409547030740063235301602731902150960353190188523012981552802
175030848172139353077087351218166187396891806244744726040608419957
022232713089912007478836357317216269841017368239715268326289037615
958457306023405848549468261901914344716761828509774439440921409121
819495047098538360677664369891759817970112833851092541921263426137
177798500301150696281357062876395879396564240289061419718685688914
113219445573181807401656398379406159438145243019335211733487906961
635957605328218940800767526724825452117281821365190075143963366939
229422445936953290374858382350639604141593736580514932504553867428
205080287305813872265636578081615795101819345154688210554032563590
138375665525573656963280836454519734406382880385938036774889070217
404891559632079613896204958471806058870452653783733695016299004410
759614369919066219530612683535480079808893045051707280136028278839
993240132152702177519965826344721498278581118708179340778165530041
261077192516363364757349042841565113930715361768359757936904324950
863919985422590444032600589895268775911044058331652012118723242569
991965958292084900801763209343637445460948985158389401143942012528
918399957580504378509056916276563165853728156621178325389510944729
343852546752660292368951779504524644627877461678848851975645841001
356413207968542162237923653828845775665447716783392393968938014977
362591814546254768895510837923257874360286754369824777421002244047
514905638707707735070623394577867154760356556948042851234711073087
489045140508905373427881128296729938226295111977598389171515566691
675963475302832043474347890799357278875412776304177475284349186950
862261319870314077329119601643715507158027775848318934760190233298
468624098975671023825244645110520194632946940176757237611026835411
827201713721112909598874389350856202327175305267615690337856821967
609188970161629576984270107689449523859761900020852461106605928326
922658772709634487041884234296507171246462069850222474436447591713
659154942539683077234213066956559687732882509763241442792152651494
992658849239427122449719255277067603370642097068813927556166331074
682218463222697712149034469557369195488313207699692733017288256352
563173015447115351956544466353663501839947597002376729789088261735
647838361134476779152633056437848808476274866191496865657474101129
071301068348802024520997913822931215745800762927194602304384009814
283235564123838720289427359741344005504555289129134434968251481754
367363813613234162937958992936132728415686328855181168413372190644
994468439305103680307999389157518975125720040093062432225290085459
003820318567924344318042096622135604511356767600215106305774493410
104239542814055920198568857117863224846654875449520569549023742876
060829263510920294667949882497765922593752314871299930549680126871
037268757417463371529833883349640422952587476327904512391984346856
812196295300519401808311474363168900148621168333880468358993791867
266931313023773443971338991031814504336851782801065670470932326594
973358913349119981862737663478397007334122493477044476776518053477
539009114007769455487099866941611269894543135173947352053557530470
618923481630244137582358973465160052919307784070280576878239390083
934484907613733121506212986847193776418954902803589656257539403323
949478387894760372352814227150254435588858297948476474061842321331
028483750220313406090816395095053996835115493243333724618021715659
675092176449804107117545442677020521443023563890528350271399088251
900566363333641024436454177204565279405661647037258180672555788406
696825201991903047628502417213522594607273064849502199183760132606

429069397452871572233903769372787546840660021723324474564968982112
090763226199318304917013015775598331223095837530950322451807534633
472183839570907831402041443508755323968920364622423948343066902438
928300152033552291615240571053468203503620203799657983060558254183
222403782987003796038546804457940577642786473403062080128118509265
320026536106131530948968555382375508043407308918716632833474431356
060208765834584124153761748200080212677758529826342167639911218212
902785027122702252380390338179579689239481915563740500446492049289
236790620130081269432348773725352365960880651929588362910989955846
724423528625070861684883713184625785774414811840241799153273295177
379637012145555482778396123521444313794090282835127451784405813909
355078570665872251542739814518191557785592349835258129116197120349
373878953391524569087951536695296867970923400009231081737741738852
551953302750795031403007556141408391720439815358044071040315001870
982036954058282873987173684099455729493264205960757980941572697028
825495366329669599525450713248762848781393768386247896240047965120
200425636077882219740422419839207490870683378113838479473586453121
896216573328764994929122114295317253878039866012630755858246403157
412567893705539171846180240294863399230113760648620641927138718731
043821615965327578902844724561461127880204793715636135319502907830
745845379895316277217685781582286828985119530895736208475022052363
548200277912141541496092287719404827791062000377308362991046515603
698989685614995740946244370076098203038999020310060713845331591523
743572981051479574391788966737853399772515112653309315687068825676
864177084434525397216706969286404921904995056534057263234715699741
084970919049315075133948152194825193178267786073465573584122177332
494948787187934771403409173287470719038204365873703495101086843953
679252493971821282473030315588505726150640020473330524038024917633
864261752024694201982639255688043041992225193918162625804944924993
752991744490507211797608674008838413059977899895216240288066155011
638841717801260544688792670484234828300630552604137741719522218590
438207165202102909539904876213405624541730531019748524971636995174
324704567604440614002068120041263178386835107374214787108584087219
221583865880854805246975125951851461980247864493528256986200217495
934585885832672114386691384487422488538853230737586091781287197805
429558527293681894387788465395189946048459927868762715431597898759
061252721819871179198708612446266002343965613911515748350051240998
035372921089723505117167731653546746001336284784481565979746795145
887112564777558046769305833277762949657320609268989952635652348178
418964139016679882199691282876166010968468742924254069778978019520
572081192919591403838426573154399188733156918179704647377641304749
850377515464815184709537390596582623201457548920132870980685186996
068609498693548365096995261771597962091436865324362921257435523475
631872594161096828029131906361598051491504408488759217377779462173
510100595099075466942625615062383242236420310814597732083511639951
973079340708060565869474185693080744886603101674999259023229166827
931095216338324892947060962032222637973965449144570589979569556732
302977871120185196972552961751017563536001532170054547722373017421
078370739545387206885381955509762831511275714313954954314395581916
187079051826161947795078929845104689761961679616231011595824118524
350039795808684971957337547163134294927428050272476857569829524698
712088555354905906697533143979365626133073578423161618396060466753
765055566426293340313057810392315855899019070590524289481754540647
089787986007137192557032697973557165217538185561728659717945483632
628725530301179373140738295026455953357345518886834868422635577288
787804624600034256569994705499695462830327923152852493058107416405
051351273715432011646521199696291066025577616714487402371988134553
915474649525042519871957691035376632033770019528817139941670653484
791213884333724256827599479133414657555241180159587655857076407224
434971649096601577887135944002915803205498844618945770866811659854

856209434643621377500403127451047529209993343874155291332969605207
971809778349443703623541785534480763409349054762873102210348585250
666076973334990944659098511024690344533058768073714876038461476711
260299738018479559080092905076081078704407564522454646550805234201
920445336515647777580750640137108345342403235260469070791674211944
545874962209931434563744782068945346467316663441947187787598556854
181338594176340424162385703689803244239877004234030708043431992119
586337930716137266028082158373192362774711245099888441510736281477
167082289802059583577733838485342658532670761983507327308563446015
254169903013943406685453343068804231630684775961796905600370378311
674775431277006729567968984465325490147561841094119227778077848167
373406638980673859519239230821646658409217967340158488285069443864
722665360910132407929254351209733368980964683287710585965593136870
797774548186947128956208093935789315029810194693015025495493356308
674754942197218861525492050171382816027551388731976637088173804529
671978876095402623295671238481562494345540677470534353950857375091
635482423672089498123789546190338241071286716995908053276774014943
483064883248360314420002859902723575659897998182059935991397162015
281952939937873344568030909300392339571982116805974231476674213676
045028982953346264280375120093489677364865663009862126501926386464
950068272120553051325833301244049136767578583808562465472835954757
771827598808613556830174575331805601730845448041635615196623887314
503672392846901719143445982248627768178467304875568251207772444988
879663862778388886602523282351070250027865787790524499166340941711
286079299351803498125990794644912366317220350242389490245952678320
786890436717686581096073566685859668517602956385155653747235258151
586117418427821815055640917959247980577062029633619247391593759212
518684546053686890922074474337499730740605507004550738804054756231
125018936908072711983598481153358388443725861229451715167690146495
985471082565673415444446559726167825038426773687127950624248320930
522114838876137854124402943240614384376458700900194070664699836825
311780316657678515514687283088369060393558175452487990389982795741
740572721991619043392102502296486737563991396228886596060181639644
539540082440904826263401972609661029618718524682107383113553136389
841212384674876086880836127427731499866038558788397137959961494429
143166886733980309751974490615960307463022463324657602076350514917
465369747708459331187751378578327346241597607174318241594401425667
927065869135102798868685690998002559456318827221898760229247872488
692800114496252725898837196030678350491423786147140074632706032741
219195321804557555511125137720400224699059779251596695147436140976
586705887192077797663468628705496155619979869378062948920612888373
016130160089086699864993294146389428500672513527500472638950789491
521256965994691253030219266927617947859844836326393479131653719516
381719590456967693854670077607866541873428549606565310287645121146
723924512154514010750469485245460967244209844676710686973863328920
869637242512568421444379664735939166344695560012536198040400409605
857352708297534276181880125829022087366215148104003157751843171953
051712599907201498012899117587927305701837978371415912514035779953
984351796390824261299862538048441665527449481009833321489103907209
102534170822983248716281365918367369208774166366810361875368445647
003398232198111118568428260501066659748504522228117931328480540257
677891450161750588180581069488560700564820969037004379354780404804
215393719081284861808075583342298458627387987313269033028151124751
734592864039000952019643978703880389476567801967024579246146017020
039852148111768012014196825865943770198959227066998350627695724681
820966564127130800786698294889784512122348135031358185006535828697
222520221848690913337379069565535427311441308929624143904690145089
295479731284151996620979163566970535019537792382958847881012615468
128251516532907159004164220396597338652201355192769865319282726217
596465269852285953152979965388174839748623898417433664536150391614

288465673929045810147839541421838989108474183026600184589236157852
102627392333582487317347654279106362883037001007411681229461753898
363963160624445287027504226745405460606748347141295585875847310272
347076546740644872785776972512204241412411353718402646318157033674
463335204129871344951412232422205598185405882344423180733462401633
479047834178190347230251707142972012086963935178456533059987634967
878419881763005032285484785683495208967836080933799739434697814496
993432996504785073063984040564060654195540852995217627949886230012
122921542587487174846601059583801521579100917526759704560669917003
488956283302894352386814102643796493631759628569943275013686106720
016579848463801702453479377507523579260166000618088727674351976662
361784094867339242837208709398951105647835317962207700550310398770
332181974091098151544360128101117201200734391242768773573991471301
852760984061746960689714844314579557330036065437633854940792167886
053525951280712545305475541530356292088729596062295497216198389392
743477258590672865608137366309985878696687987265445665056698899281
924288852699066484468834039294451529617923917312556530975614694732
932041957544316231040523608496273429268622992370626063500697772374
564950930179591702689633315236287012141681175091750287778057521569
545442082988137945745416255791615646326761921145457379443408955586
250996719739708195111968011282334176560660564396085672533691505354
324673777309325120286402710513820041587630345803522443400548073580
995065707978331264947944391883368051139021101487973704312534143270
171175624210350164214905192184549927724346396468677333318461719451
601635439061014137332819268873519951103047498663914067469915378401
148630346944122997481578675176795193516547201281276102747517668716
510360524223262404664421518650546508482366127985892445259934250051
120781160722345003666738553509826044017001542632784670191055023984
305089319393968200686964151214676995818920736333757005171591388991
391581909786178478365124495826715265895968475027775768624495630577
738200697468170952332563514921554279330540805320016726722973788365
270135465130870551278602148966264504984354149566274968296548455079
968773013487376776588720009114274437469362883540130660491344062114
962364565453978472108776202919439201250731405801919776763577969797
437840526848545401881128007269220637504064963408548381520387095927
426635251840841047130386196170111767253613585806487765431680551569
544702334970065370907869407638293571882661712519463494749937926585
552496505217380889595640466917320900904830718021955483985307302692
303724103486387118591655364467151967463251586736347966162747576128
636810990366226222798170575254546810081499367353581304083043067792
442766127980949375224638557414247113414835149026669456562595917258
454572162887387668742210846895099735526980796137489831876872148334
729980687855372901217544477808240188596187867083788312953135161167
238607980470810847770320742272993362372907583639149271019198241535
576979839494423502699259775938621180347254547116398072990410220965
888779362424087554004536575226231446062297350460041811254119109724
428883595837710267942963304733030099133408884628021954937482610144
681982020868211025564492347498691365898251594691388582908357601164
373450780286683693266408145605974566464457885927039922974850025790
051246099145116954941066460148961564237043307111305124903670429798
339302876782033620667911071098794813633686708146677784257189065912
842395180306041144883478989272413106478805555066197873818497143888
491250286501705562939046785903045045135161033683512696040604607364
317668458638337529144935025468288758145173542063223400843291306898
497595480020534138200634532494713402531003368772604089876027177337
571829783702629929550063106558960154950868889290621597332172547316
686112589976255384101225612384766191913386012987170671963890330938
598411891729872586818747649718570367017232213969825412791533745388
859942586492094800048494076686995251982850861694417054440683867317
987148646915059231063581110952977296370945941100007601585022288879

```
33268746650905542316443922345473759589516058249999253877767956139
30032732331929306883703488786878675640557732059193504521325768280
58392639822661725157956193129548641603575895115055241735641289358
50673091926355843559154772499447616985146466147558584251978945519
62867592431465166190906040612489345439042330678156613749860844738
67959328352192293372827025868381032415012745618678447099487764078
69165565866058545499663657695961922933777991219766901558382035000
63730348905333633851787582613264847472697319062405946927882125596
01014486128882374578334865057628193840679630055283108116676257359
16139128113443876605418091951874583683884907334770685544102702975
69595653011300032879232184665138601941059088735922132897314071377
25689521102182566235378708787183500435460708002654324328213637684
05279823443714260652801275564534901701648671382451199162192407047
91773489594153813629302542431834996307158585623780931974320849050
87335535333093388372228649692957566701903497527346270694132258250
46353531128993880273455549927338982556107342632952734264778639027
36175837735684713403342929645475425103142774871529159326806880873
08848234986645334185673092397935654548261072293623256605324181833
79557107852843370051467625159046881238640212533215839605299720291
12280872722621867783909109033971628921992002631921330803389546392
96100269461686711289339653543101296244924079327505470506214396527
74795974135355654522827096861554311302813949131654487641589297516
68347550120530802218830357956706620574386356983246571664310845176
60999512748809746215932906772063183695915883202738761628101052105
77713845387469636368969313123668405694739698958840086017877598997
19983516047770055368528698732279626995373730503966381310331397575
11702841579904280328997748512510820278090628587617999754266636795
88391353665574398826756796491319484297266731880502974026365312346
03390546891368385461763128275339322094205666858765758886355400924
07728107915879189672819384838786615867237904629539903661757986712
67037389219445968071497906147545861963410592852222361505060655297
89575399532958784460122010972481861027244839147439343183556213957
39905471350843366573390990594073984802999618550497753550281879851
19711574956587567002127576438714084573123219636999792962093585192
95313586510635419320089114279367052255614780346558554859392310103
58758650279648485084818842974473183000927304265159588682463086203
30507371653512934331151342862898375895849253213619736011635431135
99991350947516733461354422043682632994524543103234547576855368198
48231195339100328937481439784767262637762043934614487505732476158
01175778835553842633527676224131165738759027701724109211014301784
43540998727462013242769336044749765405973810036447137245377651597
37194754517688071576653396498477936726507252846886139180789749014
80742170043064541594836725608328792894390810303895635721779418524
57163463276369208979823169665551041900850782945663939024263172804
21423035441951420786078427124820633758110380509353558504792524992
24170151588523649969567272218023673093501839878342458236585388154
25994012840276903853225489911925928266727187872314080605067560811
24089601526639508077928793422670624727193094376846848075744721166
69942094536481874104850565997959878298307746998247140185557182470
91489585300482221208952355891459738149640704799398561895280443017
29892718155945325858136011466540996630600945356471147948212416137
05380244740631730115236564735981405322471587939809591822340420192
73950175587911580678417287190828056076044262483191795522905382926
16058380318036669505627825335110940147438527240165115129115486239
50292707049719822093705774518280812046934947898945736684560640078
52588608186084621141343445154380332631122642117025158082086621011
61433337136181464501726606970889099003214375317296317701186818231
45559442948703931766347933894695162819645880089210577929765266532
87985659695736979467524462790107988316645217224072578394241782300
87781131135843502125461276793223961020527017436221699156094822109
```

184714753763773588754170488318570682406515955926043450798791291306
186272271870382379312161055499627559647327536117045089748499179605
034913325319337781171165309786791245148027589806096381341423585185
583354415599893638300396324683053732697386875632406108768956235206
689348884155378112241230133476808068162794265703846202895975786158
276970520575397567098041092312867009495624237948388117688972705283
326005203141070186579376697299915568070661157684084665875035555729
524088105916676204546324594083773981891311193738934961645225894970
346127605742613600741031994518922548078322326025961194019645697798
988135841602639913314385148595106535810337954056089399067603545067
285995525978213042506710281116949258442232648103557059933388050988
584303832454649382285387718550163383002763797179464729697257291589
134886025361203713899917701399650264474535471170464677556204818115
442629361424503317352794550621505876855970025933376622900679230445
271238307430009533287264071811787812925912114495409016357043263084
620521563117571723695996393518113664266630134856612262212306715071
760011095977881308705418207792728918351157367375914984078661015144
393469885267389101422036476947244707373506348980283317746642946911
238617301824575539388997669342163349602016000159523223220318007604
733182510580041893631936426374123341831564673538755274185791676750
146618763122872623288135186775652513885390601870753647094556384036
226423188519789641811713186723845671220356515234881224436159342874
030413486773532181181990271504492917487492947899956597905364100636
125593638779955883465278602271289862940998474797377181040572553283
658100654693272092645470563282115482344819457194927405910365729895
527478916830799723324685124498211077782291157448982157631421986341
191690922591720552427458393095113839787945509689211914978859148306
260259292781624035353528789126274347692708557913146993495772833369
328279424601976171244217345704118070360693538331108216936571246193
901298806951616957737375095807534775364995625316871371598809701011
690884060624188905125126837514499199223554027154858908492928798410
901990268072453135411823618328411227764674972157810901823346765222
853044644783075219253263740178891516278239545238717432453401331435
798459601830687612761124050005885847190288691224384706224976940885
890894412562192384555961001563740818159914310313890516906661575046
387548713271352196942810968709464119770985772746039227871877270307
400559949899569807915501011600332723894276782801224788620424246906
729744499768893953171988287663417831019772536805935950902751115313
307002930377594026844094042527869498578005102945838829097288910322
582865509787773583552896307806105650032418609019343128873481154185
815078547754776719137333405254667326208288924122452200818237942570
847323380542740238726780558949745277841769588417184871772869435456
749621862740238979052773735682558067519988420781092167243700440304
021168678129320940749356689705667410954323756012757722763260430634
147769712720469822099384579282075835627003165207185180709872176179
382804171909406346038271716962705875208867716606318544799516313587
892282084292946255969613391598007577523086534430652098647446262773
944031833219166017966696366979310621562267431077237165123880772171
904579161525120053562153315888673969227151746027506466332491472275
569224833502642894727861922154912596175760103494351616914728143583
665856968924102267224423342034904428407234203238111448778030236708
003168173675921695392651453620473844649833514118985015594483683867
291296341265729846153536393191214409209277033967859147125456209628
432938465971358539538580978683796081052472974076278395353310917155
986901503780101119494737088899943585354925041810825971511460850410
168063853423559113957144237310086218942961619885519657663045238460
625044755074879396944459771018840563261411606533597673411176507458
105689278593324880205732522074422600596857987429936655340276365277
301616129987267493414385734633663617129746486547968181837476204684
416296765830681517747688964079826882571513929061747483822540413001

696768677804508763892221876491901387034908892111737767497549393766
028582639977233753272680072480306845232735312185976102619212755320
891628386437149646760425188398069891989953286644576382429094339468
945723955632726378446466662321232039302428316484732310285579849137
433569185581103326023876775542945484691878154310181416704712036181
826320226613978888060130361665300851461071659241253314447768965760
442386520252877456375744881990551997997444727132952961241984165669
892977495890953833563958305956046605269627542098862705395812411289
472954955530557164932575420085702718574298439263522964865732581146
559648483193461239889712914144011787011993310532416757638814973143
969757595395311422964625706923530805929485573970935740339803352858
661285694213043460328356547770265872303858354939578909817248773484
046610352944938492918358200445946293178467568364915292084305794852
803056279125768990473567877421007576846005835053712621157594470074
608003120596718005216151553366136725577721389147941023910912543549
482976254124480683318796435811202958557354924315301241399203086481
916214777844207065460174032830492750242493693017697642217829814517
811182209882878018776347180983092823651810708792408730356936816152
718198708722583589944298174190266769277345694413397445036447997046
861705232519352090243060734085960388265854237368372484528823514682
630141995493850383808848259186724579794030027561914724699987083480
606222841755340173892726659526469320852630623519148642232806648800
767680027561127418896704235888165090567086045976165645166575511705
254555255306405795799844422211696169104672721601431457338998614195
535639729490593218844806300746566278341117991918272811995101650468
788638203291480598721554159739883679940990591322804422181494396039
174908950552186058083234299351086481153761137718890421826748773766
631752097311907460692313323726969343942222412224984932038851220103
828885885525981344970391938907545592235313026345545706563757376761
242758972725558074079665161753609647052979733691382355812547649622
641771632208559985186528042634284363250573175580349444667517540254
304148489982377729632739300010939514406905409344542167035067082074
441544580447886983304075752894112575518448294819729986496130386828
114259238141424451883768274273499658076137484697097035599860688374
432674603069429340467641157515581935444489156228834807001220577578
434352386301671664544697683445701647971282077715859255172459339300
246528675552425149647913562922414938544906926089473869831522298899
044488427224415696882214377901348945440492696551969838250341743878
291756479638793668312988090150366015348565825559854297517981845678
365897739363401827356835988464757130703908711730053235636938554313
571530233229580703013621324758743660841137651717513152108192531898
121324028862993455501016088637360505178542009138293801361263273496
416700756502572811092096631130976115017064950907079533630318180943
181546777120706720544080094557244968021173975168995589045698972781
687614343367130472012646057350903090510693849800937639876629402360
364103225051727889277936029464070608864256886103017520247386682061
040153329610274840794933986058643031423633303712572216176781754397
023935589931188284896198936689306530953551047480315166514461134741
871819830138074989589448982575496259543169432371159267523330784851
788278689582598901592828230006846682803786517012893494411226835207
127385869571059321094724752586939733221141435534160382364269906947
327083758723463525610842110159064969702944961310616865895674265923
276377126283375719365896132088330578424785105617685375568500206409
749575747720992249574045230710359166628371038250386225355392560505
002132695936257913299247436338171524718617229275859275503779248648
612046813445909381118655188990291388337276490068187558298516249664
103584569041211783329729729462850238326216283882301869364121739086
758554325619245107966028438426261829293544450441761231292901047215
307886042253390868113406282962370712045908582654600087993519085676
611639033656228536998121181743182810187669868531889595762571536497

```
1985556938110988770786047668788741779925554353238423391538682446 81
1633470483365369444130962215615581836395027984542510666500593422 85
1585631828458419392589208980052514102346399634097500185064174011 45
3534027996955864304829120303626912084659754641964921543057553203 35
5328689695355162137324292219702281588940203160126533055506853500 59
1147667405957253720165425326333632170128805443110475032455618003 99
5661232641018630369859457880035413246541698233802206237149826193 19
8725576215236542627484225813064235205215275383618440867038594231 55
4523583044154287867114833872621768334446465591937807638685415386 41
3388371665910285877835103505476727074679468061697710322509326243 9
6247785535777752986668336238227120553663998107591971429935135912 85
3553934724901878297726274330955242982832206386260801716861284129 5
1052747869225709262425429231842774727862264438384668576376431745 23
4437525712845074336756535559087549110101922615532257019085712649 49
0813155998035513435060754586509982313960303198469089128650556731 68
4772150100785189302627592539655756997630197702660821564964775938 76
2973915771075277111702571877334152538907486340071971765275752066 20
9270468660338995873870301961401291363502586578820787128214258868 01
1157424565204025299806143834124121338462796005996155643896138717 10
6718540013415002409908909512408965749769488530228763036533917947 37
4369436026351840466405676578000394651747679034581563208596443060 14
8217570760886019873072944181787167375496307173366206913234174066 72
5824790570054449350389157871089134069032178431350265553154186488 82
1244873023970766775799797782023999950793512220262294300174660315 38
9659596999873427652055860578142428862287006827927765937063933521 31
1003886003001582693748180458049934297782238044786253933332058220 05
6175307536007991795767588842115229949890583363576953486653953910 13
5639503229963364980945755744721523142953756243221035969994041767 15
7077600614627209121554444076589400174370541804053750694709213340 19
4138793684840735534774817180933952555319822902606870527188424404 49
7564198637635720116635513313871753284726482151307916144099628584 45
0642974807667319243845787430935195898823311805351672381577369436 45
0732290248091069618736981907602603004343078562376840795795826120 74
3859154756447841258637097721659545484215899786720045303349460579 86
9312204514531405790417363024565170452634357185567525898900103800 78
1705835951198034012969266394707413406734945832741368899326201177 40
9110223489759916327983787323902303351300280479965998988277781993 02
0251732068326044282349907812020113462278575839831746861750401463 20
4263924511615637318788999867937395664356907701493528159186648205 12
9412473794200348333817896149165758017413712555292637200719183397 97
1893855308947986105085536353572987953244841322280209145552916038 082
6409754972075117604067214090915537646508825065908806866688916217 88
0541655425236675787486173661983641905379316050818294788919349872 2
0282022185720250246508112804467273664022030915720998486227604181 70
2604803249070203320435118032420952816438607927974673356667010131 50
4551236301982751900002729651151781461794182142239372584556776435 49
6067001326730759557757229158213798471712454942165221002172972054 76
6859293566549598717131930641334958060899166675887398721762867672 29
7511985806636565904768131924322441275420360140792036576836986901 976
2508853799518827778511687007529918279495106323523798152917488404 60
7559708211743942000556469540270575570355723911036512778935708826 77
2446400637675647238754141130634824616276832320783640365501874688 43
2703940573376207529679615256690081832981427483739938512841435092 84
8728358610579630108905668081426885292927094685278921008309576937 17
5926689786088811293868423107913060353145403594226052037634929845 91
6285550375551878051025867777443378171080387648198115779922076001 58
7148296160687580303135801992413413095056389697013238469231816454 354
3277201079857252565360765194475812985034728580624785195565429390 95
6452162854807170320194236686580333098864986859239460715029167629 61
9839717947618608862540247357528319948195186060974651525849080606 90
```

125676082305576847744093539183173636116074252272465721021230872873
216480004978078576939648232169842860404150189971305095232227183153
444189562324825156307428608918214913108514364328489427796192398636
630408146114336128799226905303186664851179409077174839317136822471
015911756738468754126713339544564178940695119424728942385703896194
629064179421971600803865977594171100053418954726097863672708403642
614356645531023725520847733828399784182019279208856371491390163171
997734393175320979836837954241931804762242090798064955108340032078
863584886768868413145714821035257260331134994267193084823581179105
120762094861946056769546682927969458432427798872034930589313307569
196566910207236914648253566868131935511409206563226303515957354506
891143391355993972994037584017785091245059722459901730137462628489
689965450532616124006129226547936886832156922146209005902635064446
783730850953341187748687649452144329766613086522828668447273683238
178695478127167304105198848408552785226454583171696678730525973094
494388090713529917716111791067046123639579242531813019300419892119
193670380421054172824514548459530030788217814577243250802902641700
668749546286593275418676247391938979705013965691898455432594677533
016095495772681765763610199488688510870777727463557876983666813992
089122283229482924648987197722977959671709802886946271826167109703
697673128128936957757677443162860597398760874405109555835474275085
555572582870832440947577491751510222235090264289723344544626903456
793982529277731276065546278946040512053420710034882367027004821801
634556617778283643453045025556955202151128665504465527764691279237
278213016850118324043990068388652795523794531313920750135258832292
021631942835200419748917237118105209031300742082038650609326669201
859134933236830782853240903841779178500459802907913749421139406443
550766021575567386355813286848864007442228528391422287308763415860
638682617737330105410575722190403213759006522084525364795087049317
506989244348924426108498251746874185984997888455424915457488836620
529715899362353056188988815689819105272583938160542587852006786010
372793222867216512355121099180628834374472995956742164460647666334
833092252651174194609077208243317681222314335557435101347682787373
120478045193279351446287053903915211695666012089181120367123706524
686377023060197143388149421127253190920439130293692447201875997828
114552562858809232756326392692824101369820327992502494672128412456
924462900616592980962335217082376200659529497950961424521923049924
745973094917440322583250177729930985645932832993240771485667738676
081029817458495089209192901521732042316189217335690541654628382326
887950590783541237753443060815511803888995173051349038240796606743
406677472465635144118567824301798042211805851451920414199575909758
065019854825277466509165138626008213357941046096007359644220022870
455676029986044105998999623601523489727899351928274782824158900126
752774492383261487628363365874949542393016384644673198395708091834
994738060462884129020193016558143703139542954861942737211978863727
866118116391759672210930006456108857856203178915755489682751691188
460613550622531547252850195816399290460033653430864856960463022155
825380798338617277095101387977290565072105158163529550906253378150
799003971294487345785842475751361153744309840646409860286308631669
797082601424457039810693991254837130626895989001424085189702483484
439385010823685797747674542122440488749021629661158616578793476126
301698398780189982285977801442822341803196435686364577534903724426
944261653753903100873420262587922084696095595286466976989015583444
969439444061907101745843077420238953016141068771215110900698793731
295312573567080202789532028301663399820017589071129994837643557970
417716854702097724293913465124491944896244727900383212690005113629
292969019383408498680086109658672999644476960851455383168833592997
135699435306704344878722087144161138956438544615186525864335865796
828502524469741939596997517268839335472892879531550838830425235598
881202637366072156517182157787129391422551106240219053604249856571

```
6910731672232087773015385224692297239980747772742043448282507195 43
88471347405055376838481589684558601371361496157034205380932217228
1063658894076842829374697745984852267632029197521664998467477 46754
9923117015109159408772683040418649686852153551935633426763809 65706
6757870056068285753341830540056684666845638648915209124822649 26546
5501664269875883621364170855405293154965488956757257368005308 86182
1551060824855977137827840829436228374929357140823857063596545 70964
4450021323367684939622086012530149879717927384698580420551262 09476
2399096219907400742855647504110816770966788047125195770106646 05117
8098142476179292793228513885511499309682907454124582377846526 38297
4946801989397173606244347966738710925049764662797655542779168 23913
4389364324701048466358521584246661982990324864539080671741764 82568
3541273681173701031612483581704029541199943357224401180700915 67672
6307062406810892323224681007035807225491209628793981066788837 57761
1555029576819037015100827518149325030859365912559721395004483 28081
6442609610764313971514501617475326767203138920227709348706313 75058
5967096088184896578329118675494915312593944771135441937374877 73998
0532823412895808832320124012995113575449383688798651623907156 73728
2884108012478372363139382148899946463243870813841315415410479 3671743
4708568539452030111677740585883174449007707236202227977786333 1141
8094136840985198521083153100691915239103052041720173121519171 2828
6249618936553562495352425153841649484809046039866177503718423 90575
1559412579451107305006031230758633492282664562118163778717090 89481
4172777408377364727856666871210731179457443528417145689617354 927799
7829321537585403603687258941087165315522428688758489145802240 65120
7221343815755313614466579951238900425001465309198020149041565 55533
6073322526281539843054166870991472185017514177171484349881608 17790
1436659606878415039968680257154713412841204202088189180297823 99889
9178205159107652004701636931884620617488515536469736741134951 54449
6829582626818005596155477297989839983990395601713279219892443 08939
9709503966996624462457196449076667650965642482882178176873052 35196
2424363378855136915187947268773994900003703407400784907069117 91256
6902123199238391807931412673922683270808160074352571649698894 71809
4308056252003381520050341507345007274349057526747194909789042 92452
8134978667217434864142055296741163075814273070475528282705872 18524
0772227198209303151579175054390241724561941711026166429163467 84626
6580892201831849510663980978009091372692884580860634064388119 55997
2160082586423332576645686690773869660156189036960678125644579 81657
5927207510895401577620334381777754640591964228362576578235184 20252
8102405514351061438911049213605775725803838254089816278594015 85405
4713069749982649257263641024514148223875892922937481140869171 13573
0872500281973635690513364714904066930557869526975924854265474 21770
5905527387732942999743677253481321671063329369805379498619365 89571
0697288171263322415819212445903680044672937537394857218671655 95142
9367479860835336071592882848814270757530112480241519138162921 10105
6788492021675400172436400078817050467477279189092264774782415 42295
5162368360933299899112537721198188198833832844558633600474986 96935
2509524002395202954442784017220036097515088321910447152738061 00141
4800956632688370129555533686758767641368732218229867257542291 3122
5618261140954038464913601579043894002182086416125366222358769 90635
9495177924853456445189131604375306732495012612858544489016777 13257
7468293135943610837685766846270211181246364604279515684252905 32283
3183284065744589957195220139963590865288511195199598075657434 51340
8140789440263786489512554078478886401139386895841231288531168 31663
4564942296542960328767040537955269890948076323415416880047683 81065
6137971274316280727832610189506552559741696587164008268491556 49103
5251681341251624595967967354766119446745263736364744914484215 4960
9207229376963590996501694751027105151177309230170792254006321 81461
9867914587344009984983724893465391881987323670427924627192687 85957
4358747346662633120208468720308210510367283140260011168829390 80242
```

741495823019334034935218776372073046222359963784537494497628882355
850374685595594097477714658328350542997199731339675652264290766410
844940864577234519343210492394704316013141746703556858195471776462
856822202218739817081619455920111575856865750921361562171026983197
873007375541048151254680808750995035785630266915601780337946369240
524122116388422078355535636087777460304165331587912217865544327012
318089345362290942217986576268224057549859817727451642718276755554
956983004442337947251480417136958912310092420571300583443578679216
739205807957658015633913308757533460381533930614325391070778420933
550974130274451104819634358178504271463731190203550014083489217926
055978952494005401851927886378235162002240038780862658710732260068
719127150642226400333701937173493799117829290165380791246007229683
397630397599464029859008489785753079280239431092505157057297904448
430166948051526032917861848970329437264630158050398260853134940495
286960822038638345364365340130998592537438443512341580610272426753
974871308841255321749233215501089998809982328851458399637314198917
439016094930432464976707243738260881832140289907042790055682613282
867379684118300123618963221316071422819763613967249707786562357350
459021450250204636192453689117269567764423272840462635850582604777
940192534281242989923448736661180520046757550260942514230760086532
817065620758225542594274413462479453593529812497245316281071735727
652017907686473995199934567505300144996003158151269062442454455216
373972540754505450337852070246223842130220861219362758158491787248
981420021850462839789131039959757601476066389789896145730800743545
199365625983145720807234662741476876547437345115344159046940515507
523720347107727661531914653634731430081640670020188094346268908083
311950226536062553913900795468176866287616904971817653657539687445
013193763740624739990896924937961792319309127139162287430236030402
514069554082770524280272873082815352179520097550015925416575396816
656350293184179214952149727436239571740572432546946333859286191730
548208272620927419502129674324356365945520611572573280384015107264
064505146680558616982569455644495246824484331480653913915261937406
845687648776028407037379201881380101995328164296697852434215396091
625501548319447058450557014069366756017359329344616671366500763920
339696429927828057812697718066093394561896812626967474388399556835
766704566196041330771628480930623880336024291818172098786231864390
648235301245195680092659813714283956011433592274181096473803652504
746920353965207093913807493085845192964618361105108850329761204862
816087155240699146266180794107311046402429625099240549493376483953
029037130492629403717301082294089593827531456871752852545496563114
661321843008148925109603832079502584681277409378183205750655983384
634634585295521513388982801725392894150896233216319019979219368200
169450185843145894438602273115877118311538806388125844166875200374
118569186934821265662113804910345461780763992429068698253526982171
691961489210672052100323326011343765431755947233692734894996164099
345614231551068655815353918761129073069814641341841759355498544255
770887514792584610772260164958828751742640175294460472676433367061
754833043032987141360387383387069613144362896993772408113048463974
617808943591860084625935149471849890829634916336348048498181866006
653181084041317165911898211827713362322917569275990433573536850031
025198673227849750607146486766643038423843355806172867485967257585
606593175387734268280272670469858517412234175210397509952259606469
054117110293958073583841207016472670915634398331820687704406895564
773153254628486379033700463866496239758061977244691933948791546085
360768701401336947544048307618276457464168372099967254010391652289
881217772180887021915611111276672463687362849017957394715213749584
081184834627815776363437953354802338759594712188723684656245390557
827165407009007149174847600603508623540494604847422643043909785731
315698372935735599081153147657710562401647436278268539918472080034
280243568253125622744755198659387595634964884756545877607160650585

```
1871699664594730670738944149610126591838369039798901000153853947 42
7578982162928615280293921745942398348747327972590862724215726194 44
4202063441713037486260002990856891535379328401362785384164462814 01
6565356468159271978539489671701327947090274949264895247143633208 39
5088253543070303849500821171774304140115632914583237624870089147 92
2362841690023743081083978757777369467585147714582020452465804037 67
5322210058460331205789582407970225619647220013574660231050605990 17
3405373850353682865543600370466703781127905785164789884734103341 12
8724604906485967466551612286129064214144988625424730276283516572 94
6392139632194904068858145044570553472060531310043895318449916988 28
8890136160038714635973930903824483740531437929769966014028008056 65
0680792658470193005058857289350184124174742947910650114631897897 73
3303331834159186578790634437271707552025131500743812968864032189 32
2047398779028469498827448541763580868083549704869686374057370080 30
3229285170040869841525278726472897918719466831809279134110258147 30
4398631167915941372841816512321280584663782873763174252270339160 72
5550309850339410997256955335705682928353953404033201299772933302 32
9502595084012765887567348286251014808660889421439349919807164066 9
1940472454136824172335470807440028016284531725639034593640891898 3
7486475459655773913611202710363891662177300495385276675393561214 97
6048932434481942892391612753960829132277724537709260708479087810 0
1894477191612232578842939283753809251794861865811898171630997340 98
6561427864852746338478419099812825513404059627896423778859195837 48
3109285986789297158813567065404546138375578763333404406434154998 3
7748664962050038029790921474366386532635516473695624208272460975 44
6694178524796021394630970108255168921379368593904488172306878879 23
8964366535940423948353614812660304748187216939456043432687500010 16
2233693201094188798905713660043234986983923002138361768010497992 67
4915577826647898085062808943746584618160303715308108488798853018 86
1402683119229695652622581519063929114874410083191003848357044710 08
4937357132000126569794414544160469542072517869721770690297113588 71
2131983432005898973089090825604301801066750563090222326183659333 76
1328281915874572341158200680688597529440745466478066003217078303 82
8500399851202328416734797447863817545016807019736482672273432359 89
8131972110304293321574477695742705017360418509559460498322294811 43
0739011205480719007864521323788592519468870761296072015603074816 02
3169082844622546917306141576464669157431013877530526545932336805 02
7593921415444968896417113771254940563078166452621025915144001219 15
3122686856269903572357702252366090189881722421471530248767344303 74
8568184234334739439485224331457477242314990398179879999778492730 61
3449769608122457464281068301663070145244794718682050944869666375 52
5111594304677288400125870334562284546116974791333468631401319353 01
5212555569520149963410279991821117699012881957133781305516401423 05
1361928940661766661284348012471126666983383535547252644442826096 53
0372877620565850129999394224950497239390108112936527522004836350 88
5003943984336779970740954888196234465296377604403354584605488021 86
6966121716283773461619819954626817514986782194970770350405283135 38
6126824251324318444496997578127409778304532165848019789178601143 12
1476353687390164519497183296126510372529561767493239745076543720 47
3683243809534576748978113610836349073963860441327806258087255447 20
4660265173374337940067216612501981978461473203603423605808592029 52
6257372910136276182089074651954466368005607623006192263650642904 87
5173762019887372487660568280865852925874835819671642027546552003 889
2660023280303907254876155879600138332871870173979532227712356562 67
2088295743815946596104890440539043378611438831003186387142292439 78
4468318462899365882997183332902295878526339021727204482011129974 84
9376669005858115485037246815801620224749241792668910426901038248 78
6615501239595418767617181210828198407734522925994254586116848196 35
9941569538612784649663103018277778491796855283454710482224028956 83
6851954116367866806731365250655617620142384899968462455993566567 3
```

9796313067625944378856147429033774751677231575831084660736300597 40
146864451675198250401651057057372998102675634678596851568003255429
679088788700034593008183311114021199856933198912697874535964858920
349380460386257073999277064439446156884561764819150459969150400406
743666430123298045990203889512794143419148954936431080070218487632
694728997711018942610452971682293032565854696802953284639004083253
676777851787499150113996555886399859620690958324272342468669122627
242204066890031384674149575628259038067760434712409834660665811722
385465566652806817563393255449924401950969759517980349552624890835
300774833013327868512631778847273881285231050424552195130090212690
833436050578388270618653708825314792220303363844037697196147084505
329650530816839060312323664570166369224562768058918975971274333172
703235128002619126117646302568872730591582206739191788130952997231
938369090705461576882277414973909080313249760200223293527771544939
579623884029403974266493825636880620426461348164313655977405963423
458676834792226793151054687056017717449281333846576433783071392197
320659080553527915366580270289439015521983929848396924629174772905
122386639856396095502158225508058184913188596683385969029948215318
991851731890718979949872915500530853861166115195780856669088920413
392783140788858761117817806873892699296827748002216585838077662211
058558248032083001312242365084748236861553511824438331950772219728
392579036713809165897149797091523924289992329906651773377987799723
462600294861260598628399482314391583652422357428099347824622775597
780850204296343796584364401628012083850545812304047385102174923305
644413741222995298233478657762690069295286573776661911640185750654
630227906715992475494782294193310804468961727104211026455523303542
468786000844233006275689770160807508978169127196657006243669678724
716643203917419279257870516114543176663046511024418438368521010611
327241970901316813135772979040021277615745512719909962247089962277
519981646066953658684059030325130220979543796441668946154076088416
960111677554739217337908156089243836199429518619531191969827814688
247010063502452281221200948709163159251337549959608150908371537389
884845383246508598837054788721217101746452828869486757868591945114
376675902153484298268726033665657066522920112067610448984332182154
705762810928503381221634504022324996721965240531943128016703549235
357294483601343318980358170737016950266460177552101412360591290844
151262738637579435691738002463070408875279399500481124620984755817
556796222415885176755400330178398784284572881502314234380879019221
942100040827272353129379085176981050167692865845288128603675289733
893081332261489985274302924245415706595957305041282878494513198154
743849152608017107035753651998770118366350935746868585595573264864
397394716783508475899844180879231062130249693668185299615318741646
434876649875418210418545875239390199669917605378736925289391223352
913966743470608882866841968451782200108520861380064579910683725026
263259403975863597801058916098737244302844092810280514688647675229
747322377107723604513268993356219913195100330181742102530521827683
970191164782775652491725666476131377403024126628679497571509685711
574401666201059394099154721604796073572455948840779770739168593800
250020238843380591486087156205444340856505387244821433133437495877
658020791409715214130749238325523574255187870665998811602995917932
031508540792981401358621880465216319038209278958235355459365129610
389326682498911940965109403399560907528673813911261484176798906182
199050539021536750643714999048308508821277160683043333583714745477
277797915567952702464447418203262747019215094053620953669698777976
001419938956767796191533017444687187482411560280509589751094324839
647594627826473224884906453765346787507487533044159586615619946311
338020995805681869928631660553477836931998633220332629176531704828
516233434050485206337800776706666902813522529848277596743226800062
567037140781648966875848483058497474274381408736835885033119996144
525960552583036453992483219623996388822858845351312806373592008389

```
40289522338589669930668679755942571657139914888160289360411228186 6
34197275693170028797755017433556941567701194126440876681269761951 3
35049593462328226006955715634203595988579371562575659791663752534
28295814437923884556839271951109875759047484259802164044376958850 2
60495267716359095802322543086240131433677862052356538795219090401 7
66835057480011518233998370108403941237270982652550624653821794499 0
40374766090602576778475461801546218066022652188413424186232728090 5
21400354501940270124084400867786909865866147531627095727115354610 5
77355224625331658631925638740592753019311360639268171706894397101 3
58538630259436565560203405928592843956387762277976603298857948799 1
23809524425489272778710186211835885440590656342207766004068897403 3
14573741032812058696004450494017334042359779577358018838249059000 0
12458725926260803475886317957281045327028615851139962002098908546 3
82839187152713248277537778347313354825287241626273499246883353890 5 5
22589825558401824876148629912338200634785541104346201566129784715 6
88920092760113979904083852933438398628645819869494332008177253895 2
38775671456065094202752530590785126734331347979026422945233136533 3
69745286926432272075855012734606501573691554545056945021797362282 7
40677422810529523438510075224790398231043683183371413308895641440 1
23785646853485493495069531256610467441878950381843606378430459896
24140405368310795536359802766321378493584082004362068150720713730 1
02000874571630058711643193945421959899372571701177925345379683586 2
28065473784104459112468689407222490456887171024903071113648076168 2
84984518300862054868408954418880421303042981771225472102680101595 6
82716963902273991311070472928445698381326808302601102325871866318 2
77491243822599393941507501344274056179422752117788705008204510517
14834131295817595988162906012051160932938130316513384013033647121
84620304190165599992685859622291336965642704021127481399160962198 9
44701847467953016237947342625061910993762595492743256061748988667 3
63052431522252386720980298997299966685768657352721785770865227083 6
20093735670077326633850773973712118329030293580279417921440142464 3
31250210012654222007804783345249758831111145222497110304985489777 3
58291725896336110679290256689982145887864312857651850689262986546 4
21550079242134832838529528890342874502557981428384852253754243884 1
93391405521846349544772035686845452482778598533896487709831206425 8
83856466159478819391135613073065664100286352548133678476032381705 0
33394605199146352368029476114268204891133710622141125343451681861 3
30735565130625423892095937180225989702419030239340523934285419770 7
02428584716693892511633440866641907478051717410543354756931477100 5
70368565267781370428807484965524990408394339495665337844091298836 9
62610602855467138172890349118080747130335440469434881959384947567 7
97041021821100948592921431787142456144665254758758284763741545474 6
92982597428146068759939699615875823649581895518699832660689701235 6
09896303214478377211895158754205327785706890488558854117607799930 7
85652827789536297090860921798308433999957898325655665565567045885 7
26907298662177751909828841263532413063671828496222815687075577289 4
36371961698550805791246424533743772245700587242607210332754417507 9
59127873328214680943463427708616472195629989678188577180751106365 1
26433041316797827976722047064045164539527669955410360208505154755 0
79440594009588260337423133849380208801063586011458646427115412671 8
66584775707032164802406968074653843537436981342266235733661266358 4
72229161730778356307737574721838953440350873045680382320805699653 5
14366627749707541990139659865133907898157292162517698850802791239 4
41815244599542276574687809371599343649404300845934422697469490901 9
96373442048865221936986519174869125323943121874896127961733219335 4
40278098731471884021451514871603806303683405108369815699120575757 9
68872272824449826738797822764876710340129751359957548463315151155
30080997864255321717062725208433477540277072789972245591839798800 2
29469939789755529212609680412339949797495516934120689818415874760 5
67566622058823123916339247804349845042492443084554745561409966375 6
```

630181598943631873101238291456668225684379175724460858913018297290
564452237489124900295730133198569682157227329054234450286420648029
059800688453745135351318855766245415200093372500499289243385152026
978228937403626041686088263084037399665322397577581828104040445330
195421939726335573306999488614586980820981477529013868702736171129
780739135687617330387167524263121381103223954306008854076349888690
771937229899172235325990777663205934652213683133045481345551728967
599891977844284100712659356305537881314728460364523632910006062158
627464067554049068398368527605532159551822416156033914049216968198
693993715998138091862466983177427471789722725630981081114393123552
635283662103388267786731149933638451895462596638269958440218626867
501186199078437466939719507494872410482715446691313459445039643431
680164090823527062117925640569670397825100839204119266310715802937
018264420348910301604136241551769274821685483467664087009117485456
757450622888607181286195050062761414974731524778960805213413052777
894467820474591457865622651928774774295681765570790446501177396108
981043158934473591357374782884469587326955943884676016864704189142
426081456001970263937616594798627912534115991625271157931162828608
428410916430050436379538797711047307484268884099349658901097488466
776838906561252548170518240323594277704013245124583665663276421486
106473881006795566093257330572692271387936019774046305822770288803
763739646007470929930404946914955756742639993110119557177801854732
440032524013837702999047389397677393165844182594724523639103967992
569550331001704942652479781619911007355016616169353140531797684227
532851048749917834787215904774221531658411700657645996657358789332
501481797840741888035735881425320962153045047416191064437287843773
142421847074357371200095550869374665523568892138864899749303818346
254234000327204000218483767006698873380959119043733070408728190310
359506427915949227733196472171894463249953797806672427068365413296
598815701873003196978056533166970455913351010213523897913982973621
965736576855598117594877967732979440856333162655945422110211178622
997311408374768225830743790807950710761561510903314350986899929059
093099801540897755446655912919307428367774609701030567516236370977
756118693269036003676748906691597752224393659174526891873628033845
813296895009933243846537619948408371738309401286364793320482902642
257356778867335605931832069459713523165925981162439010051784261077
112339060962545524863141333710365957210020637481910687420492270816
047256551204202585042909783631757045475322480018769887758658296589
282655861589645480543820309844495698792943649580376159957678070518
200216910137465829858119768445966612419166181355449785230698636684
265299690343285169747214152605943552155906562898315318443287641454
269992738499540058289910657747474197344241172635282220037216504639
472395791712505276408553234388118045931283358960352124563354150119
828491902265614818413290430625301566931933194946742763638373560190
633668661626770468755729253453061319927246354929137882688801456343
684392518008662740161074997337479359704003858338518985971432057154
651524107693877798834200900780930233172709150688212018342971073402
096045786522959507270654012503983408940133878102434006946911931397
656442663261898353669188241357969319145127640898047652335118692335
397259396993099257299866838154785136078384417609553200318576884203
591356784098476449526017457925144867312106283388707283295893647241
975107027055784446380668406544544322116834855392134948415456719940
112110680077535115902724127736998752470443415668434543733415167839
467346086520208929535782030719467828226312669630825954096987650973
994001423317178219936144457285466877119855262850794623928658711826
658159706843177033398198287650511086810405178769050775210272755580
672553711325180124500161150038602665576951129215317749754819283013
375012400327610013456462219634664132378790569577962358651680772180
128599912938392471713812118820973461987900131739746431335583122309
555156817944015883104793959232813097460426736058728509125834366524

039691111211873783677652666511555011428808469717438977483198938720
480072904426085411448117419214265859265833884768337104985742862671
775654822409579035194410358211898750728899608193814520472733048902
255404548738801833135083819470966133346078047735822384436380601601
671220535872104759648445170180009220533249408384235346148950281752
808654358872885474161837661230081909327809303436942480218064507587
770284189959620373421343179334330901783607166259917610238065206840
792947676553507268204655048659449808340295466341310325093126128989
956554020994611493969221879913173845299867368243733041623877431022
167688670304405408261322995909103428066307011973798151936090800268
602177625245115164654447167973976151837791336685373174566978217114
659062517235693329488698146839452464091360391410041638497762871613
396995394745051697870004635233482136657247374665091520392671156183
624662240457219412692342703885045274706138157110181523320314696810
203930371677948775018400337880350275593631163540009567097936507847
557447369391267571188579754993118669348802878996406464090318723726
203922334551496476788925528479261777658299585929898266511132374295
938788985907482488655894933669865624011610048401374373226865029594
202276568094617923406465631035809383261243365204351841488980481208
072015732947882015294552598018641109895650376038203654573446828238
571225789224893403872921716696136836700403353585424948516546723741
760533265338994677998865935848731841530451305507975122460617784544
828724711599428122531794199202429146957497749335740334897929564887
142895429984568673829911229739413715013628781845003514766637548505
503753497348674421092838808320577138367026716200749798669543389519
740871442810088842016941493634068203701004936601181318048979245710
239234837029462882721540493905687940260987447391885746982128526667
654496532025326843663382992880755947578680402720822539577251290177
656957840723828462405092426831389796843420152432704771396978712180
438672811643639066536561721704495992006399355724447763502902664522
131923364250818212114618178660640850411732064108108782399058489697
019010152555912554148095942899535812131334339395324341313770516051
034953188531413956393620948838197166705215825964547260296676724927
572108262589322776640067603650959935523150061846386725454879141494
440709622097563431429575690477590066966122338599208573238347632193
308228843362992161536018807131128888169513798454885776408008642501
806184957322465452453741536483302506440450498364041565909345925467
317793254680682223212570616684374237562240273554281236699582294708
891114232076831925575555627275235959395523354733106763277921484206
493634195899811858077509489749178338479262108533529463363226092183
864297168410104468523923534573790219974963873992121221080343129488
456429835460476020289761731807680285408718656707401003662996122759
316276589795005844515655844961779627346225689213379620442229385706
204197538282831844029392997534811648037872688859168037499038447908
378672783895949937734552646444087816483444251929471348669383676806
027248348230590017685907669054838598981975031925284157899840082954
915275731455461258811720764613428280327131985883248413567564617561
338356493425613513454128608397323162778395030412011625530055760757
014554801896845718273810447927826912879532293072310544928077314444
766010555058665976433324704703745118098953549394969445311136525935
077443522162196583187390702021790346442771571878883111558664699252
215367980514749285222571272431631112635401342454478992239610379713
388587299230845213439991778947193714819765129413485638558510093927
322217529044510639295622427342063356913892002147936652686254237678
046459591816558267797569682343088907460353749950477933592021054937
236632162686034461047320693776014810316223074177080590257735750698
409513420495160816680645551880051376660955190403172941191545349557
660830794488114821279419677992291784252253530640323505584759787448
728895990223947284544084272702898605690600579529824936683066837398
585063641099554469414948643504134319309555901980999739340858811534

3619803767548262463050562231442799024294184795502798573536047297855
593885237179523570803874489623929443133220046788226432259163130403
095783070527014436529083342940767677212628487306173555638620960647
461325458940486847546193267443807642228641529615043412096250540300
595564721475795421638106662571344651051634513619789072419934204693
648947465333367611820634605441427099563412889260845513159612794964
824572950194074520646936426599505970656041406480248406691278610125
818171706427123227942779982790742740334722485387062514649354164155
680829027971722257486497824912171392985090275354310852785198372280
848908572164689215592489510786792060141438084168241133676331527667
906307556744506264133697803008318655234764618002819142993156352334
585378901214581736469543499806062041583954373886296758067176412059
925332826606260913225727445451397734566388159735326781473041243784
733328794365530482999773414560923897691298167159143852182571173151
003850500689599736228992898103564153690669140487202789008767465389
850070179022482084449191576606165324341455514515906553741118878294
518531575712409757090723388561361446785881587772683084559042410104
536688895177785703886869093432017113645722514101291209637641379081
399648747980716262300513750313628898707005609278465558936110670983
774175636485902089443996323475921170238227878056181373562558935092
397510340475977643713013800654262916810838805260849950863771025427
578784661432873031130302010924151928454448715023062621109569210229
491180101710231561476253096182579449953232643531103832570606214372
632524414479483200582868456130887090282183486032320243552398623759
099816640042829599603227907396098538665159514652404842507523787476
407285567289302194360217692483224264346895549585321237936620671918
911782927747841609666733876031110879913135335985188020187447641676
193453200525032683173119987348232301842573854309794501847574004945
128540232695177070524647177957391095556102536705649299264771116173
684092339552862128456919381163607411528160231294259266122224650320
836459140178612003072038226248472584177345771541855285737807145698
146394266642898653204602574187546011692971812655717227125306808351
179354986036189177469622860062776681493557068009558813552258461648
414808983839804332555859688823336704474922170426606282606633155960
816503829497895230883044906122701681938343404658374893150745750723
586550234665454860608369566344510524130731974737972383121108770332
341347790868312344091039610134809681286711463875293991454001139796
571831370207667195554849528157791806083992245817543758512854802655
841806846575984202314355816752747762806357997236156413349581144079
666321710197187911078574642949297142822614774650069416050892830302
957631272063769528570129675625290152075064123007683771664407920286
754106708451199814008376221661660704504299894696858750814698283732
837239375173315734900345298010050319839262068444973242849337623732
841160139050427480258337744420197008294575418244793432571016771695
853343874633714710120215114113519968079378218336028521212724606224
813319606825455009018459787492812854545580927000860227112209290010
097974002636767322833920875631190003555851382039960687629631349926
397324456273872311124963442747448729486732236300851556208404459725
924188332023696374373236965690643565948498537842670732656936653955
074066059638709424248313520128000190172551422985659066712955132205
273287692595656409390609299072880064485945993915428936375032650171
001262670878705196616911883698902449681209280820119189225633515728
761691727476448221030838454038762815560958082392267003956753528173
380981488087188026754929625584896680085956200422180608755192871515
766004575381584773202228707971225814240389896160246574283751935949
377255791885354768090386923516900743504571681919796572395531813997
168626847940291291465567252079922260220401002179034440075775699193
255253339632287777753171466845270130032326958985535138738333442529
082539347367860450412669215785356848533717468845167329028624696162
337707512736607963508400652643842597903603620257767990370264339422

```
9840654085049874864833935474877870000005469988759344454734557477774
7785612626776977595248451333971096721860524039926537331892174202400
0756771966131157573258019466048994569557184192845786635774309446210
9243141494385838502604011580951790743998630450074120884339677678520
7480456856802057405954804062012381041725960582495478434627037390790
5038697772814852130110665290630717677165746695668250652879862287410
3970580096715646061503385552105823031141873302744124480793057179840
1339338874343658378791238168569278903163392983354008440384310489500
5409797840700172869996085694335663742424569153416468570622857455080
3636543376850899462649891059285980751817506526536362750503329332000
8544510602208230985217936883888495849500759824331489370585843738450
2286824553077774354230524419373986112150706745872364095836234732910
9753209517319473695985480394131155921100807261734491522756207746560
8701733722098401629956089371991162314228061234995524750253647880350
5445185613521438015888796112487521272613704458152919777556732876680
4226430171900851407640963768439069941298336468449271251085307519500
9936555484184874373826978213683961586466464810277548455209603974330
7117603333238606931328622684333519056043118294494185411559312111708
4103471572846071245707060165733867237931921457583110831889874473590
7993073203162195921356627904264975810833548500141778430634430557140
3859856087314028118545748330504893196973208425370378620892390898940
4369430165607521221098142411026340315036423616695880840372016204000
3733048787084334791863294309677600267130399348923732267064456687920
3401269528769288200631022916562960387684528833921347566983086282350
0787225670196120962374965634447664706132815548871727804075874315160
7951771173245377513849149256890612021829202319609030575849398789300
3591181276130339330321049577481293727472000862324197603059223221670
7278333639642605033979828594086409519497502030071331457498005556729
7909701568961156345456302606550663665343580922649791502649959212480
6219625057703074775484970897544529930943519303679140641753648256700
6334167906020412251173287662999705833810624746048956112854242702570
9333306289884772187779385445929919922949764461258660311545759977930
1932800242432168730225479219094678359405697619408977660356913332620
3283479125252587175350473862412037217514987581247456490523898132220
0233804673846779095598498430402116058784018611270844718535214071510
2787202483928567988829732001158710564486057594126536102360559454380
7269042467552855298309870099642686685358511152607521450611765947950
0322512532009609736023689091780401741428102724843434412264483032720
7760499474531017431461599890623420042130568721010175755104530243260
5660112515112708274096588054421066673600696913223990518840374062260
3828927375260548056938820937546820358931098385428999595854271673600
3812391445291311189229596049719872652199532711709979866719468589350
7137482752170347041229220425997329326087591559394695013413661438100
5662170406855744512026161967667569756775560738027137563938003342400
4882808314719534569016023051428430744890509358432054990989095915230
1047766636648272444602553297513007721561071052798679245442029982330
1459831185716146415077847124143515433397230653696793844241316245130
0798850479164700945560373857257449151985117704952534500781172116730
1594162114151122393371977186955345659801238857805168980373457927480
5729236838974622201847136422900996531758523838171057806122332439600
7176097063806849440971744115046989701153425712145297303989496600910
5038447785463322914648144686209363124743998438200726871485105257870
0088626986135856836817706927315479022663214741614455332031532277630
7148546972345428309306475283959785202059214261137021111416263544041
0424046868917441691195453545899028171073492232347891859459015966510
0974713463327591140952330434389185506783734974380243486421946035264
7871718635706260996907443650058503372898776935295081943017095042510
5594757990653892266251724811572129286990577247230320911499436860040
6447153360085200521635186319094540788533285888952608162699110192230
6747740084907895229431782758733408045054006784486958053896350591600
```

38195147738134992941694081008963492234018660053224649942305756973
72426557049177665172125348378855276694263278152305457924746619662
70703804972729355806051735710874729888449996610928495451923233462
16395624219573161571808809802988167187341227777198562452841935826
75916616011848226258277231672434426186556449994045362293696356067
99030189912707730845005545389041401157527438066331676783712133307
89041408840942379842282357178168135146871227756486381682918604719
01268899361695395072259548237627527498540039922198770250194039675
54050744342397319067180519599012046307341424585655481028731259957
39668681781656950899077114168519212042604040329200833566890624045
20319545875672082751918526163062960287133010896002224055059755289
75008963197458840955319831788754302910321802395388924927509115515
20440959995087411153162049497729501887854576575677011953787364374
25389715938881600406903876279761088361568114503916801853146031891
76340695030044613046222371890877543800184643522739839794830078627
40640308138328889609873396179188168585981917551015934859963354984
23151589458273646202543121457439628768342181307569364238741998790
39108270139609534261248631688130274104135550993008235112403523023
27604667833861505742882785779435977841961592940660942043635726599
72420586318887584064499385775870763486090125559563734964193982735
81410500375339093512771831223841469537697846562489791792712166320
07582836747418975733692348187789666727220943402133189772443888644
53893216754761781331285576579043143886942667910370925985470088199
79069244936529969554475513131547585432472264638738120299239437388
02593066420742386507417422801154139450415513871246950884262980114
03941134972207185075558352305651674965378309696153524368872203380
17221255772604285810160652900959962085372993879037406961793194460
60661723105235411586736424408398047144702233164020515544077820397
87170555198528169580887907938122690240843903176583459842788686896
88849445150587658585246865730586358801409250134358340229850125832
23033766997755275734733674485900970843750026048895680867308935618
61703058973852538021340100411341947141809883760605271101056517849
89105983965099681643782000250218869831925290763401149622924898757
68163082135062983062118702313633806675357828995571493542907699477
39249751560096021921895771196654062850378835993482613372077909920
65421209407563390903200689577077474094583524724392177794630745529
83498436360025032996645059292464779551567391807168001506277424479
04364756823816870593314177694674306201397595359108004809576628837
83218708380022500004081362318111366738174185488132675101261295309
26082840088903576508314276358345077332377437973431117015371210037
32667324451221997933360883006327816464467570472417559420737332921
71189732819532543054019478487040199198754693061916138200336165651
98083636148034547884389730168860161997860700961837326369023129212
26432883883713274063331775308460861689892402352158352988606515531
30936630284843950629176953284467014241580390924961568546003448872
86734645277117373789997360856956695550097429309623464041035666885
32922283314855935229333411336940393717186570886278170375043399972
01466518033338858998498312725902365153327113695211199584249973278
89650084252454930555885464942167662703581274797299757161887497216
79012966678086137745496613319997933369284534358847661899403860072
81323618452752815025697526857999780799298657821123549818516929831
68307101185312600663683075967333848708149186786894011815612594235
84438967874430414369229514532291044151525499152506427836177813987
60496260090803180730434823088045576860384526669128626708552190367
92893747525774228547114323526521423483301637859164311518993303734
48168408215365312697284908953279416728462581353458880868565799565
39281627527931629928585909090990121310160430006965747363329384357
41537114939017548612586520896364573647580225602962005266679305547
06785054115030384242140639930960688300712624678975426446261491958
98772089640117364483647522412865265221956530840271910502191083398

784623187650700939937726971673046431160036773845696217284777369608
553704362905601414423071547445296053108333740480950705159788788771
126468496947961536987994889816722965857336390820797213011015096988
766879277339434941047159864656618083883980266715929741623033511024
888200513868597485750553974840925441865868560756402584179182516308
948132772012390938307884083709707562142761416566416625601149168359
444049897093676111731896335190303750275247473361112945676646970803
467669829791743077968613541657137108971641688097830189834207404124
681630799966035431356305079904240703010682325482504711776262274952
037348033276312668102598528499667134495108664569408115705650576972
177364694257770799175205779840073567898795033849204649868776632282
930217555904246555661450483155443406554233749558922631548561858560
941877211154154964366217136596348498970616008549575631782904357451
518362829927704874146263310015271662603505756722727544633995157147
115610003276282055377467212851377198081357030798657373497147357653
273407248571664074209420221307914803773608092725354150413380468118
756936499199811941002689412730034309844075068837299799409682309282
861297762507351973945712465928453175882490987071215592250099447943
793627161198731017571817675387666516229855846021269313288504572273
795949817989442325013516449245544684121262604625518249031981067160
859328629156762086572725209446919477064712024078908325975191575967
875186360629271004083615345223032871294985046101545633827105752256
393350309736364954281224608215627413006585694059625451225984564496
877951067520082183682447563127486263104094222590719252493211833105
070136952015140116302494953499269659366034702040568633763377674053
522739493434652662130736137244021750986284676041857569140527377295
908875459831427746016957227471284131591417179015517671916474795965
774680768825848395278810081099155039012881116365202923704380532565
955966842391334858912745886541708713003797573736928013462247086330
946825629765769657690607300757229386697765150820823933796779784180
785374713805450041186874266932224892545405487069969216812372627243
893083612736166472787124441376681828905890521382672563625189124381
524279434751935553187005035901113432218043793940442034758584486604
746523253620424589750536573122475953609668622440612958644842228999
293688439861352107808087679455172498370075157230223119794267475334
415758804853230152803462507071751817540490324731594063778458881396
316441059887069821206008729489152480269678107160497068534135329964
993796866660527624679459945316887987194105647429428587382700112888
416731775223660707128961882585264608764596225629107514348697920507
451839391643924091603253614786351871031901384966258942296629624317
679261239676233722713879174767519022579342893535489619901757819427
817933593161744595360665638332847918392927659955066495641924641441
093907302519384576926654307356251850184875331866110170943318627558
698235413075997723787451461876379861991523921319469302737645796131
131902538970790061114326787943118411465433173122941399914171444069
211255769235155386410860736931599720005933289721089672594870918820
784498976268490001636997503708595166526264717906435880491631963574
761396746980084683339351849619422971681256835435096326011848789480
232032492998090724425651232754775131804537735483747148393467844960
670663959742050559401405116978505143354351297571864505637850605670
594828257352703204372921169282393677893880038489311179880361269267
975794325820437048309783433076724567126394849681198367222750283468
625309169479256013739355858190501186263793894102085801231150741100
856381949971113216269700627741316417464326504654111974238383994615
519978581513509145089890491602188152983532939107247663596488857093
183995115015246426189985287506422006388028981905723747804925005396
767479408894855251022203967810710565254719717629379964488192929081
394527868110446577482435519439270750408387096604813314892331516777
642423979397525725333381939527717017164936429467820599828859551076
468306636450267307973300922124472278208289671031033436209170447793

```
6479068458547960025057894409326480472898875116394977990294217 54840
1078805555939207095629443316909000537632663845173865973553908681399
8489990688603400738333268608326367301889724134823065237538461 77202
5353774079308010610761105860758441564698924093247330175323418 32575
6634998923990525170167671398518768036917919996325611029217193 96739
4740497647491949708699896664336121623543566491311588050025836 92888
4932780346485652143783412329788541515691244730697541979270801 82190
6062246877948964825956846238191776636727043584385143831204755 00099
0738498192321045176128161008025346606587072288868630579455463 39979
6266126933711056372070478783015323433137216886895853073941318 20925
4968574720825263743249514980850426248710112076812592265532298 33431
4333870440641859980968616888256284601569219695540703766744240 807212
4154491105352336271543210069110751888302060900383018323408761 73910
3404655724924506795696772020130152712551548435320319761034711 21682
4631341531856571945572596562810959769167816624927602017451730 16210
1718990805187909380744866155869768548658726340491763168556468 95186
2245247044484524944624447739254307863306235368554149243177070 148
6153027471751219622092337997860208048747696407210659122918909 47864
3846595943790400597553138859648527572272056646169384270473354 98442
6422262646387823528902013404906297615990225490277781236807718 90806
6732840151863591006792511841852415292908627640735706912751975 66315
6643052849470176372181145986047163317616840595090225495149398 34826
2136323326127701406007469598792938263820629690787080816198649 63059
3701458764794593711959551519171598259837229532287339232066594 57347
5824682563283812165424161601158293292074761500071353580183377 32406
5220772207410140014158536376435281239235322606929941783536168 34742
4299455011190043176120629909511526622059111163417002145534105 75344
8234910435045788758304735920640088482617915123189702950492667 57215
7795153776207479073178713050284167709483437175932506585178385 40960
9370429369273190095809291925239727063852207093762838322568315 39608
3545045235091178044274893925699640559198906839129404408297933 9704
1577438792438102215392339540583550411362176865601288299224357 60952
9812122092637298517565708139921220936946906947150523280774592 29864
2288028266916637320383930917354602390031760181054967523025888 82031
3535145538901637551381616697822505648077006219599428694169527 86829
8874787531402121399984738831197863935778745917724868603126716 28268
0836000276695524329912284402074463735314633853118096022956431 52796
4695939311533104611262529118804884364527166249016929313138436 40555
5280552202159386298250676797384467469971604621173017884650369 21382
0100724823218523043968864072666243434631755499366807253268764 65707
4312960546496574201478885872464234306849180499086878912627432 26830
9834495641930226894641879150828608492985935465320134242791748 74714
9258274784759251839176052615061659766176741020708002221062310 73571
4553065540164456893347643475192817917984706313839149820386854 14204
3657463743859263882791173306390417782189041685572327219536040 43659
5847250344675659380775634961273078051791195319448925976507128 79431
6311941385059929943239178235272587656901074515386241937598423 27481
8219863974315598107660944793943855098571501834275086321598111 07088
8946144810631588219439486221058139749766406334645423878564061 38832
7860462770334526070574259967339212741363648488776186438203956 83167
7247109098115507209884870092804790828862807240145629435713406 99146
7809537984123038953258771447224354824472802121156490226452922 69273
3335055080193645139091235346417682294836812711634148844648713 59394
3838379631155984896408787247929419678960170488282040682167661 834998
2480725938518535627485437100453613753580754759373609840482998 2513
7461498574343204969481539083188652625553013727808553226529682 54330
6103291169157122618809213492987910354512839929731739361687242 09013
7410537944219613792562733725128519880025600656390652668632789 40456
9022836485180615425947249612536895488434695580350377582906839 77922
5346658955052961264027864814426404291414376637711249861338391 63750
```

355519479692496764183860762888540604234449177947266985151630853471
023288898337446012779578241258449183459392834716926530762282560489
169993590442687461014301090026056871037561995809163191668707351331
265555170951651809993839524437888179706960083078503068038846262126
599257807712607758808800343978346133099725900596031834762781505339
333500886524280041528529854443080395333745013207173989349516763527
663268951219615973031083195747610274987427625787481248856771095790
059275024912592107834128753027900551374524760746339353860959092224
433102444982052983235321721183797190916628906109390500402623348585
681650527343821854679856425946898029924257891484989803170295732026
503142823893677165131142822540680034288951042652723736343632704397
471385992955719142741004177216651478786480623578609519875716526435
067359976853181702653627189721606481295654325578084160919119958610
659837983990682892181563376630041449637951877218149775446065674151
225906116884169364580731984861745016435349170400376736770328233981
724278764186375600319900152172612795942237779115115387253474801989
295807666279509070564251967696745213108908654791447318221842106945
548177757044294686535160512320364282028853971684293178285051004175
990737274574029698422171108411971017079511192264384307281702497527
365115503090566986020287161561791014790215862855974599392879420817
893450887298117557924732967694268358519930416499672902231861563778
892964944911573486281447772312720269262118614983893781747062635469
417322242281601531975714688553348540672121139133362191963858555944
566943448749283773046074791878827113928349315163552102115461678292
901198848162559582976161519305447285051033337415114766270687811981
092458660030776611723726575499690892278010868732435878896409523666
447518076079508787487845663027117509282913510667204086555391687380
652799477987270440368568031019057952513247281077426827873708753885
265274289672489125295960568398308871152650106846755133186400745915
485529818991417256847293103329715517124461922193758006829174965569
498041661180060661646418302143481984951543341022857860040755737222
223826835168724154187261227935339159494984474513253119393888676383
729951404823014084601714324123409826669960282194266877460203500444
085612347384489914867053783110630337420632375384018160441495066857
006860291812455572861669455723104286127411579676855367781282069189
672565176417533988355892620004724989783101758684806416106877031905
385741668962109957899311981363554846235561644895910790621575065522
409406116580837812249285239344419707220239726421485844850893833816
948753200110278605597490416883598082127220994889843787903642123264
009123722136937501324324939748046175717573185561493369696475715145
010410182211462819304323199487791240635243329783887021469755885703
587553372304357942154147625948156778134289450079569409217527505391
004979196022651496789365350417858164887476636288923164506215792124
477053877485929683659340015264347884565719199332455934474761076692
380139369118787171697038163803255573454807384731009628047665380576
419628186164690314989589073451686255412070395565076818033800321425
322130969146277135177502063249993279869228596784262989222327312739
923151297440072869082404565837010629559459827454376872837458732620
549605225854538691970472427955258701056665499276169791230380289242
527363430837855338799122823178719144500953739114244894206624650520
462133264029230077291309061331496001964854858526888504090524545823
858966860742077681633954095970906151333518921728303742664261210795
353920844976570758800700009559643497772958343429603999987126600212
409786889627742993416133397607640362804238074079509091130486128310
858023098994019776603252074629322665285442315231001977222658146421
952712113684986105160804965079031983230679008630140641956319437313
687140170325078532782512229846848047680535051533099864144662568804
210072918746744256304054622179872808787988020705248126287075325218
586571336844417383971416909759950295615211273951621400280905167545
359911354060098356566940306072463573745761348680494253754167081066

3760134210758669077825519577011850491490032552386637367282042181 21
2935257942452259304563670629610158896763695599769235175277540740 63
9227552568933579899916376600628768132428070200197286316393839244 33
3217631852747067883530766205606055392721860888792698019415538044 32
7113032983994800933219991935009539701205400399221178090680151631 95
3897296930294266511051546471845408357660135323206922894752600757 95
3871400188580115006871345631406727726358182041086620344865059283 56
9072215718916968178387535089980681884077454181584832874974945261 77
4253232726567168802243584886673830900090954141764274617441401881 59
9833260656922812248536053406121367821895038208833436964566820512 11
4569821742618691084916111435009659495669250245317287045960227981 92
6588355857776578508629064108719323151674050884832933715755136229 93
0339434272225484301560498868557913269016068721438154484089772972 08
6025026287017472769742836856490287058979729667012402784458986797 10
6640955903579435262134587318417146385529580042626309914691082534 47
8206093226215162273564513309373060626591799752814265675041617628 43
8777710600035986044761482410214670065190370909738389241809789477 98
4617571880179877902848405954326029301908031329763363945563322585 58
7703513679234347827992634601822624383701029675489134358093606233 80
9027551144983894780024270101651833329579610918437345244868076313 02
1882867888433412710740497265140056178549162245793797418390987911 08
1301238505664894216292801755277943558878080003866016318520930817 83
0822740781385721164704821320660069217504892417527763226411848374 13
4191295979162444986378974398940164707382030954896305767087829908 09
4012461898623941930802589710367874091957320903299929093142327399 57
5356974860497791462328685725598107021068695816179923900827261584 82
8492839573621592973338475260154408003737439887637911206631275526 02
0921817203978914229378793154891606422672215120291100698620819350 08
3636863345655760717365997252197384893542615136077959707065149047 31
9827038386927797343587333804325873386282753225043034668414896184 48
9321219852949532112741285206909521313180869245705792810273026158 71
7325151915194717333223507391938945039697866527549058555761292646 89
9910990498434261645482293980621369257843058257121349469881009567 47
0912361498542175780247246278538807465764208842728497428085419466 20
1124346030589559361562636338719239495603505577593311021157802589 88
1054233948104209761736203322153307460489869065690499682639912011 22
5824195275128269301395120553870167777198270807911851979161977076 09
7031149425459247585112710243419875079261564009690508213822674563 54
9899717853421930384461189444069291214944256137936172759759900326 00
6769147950634254716541597925007367628707968543152652597903476252 07
0731686348439185938366636060406372416634905548901704187435915713 07
1844279142536795931956563313724548071722153084057757804464223382 87
3448422085862633049666472793057332730659243630131581099000422326 47
7290422370486743909228529218262136320001001840637174797608036093 87
1980499491507473068621082555628422277780367581907354802742247169 24
7235923759231465448195855276023759803846663695709292509417938718 67
2861911143531276496979233730028775701855441886825358506995176447 92
7768076836814287141723735830228305585571163939919200688647080771 84
0626784839758850460492198954780164426226546737109936302731450116 69
0468437937572638980851310034957249440503024551687685847971266820 03
8105376655284793477836665813572062164333468537978008529043020405 76
8089887270168070684968601451186109018358553132730100500476823995 52
9364297491246502949875505931108681457883241349093768096656245279 18
2694672372784640043725988041219888162355412879900436330951028796 34
3314073340047530001797012546014836504930084949012009698651652400 28
8196322969266305841587840854790244282640323372815448852483352838 18
7434662040810896103416041154012656775527290485832775097995309928 79
1749901204492676907327096943786520361937334528969208310216965980 61
3924995630158389394923727247010230340430898774003634833908282847 90
1608184813796962882471271751660940716499169208802063738339059135 48

0255285390053569573885985433797474353562872780760853120066584417 37
5415216860445998861175864329899650341844303018703349382031361911 07
8934667914463271527381546497077364262817926532681746783061408194 31
4703987386565984315558765304107218895654296648066830853279354032 87
7806577643750564723748284963016518596334573139733242390351626197 58
1795562374869471563347956259403422283377567812573978943357019553 53
5165144127193566180087786976117768837525713499225917142865858065 10
5900538326701547125302840545979150977966903989418574325290108698 62
6698251070518876150269970134113597306375196745853253331648435525 68
9265019556258796314548901392924986328870472908881825715848253055 74
1618582350709844095211456672406411481669866514683352054497921779 03
2764067167286850445421637291765788946029902307136811290756626465 21
9990928149207992080731230180370740553323235863550272165019659151 92
1780272977338681621146084676438535577068620550678200675817482142 23
2489302642056710755748867762071550350223919810699019305431956099 86
6910109822723363475936293623584080064780816537602190022502735454 96
3913006970015002378216390608624434973361171048458372939711554157 57
7086112587825318342571922540009138236022461174689543242607605675 28
3015779826935296220419187241425046443241659798658767261333443498 58
2102485081331929969516252995158165485270964284137012899456914441 49
6204400801666048964056758789908073280017604114929605871810166541 04
5452490359863887482074055353531646497966307655039226273134567715 464
8460052655543748330599658980119972336927881919023331298719350238 334
5712557531252540960267878085189071932686300832753406113674180199 5
2070094046265889783893502175792028600763366109455421273478064641 74
2638168163083333443310425147734456225552561446393602004786392720 968
6550047878502578689847131511644853110596778686942589887468080494 24
9617365746155955043994494638127647429479166769217549958892296949 34
2213278730558709091795988209815191440638203795591860862538757726 11
0170076542392124428319231457105523288696011763143927369997732438 62
0742064307332753397945451735790301428987555319913502142299198285 622
7519882850651111612873822186165312252887939522330514880541494564 632
2218789454398893939038130770008795982579214310802374564601746811 57
9235874820523473447468610252585226569572566577806221300060214458 17
7042899176948418439624696711560047622359339476088063292144803553 82
2871008453333807763241202085227436196571541719352925735719105177 40
6318209640557913846086882433911146408607791290183798055984867668 48
3554613332713386353213696471019423746033729982346618979923294347 19
3141692994343074355923149645410232057585073476880979384285593113 84
8419744680632848829075970428196305730357592224951276029687839673 38
2571532329215137496187738640445550811548595757310290108184490993 01
8326440549643426712346876230073576466620711149010518364521178753 94
3830983243267693051797605187943676059893019578524245279745279568 14
1896011989064332178305883508796772323729589202637331977345094174 96
8721426752340758238638776802946105647166464991515254876661050311 23
2275099506015729264229414785513683887261511314334406389846223725 44
9142124048622183601203034615046146158787920835182217430681101712 3
3326284677712357112582946087381927816458478194147955481015549798 52
8342745926810009562002121448064391410229044479547805803664567078 12
1164079691852319456512509823964942762607148125756718120833161602 09
9011358352073707313528977934181031995360306839269056102209758538 59
9925254834149497778592712960411046848601500363406416240206348429 84
2585408021947113215683183896697369862782621801392837643163048198 55
1345056909603125833735972671116056593575656031681375520355047073 03
4225206388899960133029551998559483852646621955218669348527651434 90
6877982301109193403919091376165914490651209160778975769924444919 01
1897925958242345383565380898543441470932975424301470023912588264 97
3626597391171236358616882326225658844699701768584701472034782214 93
9295632448316804446422372186674339668102814854626433197669803911 31
0728635423242754868341451508645330767690069130662648575539689184 25

```
253193610254335938846786247908667468440084853716109397528037782902
709409776067397812655103903260332241041253686060368644950178273037
783527497319204995991733816446508608048491611143685693021421338027
128265096069931490764106505182863315013554158576871872813116652205
495867162599330743182305200709352203731892897596912032813899700032
753140838302049970079404346174577134102877183086493902567048056609
183301182039585279379828490422067776767653134539071583707352087697
284955776487168394994040431010851788500870340272957018308396853775
051914650333884356607259124010661840359401404608813695234903537774
362917446078774254377002454452663662474586460521521932639847650619
948819269257866850752237267037820921408868401329362894011897090473
173359085839824463349290665516823206847745085122791653011916404126
600902042702503351745796539824994799281975488578920208057182198276
970716844784544403680671294954906109715985855018680832060135111428
644063503018103495665038542806291950124129083446264494050456936516
660955625647759268485737475806060004583547601174164475903988600397
461771614590514092069698890596238437986869489478901054433288592038
261039004895755469406519439106413635422557915617894533706049905433
722474532449348781024377392557504531001760560948490306826170471947194
652379940122225080732209132478441525028498809805937206565504098572
317340683013158971806996356035872133943911595606296207304016875051
802825904781612068876466760337382804153294607723464874635122163732
130270989503489990930410051501629658999550047014413632739095726193
974809981426105640132449792693761414886575398937194268162134360997
817429716521648035723304401596066218092645191830723120786494525597
809327789032966503697349874176032645169043711469323144778766626862
764507653586681999025414612033462105457705325525873610717044999424
650844481189709435942872816858183209717062984115401278802978406374
367171376207873833193995413068702323632219636085915786281366686858
296797698931363645863165959683348454566631716429837708511500037723
860959032331903395622803319221246745252447109390308073336622831407
309360390294079927419931607926639015854720274262995073064166333411
751295271889504218114408893546754603721212530028833772298281544622
894544281016684959989553625263667917390680273625474096540385765629
672473875260383334639021675659535505115358725525145173143805347697
502507033112808173763211932547433407603638106520686321748197538617
158370585453466785673411351482377767775345879667513289471002291738
086607216929468553114582705135983868816264438060018141926263542047
190310455893895343070197791301338020742937112115546401304606205365
865553318282664657807656172258474619563574176583106862559480128677
529018243617397120974450927330923915752077585758163623767147743808
213779174746605001470055331028783884759301238634059186376034046965
686720970151291902603551485629769337885099340804531433262416620341
401382042815279493864507548488764632729412866717171780717524322485
562807776431868383059667541917999686807961247358786418986068303864
195229631438024890007333970479858206253288928111315490262101177103
076604220879348716432281016376294068614277070840123666967227030120
044226516584262830383378612358147456068674904194565775722043459353
498070316522105841552123207781142547882187818493372939439678964733
489337870529236918819988047722344214986742621289259026212809424267
470408493247962172399967595231182537546518217005939903969456585466
378323447951852564948841197616875988714706148803695941809514812985
840825514379252655285628426622873729882585626811639361022177278230
929449619105493557624580935613688619763663828493091128294519162457
024826451644279218548736001686848379525725628296657133667318550051
373290848153667017771523049574240605083837825191366468219311098552
026392389473535548104878407176785651062986490521878131938552104545
926339863178734302624679160738049510570138878323709263378116430936
872571488699360662289617087021791008907509443315890984698226353558
348261495327711937451420175952553734712225329149916166331375025561
```

8247895311585688552639299604647550504090581574408695919188826316002
6233203934671997837055906176525992067150711798165431976525476136 14
2353974112972903946791092627881874839024882613657952503348893634 82
4804359541630346892260401400066451223624731005813745168090699780 73
1713002073675923225803189298606134537925890696407975649874874596 86
3468784774334568899602160615840212500644114454288718785269643849 44
1031653457828902343441925863346504782020080745081568451565991522 48
2692900533292923953496734110158429734578064721022192170880852163 80
1855589329810425948761599076268531814223224241976793721259517136 46
1050516449306728705146417591244542908913400133651449368475423167 65
9707447178333865054522545897054335109699775163895999794743176651 43
2708568304191302498695212808539663493189820649790888430492650068 56
4860346959175766088427759679871076571726668797457472136062785081 19
0450641754276783132237143357131340672459995636188462984220564877 34
1462284602521472643335540948728044749719014128648121378370381731 22
4587873095599885548934623230681663692250503312981881892877502000 64
4962540213297455708835421119801865166571013095350107296003060944 38
5988219821250578189703314091081707575413346194572567201345659000 49
4633233510425550867452355894144728550532212547662551608579046708 56
1006656099135283091614234027994069863000017853382840416919318216 44
1720124063527263799030013107846632009951468762482106786639482750 01
8502533977757717135518484739274394136932006389800617354855375283 92
5119663428020615391110611047850089912461355419588821321551647141 19
7911288091767466936391563956642577836005220429840115725168180045 74
9531870302025153571366891329946871689861939987938405360090773098 300
5996642817705758855098579695928575309457450144260481848362742876 06
1230098425165229836968644565425520453557156663739299168424487304 10
0772406394383998131524101619025017703334520861029743340883017727 94
7529812737485624241851439694041939370434956122646687365608099786 5
0367287085407339872420489636671467424180274042250813946757005551 44
3754705732586140736270081341784887956798847061916256345299106399 09
9301967352549850314582781790737902477584579034936425621462955323 98
6217045867586053401356856708424925099456721343890893474338161422 36
8401956302389415092932393981119784797479229334800551007935807637 40
7384064431674564671205721848390691184593934319943340622073407795 7
6923547061798389570630990435417761938595655652294163419610840371 53
2065235902634471936512287915039483128392342767524425381744032160 47
7970114387459763809753640498418678317275734788161132389255772938 90
3891942543974334698534099894408245813623260578534455235751700783 382
8432294294789166904049093022912852548491045182555656171225909709 563
5639780629994941852014474652243418129559535950082769260615912963 815
6254602487346905435987189266417721064407330613056501959627748650 77
1759957272646154812356402917657152003422459607019274420762235160 19
6430953739717984166435845756142801556112704494837349994926482655 745
8603648522245698789327607104588210666684604706172304222344242683 9
7253097798236367161558014977857905845069692077484218936035924634 80
1334824676237491153598681974521486102787652536041121844938203719 09
8599317758804350858767732430728582539453001437209547616826282223 02
9743031236179554639584373404605888260656229786096198695359473482 63
3869577316400021140990321652533756138490979478066856702584241803 27
7547652305151856671962569166679138568921322757012141435995653586 21
2351168023205317426093522280194418408248553987067067405760496691 48
2640248464551309870773217462146007328659983400665816325247673878 93
2400060515066601266330440652211950784147841714305049856970966496 40
9184470948005279137260269233828701198656516847865042770006245313 614
3954414422113983801170597979851901314845437624646812137652736895 3
1620131259920410938521481988148909789956433699477813726014812677 9
5650499933508915978064010191236373344129659753132648828603502585 44
3444474174989499701086552420124155686372268410018852261183695489 37
4576057202935955493841498029168149044978445665003799536720464750 4

```
6287189384191235597835943670119360524510058143073555659292253545475
5698098688198824462758527331070043988198755346999097772376053338498
8944834242368748630937573868508286223036719213046235665477977030533
1421977942646282564224888727150664385939529924335702069804653958102
2250668903157414660699143760195033419465731701300708628647287849291
1492546362490941602172219733051256507655405552532461902132177519261
1382098031008578432253876307087000542204003583659249922707424858598
8000794977649782160177496688280895797192178827318640622339798882392
9201621194017680717650514774782688091282676127419173575198566718589
4922701238372806503228904879528690192151907269046841860086482067808
9302628685680396639902161085715144695874663069453865385266814197521
5651623121574007124557122497151212784851979907854395977841582506554
9649429147089451786953549573696381692772983947871847371989865717540
8571297670169659177501094675912384431523996141062378756400203711212
8177368209043601791426966442658524858571646450393930642903156729619
5788171482637145716451024043300586685580518820993526993893793803076
4557772921811254629039314977555715988807400014907345626384180417669
1616455932411465521446022308788340534822814890333329649080719437853
8851576242813590288990283682748383440345443266131251093750718802181
5199588325648007755038893025982318801798389239921623896891222634466
3992849972722580159819264954647629190627301715210791572814054994135
4640052731624461332490216406205876399507882908849802890777976901368
4015133000202958148940500395387078495292294212048706508505115681751
8864693727584040917763036469020976475709067364610018518382098608605
2435271607411487261712448597325237937554052332284738257416063066469
2681192335459073159949615230406803366230765636018027247624383291143
3685584759340952924454953745400121404747967049012455859928707940523
6263571764156937076570173569875645101798764078865620885546252736995
4806303542569572517455405019012272701085028258303654577491963850961
2675417699158240408441619294350973910501859234934508740134037643993
6873936565280580383725303148275386614525141130728652760929814869783
2346319390849607008568914620720433855926003811702679155546475632450
9625364918638948069485998621100698990957610731157771003092499955113
4755548663647589268995292663275309195393293469316544505275298547815
8814128691349275868260494612243446762036909781850337242145109040596
7439781151402968533269871475459599473349527514616327944811208472416
8813920587604222699236007002788373363198235996465748760764106568455
0127095961229614687430956367813829363024999375153580690030290555077
5654307462868311777081821264105288565196582793423589229044782019030
6604706813904683719637504124207839239175783187414333519098005949898
2505295818014918380908633173761546983916002304043286953634639362675
9395581701293334307875817746110955237154749979155633661238945504797
0227486291075379523891095752749741525925167613404083235526694496929
8497579696964604702243165281335324286227480146287980114036967578609
2731920714331797845925143511732468080328390431368503814122451922949
9694290550950052212212084528520827574519115068674560079803672525023
1736456801296716362993716561854034625133417727686028880009419005428
7008519828792475244256534439138821762173472187819467928911826973343
6330306417865037548635858534155258863315852968226595672490859372169
2350750577356544366737970980466654238436018544197204740532119258765
2623078973890454045625831288202346071032111998661451495366190781761
8059099079796205310453800861437290416069050659378158226743888914822
7171462415563055109825784173229036453890349625889302402093683302126
2756625539588263152349291690636404563632817334062680793156152817026
1198214534374704915259479601554010445937958236080897537430019012218
9519125251415689444568373404018783224122472650024246856328932028449
6143639589483349504645769780234434099982036021996723198088220670235
1791307806000395107286153541395080465016012436507793314471509591364
97312
```

```
120041403643083065533856961281607692256241819670534849938630231601
208437148807384443002870076981089821482135123766058931651250130742
342047535326834852751473009028283765838885688539157829895883722717
694733949178513248072052066108457421470985270288152683822433809183
179794461611913564811920776053239016100835598979859235763026908124
999794746047870427195852529579538749380051944305286107285487002864
070215699846005041304288865201728593852837189657740573067012379367
572141558732381974165173539778766118402586869153689396348460263462
532241810019500904298522634985491696641851099858311612398498604242
017297592986905624926481812993691773175486225365855123938895567768
631177147770993446349763959110282561888484280046147790157306582695
486950113562335439787852949465018968313266579501792939107907039316
188810451940624554526240302838730460483678333479910289478907535968
817437807485642324599848956395342957979938254412460815065572922512
494169121274605474961156582070064575750636220726637985784749008620
031206188591990487581090485349419425047618582637065634994993119407
054055030277520575875790374933845301507086634985644042257862322356
192560093952583740491977056940983001839765408005008455022353368073
771757244595330072862838621905064741178499599309447641210873505657
389790018612739013105522387186314441539069380050369388050588626811096
879979165597234666085473595844589295946644382344701150902464459837
730975862481917830145340354529240838725747420271922513899765896497
630957397711317236340951328726011021941056904047688319280545561084
736748552145014390506421692064604086178325171136927501678606727567
773941994035391068845583843434701126754379569042782863662570183485
928668463884129307461850939195693420089201438105762145304252567016
583562687897902114550755993182757021525734128127634671791002299133
703268393787524669208189487866304332897446940590722422447480782948
813601160112009880197066014541982692587652464718737503289033513056
080899108537747297139099331069117443501177070223078777147648474286
509086614199363924961179660525198925792774631157964782195162372077
005159518786969438096692179096401408078835988443558266118305609383
550147718745160222409184564625068373084859674733541476387967186261
402448989354392311071946957805992657381087450073437540016295994717
034112097164884416945213002055881220001214088450850931711342463668
213379517613218513222915077700661646320893528894594725338333947820
038517281182802905288290934414098868253343348551543672326913545074
281442017824993379483174174809219665816294657041446478936752706677
338029731638597309838621671705967386674992680588592318631899459540
004660420104050788502673527198673789581240484049399151414122472460
078148790091785458915733637367517407233461848794318007002323597187
434965064523673214071951020791834941238259107882601598162496344673
598431703524536314082119298232398305479699103741243878843369579173
489274366034873122799365456592597948804443205154246751139129045822
190529843849717295611083982285089099240027126032976502245154351855
715844468888527214047240786202995687548746824114697986911703137730
440915221989319964126406842138408259253040882104173585511139811223
508458653961959538784616036058670252483709725132159346417994020162
534195623645093650764957116652316399924213103012484739123763655015
229354063944505550476304177685099942646076033818686416338896546645
530215683930623271780863610406580897461839659869131624702593262587
163564049010893723759557807548317192849718026111980463941184218068
996912681179430044505631938104142115754147096484296895232876214505
725845148991042064696465327791026642147710092446377945887566202797
781188483918513934958280378081821152283053065909708845864880467200
725417416231420050651278758594172249455775156217761494001027839471
641768184520656160078160375789411645253648085460737218366507341406
910693642344635413756151480436175857567058760610438021288808112257
597650545308242127211166431703153861395757952472253698278399978527
304408064556220337089675940298132467292099352603060582676994604260
```

881020606979609940168260554565369340136196005727696837941953603165
331751821872717172710306377435864545123553134102496837072649742876
874273217574744632238611244868611871478178959251686262584518909675
567492475359853408576062440753422778637124443682805900596804319318
521349757839019660199332344248094990387845081007564189486957318098
234679126720406803595969826422634406368071684871037391505339797386
894750242332703603486426043046439602446554190512580210817868733732
009684048374482207466921153836092387765263133753387445124811930772
294068030515710809722345311784490516907317023886351315520850473767
526930411862282209017440272536817823439753582592726952044374647332
639519943479716025267476815590063802662008339352438151176350247759
773730984410198772823724981884582189771593481420098591085979165506
119885508444914501128495554882951928271038074753900952974941298643
196566650878885555053953333565184827510133396897277897678006139246
953447389770779114954025727340749877206763447159871325167814050794
249826436608140273015066677450392425463107683319084692509673333159
469574760338703834440081206459307660140585877467943945185161121357
871000030926332848398549761006557196901243468902209700566918290902
721984709030916007029101806229727576900963917935988151140815477973
950815148176578556432180380011347855908401654928361813170562672187
487266974506886813951064374369780173724762403061305166065945775026
364567286435275907552679509737521574936319073909298562717599131997
679887334953822585654133010878304459614689733132459746576008809381
137388951045680196734013340811542131749573204832121649765456602285
418302710841082278223262518046841786119224293710956074355913718634
450137366964419371941029517889075612579624272971941504489122747815
392288648193059184915557371178499941360249719579729531223134889004
408695924155282549505591436802543171920637316527624396035339037694
309165126737610338279944177776961678389938537886543838000835588499
280687177920071844076329117566315242225470326985582171025578064136
660913468967550473003156550304749564911968071033786511787069740918
473393660277275655468048176962675850649688969170873515349378611161
052863435375675874946765275371065784836087734590647098562805207572
317794948052024278014111840728204342821346738069042960106513274254
315284753238098005012090625543881386077207561831857530516492807263
807022109713538572638332801298735309342765050031919390351825639965
300249404789491559704597406389459088575428395140735495446345332901
484034342370574256429724113941893728783542345190228512879140933544
130736297647912335961661786215359482950411386325558210017265679042
577629614865736484104077047592613454501416651654115392464641572547
627043404934370667911766918348292282849427503772091542092753925744
745428553022160823136949344954905126340895895165431980716547260721
270807131914481836919330515638200606044298095622895426672128715932
618870686810394624469120529666855782631798920638462931180862589672
632022379679881106497198094831107747756791962791698766177122633831
236173412959388751828746037707189533458746271995091004002457689690
556518696801640203613500756266996256774216648979649287214266596243
804209130667130383649522651724277502197572103972437338084525207923
810055870472338006364828325430833263469687560626874790000166461525
156162337508538101676888990952674660365164410977443369581579185152
928112966685182851178708966333975312307165291135743447670192076056
038735710009892711975598065162323184568082269420390666054789977771
126984268719978626458660557128849587118599693849390575736568290078
373285384779683221484510924815010906356804455468256638285065971756
799150344893523785047357555959624409962041134107462208631244346442
151948929012825821094209172833006595088595948879621356323380953885
167116694941577889621011208048933647815361940986190125294202123551
629529643888744422643258272315359711981998098953443810796238311916
502289024669296384408922226734542517747096469188661219069302501213
457338850830567090906521766963555384961062639332227700756086863503

5679407590612027577822565525232607799561283155306668364582194066 10
3613153488681015471545384752510745109732341151963351920681827866 59
3378413448502964088154591272993196113091339902038456132483546714 05
0981407904508163493242205344876897238305873448276588251986610309 37
1093511336045087186254302091747181685678520533367656591849326410 53
8017353375935629827675576245632053862193016383553465798793043335 90
3137070861426576516024482844412929036482993067495757132254490606 76
2854697936466488986069159388404187409669845028359846739257841306 76
8202453005876339574299207210587322503138176028673982598421200455 16
1192992078922044876398215197762111867177180360228425716122911809 76
0929996275765246290261133913810932918568078082868883475292172195 87
6203042483832979970369383395955405172301423300619090076043198521 46
2328766001211983978394565311867410093478255950524688945682339574 96
1745822022669678612933525906351541754633294659572299287548175201 99
5748735636230296578621214021210965123780124405801111202130922689 82
6563152363031251172451444584781941509339093644516758735149222709 72
3380567945358364442844937025933107620914650374583658331118997275 44
1515115956638606224572616018150972628014514132505857761759968923 29
9761608459989864699407887998671790626652264618646775611964224212 60
2525715838936432166738767358523508629233458358411452579193594774 43
5355020388311279899287837526596792972529702973282914754935448801 73
3680549204205404174152173613003674247925641392444606520508419004 80
0311344567829777398024270368813138294800530168651089709819550298 22
7591160063487612160485791134812744929048001898359101547380148115 83
5291883748340861453509298066784326472080672184161612202326033048 54
5949762048571065873162226704583739403164860704762958556145798694 78
0228401918512934617251677642638967983913147980129701088875614962 85
3392290663277996413748354979767423020136254600360725226452732884 03
0657793758552625013661672235809802367672688684324381968557874856 54
0375636747360630351537721572266608274542506212942235206224627455 44
7212014646825390465900624378386203159976593592718741863046885495 69
5437606571214616185115138773096261024196372385847086328290447531 04
3665351864366691608384831908229573170060394299943157699782805328 13
8395990470257919853818710463909174430361070724966931620600040736 67
3070047783789520346280010098079108663799426166021317617750979313 24
0367413198739699766469454149221001085869151483317903723585357588 66
8959069277656028103490830723436821250223807574049575714298405404 16
5036309944104893439283681908369195872818635803488203778928103630 51
7009416925354181881906742737432923450502447638087128723996307481 52
7190224224030718067673785697963061388480234723092461273425279098 26
6786654436529281242121795440584428227166352624957826843374182384 56
3829909616240055746116352972246107523675874167159781452343682999 27
4143742226024093431241951314391271912694091466844422252615259617 04
0906314773879028222156423763112755345264069780269871980476124884 92
8163359674270424458809773932499180802969081443437947468222205426 71
0579209701036770182390162283296764089188042033526834843441313122 53
3089757819930867263037124130144358508224915131736720939672328062 62
8134102811721134283708079728770311367357561134676928325897764813 07
3792793986023515561352807695459317655664514227653044828120000526 39
3788918535023589104351038337500912682981316991639302386456843927 82
6101973072801293184152499836961749154590528900431285980978621102 82
1806283365271514159597621983948074191057991914381000264382908075 71
0994161800408035200770429821881805289097635380063129903013338454 75
5365632645746353744873274181157999400260610613237140308720000117 94
5613540186619689848987244846297110949549533535488217085588617443 68
6809232815015956488190199838495001526886329316872720613423208855 57
6090093728812161008107272527729005826704310788254292389706905541 71
3389707027738397352370968745020620189838382353687316966416432532 90
9946106204392189217846220121027898614154623287977966463069483576 90
5399905236958607319997363811058083393553266383152782586361861651 25

622601126484083340072484125503338786739484236797851323081081053508
445826760488680586672799069254463942227063878063483857350231705852
682818704819063452184301938609887864454314153452335287362055466461
740673015185573421975046839780728757462173888345472019597921256789
095861515343377889854541689799026039038789395080742775709070198232
686675116850297147521407378750274207835096752827653138808450183782
449916938439074827763702982332532495148917847026015056924381016597
300418004478678944699371601741111441422983934050137039862938500119
886769063452555858572982311021474589612113571998832584478741722782
019553385785333762555216531011602909625478493519485859104998755609
039430696560030913165507306035661931218285951422459554140626156349
334740694969276566399529735494287170348525326939019857305623835346
513719006772902048411213103070514268707682379326541754460664580120
883585892976667007599630276151583071423019732704812374560966722070
501104497112020557412716355530307201945467967301743529851958160636
216867285450885390591226355800813079145199904787334711424346483697
922994509826191456207675481225905643480597174389345266276391782998
015802533702938182953594537610880688289507698213390136691823413240
479449075161772712104752375228330241165234445428047922197789538675
534571764287544365314397357330318704335678175203303144311742667104
127383964950541426996023042284600084060739917312658630441112432398
031719388164361055464458380755527464098479452540936167399108167728
338093563082605288741967314948005906466092921574365054213222717529
514342409363789579252567090403021496152028520551213609922887217559
344358950665798037524019396594101871012885382445997299071689295432
788609539113143228997658666354584230689676416075157229746149351095
862119360976113382190766083788713634345018723944471573803564477832
314848087701048783955230679261706140318411094308559424218435372720
396332431140699562114726160106404853553878079113536947601535742641
083367466375888024717039365754448442029796351351850990499606322201
815601237483672261167907282100165143788294312180046183447833547532
904536095422002593790216462691017399709438039923236560213250880784
809977206116993393695147559364014313987938955842375396278622594059
684844834363867275431732447195608539246933921547654842329235268144
760564612484007228225998443124513463080900371318296588981636842164
671437137119670122552379790517530467391959793330158294470193884872
262760286582812127583271673751915524499834454864117450368699461583
324838248217352745614599622387551359651265919282413282405553735566
629108180331181166861237618897638291921960716620233865986696630338
123233665395667345895621826934080104388459058485263751873355585082
796420083533778872557478322836851368484804077533433127302173510246
706337172747106487089749970008685498709042183107205444109759601743
565043454299042435348717173386572719542002350526103834027668988945
615386719547745949010981431156574544343049582809208706055820852561
566558925270395112202807506431622607941629612140079131810201616609
714147710572707876978635900466623949771119007131446169389300092014
664131850829828356403818497268937926606565559834833805671679531695
368451910535973307995535364802185109557386009308729258158686747991
740856173779817889364971361190710898225936703537982303144773209122
890977815060648823422096467409887383458684839931499901183538894584
614980587936035134622628495093796826801641685633966783958155163466
091812131057332891163903552747000742803772996840623159640168846455
942193546158144832066771463540502620397385666076916322572611414188
461557172639732131692293222966843342498997445155204136764025375974
539180108550070213837906215175435948450943348406091085196213570634
867868089343154823648322099689206931301837303942032135846486947095
810741300208544188201592116882935434539188885804218114897745352369
739268511753144848776152627684463589827086411007502309126683995309
238732814466450309289156739928421667969278413968722663405765386301
469155770011809087486338308455708272368142884401018790795645062197

```
7188218162425871930772797121470208406292648258688047267536374876 67
6408435711828608856388944749498581086564788399891866148104388200 49
9482735078291599273593256861534784242339553476079544765533791924 4
3832444335505205587802878120029836869850158229411480915654678195 64
0904348397355285605786466894249022651202759844381148967968180069 59
2747085744644812766342843063341371808240016388517653547930819877 07
7918536623828454888867431937856726083596254534334994773185358560 8
2569032150595385147760573906805238760912315163559898050921686595 74
7572514287478114495059387866096877005437141963463063342079744960 96
3732961485339068124287400193265231731383663360118356929518397960 60
9658699770538280309649130305932868611977697966518312847851350230 71
3317316950740510157995243864601617933746263100041427402050544876 82
2781424236748478155866651690992545145520006742022040855390348642 48
8275287219862928546633281587585756077339476502470944038950902241 23
1607972412540082717572875322222914523250005081273001429329981619 48
2367764471136886299805236409220690530406073207694299272961839194 05
1652004323787071048768758754714993799267919978821907934568467495 66
7493741820768125635368825052761568361731182513336890491184115396 24
5765679876528168518521080724285313235951981025914760870063259880 30
7352211332919978827429062147527118254071966981515426172279389787 07
3182262306517653581447972412547444608397408785002441146895688730 76
4047596013550711430565996022127925256783997474802979631871685912
0687025785067954264821585276177673041501033186097896374135474622 0
8033076958505376386192224310912311873449127974867907067418532172 92
6837409328308522631611682976083735417870168506338263422966511346 8
8845106359899857544948079525001003333558600684594076770146396804 14
4641070133605733859485861982631204279925409650675522796352018501 28
1923854507152346639293264135588552345213493460131620670930627290 76
9652977701089574620830326663314827391091550968792247944885798258 28
2057321825657819152813249567531677098426542718247761151018668209 59
0112305176746514217819080844476308160208361908809119834495288437 63
2808311435025836955988202656570241982841082208892722408419743474 01
3997583590318634566716089829117108315269505554347413316285862945 40
5029123330370664818550072033386697336379810769742538944410761687 32
3946487922688955866319431692677987558485587382868732695424794563 97
1747034512532220018456844732252326015388711988024614190623339974 96
8906170743311389600163434411072801875301144401688327777424975958 379
4039477788351566467512708571626018770056594134977094155428888300 93
5513038281873668377546312748222330031305232676446684271950703314 7
9856221208009704469726550237797696136504737539499394830774569265 42
1018456762670674213042167721669638442247156368934616762710910015 29
1632642834135538176639496546956195504592022242923228278781135823 15
6729254736102073288420508545705577672445904448175726464864960103 1
7038491840938192202683546284779744968652980453604792286701620527 47
5615294355211008095008451985784644075171933013741407730942584749 98
6848929954368451551529192760522502840257099743785120624911922804 59
2626070332497929537966572621524071598827844655346331582666626192 67
7910810203320093286622735783781559013652191880806013852791762407 81
5827551865362711914658274802330877598263860461614522140016832295 74
3387742408335595494529508986854097245417591070272932648882342833 58
4693483504351982068983999138251101546133344732533392693622531637 836
9448846109298999846685212578365793275893909628593940212447612164 988
8055049586981118033871290642567191170082927132031695702765096628 14
5465602724306259609967349944183288644613903042961792534801609582 73
1781094013454418307404232723830527832740874588405868260761233597 04
5481252865936739072276323535586389477027185089575567621047449681 58
8076273628141907023418279801904275387322997905820325427909524145 26
3973432456828466520132218980148840107007698073184724714474949924 60
0923515178126679872928365909417200548017490828000840994193565060 44
3335553954489807317214005908803209935245982123215301078317563528 91
```

940298632288940023908327312183055751877094578344481274542371828581
185984044041057221209992055464904385510191083069424775142993363572
822377679065984098046515763113771680980853448189329463405128625625
810915186631367804065535788977994417544290461707655909196172335281
280643862318627953659399575427438515307653304013607366929364552434
339399148571348200135033445709826232111606977345560274760883038723
030506581437632830873682731594175393720007130056364215391353166291
503713543967816276277491319976775308361243891797032539325467938313
776989141617158352943919351790115081694627273305615047561269990774
658062025023041358552310680223074248426915212816585595537419387271
594835599322049044774666557581945790488725144808731807706923944747
431931041360459050645306301748111415456506945324836010266296212454
776142085740056096527464376899498407160524325136502787789111355381
942298005542959321782839053208755089767321237087450283125914869083
504485009320612886490251323491799920310590279225116837276899908422
449783016935559122749308281256543444823498768853735307561703021964
332875710073380594955178928661901323773931330609035710744981834871
332505453099604132317719984672669190812980937351762851333178068879
897572255526632795333025635438201770832728833850530036767215985502
551060668024722609538044201689578811868610156207882202101947964047
768081080871117250922563604879510487175338949381617111128110308773
978496842790615049431357786972010393576800976144210295327415877434
864494596076042834878047526993719294673638942818423014581904732174
201354259939245230714654447940783743237014492268094581525589283434
413942053083284435295363045563152480228735480131728224232476083122
024147709617570149036867710527183136713308096385951092063204850957
260583590517483978125121137920448243160016781071173468536308045746
359318430969969838819623104240615872967595357439492864833087791207
017287257505802578724952706361527727447137439128979232184953045628
632110269863276023029578212893795395049897585629625566289974058061
432287636859621799465469097822768829669520782057103959068727462190
434209494297099111134118952669296794375996225870971881464172698031
028800475987908445923091944592866406583261221782168877747071669226
548434970131469880870056620487765927746124410871694613679499002490
813886528907382874148318806437434757916286299722202006918494470560
259499298938073197614778189551566941591995966424975437497953838348
731351391645287242510253518506399199157307550589313162287513233617
803806971766833091825756685708202789485916394351542513315028022030
590299105605930186372051184458833788299027256535312686160514571532
105895014145272803788712205949446199097713050484015954344015964940
749905297260060717811551809863589369375754574190516526266181583666
773193090618852782629136269084068504369781811182890616795341099527
611569318116939359522513576108302761423263527964555075971048536566
172201826800259439049344503331405730435304514377960841493449302697
818499212401425249433230039959897941640671533886119761968172252856
465032562283274218005271884623183763035185936960494186907815977121
571939416319577709680185645549354452013667802662811395393410408069
899866987635324158096952570378731193612498675032675735983625898431
898895988390562869211859333625440993741617240195427765581316708804
370432011452289931754774753144682372227313159147309257471043338386
411409707982629083852788522856390871939204903011399465957312746051
590798957833210745316742709948541140718733397452211887534268600599
298650850487879469109077943472007778443028306611042388744884610082
653828029840216068331709259357985680258801613993095106812279707275
558499981296711316542630413647107250452753580575306607112013058254
821725700765192924374440059325678110617355663621585610299923491165
987951678608805316281287555520320865016181699023728957281297742126
473661808116722329255473750702566798676570074847872701528657855284
701698482685959555048409044607300196664849700652658856600870767936
344692200026695553681040878101867703610078613154039874998682587881

358315082948131959387604986629130215130314164771747542775796743576
342418378006941571553380637431655712882371405928715207803946430925
297529882523924262583321664649503516412800801588166885236812221523
862586759160887893507659008955161592741571209911567199567969602207
066440375195493335123161484280464353675617931132493063496148410707
331355436815364246604222203384875890027518425468308114186083409685
662549559146222881023528276897753722544687128469662020529826964252
823282534536025340175789276169242974248825214575142603277339605028
517998433340968734691446976189935640588756119847510910998852534673
055059627011631914146723052515139618855164055091225182708987435134
459942764475409536548319762621286607610779830602382806656664184611
506121681255503552251270195452256303642327732658001516247599255652
238254688125940536361157339558675134710949526883703211494119292798
400986266255942261351727610166803760065246775201816858401172220626
742269662416200903734098180835143370881521935507151274942633955869
137292685897181485433144313802004903683299928103154380150374817726
177149752231086458483314959463489377745730035751009753005657851925
147632594092732312615263975372396875889218559507950826913350464608
635046455949010597958752690599106607466738124949930696952771624859
919274260080088449789769783966465416377847642313692327726968053379
652345765962949942763968110317027578424483983877349030554675828821
048735033179781892810745928029746191486936784113197622213640367202
215568355826210580439315062000939650809803343201710765403059051405
473448320833643319407779355377740417646996447497202055014503618480
806527982006389055498780347367665765071153373893804069673575285421
944287739847660457290591842997700250289865527431944493455457310521
265829822248903145317010652078893447262457924392288329177671004406
195544670238791811192507381638124639738649243646601301941614986364
517549802159696237267029107202830828627521248858940796800775136297
076267330759834622457924291329222165166346732070616172330633141241
788279771760126848386096937135488902477648681770988353071178521266
502027683348357304902022150257264305939232437125899153043778629706
100983890686389716376347286759784185490928923782527528546313608941
877604475194996578853070927950657680787679252781929908534286082318
376647592595816391115753102047615172505301277604038014391726694905
016100562857078405384267784912273555160354710757366807521898155274
152664412345933036586709870416868802463441109631320190281992706807
424414279699487580890618168242937128996909922190393898182772627499
195528181230233825359769963300713702436696183256231971672391178855
920033669389901294227996698961737919055403167327902653506241295606
717552715958774585852700230463569417141213699699937904803817864568
976563385902753774811334272286780803313487813899384852066151170197
618926580970479299192790449075074008225743235184901891825055543622
635377318724704640510656285845719897301804898928002231605312868836
988847664092394534403723994455686197506548896374658129096538698653
509855306964206079272865482544136582150480241853365936646089150948
529430279250798576699582323068499207794960304019886188423598182228
764541082312073890679896499222087201347233371268568927133531550872
974356181961269438938239830757970329241652100250915543088897803102
193463232348190839408200870249781735550586952922006385115367975561
177079673235438067412514418494488932849835925859652449934282220248
670112239324866784521294937525746839474713360307510427760823419481
210899364533950384802792754587621681943345621696059539811101256256
192751186935458279444725862967722152810122309126072315383384751958
026272160827578784295323078705273766359912158752804316485683008133
451348963098788083350853560853082739964704136440820413602717194053
741947893004172777063361761041581224196526912218316408294182778238
186346219678714876819046872036146234033463552594624901491743806127
735581241756272756256785270101281739122526783743131869437085983916
431971144268732166954768143435994782809094643563890670135290517693

802652839654093401787303819952009118903694044890907374061028173309
0727045165512729596565845861395892350552025495617431141679056591144
540040618217049194516932904873828161489192907001585306677795925318
931454990532685661753096785433460991136492692917991951878061329048
070744298300076740674987503021235223295263987843315706928804135781
181414035949799319537994174695618132313828355351273763389279424236
991870955678299670646211602834338706273536116137728510939570469505
316699144920030262030701115733460221611811140962110232612794507975
295250672404896420599499981853111922352067098764890474448320358479
379777089881705580551585659003575710913010838303952048489536753897
939591091456852124426746346606832559883018855007288449457734297537
482901467306072968621959950015077980431874128687419726672324680382
292664678731205133980449871604074834930661166953440637702586485725
190429781616742138846290477226455101790621990101064723991166245178
996306841376747614290773613910599890516479131402990129874001851155
667329009059598168486423024281388551820450924941349425645161764438
024831981644782441753695904089262540896713293137672417971184497881
886641208500538501296658073585911445560234972394110401145615524276
081418037006925282208168327641105143640153574972994893742231607297
932846688596890779529479049622774184931407468245530910024807546119
7112074978405621232358456736068054598068409267625752942288140645099
4683589281985509730099910356263104619407303560610097865893594986291
483333890852349035226016116267311446144885824854369935475255354685
970970012005981056167495030237194603079884905713479666526183524310
32960534866055427644504687869498531934453062179768591989190527250
913975087304947225328826392861338131243081633610044989140357151600
108759995996203276239973756006689326216632041271564414718553992163
745132571787569920045331793734215392554957301422189144445148817659
003488084946814467645187706960097211812601131936079883761087506199
583298067505343866438560342279149210478085670871212686110499475512
364196862159005355189208960454911801837087351213302113927947949498
157160689254439283935066231954258302225993904646108419126977283911
625329700899993604983544205589250763685161205226873792836010453863
705169396833464702268162108047704317588916650909690797846215121153
405850167527433048957831728319550911254913959967434804307493724232
093563415951628524296500143631375493553263200642733819454036035016
471292095100620300291035916923877115341640257130903323748011829648
153048860911525395199582274201115288178637182461545910141535073223
798908102585207913123261833783663973086725348955880826566395904698
494586645327943651353041329623353826462598103372361852919348742087
087405531674261212633731882937687221636803492356352005450381560894
38440479691803365202335140297675574686143333050208387838111541268
925151166116930274296000426113671057593007530339863211950308033923
935794087416870532450153670572923374346617729991193485193153195573
999537691263697163367331179764771187970106981594852818917269069689
185229060502882341966125844911596623504305364360140344435869935105
208842215655791117254130937404161069889431686316515578886847425711
435293078457378268381913669237471873765036114019931274788955613142
72036225067996966727376373195224645165671555403406941284959423784
512097673759017436858546715560385708069006797916099574890855980086
291652161786679405219875252687974230877054749630423028293035258427
612765298373725206252502198535700584024882472881571439333319693786
8950137675349471472748248357170591103305164106549341448296256259053
053650440190380040202119684943642618549571897538200290157298536474
14192226816590819374268930277118424017749134844691016489250387237
20048346500120197090145129094895911337775558325485971778735550736
760415422782088532065005677332973421264736659144908426144499208939
625766086675034809435890690348945624497298523623631671179811318218
118983491109144324354709971575748761833386808392758242188258317972
873376426584738419959429063460865025641920729018922939376884454225

160114951712985769514509191963635889005402162681622563351387321791
540055706200344549047466943494357183394855708615827904260730245673
126120480774370352283823459959560169822740070222158536792396109460
875597226270351571618216645216224885958641204904458419056864801654
356011243206126652245916123841780807997824843552246179405853478344
642156931094236963465846509937007349026356989916371199938940366672
127024866305173877943713902426423067540464969108152829509788010760
020123834434144501356761975935634590123911593375276828652878589244
329251305094989943506488296096665835247177063141529760216668828967
756246178265376697131371999006207021132131686344793232850535267949
560065946849113093180985273308269830327604880888179661619217295908
933911350111207115745768701357561706784912286958407024018892419839
846947947860186294518004580798730670629794017057189300439386598222
495120441908470074696024781553050534193985289199261201900910415634
141099894704243969202866161029973321609245078347796930747826978070
544462747588271314769239671441937496052936427546980077418005218458
000279654650300024060631688305185076640080718047432203703900405826
446593775380817147553802600796494462382105663523215733007367142525
984817682367350210890862904036149138364274503328574834156406432066
891944967482789403633474104111297404488698772176551031480762487063
506781546650445641661223866587296779391288085009272305309637101886
532162105697180469696605342353799445360633686950691477088621314741
058272595343658851396459192769106881967867859266898054464225705203
824870126220348504870506630110619566228812194698648369471955375533
963602112120030669781670677096472357811461251891701323982107997284
379513643686561171373758443007614371228676780003570086020576201376
889630494146996947408397911735861565815163854216362790680102258661
871360391970173114338593129274967143614467978019951391482206318260
221186890760108969565291299868757462140499840714047540567790568868
864781724528326661825981822520147316264032891928511282389812055422
159799371904862143756372884552099468334373378417669478051400007976
422511720201857316905897392150123813358811836227753481027371036493
208492059417838731839457812208684728227756599800821735175967119939
959266440743943861132541162237267684977016981507948315745510965331
072870062552234413876852298368265419587063430817574543916402757124
975942593995882390956706984473099930595517436159115400931591949224
956471791893225398295963264919322186577298676773041578017952093141
384696530034320727054200059566684677091373807093343502310221607655
845430848729513104722871099633863509699483084956053298714565656409
231823813321878808500847147047359852126560582850894450924764761709
110612383756326890158168998080615548013958602451075000122381573684
665671529114428749117425062941321263036560495449045570927786158816
156683020990562584769113680276522606064904091346752999703318556047
658275131229240219169651878590771907382930062359867982667448203827
053406296010260971810868508976136796240800245055381772342917013518
804263892617146128907201025907604211660929222870199660751885072021
924872189371622919331927171235318092499592290119229509641961153790
059188004500904145025570946717175258093654585693622458566354661915
220059393761868621821466023898004184052834814751160552905379158133
422305437433388318996041967908111939219889134715180183211177478047
446980925769539074038753589605909910794299352756654123766293200336
240128861865721764111486147109287035610998679226197139349205798702
666611852375300919592361535465246070468674920212476467523759951715
618152185443763998456063528890836613922986307050368529712585169863
314423859806212756923449885291725963007725086541884992983868379245
117377952260668774309225912502914379185652876912411057136553285527
926533283507316097358794594812563481993514691870088852143186336574
078744095627139034818071779412954081483227747027124560137132498014
901691611629673637634210793482177779347438259047995831971588026201
399378812000615910763065020083826800440433662630424658388948479810

470860881663184489018980871154950053346646548284349184090447566792
981361115047526424239296863181361698013258881943999321084257991617
306994290303997152604316694798586770535243587816826442965340469094
515945388845992097562551603881591693165664681943189522356537860034
258865483878222425301616483121234856316260457457447991941258992523
149941034002820375572358511833856817751019530782698048454411403701
324118758998780641832379273741382729280004318421707017136863406461
103274574739679993143536351359397713594714621090721912105589030822
447050879681927143994133227566857296683111888544834758677832323475
375547417534008105035236357154004800027605538217410307455890299872
947217077195116596776267164910350567073799823398093758486080852578
538058871618001376326084015142001665919759155985516115643224963697
161023201543924577841093084014248766670477224112053207559779054495
588257595781570587654433334172966369311838808669164183658962800382
306517317202725665788730673054771459010496301291648388183271635142
289983041248064386057087327779763679498444805610668812900550132788
604749946599217896786532246378692074300927466411956513286552741068
926453528797043229060898089934618581229054297506300875435485175622
185185639005198450194966677078665946001877167658962247844279685579
292417854580890625056363348568706330468405713252515405830082050636
415015172256636638735224363627597468179974627429171196018621618742
274633369510185147972029351959131102624661296633665833604311567980
750020410739835694164363878901466431189916290702718352478832299447
480828808214201220932873845745802182725709244565687381598965693481
971506561110585234071766200546313387163435817557854851517126935579
018752981444487781838651019614753795131317385485524185614155503648
343346755462773543134164163752710135205773528362100629052700717857
050160117590934207942397804357881611001133903532835423279876848098
676979214295639854257037487088513490365351026516262389826734690486
253770910271718868748039903821611306415340972002420444786248248796
934628168906425742430142792747111966751437093655065437546469559285
367178436151633082167458908684897383401192921827003497937496826566
263599693923629042005970134647782481821674175714662245210614369279
022305436474852277825311897754825557770028295999065523608655632879
217507470521602476425728844660024559015865293041988104985168044986
610303471278837275724179002077459593830360111274500354964463237540
297931263914159620928156334907571556246376552556375223356345900278
361558893867980401187621107746505862837307161502393261924593304121
790221695922742687552435942926178024442489812694044327691375581366
468662428194694418135732202409077307818795952481690803832370948334
304616456962770550864426706116430610315621421516570815424351207196
517354745561875548213724714986955490345708589505351143239402158246
237317991855231874968068370712146921797522952776549685590428248768
082050438345443676138031522377750502389340889888817638054719391891
736839054911703524171390742819895349601930720974805443474733641489
854699326691048300519853441485932835013941744576147232119303567351
679527965180880921244727753732022520532547963995360259679964642299
846064327546130047232042831913657589809062988465108806397877213628
158694690644663770905999116655672057754520531265521594525285609305
083420098497578593372647175773722255457749305673732267599454742309
245428053196538884826311100660197048014368335860797727042714324410
191859624793742819910810764674115664585266909697467237197008221147
889949822505049506596209632462316260258834077128389919608311980139
825292731681480834671760222472791312791497554958247041100062807251
584824762517983736835888676510131318946968548907795147247416453245
902072988651869655092777692429219966135310404808773943956375638717
730068905898046202028342766150443431192858188425735355070803792286
778152000034700173975579147263093207872707083228162678149261037627
765003703793964199047712412252534306851707569112361054658692144845
786263759060980798865292682846498009041351265641786001887292701503

```
81742831871375865926542747300547247208573826646399205337494040399635
54450287216240101841843254526145049794329620020872017825754276900
00566681283316877274419377005162951163860487583182375491316414039
1246864700943821876443121389237939296349015970042250369644899920575
58343481988964939773980562799767282998167070614398566391451133452
9761167205780188989534450690953850517607639437966600185732608911711
2837055912519200832211049553238652831066348481108278056662596061955
91865424701625120170131817496772418158429062401160767475092231659
0884273500977129685035860543207495195758116118553891270678603639
82856369572194347733894661276329914889611394095245227339651664439
95617644638003599424230737648590182772338070147910565712633827270
26181037459889576198400298701686801637465925958808957657062081180
01578824523547051231949340301089786077860355801625647496366895226
6442970347509737572936552159572050183800113006424836952749789804
669946312648370712620175835288983470645632987962527812423814972340
269923862245553799485227566164182094297284938152661553100382476458
94101063106679155938807873155422514809935634704008385256333871373
0057896651182826484175222043033506885676734567034955537832912845
14087434184466296619345323934010218660251722582024436969828689259
48229256958050147384203223455274916242053699153186425183513239312
249926171102090672080777081297331878703254358945819299157922805909
62931361580454752508263465998795829282140396067171549184157973277
66960400676143216137297996287969429558647096238969984615288394511
39986668052947856252004792664802553110433448218222537535541314319
78984244408093726264097186632259639645140910863826836491228333387
20423892458556596123146715732366457616640785692581573017706416326
77340849136560801257413843182951525031568819161431210163804766821
2371403175562710058297676559739934984565116427125479068844684230
6170547284444763299637106512941354276501422637674697422126766319
5148201174517293668195123484548101848280703897997661643326259670
5576412034853575450673922520780786084588530993043907568223099413
72221881065747473440771836574707872949730628884846868588550989278
6986686731931150493823775320580981943158354269830403750688991370
16698892684053551924564740829267924658558021892639994363316915659
99096848544435399720099276981070473736642186902571212696084578602
24589271426344055486173439563522452266579667440849136281652358350
58369316468289540416783697255247385752387649875915243305624290791
16169792374726027775682096758183376068214876888988735590065981780
85865273246991126824657894049784342360588991079287768049425971336
58203196861986850475004051347300679322343292683795498464233350524
26346008269006825615058058741649763664556090169703835446489857897
37817634297476694383639324220425723837965235893783326599373294442
3385444311368521051458321850853442274975073755215854798864965270
75097856969634379985928566957606237908255374065993918733488900683707
74615548972661693039174195803852542023631627994908136340065277424
62613894455067590388362049435427415319751126340575592208112892245
179435878060940909122408772146002645165757348863518404936364145
85141207658702119861641472222554111923217447479889917491239628296
22990403862854170180846747565637549728835264193916835226509191171
38796569697552940161757087412898188041654497442443265079768621916
25320678123267769483742966427442287719857062531778900916381262514
2685988356833978056688528996075726123240590821010327684685282891
89288696229121961583021952214059095220522897237762687813959740538
95121989595272750230049510205912137751749736554073040759188740053
98478076158513421880719275860238360147110984356113696183137326863
57274420718950954963564073690599226024940902015146349561406429022
4656561208946805217082558297518580961810337092578586008078387240
485637997824320509476609337576351781081771721920388391768477538656
92930995368282838771699625669367249658363716439784207416054970996
66433222174282998509965505666749459460191386867265444317339791838
```

```
3594902664810591023403435997903104422189042263646860675108082226902
5466751984474589590685666369941568467338458475850956368707796359311
2307659404374982218942447502815180939598198746557318690324097948911
5874469138199803886815819186712304483775685808294912209528247415133
9476071566273098982365410801446919541823312281970466955596115585555
5583158068261025452643097732306275839220032377860264538472802598788
0241198322862035809168753881154448274895472700159573345864009591766
4576898444177005799123317881265216251965974942027912802071502198066
8826648210630301901682411919582490155134119691791823951450524667455
7930173463247036283584809990854643293434708610295462075784993274799
6806556038152665842415524140201003280593124235380097868194597048722
3087836886309617020651519710643599949209993665076698458740987820499
8064009274674583431410422316082185344062345981590870817785048888611
8807693534761918960214338837863174046297492274116279823919491769877
3623616205479763569446243760083169956641189572553240402559336325522
5684014023122314641776166223261074658227719403050473531829005256782
8611980046778636179694400977401713533504506350879322620087430822166
9964665867691295281662918523716125324226352527692470841795197809777
6681533273342852292321658102026485681798446547694013700247743684633
8349538381367472141674280431364068185124370710670450070487649927771
3608840262457483254432964305533491774675512353508435857365050276037
6374993394774118023482965515737324143211152775517599571945692480022
8121425765222409490512395370589827541928616206449769008005167281055
5204348552269550275953541401080325760779475521738299916394418838711
6094379945456936815211876889445377895821060642769060412999359170599
1337426401884312751883293481066332939226790939499947758880724447900
2972535390546317401038149397079763484126615738356670934525792427455
7896076247214222832350919705400044625077684849278513898835718835099
8201305534259037919353631522354888586632476676428807777930888797722
3043436403610068751642774122022613966832807789319278283180801730777
3506074815248424918672426616492049229182259713824022459552324814911
1576860777074546951929679378789115574684501197426291666793378494666
4115603827434555890070055022256051590275816164876532958319571813577
6943572039929980822147377830620184608926172107447282862219859098577
1693893360982902242824243968962117442874527833313262377886643582066
8565266253860676996670809752449142942726545975506609267703156496399
6440114683251688606998784998410765252727812852158979590895659781555
8399737551505117178519055843111580072980498674333934540991169028700
6843467774183377429817630212208162276921974481075829736332185436139
2455932652347179070581047468735482455297776985689207956294522045388
2866274192045745535975378339953045482259204351819726714926484760222
0484397369483369223026390200315947117057405739637380512700441990455
1123150637458810266134857876200902286540992841283772367672335877766
5864494869852072486051205986066681372363597790058054266407840464755
1704853414818275913624943526353490294608819765906001658713759617544
0519796900885572069372361348139424720811740904386265683640389657455
1270587491244995424086329427955168660651286636889570569502220401055
7030796855422370247032343864425953187284742972214717252399699923599
5580824067868172440365832231967271030072370018847512832685338460588
3427851027264740562482364063347667757082830068336295517935813817400
5505469328324261603421653933374784223629619312482017383644425496522
1313316188261300663745974991373785763287414079784479345887958946499
8945527419728749102956363247304795669308578964807907631368804345888
7578116171733473231499580443388225316886242930729934855137932734977
3718510025779679832167829101049315421662936139214099388525320250877
8327629732608404138570629413113301333209721223667560721383268769687
5933712143628493247254061399143739001790965561695052452366439992288
9157564829869235815373723256517362932697234236700843616179673878544
1233833660562547331853181529470025922764281748071868612483282936444
5120486288621476818475140068747632695345914461369426427003268312233
```

619261447910638058964077224302061508264259374530337172417643773503
124291480197523909571974474894471533079974013034950682792098108358
639863429973463930468960924472573851739936872068214980426553124365
071730918612225232056271600402655700278727743817419243515520551967
117280928505141207034590950069842139567996936326451597238335162410
921815315970864284736481795259910509554718804277692194704591761767
503716438190866972339519435414088680762293025423945883227965676774
363040678792944127606681212535222023118548620650443953945083317510
365836703280339483588121845313265177950256518289980760433114486012
050652750154004568370462191540667988042420995760499319254854789084
965350534854003843031756688261055554959518487857341765539294820411
375375159728162226663343481694023684802312493356608609241988399182
166175892530105714016606813126943060349673628302915682375578192779
443289569198024594974519464312327361949574766488341324625439972015
075982843472339319579448206808906058911339853122710801865677278159
411985404897754605489197638728560966380495400861114708444264789236
588316378356639248789769507202662703057940230514022240971920328906
189822192809785726345164856300076620242128204348556309085217888747
711778346216046160551430763787059226469008671587597444943783484827
161148742869914832164784674630436152256539382979746707811837307823
031182423408386521576534752035424137527912423982517562482544830046
653594008312345405289677874105136150123640259004565531331024775186
861590995306202215036676918568220383470112931858156087273329526603
526550112324992659325690032515293175316695961466223811457424745620
728303432553487027576987711087291135495934721958383356328265835481
184496397759223788788804436984685153674751365048962562931127022799
542884989969637590462367888264316742631006301794525460633268122579
201781830496635334516031677367017446842652671673716525822963934774
843320595236302662722068770243720307763273495199815682918279050247
370481735218687366782485765060666895071589449562322741856560196805
754365145452163499602174412917105422092917801861524562245072350571
441467130403039358952207346351997864884901364146099470713194173872
785580764101916730853561516619724546545275684887448977385072760144
287081149383249718853354015861254856428609434560101650090159934047
887627096303981102422520396766573992654399203769671109491733084464
558074340343497825755427710037347739353400225278438031973240162990
816043513211577735454283481232149109630712546594269100558783295870
888946902463632663058336725986912272431303745805233776692442176024
614735441097236695980802113245363183222943755627311682187443627167
156865902401795932928320330785340814376567491408588603697367284457
943458135898650159679058827253879537231369650073356384647560701395
234970038110832810510928525699698852291991158461945653507960480232
666630688608633987220835991889931237878949945252639718438218462630
388067081032211489318936460897996233579186582620489042372626132345
670542865386782381949268122896104523387398788104893150276916978748
292787975482880262227977741735202538719874817121221558965948797112
626324662819003402883206554756811317376080249891788724425138822908
637605497012348636020485109623527889360183170833943556228447900858
658657524304530236652774583144513974633411742799858675419182932860
713974754182903093182881600776813410655737116532291770559810560144
558291080392585379541843151181004584899028261018961873538902625164
894334743454254110519098088258443797501606145818983775077927239640
207714633594589264369621462094820925742815904560269205693498774464
955668029575650636345026671123036640537136379214682539054306930004
842414899829485505379797418892092187473971609364605633779444175212
427177322686778295148754557301102539201550916482184548301513687443
998745610103236932617348258361211296245735172779677446247706082603
269447083356409808713064989110619718771690313121640396700014314465
699765568719400381359077481983458488069548263943482156782359633050
694889740723925238276760642988760867781995721984737227978604150425

088471417894366256914080658348269071944074274998415108912281119130
519212485197796047005120556731887766065592258181431784995010340698
242269933830363072589928093363413290815077357675544275427292178784
567663104536818201326275824307239427308857844666711853148570372638
761450443486104693045758226315809711704079841175655441013242991082
109637249841971499680026611222241162765478465291521256157524919064
171812278532638416660637896345481391373250743333493295520879255060
081663010472911117321741343447078172085076916064985364168194690932
941155625806367483114900503455216957040337679281048149186780494952
285536822431527384190765330747255647984194653869199876076229865675
353755011269112941873597410982403051019627737910785848528830286786
577396572602180527700736317467032734191438908872576930341727435167
587122056230504077497000598540138301228241583094504827045811370576
208343616635680352530359167909636463573744989209307959466470643437
870511971113547665104719624871997652218021203243636055282677508656
722550249612762915672649340360300886137793038392984671641648957948
831806547836258522437118460743589659453285084402500706315231943932
257057084383848086084763866608312904492194270155155720204743876552
281252106725802887237835351679073750482042164696884838527397033244
848661420067030969866931273273940870191495790733560788444375931681
092710447337619051716799419427243489999918580079771701921471451672
832542169370623829202378483101831218036839238530027209392938004636
784521955374443733591819529351033923418836346718201227574951760590
258685793758146968432805273398714513942008314647473866341701331961
631022603526426027699713015379981089316644115238448534474895229162
269065724906969825357406008098937455425457779015498346865358370136
057108254084475623891831380079542046920662527089821931700916909072
748596982575461757549914951837236642453526375771612466181597524071
670039401276405265419620765357956819846412171271721349678005069572
424227042346135573761205113050002860062331965897634402007941809250
556601359461067965476388267169384091763798674806888167230165122403
532687034129683858803043163679714169776469088496492518632661926859
118082295548214756293529657416124503192951249448707427514816733602
303200004455057166591847456066415735434310065966815538147081428842
625525144526594238756618850993835982472354600266789754829134903449
296487985300382562524565612240345807351919324104925688553019851993
658746025129207560471552780424997364385362512383750513996206672398
272504994273565164331092157819470821173546598444636385018384421738
531896817325070749894128644664562783301885886684672289155335737178
683466554080597950912355083939177062776567529041466481399111145590
850537467101860325313884231577613882220739615535244028504588072953
643820746413349194533910717502654107241439177155855643770287009009
605519056955123834386008654289643049952418724542213702923378933585
012475075463632205518398039158001875654974846034054682953754321052
746346702506498875747846384625981262402930366602172908233466822021
686330046292843101200154888638995651030545815126488517170404202635
494645768523754019874458766460443926706736302674268383523828154786
696001870328610980320371430929685260212338884189324131439017886514
897294851005382610339907249222569726715502213119715015796057605882
242853275081349534380252955652401248962164393880615763376480270364
402031031899381350329227131578222805288449007547205613319288882880
301427933998932680360033866353417224139092555725885139746739379162
821610216445062959036952474530282235547693105491481970189023930952
071324815364872343043934243563109943301984010050255075853004124402
642440423885222296159988085637743105250556179305057915105822009885
597150405451247956076052606523962562640332078397670632697176675193
918322008762850300528137033630404734693486328737012064404002470611
575756363346462342085388574250868312451592166225390665035813997403
096361261559455104227855904553097303951549093608151471238383079236
912339875315827411283310119003024514099970465346509924383316454555

350747039260460542089167905889637220289568993846966037811665260491
047921597410383933574686135660148449680085492376770738940563370648
526664083505303509750030000232348075268493629732742905590507404654
862114124199309711434392382508663868377388444664988915339067742210
344250085829119555567413695966424713385708871773642066810565646068
344045689134189768304282037867259532979021093287888423029447860515
034861565465097083711435797652254301200845145265719130140632394775
115878994927703499634481812746223391394498579984382021651307476512
325515816105856538911127524165339180171751701403365109650876159776
364266832768113852094667783220760015990973164094914267857104342911
428367265713325111620335596895771225479495800158251719864324450778
683435899952156656089596324170546123860295697868079363394406928720
376886394929430093467194237112999426715828062697160220315956501993
550456143461980362404899019297916838617612699848483862825219834625
627527439077416913115243508183815484999134998849118908671335723414
821513518709753433329334117864125477183428843611192361118601572534
777303771790420145052442500265304533746747274247241307543686827352
169577782366362285722212574261406469716907023631855265253313948844
694441132213592102575917442576444162610089185819590932896831241250
228165687230474970558548269994285045342605886436467743207740385575
616021926481784189348684966755846588426831056443052330222059182322
152064555441692356070265021628312423464389928978048600969082699053
279818843835162931189526210965761526917261483318518079648547878377
329541028454635344624104968256047365511103211895261707578934075839
542344502189862405580135523875392369629974295680022459156685866735
116577937186653136884598757172652058475012367316313714039208273519
864111222750401779687189258415722478537026569434975944609321990644
909193761157561302152111919485022347414906313907930352869681136780
555168187461228166402877961343639825035282054824236296951282564871
514808762270954716466222090180028479351832719291469522113247516803
455353655516803305535415205342268509850239079036255961460125341186
620023175689111404158688062280100065457672718651307305533966871734
025274557382377184299173532291004018364304403105539935807300996129
198738790173676961039006875822473662052973295051266221645515160507
868398803968551187435672901354339735081260092916888939360994352719
263469977561373424313959939568202542844037193024591245658870410995
186249481278788320000640519675128652587144832353429917159173489812
944332976619902302015829663106848405115634609610429609663957887706
302738189464090292668777748730774187018836037942339601237177137111
089620207694470166037648120368885118373052507931871273607429834890
659100246165987442406773985385123045805649367146087741830695765359
376060070140563539965112977327928143047192408525284083055149052762
390902387607305809083414362841005473369032911371185910961720062140
515362032283392722411563161566312149140570990781673140886562112309
133793593152561354112016603854068537694209929282007279649086871907
709333610759194144357805433648744948304015733064821442793312043041
402545493349813951084093101581187178133190305351591215151871660170
828589990442877499124799183769709956819940701848737544179754789456
774995863112301218656691586033447688219662075519620082899559891646
650879573688004972612383079308233800299882392112854092096532624688
573867371667377250403117533636571281982530565990980506311202687190
513926870358844994522021549940557342357801066085620771804795540756
364826167454620040272635625473404309409600892469591212915887300034
688459434748067129844564800901495585933349098371714450540566941246
161613444251643650041227385387113342843152411110904767157363458840
394511553181219999287909451721595473113489943827370301380015649485
196344498868180656430972022772819365759901891195670286825652242981
807938563226873658675315649182570707505150141291597820883345380244
364270016511477591482805286338088397274022913414196169881437128915
062105654412511982119083442119508926880645326353618948879380716965

982927814705873414181255589115550047842154593816326090114093190107
698494750964786910513821952533492122918434408593194256574468782605
040203040030922234016547348203587939611198597395568059622589850874
055574232428253467135677408319415331770395881123007211984334542176
026009760420037872880045971380596690167954585763966112755038535284
531651406765401303840761709625648550598589161914676175732457246920
104104106585120047428768416175965754771526509497675245561255554505
123582180694036306406574744027339582364542759795435237727125059712
768384844596059418280894745815012199726183752885126723238518586324
996347343810351080008318852064973304981747077677541238533413099593
588428841587593014099043291112822844025317941849587372262283674842
863128018910431550093261006611312919720433495099962380418809158536
822694517600012229126775894664808759837500961458896540757101670549
373552231940451238570771599610006465208624342713307017068059637184
234252402982121231290494585966668460801976997277527239243888305200
770784598409217012081775907247619840886714677859996931216314094403
314469159787103910258486027281107172157926631753042114849434133601
930993430725684182544195890753185944194586878129069539996835573984
135840557553389714762654569039099879767814965322495807986525788540
481177870850587530852670643472615598613799178461775585519995388906
648593869312275431468463721434450274384854704537107157042984458938
979577492521210552912979966016917087303538703305373947158045050988
922488589615657477032720322125260124583437930610652936623040011924
303165772146370864535730493394754057391869142231819279159027325661
155547750979049058310377893857721212528210640918283725207367093091
812809352036703101089367871142895165893038612280750869455126022447
776524101512954314975349524785545679917572659263719419746849723222
484065541461996243624631930090296883283940251295227197643189632825
832679100856562469897630248236853381536263941588075777852325518521
850618298443170949011001215405451868446267030515744329445962627652
781083233306790025354991317664762735857591116443733540215524720790
808459654257852461811964709576204891001076068977961606606780887827
384645952229465823856796791467952836532220887277276500236474623946
677743236002587481274582860779878367159969330963275120864464931041
198909259283935691517015642821830071447114063087538464214549077973
992837457541847282682922121584625875291926143281157409288386443443
742806386059927532849573400968132883950660844781489897150671978759
863953521616374976696116842268700537352962066504377941617001954514
357264848917499396528605555064501263805791084966502179096324487105
933598588889209499441399911184260524047840824001504172082594439649
630405042243233442341223189836625907165741132211902491733987369897
908719190669258792918436837503776870813499008459637462309580356259
531065155123109334992194654707069174726151117624969784041643149634
714915681388166240560909823490164550486583482132210677693478079746
668739810515089723757146094738177518467385161922909604867099272150
513574201471346541680802557037843824213153608131704973294543101812
416306709152305309474315302409130507879977368667097204670298946534
781438192571666402154608067457973338584478130565566238613989641858
486650556767859380595264255522168926969252517695647230007600239645
161809663235926092583895177938403990526765175046776855866893072337
676228872658228941535011769697959615624181358009071892244217723287
200387517106036514648298330330537224956457447981622923035899629167
731409047518400658041704030819834394381654891068288206327462119824
833333898566989529290283506745773869455592449308447108296011158850
439402580695039895469399507596706033103880720646856096321009032981
369433711906635316827971131126381557398474363341054424592149284481
660789722422256922393677698710577504311870518304084133003933643728
108299653373441184354405480561881531519079117790059472071373225655
689017631713690530039449867117867765760616135419482026995648769679
190253527415105180531804790483322995247073871058366916252351497379

```
58838129078224417181848141920140211151236625757297330152442395 8128
638699398656659672257084747162982225967270670053027838916615134 5353
8680049477491872956611414023828964951927673145521410419075872805 80
96545427388184485101646721648412860818118848555428125653196041 6884
66411776004696192798469538508489101009595776084895811008778093 1833
42001147110753664517824954012312764525316768598911013613870982 5550
577904482832318461480123867994146479419983198656430124212242009 75
925843299654436840013292175343954831853021121004716189080692564 921
648315239461646650153757818763628572114196376063459038080448514 444
8268896301485547363567177636112665520430458032861508783195079881 00
6470656106905920925696551084700855434217568242624467739983958643 95
30962185760166850235134573396961929166006771213045939278980885 1074
647837067643944600943229024046728376468774706720898442241557979 3182
08526990242205085287141365794118978197855045873897572528746003 6522
703236252764484177650608117983508952757538706673058464281051722 44
23798359254364889867591901108489085312585652568490934591378734 1096
7007559078717216941505715952074434206547730785720149490965505911 23
07156083635551744113823009822881481060121759548284240742826046 3697
064340557627118067418788488630588195405009462335493159835079495 123
344121357282592678031545232905166014398114290282465449402952371 057
522041040871985263998564256263787905489320938473810927731274576 167
351483930693276505665621651027188503904206219973238449174489819 845
16718369744980215780145379188414192036692688658412517601087774 2186
145774040901699490718053971086702189654901377106473451411310618 515
349059531454745136755735414168347216633211254224150718469598954 501
335069163130466253648545040289332965583031119722704469271276844 518
793698664796237089708379132510457884232670487707342600247012893 997
363673819729183411986221437669289669335327964514050603966401346 740
676371786828739304827643225209023130291941475594239348717695689 630
3242017126782671993250398151667836940800966020396142600876263161 77
157656067860554208847731562147464750836930868547332606977336108 807
016114555416283113834068363559795477759492995351169142968351541 590
653117485145304963802382112731951390088568242577007613090437491 097
08011026933287072808438974281485716234983328637556755132265153 8494
022856069789504313744760121653559818336894674275742254013978959 492
129253549975424435039311366077338531949592050653580408662369888 683
574177311812020448711449120608000914140417885550040626005142389 8099
85880606259985938781676266041236642221457166788703938617415859 0424
63864510795304321070757526104540043276241958715776178427444307 6739
024819018946071905814755350581023666862820988105086145331798152 103
609256255584994722709730380619323590911471597996454645367233169 586
162155770129131605709672450758806329488970003360173200314963396 703
128323994069915220005979558169940848892879028787095714877910489 968
720701332669102049083337862445412743638600382168845743535734856 954
237600613355919813698764921129635454580294503884508230060190475 916
984499974928535678788877405578993497844299903794184281619229166 488
125189281594786441656558611577459304032358260654266312826906915 064
661439982278204011136702360519053093062067390302738812069166120 867
775364462572920419129700792654507460775312888318832530961783961 997
609554412871373070913192929747492398885794526906639315373718376 605
862638685104074392254614692998767574888757004835986547213354835 194
206820305663075724184818740575309713719080166744237135048959052 868
97631693651004184418419293106412176243496428072462207950777927 0777
594085018478364103681081430371730004789322876869158874023275295 481
224378778599443466153210307620319324483273002866154343612500607 898
006493306770755172384974521838998556325464419831727763854458940 203
625892888670074191981262963370456445902209677886713078072885117 795
625545723617531791834495886622347011391964648993419625703241909 554
553542963116635117192266420477169151300882533242342318533063823 930
799972802683015644817446280667707864924150250140697608715106095 802
```

6576018636858767595225548486795930916027719056171831102100007872286
0230717868791671907153620932990534336850969225074549573359857722691
1277559013741008525376269032264904762459823903709196087975491852 30
6887396856358873495848827637613568436402782134965320221620253900 15
6466223865132120426626370651407902029875583269543604100466557213 39
2831449323695411323766206922383077364896405814413329795519439965 06
0432690833736648864366002864911095590720327738217854893016167919 13
5899344261282022544397548225777539028780812390065881804375509744 77
6027130929007956101760871082136862656685640334033271152619979995 46
0671735858910215594898711891888924143102785122441590804005135088 11
6050053100242120192777976866867663927803620821921365378905531498 92
6604922873241925739059632046527108073528121647193134510770658201 26
1462023871186147015002970740207146696289440809668154630119720058 92
1390934865749865579420051455738231945060464183498439163441493368 74
9740838434704098434929055163356365173643739763721825334215539774 13
6727654626382608507455580467103076548575617245620751135488719795 62
1157128164594677972405198473402944351218101861013460103771345179 19
6670298539150512262354271241001366659627482565857238177581726177 43
5766961985599318320681732839544831205545925380257061533048083416 58
3394803910214389979264690473919294374301016779488224787509958248 181
0328094072185262294280994856309650416031444504878147332747892072 4
9662717102041050985926397189440193288255513012341798874437616813 65
1218235312557312339589492030054020126719851574127561201530177429 12
7207742739435965040939541993645401412340996021394202244840851848 48
3321984259084253909879852102959002940772441410166546548734692735 59
7546154341076423816392065403660153009385025111155626489319997534 48
9065476148158125225125605625886990827064474097271117372916307606 22
3851737082148659800554922417755437038941183006542088767922517738 89
7018732255934931962045405433017577472139657594054172904813040271 24
1611386805480850028817869410920377203379813160679107434331915770 04
6566787945928001716592357071526413980926534648279061662369076535 69
7062151115043038267854399835020231311367390698206703166068447353 07
3948048087965245153533484884352783030233914751516292794080379983 34
6314666606140654904594593886078265474572932360871022583835836244 87
6400963703453020958641673047970510701884288202908196783745946530 41
5124187777137701935713425943558538736601595684488506681552421045 309
8215486732732789692401309334246023357995907731208939936362696523 04
9116540323035307932945940864919964386855628554111227930333107987 01
7136961785686357679197295505489779400331138138617295212007199283 67
7671612152012623032805942805581757170472134139981826784048102936 33
3173442949569290325608811745705769233818816845584575476054485503 3
8669922566660302413236162685074951275396535601036177878903245506 79
1357374807094315971141950708922539420848610779897880214369338173 94
0133702901409943350342425677628449735643300402912358587122032530 99
1703381390928293103393538601830156819777607640223037608800979903 60
9249979059140293155436029472797168567477783088207801727169428007 6
6581423156748192285330918852939746666589593108518453028196892616 2
0173954458676532104676267414386071802478312355733768033017154053 15
4804284034047879603214845492502954675674812273494408034755889424 31
1433730437061424614024112120995161790531576878731406257166110350 89
6957258720122629621683957084095176567350523480854456168728475408 95
7733105231858856540529100558854046202512691178400663228879374938 38
6754446911884085719933725384884399659233482026629003669894848995 40
8013344749062364815771907478619425273030742149590864310664652561 93
2394219659124236635016349986935941248663669222224827725469354 25
2010387549076604580566568973499503521762204659129061980265826833 4
0879524389498285174949034001604693403583368158598776387302199580 48
2154256615906562179358709040805799605868446261471427058417190467 97
8522512872348803659952040136468522311454511205362033785585608648 99
3524643643229371276056743912798314340552056104001055014300541533 75

748970737378005852698018777152333267201700606414238099042717483477
648837453786916578767518456949502903960865453131651556790875630779
599973702818445522648241660007297944177040643459902226069181252431
042829345014119895441630254001612814730573658835876954192922959581
593519117229979623919759041659480700106947633324468387044596302914
495586886590179788765783695347363920204290997335279441933902190580
909382307288175717305104497952384575165471529028785909894923508265
700475946855857768311966830820848982626679126738957131346325334052
903529548867563349108049893125309954684570081210915216469414861490
153995077243378100574189900606693325835047381046809369414453301423
947377518213179806893051551962893261530509746958127417208402409719
458999527749668382372563444148219058044997143550829532488225716122
583015672082761540668287130050327141843913535004779722515537359244
728732574153753034991764158809964303915977315363170014666626388293
853296681159260307074378349493172572938180715062357327537218262699
363827186676101717472859495469571984543837804288399873151347405781
758477788929828485913453395015232269804934144342422970791501955236
630855032892744166646745265231744759082831248357714395442890453243
198733285098707110075679310504066200452348876962098360272571530489
223643411849427732055843261582846021572700419118345460000821815892
759556031386747432076375702119198906335226109059381935386962787213
405894643099310931672292594209303201545120120763563505739424400930
996671175227949248011618198871456715695135664054208776797620624692
641499503081730220478263264516467787690279893935775180730662032566
381310024639265703856177620523278956802976747668513444475176447245
258312970910015419521622604037955642485535376402196633191303376813
994426710033175743066999659383239210167996108136633285159070243224
754758290857648393765178360991123343959468337960098971368228065945
297746445434491643173749089986134365682572488751513214961238202166
634996724654336285229483325007883063795521355200859851420246309871
193611776095011817233800545962407163665886877579801876043281920402
050253852643518492029157968922663004568581766187961393023545599084
674216906566065194005675222985195908703895665391305994099122387586
849251535109322009586765511539614926945349453553111487418703067073
073762823238740258107067911870389654994048383178902997420247467498
503991819954460608574878335866524706462320848454898971455020321161
465955189844357428877919531709989618645143272900186033120652878863
339256503373888835809085824505643946671712631127365222765179414834
143168394494582644825056228069501372167870578802531885005058960874
295673127425382893414113514109836327988541505149679002485724238672
673691805875561532039795567263543170253025356630663739776208741968
670619931753671598812221121442088237038107076777137595628290593806
216583216869007668154133453036117384683393955177937753994627960160
229296331274113950352838281635891327772556109315981976442552798787
255896457661970963237823053375945420082077055629090442377252837573
508110404005631183219485475786109505631350714719614587105169761852
958639357577092454115019934309488848458957387958631624974178527859
314927506517174185974951125191171329025534462400496594781211334835
400306189304792243001524693835214136727845826651384912903320503135
720125618140067375400439688289943969454204245655089655523052486747
853094181946744093819014628042007498122032218374100529786239402123
482749095802769942777980523749211359552468218896391058644776634658
206540551964125977106681895478628696309809514172738463509286202100
179292347089449182457456884662285001382686177468576630059727671080
981917841346689830781965726813325022350128152664463746536716331509
770497790390182291755774507379557600646472213912092042930350652273
596118082236730584599004846823045812492169295795979120402568657598
537278951193786709755763040094704613335373137328107644115322695237
231053757431339894280068109412834869385111700642631717926249166481
519887437530404753051229303412313771533780044996881132502543423829

769257101712805310629329135477605614556555577295296310833587113574
218521962546305790097450301791395338537202838383239650271982402202
288468517193912359389657353434443819679868819189721380028084324365
903979898299755255265615100220791561306614562154462171214057159004
161290443862220708341310270604207500352937586907696060053295778993
676737283529788896975737390416300581051474296568095446584870871370
744803629574941622608524867574871007900646598476066221465086785553
748183212367324172473733298481214527618141705964259555975594769606
995921153687692024947208930205658770613534441244809663175348980256
935441467110686655310403885738942699158158756763313819416869526837
528039867984146524504664791372878904688702621258671326016012736382
858092395684523604537881677282127733939035939845511624058786015972
762485320481669053324795501766156439829695844228515407200353558480
170272536000627350797256263034424695307780414001232930881060756106
980124627158675108922397577874608007459606339672733531832911898374
431570166493031496626727492617519531516038755245868918974885987343
628694095202947640437152086227207635050661194474888264201812460300
487716695846233988373413061761016097487866828296113823302972951563
389247450920736035213224165209447877614171224406424236154642370720
878734662426323829152503431813961101164014950426382981291208348880
708089816021991124210208388691344131897766910831422819711684317256
002914744233582369270822822644123014307636995757732132314945634125
771762839177530672821931502316060047242723249592310916587962900404
207136846789367874402799512877786009609955358940585296362406924977
510586643331711946647675963855256389094304883056353737671657885787
237601777198907356625457125705404419567156378977260698799610647882
537840930386036287875044215423710096163166247653628541610808905168
724065508031902300404178039433963229447852492299007335945716638803
662630733219184304787227655637476782910140422893076965892206271437
800349156193138943497066422408719380464987442487817578987089679165
234331700323562877737697570675813554169252800596666070081549917903
368245503652392650369066160000498643055710148907586223370986977189
535260420969380543469086094557271822297420105620963121241799843325
335008077333508134064868506409850106089208220531299184703356433714
851772031698051632899323256377879370186698277615276970018995170835
743224711358909573655967629680939597079255653225536712805691294393
971010405758577840530214745169574365682523632042765452142348976729
974398214114706541366845751840611459388346872777691633836836482824
003481963433350230335004638534646752639162286310530873782876594228
149688554426404746919686773623099563534611657208542471668216484874
154810646362432849359529367145192505673593803047424649123510906071
803201235684114580249511155126219637970124753905625513255606917386
568238143501894114240732993434396575698338204640633103760461921959
189344908134274635396523912634990037907277013460206160002266957891
054964852458998567366879499242752029982106991858679685816544566928
485857172858417210920087856234697659379383925707020199264753908928
890137334521995646215057532608904384637947067313914954978288329377
780027857680029528076635576111422758805707501548434089786726452229
782340791712414193817637629286876308080994446543993936036998748243
462636059463968557568661033724193311144153202108536961132201475644
730695644237467072453670739121831081951166786220408108517947802007
350937077634473360338759461757263015269429793163630225527142314831
867481709735851362947092861207478838619693487966647583899624772001
029951321460271585460244489664212210180090463277114079833088067963
720499412920458627430037520466724580948003250525473360160269752123
024870810842817123495800188728323300223659734819946633315140842854
413055443475672404862021954674607130497185318394058150301538579500
902955734401053592569678627422565190243586243207434264023130374730
291319348764868021913575043664178900644196285166565689923396929465
520661860556584531336682729308119220367901199421986722716643869060

0985862034605435084156335138798660338115486903250365543037193804 70
7383770220733230765373343773873356071527674857806445737711389082 09
7525291149930162467204701789860207371167831290200044227456594766 90
2017046969029500364987713448055465696869395668298466171507861005 59
2900542686643343204806863885124220675615695633769387324768692583 65
5840753230208909274264608296049774016146530032642966339538180134 96
2267897617063146133237625710559307841486679579074422353520639688 86
7937028420174426959438993171348591863892348172891718378647336306 73
0961420906240501478672201875275544363616876468477223289955163246 14
8375550362657162296928966899419803072111472606042899396713844360 74
7315916122197862786574976093570006292302062583040956452003508273 74
8226525114998759644480637103807014763988945616061465792350588366 29
2205543479800932405650821044536668528041491173634601390768614554 44
8015585671291054418545528712548816633470323576142354242551589488 41
4132463366926015050045315473100817938420558068464966794526369229 97
1497574147314660860381134587775316145025815724692065260439977565 38
6381208251150119156996007401783340239615365791870306225346216236 77
6665135691805166188061852097943819395513445118716798388904916784 56
4425245520987087327068570217008010126908683359886452191846344645 39
0498479553308482430589383526144768284256515807283556692643952533 87
6531582628940279094242816449705249541804344430490068341034496715 25
5696855507277263963719474892068051296707389159229251906250237923 90
3309294050220198024518773827857577281411770873984791612423520642 13
9268955500308183494449173370446466483615754081411839832086645874 85
5841698668921400657264225242633718815311473504625277314754781724 19
0800528833457422585535354917204875549761618816396776827534439299 71
6222489592387563243584679686559067084858472110828111435702207899 31
6474538375788049729062784708277397012933441759707211281271380262 31
1101340074980685079779954527076250766768713620249259483246374010 83
3088046106465829075952602879092382995126609609234430235371553309 75
3691439628958987112821922588343134646083183961844274120513483745 97
7987450502403246952456182487115861295369102883322660585506582236 84
7266606831961433412222876562013032481524677997904736378221255511 41
9201493159140119624129005949868713528807571016493295039649014910 57
8536805607315385089888991258086250425214484123590673034146862361 03
7338757708275212429454024033884819551491786220918988187883923814 80
5536706147116727449895915775608090646203515539187703063816834058 86
7532342855251472855827417014510414648678933323119538057813134146 29
2989652624339249951482488388593947211198073566334324692800622873 26
6244571165758684626659973651965916863034344630094909192350727647 19
1817174248442398217393717554981340650276640994312358395871435741 88
9367232432793536675506637984963729963407370936814096554668352708 63
0376475632677541996337559240566476566871161482274319838332632507 92
9911853567235118452469189299241220397238482327263605033104957842 15
1499995312837290323832673228849045582918453772100950047499808971 23
6795643635644505395861012137515650479786429442907109414554375452 83
3242370666007318123128283950501027324422173821796544660488134197 31
0165309257728086232112594444665127964273060625756573052884432698 61
6226909325544992601830227042810266650598915702548740923532102487 23
7327890197505655851889911624061807841174020339581400814609756976 19
3140684462083689548037050578729659649191587871267384470065723786 28
4849420231434353137267519263974074707725852870108830976907433427 87
8829586905865591811597963362661069354863617445279567940253573376 01
4551832086649803327464738124969886881198344147067440247998802701 16
0974043071879701231477105491478166218577107259941633541942922261 78
7183504244235248970488604115042142803069993963804838603675101116 02
1218330377935641295137135735903258461379381060890245540957818605 63
9876190153911667054452313597299576583117085266715167716397916287 14
9800110908971416862159526393520415574000265381398184167858948324 24
3709045129049421601358864370560272628974833970145659227288685308 25

357552498466718136524793660447895972995912071772157800180128146189
197029144120886366049562124914312893425853809207412931549041463859
048006279315038804538605878026831842359367666322499009108022269382
676217301873969077756574807327726105134263123098110046572517469381
725583111692120885082463855349702666537895616322567911454955890903
017291530202579379517109365744351542280040226809321576395990670341
190098926724347954611770270324231615470843394077354449825296589785
695485742399322978546705344392747410454133606896185771937998998890
174734791727023454008272737127621773240395214143826984596013652897
818500310033147075626121080881289491937233419639203862303084435925
900399127716579019038054975970509461242715536116454505299654069850
204144659198125388186287971490985350214913584284311836955033647352
942005678788489698798507164626052538205482973148451641230102013272
258827202153745791855671116203651774391168979762885321245443987789
052834587442212357927404373251260178150205303999493994666637047731
547186061271709867303604704417012726122314812130719816423875768758
450416219288823886740436119936638865495697945988973505154940532222
421793262650316246130750773660043698872006695545964481196760629082
250433844329842698637261610884915088808858850949141169082408392033
053290829239865397569612862716048237219071895598482361972871195859
292077492542771629766817566371219781746217647243027820267130982284
872971018571588816786644138260701157713952618255677855861982551624
654657006467994156250961532410705570434880313365416634365004196400
413426506250857219808853972416504639790142021076365831716462144629
064511459048532250474927751352976871025225580211806484658259376401
982309427038004996609882034348566209119639207813985067290731084507
743202660009747262902537071117179820742714926117922574382686669915
514453952397224763490560267858499847290796572907057114037838312785
431251367137408485149933749565036311848218842992263229983599960566
232790379541347046043723698508474054764962358534455985677299638431
420649231249345584762692020156530890250772469068830541115623193746
818278520853515723639746791023602107590770299190318893254378628612
583729052339407024366960420879008767860420568989011085973630058702
497050682960777944294910461413551696902039024082711710071624866823
751543151013170541349119841434083476187763613791379361552772295744
192870430399604226886189978746023107721971708785112127944130612305
725385797176689860715816809874258542596991164933922340331060480458
807373393395480939291841132775613550168620737377642724727458998241
126007533615453614460514058389426073333756522445006677236071285663
622380824877199732491605446311323302532388134278671307298854954061
446161337593077796083397652173707242714182944872306415415134195710
830818303831887091855551524146739270092361954659303458731061732460
307724538278650105122543453299505937099453029219091804604626838884
599286882096816507895254546495071997866337256090768055235109540046
825056085094884698670513390425639678465338824259111117061677713833
689668754144984288023585427339131668554352942518548857268933870723
565963720466388586599326405159222946148417148410967972075288306285
420513711378456036277834753357916796173004294303538308645019822087
706264222580793539263346124432692407435091414030433856564405098872
872128728840309702599936374017664035264423452439271348652492711982
649189302975979097532936656828439355820700648606620972597792666950
323765332411630480073784111114445245533901571269578051720292878370
235717719679646508004500413278237001591925010746999201533266504069
243164941939898282676795970634714300442230960898263261217334018327
800463378158511995655858876442818435043595108438852468531378181110
818048695197227403830245108012185034279999377407772728086572184142
278729677153133074123905724264064216136322816205038219385394336378
760478745807621422258481233466645263535297389698827945984355531433
993402452549557519474808215831708176625278483380406973882363075864
289614530304041552885401618691144154765871289300055800230413095620

654176803253332472934591700065330045566846969098246525977593850182
048531232336071546436409299103654411738056373092637256602077111961
068021382196728162018089116629941766843279647423121196326442252201
791544776814976460357306094700519572096095869811980124580981771718
115953171404840553935925105372573522948062426846997075888696209665
993695697735918100860645199351369601232438864742416680025976775194
408868413679939573832762965866230339672402485409925738978071657214
655468963163448929719459094100476799982923077302999582326845566827
616990418886424194766643720535579953465695607711410727928550104418
627748877915863267681887808751461838893498587937187515028676675012
848942318794103002257756603086355878333422494483219722570020138080
467540721641741916973805578987554542260095498691076751097565231958
452854951254533137971593423921816280739283239872688106910836116058
842379403055431581584742466304382776568069535427387097440123727633
999758565702619368019531336558244664140725012912612482469515935717
631802950906978737290105822514728518274887205199823488320746676010
649849880364994797377095273780291924841902589398596010430179098419
851164850270930706516283878624829378214117581291605783709045964502
797630680395586515812153563772951192766869600978967791217302753950
882540331838444590741843758720139771113896501952440783977805029915
048941286862487937264685657732163936930063802942828927915145689795
181529915471057800878374052249626074763227854451963839354066281409
576288838020924418536377382784395693086931493772915482639028747087
305699723288475731558572237570719170945642038157756693053544391287
508221993801052450298591753099892615459425179728586054882918019560
495768942684066173161861550458718958005987236080235623552133520343
060006890348891590152669762815457761936619089678586065938424543651
360202688638916276860644549394073401541133396245820782406408581884
432025781410335894730992666728241928328884242536445035709726894492
275040450941726887089918272350431273052078827623241187844724118260
133323228842122940596229736218745347670341001706560066604378875917
822186915357104648961582258044940105430900887200460418458805115992
891073498947036209771520832027700262818048051741841999061387810488
064887243085369212744373380224206588985065698067945563925673262244
111952407301843655821818625626465806566379623800903384541206005800
139980863235752544411933780400399267456394210272086958815230668802
426742881329508203222477717217785275982692870694386122074019154786
524302959810384121154900489550598297485974912475762194090426439903
276402359160883608471520451100851787603946664290788305914424753818
777713661123702281519501953580904434779038141147327614804976041785
219250262410891807947133118746986676917520732020538852609029752781
348624778708553444865640346729022944447281667465187631339880914247
152634248414000048804943911830111299501563921689139067594717839529
236420862361780645908590954446600938027145943381704069740444245283
864801286362919365281022243150447590046820881776551711124298582210
731326101965301770787289169093195233892714761304523529362806904961
165926199348688180552342463318799829172783394715995351269521792238
078695303648940589031314955863359699041150066094949831021596818366
796391067807362611087452485454783460977012347325181427363661049862
908692456197634548939088003314769468211542703382827390495078948787
476737625534583104754559635158510292926741634570498702234666915253
043275373769653321807220932512722519888000431771823962199372537655
503399257620634632723726133908265912686833824345289852251537724198
880378677531710597796810665726588078987415741841471227953876706055
801177584618417206930140398633850515787401807926847455466429012290
440739217896555301559495018629521691048435972273704347121367877180
907337403039206770893530512040325752700045989612027406592149482049
677516908304086070787905529945169844243619792287691751593450114793
249928839097313839638288026301792157953420820108819910522320509603
833354505401415427637138838522610114572626700438679066343473600840

063381097704451442409938296140926597837271683182950256099202357290
010903319161204801495845179886247904676072893939404828710482066580
716937979235668525922786226051103221685915246578973360063733518277
368664505973907804777257300065998434152433204548516284377775402028
457023239646857918798376338486654615576095669248484021440541627330
981234175507435304434416429979345287534393620549380140290723502458
297701136265235833891006616689984600960712639035893529272001582721
574312065191597977374814665314015852052708864012461226224625152705
075252092226421971538803796570394869762481092586596239653673730287
862994838428990476727971877433911336834191671177567689627602607164
843911607739090261778882303794959907088106476276753539759225252547
836475967085792134991697459918210006078774742493697683929661580345
110583155127074087021453313619281954261003354047948206175846149144
903123437005426137511247843785784656078405455351992118581112555428
149552355941601404745366596869911078431620395331286053098306503674
850737600011073486217027069695024761709297607613648476984066685133
413704571022710774482739565272643596179170684103429856495885089893
411687256384043525423915716086632482593374670883675076507020873414
549944539909332127130089064201493609522129993285559239704106725418
502623683532314592732150208408334593571010145301308910008818947148
081292693719998159843188184680376283315576442271665517215719079953
468178920745427552014965012139208898515829833451578094052507629669
897294456789910698272634805436531001225005240124461415755130292741
378627966346247046720054505089322435061296323030622051847523885698
470892744953223596150329209185266065451422514892298143381882742108
722165726695675538240306467582640444707618139759581612486638343303
573945773390934021097162892151464887823407472956291190731051118315
761535218564780036671749188561626932385625313887962238348863649910
996541877382398407803132404563460628731584952108853135076222875028
381678761318066803706815790233366791073776254145311595711277560695
192094329438264596608738690884732919831248301460011795531820254845
968638790622921244201880229117836672746072288730734454277811557131
388038718879991319179572304119050383094159772043614231955761263291
008956911487970665368233806282982128185598738916288345573000906246
332683080151465298906235658627228036726679632783929388731971153838
937769064548603057847264218028492769503493509026684879771153201402
076348413817343233959783375248424674365421477367813565495902226568
005501856161853555367569483449051372522760941101351732950743410745
969395079988300080374352894981127609704243056855608210784852092804
291459491718819060062047266076340025729180541286165037101023494179
521707807582435121154437713297130153879228377783519620170212378193
718652208956160647346992797830836330618207123068927659891064542060
433132712788549873875291180243977945042320080778541505642932480485
509670110527383250128411097708755930136705900739271613797972949317
549228986254066407436600166230704610322302353691760892423722438401
623019736959313458986351903667490008280548074778534018429717308732
376019514312262483936030442197351244364097053667346466566611713702
674268317227728642452715904723587393178765697322305301709335718289
620161342908492566152180670434650304367530821891272344745739944376
937669272200868839076560932705061600975053808776045674346952108078
016226164554061140614965530584371079589321112947501097888109505182
017859332996354888136787173090214403979206021744187284467359238345
263313111390667956747312017695279049305984195992099117796525505105
119490278487890856381225527489966749563111199762690727424847817308
805228918285982347468102198903389175986769300314537460808982812853
264102786855371524165674861076773783110347138623313486747333124552
565121364660265711983764617830087665576137546153143762438616931098
642768250970619571377743454903718795882065191945146128438727872904
788596040899890656935987486008835923496291822286584276212376289467
183907799935901564986920437561050411806444293307846180659302341499

099425526544801738433187758186969174369082400477384237652031190677
061204138065435002199155284622326374696813486427452533005015175444
182047470187959854825330263285524874201699778396850912386170113840
901863179144774059397035947256273457800169123941250452545220231811
183233484528106029927622886582632592508463096363771277121844360840
664934732856774593608146428979960808599445266728967343926941188425
912133674832735151428279873343374199956613588582544717987349462371
459703232560132926587159730253787951814512003419232079209935776701
648177616619431583730418911306886266008495622396283036401185920803
901295230200507955037367828146613746759997254387433903481412914330
487583182795307068510822955334688560315196487141563366205180730273
682021382587399173926891097257191723882612850608906175111045828934
393072902103695752638814673709968174417076651023597870044921834969
394448769920475882888642139554030217044411723659407074734688146057
492135157202192679159583543637341781011008987027631205807741755387
514597232644673548502090801232043281523832982653825425969445017257
205134224323691999408601055574155666216023994985463187375718776760
558967361223611081551611119589726963647576923060632834513379378239
690556459357694883922601246950348149197996240569806324052642122499
761834686461289451917711288877859742498910451622339638934389310105
337099153135177883640007558880867262499805782073524300149360541096
977404322786121140388114979687147618534327737531975550840909537542
352856198280094516739978210236473034623601226115001541385193518148
571285510180956822044358535512325696142868216266327977808396340742
046437842909302044681017070314603860234165554584706946069782212880
216867502111788931132850214456353041660378583780290678776816286351
900630251619614375594569637005200734059106343910395815048878080673
781363294337771580852090966324081077680787677232532859978380188929
115616028333503916817600714202779093064008103730760872787887032960
973273699201689364748406422584861970969925169037553860344561045586
310606628957247104235057005319178706847588512635578712159973802731
561051057102525482608000346694557275633880245882644073911114540182
445227456896167088844835725539859575790770906923746778436924553888
300513998912622456433348405728147431602041759562059750906064115859
786475220162043371880409532907865398903390009447929808962542610215
827113393946983627276394688295110688968304310536095998514600711003
969925110172731151211383270159593092555391139692622668488968458607
718386722461280642984659949913199227779030078055795680525583131880
833794366648956193842821736715783656127840311650885609063842243427
385734083196056100303956434972314770666032837625790887086680056287
858998694853189908906439055790602729244287416622087881113432411750
775769862369869480943828047353836747857607255471776081893031228045
637018845694883301622569099457719098107232137162235767719609549000
760337940931764745341754577476866757954439428066677159121166059982
794986536167835948278897077334983822342031672698001106058660682150
956188190720951038891561703034496278051163043324475267104852284706
933317039999484147368612677071228213471219529653547905540208113344
846769291078490958899504714449868644932444369178416544553139075931
370063460006511169499355394202731521848718096173623542820128812487
713038180578699592460436615410219136127923166157252226131503231845
293203265202998588904005134203115560492425121219649247799728318853
253286527620531008595194096167153297076562716829664806536925055304
309576268496242042136906662072868836599345979546776682123627697572
229826885825168399733575318766544797253870160633551443372964844398
733302028145369805561835799118435445239206017829518418641570467253
319801256081544884189381402929165878653499137010640507964434842013
371899103466828685673639414589913674861198188355347661012301691162
138195982625968826208922423571462088983937528414812813030140462888
464123526357104426289264895868385879835889267400224695457533125492
363974575777976950159261239095999177840084910145512102724997521968

5448626794621915821761487900970468193609226071031618969250204788 98
3950155232195366177682496065448424612131844328895099262925692310 60
1719816302517866846403937439308614009221555827090182535864423818 70
2265297054147744639478094764705379667626248463598803110192584723 39
5453670305717959425302460715416632894952399236440482910853683226 43
0921718092271107330615516940686953516926028642984111214746758016 98
6992063851386020602351446661019550639467083092095553266537942634 59
2552485054982848937737753446318418369282336297901493715370360583 79
1544124022875817551560234030820749066226021026532260199170840335 75
6439732216212906229874861347430881978582919467948986453602645517 69
2515768484480499558686525757809783527032118045981195330021348636 44
7616323154194798337780232622788711662326983565081184064018063366 11
8055049009559225083541921724644146775236750637155328940537149781 26
1834603234381943438857798770605378474121477072833264234862223288 17
2717264797503212504182758853139541965836000518492224367534045445 16
5784966206537538184768159918067434650179160058409078997743311260 83
3492791455264043149855751136637204313267929220013397086230273017 07
8861742590671321205806837362592099126805348556671270147232586179 67
0417923056818119402948015297490403242486118747069672686020716626 92
7527562434155531479235718423267476645788543469782588267265802005 97
0821251182452112214249169755094098825464928153227826898221841889 30
4828486698906722041212254579873483504674123403719581402574335274 79
9582450761577855334791133160079655910878923922832100001314583960 03
5749311312101565369511531882483186445117233965302116174601907786 83
1088708013571847368867067708574776727694598342719244173584579274 61
9034695371278891924429081513658537142811730159437859568736726537 74
3335958702699922062849699813460184395463552993513272028599202358 64
2989657702630111705691506177731878180988280137972240385087894963 64
5219372235279477349651304771171380844357710827015483286911519326 60
2664418892923321412736061835216262561251916469260855231954161522 30
0720705533735441347903770229247733045869734419858320275560938982 78
0552072580467316890666481510171699150423776860750390454077607664 83
8451603348801604668317879582051097995608725551612865987321522681 25
3819657542541279326169958780148812918069080874886255982356059494 09
8469166868981108108444119843718408700001812469809200471177439274 40
5616033843950881835959658740170664126207167672087583026182348638 63
0426942352342702351040424501423041251403976501049982865782620980 88
6773267229071465209265661690219167765722842460304584842767021991 64
8442558078606043496365651061611950698850209470723969107010677258 57
9939671898255838158118692119936182456565667586871062247543369363 77
2966359854595050685197293418309486766550081228338945788419597844 45
6593209705024335836921264422160235373089586093076548571070992300 09
3431204662884913174143731628604568295289788829856331667873814442 46
9186244785510524497953557195650462046443534713501998363167173395 86
5951710619975755667086546524204343386453616989138195999050507961 35
0465570207276130944294186667230482838811731292603831121674378557 87
7045643257442888492108025224228161603304083418266278130747106059 95
1857579582046551922591962124897614716209286677043061789080892959 49
5920337197542975624178546401274979775018171802360434920825658855 76
8227245300450919409726812594249613437989962607518841597872747354 75
2462924318167740214692611665730548964936296028422783056237021315 90
9217316688556629983810200365462550731376754430002014691681551421 49
4158400057968997724027986881115100032716436042047723049275997419 36
4961436809257846758882440919135533254867186607342593522282883484 13
8605493673665077719397225322944238718288176240607148274299861585 10
8493520134477242916220777236638203794131977226353053589239116299 98
0385419071245897442964382849427767372377697463304374597462430638 08
6823995850939771703815254640563186682585962521207785121040976692 02
1840748832966543991295978307560741723127764813594235336387307387 75
0750468404267726122029285571570125545565039082701858571184717093 23

0355974794186562617978799161985358000964707178449532957550680442502
9835405034558529144064146612538394699415107495294214775656077649093
9402817042619411862001763831737106785542170965853382710881666128
018242256137990284026204216991416524633557462842662522037100901318
193773299301710879256376733655299673733839587282377031029941543534
934785202619400423283018816890769397666161351416195582126873155708
298589811832657122299892703563181131469062215952904164251304429569
668056793435626679621227387000507463283945751698261547375791643223
983449981343151053800255221619080800323103141252335846995301237206
412810118329872430956224825314830749700599331995194032053422942944
021341500435950636615722412047952882383637473477469374135605154695
618938235990759780006121701701213968022773891442614607747851237775
896992173097078956773697463990451513002029928362111541687050628275
345402716118590666263322844761478059179421026431752618572108470227
701400082818475501147579566878926741109078275575152604747856472626
008213550881010371490261497317047376570762818892523736851942040363
649630693054652355006205439581643223661249059294894631406145554522
470472997576468825715939098860157597924037366879473053021920676581
931108996197106405196055189318655402919404586299557782909145311982
748168965150118205307692770401034543229097097008741436859048957581
207564039412821816037126627888824369331773233597173072662227248374
135809879991021555337327403704753148968686540043032243255731638028
001823710875560903753361713822087770058058546321377296476279330328
284926450490306280149827692732594828645303085510573664213496208625
509547452364861722909993131444957068523641073997850467534238467801
064400336638829302133403901909592952509921195398754066861565999410
463199642833112324465080702421204947957212142257067779940379479019
816876559196562855031161362687718891035758339240252343504572091669
034336830140491746670775714574181153378101632288316865767463488440
753727334014490350872979760726883306493936910941394997250514663325
118164927432744788930229841699626269256519027120936089521983914148
163802451935562808106646099427088951937687159305741307857755080348
922653982155582161409719218489069793499525029616734301295943384883
383364446909904686045001554816345798355699572582831939609546928589
947996510409509380398531781787602859900995027025858322908957080407
156694546018493745543436360628836177316850077544305543291850378783
751617306209406443612025194460263846082430653956784073896343756663
991645581455630780318357476974114017728649926919539234482958639551
379503681341025417817635230026961055077910880233954528708981237328
706856409318976443512749865085811869230759315850330846904862211791
872659093614870912563848422534108772696251947055127578985045294752
155431025143237631745157909380515701912547358800334683947374544918
184028534013721780077686259990873790521457044133802197687442657764
622324023776672376985875059848220928669337540520432344059260616258
138097353529027872616666425863002213642087538645821532676928399185
722008332928363751162300341295568871433924114230552582564967160636
132251731634072598387549992397277259644722657359591663339940700829
488433237885801013636971713436977280934010968996581168850040415346
391479110731326658842416355398482164633159707553094812467642988269
498970219501524919667312709216140357295843147145274165000463631659
855116158710446718404706891809004967023761445708726992810086995265
278948706989639090969657222582452023381151411641286394694957380763
551271455629375238349381147257527232373967749542016064014823938883
334573366604368833486950261560786114099121111713274936599069177466
396845987943376248787921209046121424112405846724009109293722502076
155657635444849890278119251813073953297196799824722784086459631267
553246242564577164557793490950715944663768820237357369402741019381
241092563174701925288145799630346037668542641950607668283699003694
814135584868670417964915132726454014061417381761951711852549479781
002201281743783581478864173442279298608165826863314314687860424409

```
9166876817349795457764436126018148913458601777126906894745899940550
5826423655664580356458267557029358126957113541415149279555550423345
4079418738364232638871896749775445136550660124780250620000269468651
0360390779520068350932494526456587562688452994686184581527597954174
0643196391046656052105972011862680009441318327639609622566095909844
6090639835126327776890824633306455495962231768687117033866188944770
1455358405792499041802118109768138853311438425212508002352886256499
0280429752734767619267982765862269649547745161226214815379656416448
1026625502074822384461255542684029580969701146037661246138329284558
3717266469005891886448447614816925448792643909552683627265467106477
5253023660787526927603897043873412270262988756728044929562066152099
8959622958945634453124545509876916108028753158825879722979855834555
8632837617921487850625751919182596794336889302879909930057181755099
6498350945670711796449939752503365884901552758759334433624864238655
5255613877224934169843720827444696894828685582010803336417442027479
1730682064712410436692418677416832197947451556581900436875458583166
8492438101534248056565467753151522215503992668526381221091335912655
9123886222556592982891188889559161879196184851049881414725489936422
9215390152576670944769795831510316577233466919032333261306735109700
6793485860239597515074497568628455004806037730500067749612770015722
4751743075250992230488967607499963251391957629461922663706206164345
2493275807719678885805527729708124648098991741883956727454669982688
8683253804762045136303358753848717299121980533531195095053621032233
1738105565201056361260390363544531155703433695290514679609408295799
4274654094934521813661409051553360937460713166248035717987396599777
8022085656181903148666284877735656176277522870246588124888885833577
2739471093791954304833454138209484750630911443462115499343659222188
1979220144561738298914065493272542967567159815530123127039946086744
6631406401287051959466887547154991402471864285498978226644647958000
2890971612789266958512756483085705755765970058599042451191926413277
0779908268236142691567885126513808128255074834006766940482407285544
5034027439536516827339075616290854353089952661300801921882475078299
9033001797899320267048262311488714442377688827416691560662892842433
3577866243862034111915639093925503395416515352094980754033138194944
8428697863692382780638022585688067765352100622799348847400359649322
6911041267328459500337602488122077022772884084964294366876610986666
0406220409794067865328291726514264137166988237966396669592493152600
8254080695306570054236730983745893600056107269761678565629727027699
2229574476306571657457792753070532352842347647095215165300828298444
8413578468089906611586513730647388460155638375957056632851577550377
0784359909748592909813324500144080545220349530865417130877259880733
4689736880654166300131371994917117908542692503017734325033672073600
5147109615259133836568000388671803272663289056625371258692834262022
3275229550981572969547705797767187391559591281744529860114295739455
7970800088483573475889575092628174515513337829293841451370800913444
5109843148986709800021760531123860367847455962997953494242855236477
6539826083973725417016865117310836013700690240507199397885157587633
0083604569277209441191006446175159550604398507333132962363797988511
6900809249368238337166540747599637438684503783804080217564767563811
3135030029785695144165494955402720000670807890781503595110485797933
1305264573268881456146375419158226603190117866590462215718360193311
4396700652785128764933920898308417408584644434377814944746526252388
0159770941858225541893944845480349611729832901837919871997468782811
6864006666321567516952371732676628139172135930475968578228690868977
9379038286713040041820399253674064832399192481484571056434068845488
3572394765374157085355427109570147101034820849465071932994933118655
8277641981823825342021207145307443846907338185935852456932546990999
2097151374748746299607265122721141650014501161952243825521658188088
7027168083863996524502991531623457030308822680483248205944428540712
8477214161662732206425049023189306884179310277059014103690104314488
```

081608551480912387148596530387998809713045925159872738926929407570
710915163666846679687502320864054116512620600192179184894152694057
404668294825171313279035626189420832244910263696431110690120579290
300965312886050501001322283938914928530080636500849034875232168266
200619739877933167096765091103214277905307259410237188483284773937
973967584017406784300172449669783282282433534884544777853146514506
776293553874370084317108098999539273695729697337643835881875731111
112322537280495143394052607832436492083232744429587004072294736280
374892982493606609796670266658120030236882573174884479156310472813
429892408189357598768067534813934987584243567034034645401598922591
266038880215911298577890852594046588809718489214456008475111418933
329968282544573902485243014925005507392908367470833900043064263403
683193834849588606483214369360524285729114372573707686210130101518
781077267922775805179191196411274845017676867112631901492060135914
089329830294152212033875823134338476536464301742631745434711690321
500754723281121425982146596732444242757154296043663736685916052925
087583853667843849363352242792198567915805739894644982476651824764
953668690524179074343006166223201356131047440390133106755988806298
818361294975322444251389340785470268022577045299524241123728508050
025904509460067689134481310662793079124923341763911644738442693010
503475791805009267511444016611451415952498286537442712132581123377
994862975271469879858071619946900299095406517010163146359955927101
901452536929254266571889042229418712795479845849153856437837156288
092930332828168377719554382927541067039958983682092554130193701730
684202292551977368284176405055361795757738271181675844779363877012
443086994630144410400233603193262562168738442956304478155058678790
818272531598171598095101747861444812196875156883236213400627461126
924019521172893488327052956476416466563180011832327466601038020583
363209864491703426097626189962362806368928420387259971156912394347
944973764572973611396172132908433478958082485672479643864751481153
945399493898684723190778222980305982851051399539884737152197820044
622108858330954052060250205228798463544692056385081822630619482393
878749500756013320880678309430323336481293836761896063684971246687
630132720612109976515416803117269417225539177194229306077457056791
698002659513872576519834467504931479514651508868860973516281381097
473718870204287182061837349324833866578518934329639600642337056824
274174009139381246095981484506665996289436854363858635882200684815
408975870381916546477690783442584376542509032221427367181825316482
966057195816588891339254602661420495576184065594509426863038746259
378026076704429856167186059411922449546916415509728602885972551288
433076862556403883195694263722403041822713957474113416684641757463
790860062649491986768755071215473640580685871848035943004995660420
870606744897612387489247156909748109822837746238382275716976054278
383475461354665576721654929291877287766079192308481873009550591352
654666299844363710373401893567110644680361069796969786714950707044
159076019741235192552927935848660485608957486149428352453372450289
310428110007039863256713318526780261896056678259862766309083101050
715124962068330814463707231297692692588354514503500793233828118543
693737262281563111189970061746998803327352855979378087951258012777
861007248481272360573196267001910997134100943409214076603220381132
478041326089480194403488588440836270098490573644404997223208165352
664823324385231620849021259773776794691374674516705642940967609377
060633450897977010132545433604350550349338531212518189402981735056
518484910818120527345029594047822237474726976564140154076634054968
154758665217346135457573640733199169429161225891516213594596192562
184133604180354261498822630165813139476895597205657665419097275402
112945519603334757279134575343162516742434704156801384818082126198
581652673163161471813236289239297247412389896503794178684460220938
074430000462800189971980813018873793798117108767099648633955512033
075413065681713884379213907304100766601517212797185568540196728263

358971057221443492666815193756465759789093946789468503521617703245
031959643690512223166649841665928528563876110223901698542164128067
447584162597794417835824260624174123316840449958883685107797691583
464654616157109589388383093291584667742548212911515977749904126062
509237845529623931764774796232550215776076622715957466273668209335
197949842328125063462580472359195516802795130432967353267575462469
348505037354365942229006331260631393393514699119380167391232114865
451256716711848905591194491877968797930237610501773537891797539705
493871533787655957821653599867308341605208269342580982571664278139
211928187714335986973706905479761227668076809108681968150079588389
267473329486629285953859195987204169354075048542707451968430862684
639020274081947153873776236873209940397337911665123213445942542325
463953909394630175633700072731241234197795237811964833150346928578
123754832858895223008952378576991692696939570200246007103084684054
078652326810207183321143584210267495217973015244811969980837511635
135194848380475268229138052026560003915780844090202957140493449588
366488421920374898086564995420610823291694741128790403823542717726
988233069425816993156088936529003547005706433913931590569577557871
476642629655262843927669201416040976379668301679922419265627102859
814910236952840437522527813841333407324147161604066067294074415986
879356408893333904424871055364546039337795706493463359577866900429
405315475028578257702916665220554396238703650288708488322242958420
631249732344804368644698014057213121012472340198519724278481709771
445970127658744431853721241225084090991339337449553585252816471979
065159371776293169667115680400193029023213590974912355393456025383
190644282939627049649134774840268507192263805720913262213548278011
979376069726471624403858758523489072875180438201881750824914773295
175389898300778189289267435275748976161660490374787354629714312870
101439922870650144075960969903291724392972881207988387422268145793
722804944649102189161295127254473598330552581019535842207621796652
041418184368166024451833369128363594672808182595060051660386803362
272432515962121534379612467156956564049835430119319862900240345841
851838439225798936872465276409101490311623164669675194214802521105
593749834720069462312738434347225386071382867142442240225658461802
217726130548449339600404778365500564018170875557784135927820181222
067000380660910356736040817486197608492830119493363194163742181788
129154753858376927571776411836472593430902630754651808518240905985
404745482291198792257212814045724905028569194824666509779041599669
884713714301271667317920656851792065555736421232042230347849291516
959943810597343071483428303792157175500670264318443470036421375148
789833444637939315202871568001489261575666597350587976659670087485
425167958263258243934660987203630047642170028701381078543885219917
839463205882215537442532548737470892280995741072423963408015488903
104905672136777450228095148913959982598528764922670881748125904433
804450740638787447240302012294250927991741099626964065565635942425
828461453060402551581906207932601510643174824222408480693920311549
194763484581690330235195645804154994864122630340935340716017150633
726055534089516242810380899469069596184930985299501227437449642327
751187385629319902414584335341368713610615033033985035039279328735
118176981148158780494113708503681143044369373990613851474878975336
558561049082299825689310704269238042354365043071145965428770260315
059787147142917169202944529852696888092052578816525723407217966312
492571055471448672084806856354569717596598203064938033889757646422
862862630874166192978755739684812390198564405261011356604090178124
266724419197713153292246361231660294031784405601830163314936355442
432277247736526883696593755503693927804263845608925566510134512205
523490855075524066435756875173849002986012107963599311684576980975
371079297879461624860981631454400189910609527258012249159440860860
649379181322470985939268142994154793759065137997312608796329278228
464385826829829543945779728678747585815726955675607794497100584083

146722230645732752602753704950126751005234528625939270197726586526
674999150101468548464277728900393826780975793055207248331398354100
367440835741012858645105645720631933628739319094458249591555293174
225752886848976739751390491442440246203409198116919728746323150237
164997230957234747762325911700680987059285202362652450232280047807
105158132556001651240043051091097382834332168030501196629809003965
845914223822602933033735898661259601930113552269240188133165322860
147733828619489002087958587477515535862501757614016705128166656818
122426656119811124674598529259571106512064927256007482583380241122
036228587358028179799073078618676680789281118619039902362089560527
933526980934479029413968921357816930448552370431830286232263459819
253977090944277829940280976717380789628216036931190384423112787374
636490254240793531425322196346989523433928816631555474988634454837
719837559447869559560177187759090880055632436906694909022682939284
206088286093586000318603298124612429675358684277662118468996409076
188893912917771313887715308976278334355639359387511016041134409872
290132611441729497789796896581550626048823161772404776075518114324
659458423284348580976006917620684031831789646307767314470892908467
746240942896933833733902210720589246882672017576083234168320781862
846702896712189362835027743808999410780344011360160391581386512205
597877189496037481567291636728983511512123465872415845916263840092
992449819325370795776625380560419342599713903739258326852104897992
475575247703508430304793415195775325429215222723723267982944143850
611283446649243075848602978087846522872801219129348938537722791596
855795400293956935230592632115923438041769286999425024783310627075
9451981211354495558985963165647278224344946677621826946548938975012
741969253230045551560649276120366986707177629842090599382428025133
126254779716710063875263158946176577256310292902669275806472942551
272749265766471925483149153207170006791937941676951649438908464717
333890116637155412050416084545719264834888785608424839951665773227
479213592119700228890220076597682361569263570876072021417580059188
884215782680657684970604918616792587029128476751340406954049741303
316204269388651668130715030775577729508591472795888568594989083999
900520311999134159990760516727963047443265457583837995379855375771
933019893206974497329823983755521123577466635879163895125261700365
502448697369211897300469755261538836263173810798557601549271345511
727897482104364192060738576493230342916200071414616819694735799988
844165033012110264556322266376882127386253526824194646484846625219
522831997925746250740978213637929340316845148076176400123184301969
763775705824370924660987627833473794630225923628403481924095614901
081154162857467481678746514239563905290987577841865558109367448848
469016630387882828777999747901032540832798690997038324604759227544
096854395691547526343778662202222960886147062778284691159579061245
809116745389441690367953338702506471319273878485328388360052218418
124926645520989426138052865218992736528468986639542300831713970507
715736869140762806671489728578879549962312693976155347040912604292
861151974047272139628256851422009044901093029409167190893259060206
159503165894334095607128050764296409366667976458023039664045275360
529403620806446984985462208792634729248089518759906947398789032992
771047038272471648517224224608872549644875295977652586751914045817
921127544905032180453213190790793431039101582804910890838649859682
233706260752979353548978663455446141513267832044984890265778346060
797061684264136041971495676729394796439173144293052133525577990645
534740470289841278194537280749135704415976626616741722004400213677
443438113641223274705885200554518711226439337940461647941229677113
932146858716337791916514420410253686795770824423160040719192442266
488351036073466738577257958580065996016761135204698014401408608689
0758239417680909973824935304669351348316091975076466682455288652916
824293870672174892053663116026136976038943608853622553228124054261
653915005728772743220414397818929828282500970719770811175846446331

328979836679381214479000151051021085534765989765760458912410668715
708958832057272464398353187148960289781432655889675095040792134211
370832670920660115452027946973384889807590927952957600580947761681
301420595582744529629859794505639770523254065818897674999391452106
779958911813888363559938954077405328013102866254584210666098540487
384106644710072993893586221463465983827616252428042397701184191937
795156822845677229688487624124200600782503370054861728295206372105
898418479020925510172026999042434993532106535481678523078250104721
312064892237608900787780826035459105716407343784620558314322475419
106854756315537143763533200802176952266829035855200124218342853257
365220527577320598331882029848111058786330810133992773701107080706
670191055576093031278859055931975194736282558609577813479235507887
163997446808077029902678448281434430268730042279656679170757692837
956207754708137911121176190473023461347084892909047961188556250695
772620607972173041267853740588987460654232331727034231040506610930
513269454714657613719575502302839587469299874321383252655579673203
517410094371342349951984202080293268811920639017875106369100343772
379237299610864956536853655536548972389097307643186307245331672783
173109191982170957437226507344841427571928618394214000508161601263
254477403353905048589319359742984483533170644362421457684962494131
436723353516319165664394669925287385688146407531467881360371245235
088031796886490128313198721001162258763763123357923822915596402839
215520202918734722495827612606746873691145633732511841262058434496
598652439133129296554593345428198501172713885770209579872130950931
436201827129155536835275771718261426370715601044924586612932232259
920982139763267911455986623149354666748571623310399667530716726802
273968516296291301249987371239139874840395012246767239661675385094
603583402269351622729781810676486792101667565935547350657833389601
422500614546980733093478142045757958958069471842873825607855292100
571134975707943011449639200035564941565660940453603964576629251314
005106448822360431848602243709627960049445732382351023325902510998
468435399363896552042660976525352231563567476639536218700168016890
405643796647654556967992024251879436938989270130046063118209588448
620567109339963316922622198655185782231186944089269473608240347322
141638185690702455960120656085022198819900534310048711233576268044
938246696127279450356206512366849876204875717857992690866843042504
148746758364179561404946503215956383915079028955195308445738558920
837962528721315909527759593531701739492251252841307289457561034113
808517269273124137339853416585819247001393750162915038265187459871
968999628682840187001083253661227392825291509625984085155967464651
599704817558486570647470786052034391627741648793856751738964855781
822044284937718006176085052597899127707539953740776424030372912157
182616302493294244698434949040277685869070068725775828467892095760
672165777336181069706507437932091199340222584133303436759936085992
755300496801288612026301064184361600963433117305422887995933183049
842503084651646559979283686465691904789889676529821932048675446829
667161596201687437579852715212581851846121128577992168153360997805
820753554507058811927451866179654388648164922477963628685648052424
220432058262635289174747130090824948206263674698824113726027008584
117721270904115208260095941199427849655652134456184033434248073598
287658586448139054955119545326559974050869598737952854863127577394
492444355183949139993613692969268528685150838404063832719399917839
471844873400764674287379839317218165271765322313421038420192849901
399128047651899939576402177670353492344523232159443560014202426223
278942607144078638648230673465940460331278300513394168696986264242
552459735057306599770199741220884419568244531122741357204944691521
761531881943107155823207236764657718575850876905230912448451053854
343829561983811197816912922018588973074906800925505607372612043474
768394346091092302418386616805609127720169169670955758273626800157
055379592116435557826942625903224437837246621986398095856398260097

551717617642040094972096018097250908478605199893629298481483105867
730855292626785050823184819027209383845019242652459914940399103029
492779203266250723085567959088165195645868541750304134111564132297
775247963586686902866078613116440649266061209049050128518508275358
684252833500091587363265338930232730367166767224763776227184756690
550328916302079193788271775939689959047913691889864787389953589395
374622084052940706859165476553649050062211931423274386899056590688
956869046763521893598544629514740219837272728201458715201022828911
760252178214637640615003823709322982992781294063291696827973541484
026331342986050467454051135884374123625318114172518382277445508526
311946083472593209010919847939691698020382156870269163025526643838
279313181221133352562201585077564611045565577359193209213068824521
795628916214063875606112054851422357659852211800876988391164151070
567587771875192404065006396490405912429000553103682075186271638979
556810258276094858826781112625147923033720633522545402047992729567
163724089436541806447763274345077449986830874584041062265673210383
454784107993961395370855947679031088262562445028013713446609219016
129922832392077133447652060105223799719852695675483781711664262424
752311951115860998579420309359563250659668613461920669593594262447
535045069091204184456350399270960594687568176730583208078145472600
975677277797832155117146662976561409990498983032371796325992006248
965521096958931408080823924569325726261445588846927112774717791254
271736037931885337412632275480632189742394419019755750515442222034
352538001297506708223024216933888802341938889395554966949854144521
172363606308749485134819359288338938458429555770614320029396398653
626275482166092543738606827365255873134388215394146866817741456705
573774651788948158211891701941818561136346201003867176864969521481
862539060400863218729909047605662826905883793801580751504403879007
316720803996321627514966546104014792004040478420038235976163530863
793018766636759857320551484634747560708998811491036875154989768158
441583172696596302940471880188170465406426548232118780989600519322
209647305068473968272373540988819215510862744326457277805505064205
516389370349295180575920470005618472223831436406869573849539748532
192548319968299250297749082442486692223670879815692653364290848548
569342680596880708628329083228050617120808475122663205246150072868
284289949147452877548570877600313754983504633711763019958072434252
994761738607467282020171043017681616817737281651542984888460649962
713878567783309873705577586920229741052251524217792536567185988658
432348176980365616763066718231962383309380240278325412829845666756
449514537551016721882426235745279003617058051845641251016082907795
651414651169751512463439519600274048624111798237102145866385469799
003490758969375342251324012839555391063929504719894727519438315849
950088706540481262337569936340713833629596753765348339649869456980
173777033194337312282448919970387395047304013444018247496875358506
006613692120003627940195347192264238868172685891020394289680016062
738633812343971114144582344818799908421075021191973083678294680515
354188195921659398690691178232250801474276095536259766577896342047
881385716559012960961505867146723406707910274927399834993738552756
880017680778349795601283701168566325920838283223405830508938097263
188137703942467504915170369464073830295048004605759269764597933077
607654906475533167842812250481142507183080907365089020959967267115
579362446130319054416880083803047181321694955038189072408006308379
191271956436600686665314241267302744610093331087013620316400362741
507995361124424691294928647973016962472817999973400906370551596735
689198250146112985422094585128511992898600035947400898612210819131
032464274852455546279911627807320207564836138317111972563815791182
912310552051064206750020531839362464898034158647950277348922663380
601669833089647980960102620162099896703172300255430666088070122547
382146690975157802320767319004286933254198942711721429011111626611
291884971034677961335815648327578995212490734802434064994194237192

444080658310334050801348011083036544789705752166684640462544411822
806715388767571553511814099198595810403111766138271247100585036383
588195977633044922443965910173762215578069635028170482226823370811
786335187744074772287878028686597731214990750275871821955006049919
822071806641003348943263908272017295187159751768097350769651194023
573614883257870519635450053110247355044079177844062869077131987781
210312477304798932136048228109680606071741181782995787589271784648
574486023188463225048543123681086914056986878356050787040806772359
607957457883175240455997804690776255654905442897335599476385906596
231179064574304373902753790091537853737317022784056908378812085309
738338755056275750920483181958769339114401983238294090382129726944
586796502585567467233786297623868798384754433767655161105975072384
524827249024444177496566299041395735936435853754980455100335274067
918350569481039133701521874574260684150713230009520034850226384511
212113586952408556022391549536351162230085789053624569004207722178
675422827364447220601405528866588485629576033440103815599861247281
961550022981647600334970167657611682539508835525792634203486127111
838929071566190396466848729075564120816018804904699126720058994193
809756522965110536605746550458397815442490898657700719760977915878
096158789978518522069645550325669985256415467455502148315939826176
094860589481173272993740044523564213354459834368877182228361042584
876798582230727546612830208670924237158053067859684003420589967719
154011621749872264042056460920937575762807237463604733761333217490
036589392770705970992359892353743745011569717461188627375450048007
409264087561618295958078037681369139655426528358825271450046538221
767040904799329046924979455000281846898354737008921999341789695665
225003336997499799362347727099349209913657823237112733070037805695
937564446310515632769571972613273245240454878364608072611070809691
494846136820290509537355088987554857580167684522922403951505676179
600447100300534362937124945852438385187268656514648239149028844458
860045354407746807053948031533236021283192314786427432029702227529
042550106159462106457129277558010987495349313176263790124594804396
734215504890117059626333648098719377448519937687965322968959692049
501277273359484611456291429757337811487069445931298779391309267594
912252521801219478534608709736242836546895947369305591337148769573
726198883497876894168191384023429811250608071105175424537103965868
246693265769006694722400601172748654381709441015355969792805702440
504972188408721057148912549308735882875283637579474091379196712170
607584463939714397321097436190855714832015224021306315322819502364
143285081526152582710575402428573431822356733456084486686436024027
993415898817855020873443920540744181280291090027241266731022443313
296443043123222475812010656733008041840441289073773042251373554035
154182360471315013311491924710538351488409576591144392451053639245
210253377557147807031153225325624825434082559714221130451039230969
224403100195348358544175711788253848947655583562585363524855437406
845632986116536796131227409522533109852409354003193040895675448043
744573898073259535606572066722460973500318193539950473247791192938
769577029441504526152886279198003230615286656706957586261186057860
896026400889698180342162471292649026863721394945203879363810029042
810361064359919391708460729529566213819356252032866769191526983091
878993302223312271794620784899173866186935651807973322800328606338
425114281968700865088906775099371484474009219680418268084685072596
782966672751421067698288804765330317300128181628826183692601427685
093980586495717025886788815330503825236459493300275439184972859731
781638517718170572825431143240271899193257786139370534811616206789
137825070794809483389821304127105591494812314554525298617296644020
136189306858815592257386028996258992389426938151139142409180887263
863159804700599316984026198939726396768977903659678545879527471414
741639699849664078970187176400123058245903792557037510931706689544
139424351148768360271414100384060967555869073307507955793521000610

947782587714935671505407105742874676063801260485031848973887891490
624908823709452673763255459610572034474274380429064983662508463340
998214282806941873747951485960412777899542263150646150487865780669
866106836717500589053105633506282001822650959689756791041983763313
886792700619598199369144131344515012779471675462955700895487826993
281392381991613268742035718110496692036767460189469647284832840667
316026822089787053744425979457933754997792942618633673792154247202
989348617079020180981729907994537957091752142188705423671303291723
708509485099720365941366131238577742117494590410137513317404875420
416331425295559583132184930050095384554984837377673728294743288527
799573611042688267489044855350588839288925405539964683116530093108
867340706146748770013430453873334602883354562849087935447904592502
923504414431849662155069441695854529225791973508299294845168292890
847633151683216802174481559805985087031685625427023609606739890610
311287655878760723073023045519696843222722910662395076319711841392
496365146821687709568277148919088538080214463869706654014397606462
658020385909547702667285248527576844083256820681350756232591144731
535608247113516801337246972315450220264419833390020519450148565325
662811297362847844050667583706358400849849735413882670223436745525
195392186726358139866958721199284199299244534142120584526056148482
376137769118610233585482474588186425569691332315149880848274678246
866142203177627990967243579604183429721703229060556865710600503745
575237699142066330246579039362361082414780261852253800901217785237
959475164722724502351747539627442073218307521633056223197192378732
454278161559190027293908736307220492875884797886204902910142651011
607361704014288848898653774587085202573367269602719720729730135602
215256944329864075890695067385261284108355653552110611351874464711
164426888749391649020717542064833413192352789775509930173400078132
013865451421932538601760149554450777099262020306358230864697832553
720520559531408893891323365102460914382988955124978190872968189432
369838218125719281757417467926097992535246145916358958857056487727
249953244905593436212565455507789247810244286722517198824406708079
844127905403809992599267270631749273988412821134289913998663598199
588503200264183020576456972538151890629277434258467524409260536560
581481531633264869613194231824572091953995664495460647274933501838
290187995085898735287998082790199257771810981056813951725078226312
796080002333265824640587821302796978018062966404518922534073068412
815916126192804472151708854759575744529233650650024368221316389765
375806198369605171385097418597716209413683406067376720974699035163
589926288039371602699034890333637430268840822590178428198898995944
282117255614114493424789849539616144342412559796686599465478613233
970353419767385456018258689819498331355267866716635276625464693496
936525831146856539285245693013204051611923035340818591218340680689
558075938759601877407609473317287636125383103810303713314209549548
822523512233449098634507451927285213688849608902450511929094868293
340994354619956852285673664053295984872279314773783890318323068322
041325599872516707508250605961942657029121343400599746617570068820
383667775403293992560125911210624332715497494939242445636202722829
037768805780037775638549455931330504581941664207260137059778167835
698416280224341251489705769990919577037327752558694120023566227903
654645867594135502055971830156693721527288271879005091395031029656
485911566736290297866171408805683191483203071544929743916717769954
462270819027059796089585885969185709587528937832516069367948336534
628562937166850912531938071613416852767561164349736455829948714433
537472979017059383543811153180270964182801438922405425683732526360
119664457738768937247355431983187263217330730046635731833934425355
571262352261855914884454435554778087164645124643063483532325166922
527947493351391437139219653010532075248440793397498652621644098097
080631498758227554898925848947047807176188765279871800794785291198
771926952948002088075938037728931847670693299163856306762094708309

502942990844584805657508927243255558356851705208879414960951356858
275895601559753256690156857835889096793880870105000312446003484985
439274124655068136436662462548777204501033058171099661874575993543
952951488230117902632682405695749783271928513863942821453975404456
009123567064957962103330767676267963912902106246284749020073685044
080745435329554151756473443146523500720501181190434751432324642605
111345379951427487083782000755273114199860782127313777661245654137
531066922781032444226021766969698316052353186048386791939220147759
809946903267882025322156248083574993759259429575013071758057139849
566436391092284571332773046727557581337572038355257257382242558537
488738072029239480622183997511444247334949316169975367308805311648
070053917103684644690156160073740273872807372567507219608249534823
411049047763915475136079912707182120372072657553546689561052979435
936210791188545866096002470006221265701028319096089124193232736493
514263780097201616020810019537855578791967266842782990480147875469
449789061379858497947424612116945734651375480060946645949072073727
082430081358414274425930314616986842708075581344020910057970753010
960612421965221406326570914081121001304227430029946680735783702921
527418497604782466354341480407052579233746832378331323758775319479
802250500933200422938233385411300980285224803521448835371526173384
795350747585747800249089508527296104294017147354897994409083131252
465403418141542692617041488644600256291891492303027582337330119128
452502519314493419194592893247382621272310613633443056908013408732
539193900154143958937161233480579246804937015164106986297289899069
055763657148093883481954063727438153418937445508067739209782372489
195739669206895678055588974006407295921768911317711710660731674700
601570449552151696268168013225590523912939835150518749881660378239
509190512359449567249533886421750187152954664247116891972636888136
948895020755769676802957677245676611469863506514427783980036269867
729015701781218743852656661871110140270550672513176400912846296071
749878871527219631111923101272606906806627567479629603123184966105
149467674249000533683376788993606919888441758076759747079623880805
468590242374423977433431043872249478023550490596527020192744709187
839583844073170944970981786030925877525032714219674396702471383862
908663140939577206982425158668214757209727477568302840169999880730
173842893356486827004534193028254469743611595207716073097677113778
331759801804418309804014309298078407363419492718529368273722730492
937417185200723806612394818567690830605311771457771240008932138021
060862027766466926900982793995030110844064606701940380484226115618
755163944564765731289257140482000804032291127379141064199300791092
322401545520442712216786969691158447321066318482572211465922762874
762608857433050252807785651368432075228363224503682255363615121225
341455153321280265050479656491462464849471490555819336105574457995
179464963819539595233376876853605202520838259847391660850454262951
937194777417556706976880880176317601455996760432222620102449420505
718727672236238142025385008315441110658333378574552341515475420734
597385830193478599300678863466395461273335629702197958258049140592
405369519397270577715847053579897915480260319356515960262915568029
321751183716456438687036897211386604649809613014563743950449056238
224520808617847576240671629798908334296672749993697075113067093948
327724326851258898196056551295110871116091513630236407314934807847
620354310073101541180743224469301613886887053711336397571717493472
910562751636153965739768309837128376292229951679813043641819789279
299160635334590939880249593622195102878083919716509997568520145088
149618928345059950944347841320379702701907289567689830030169093677
305023598330015141228276402531684889844144786761798171890381598573
249004077246695276304855126223194835136916100601359640210141199430
525652012864244650922164575105850593815497894455728115453448314415
009752386171750494718835466508638511328793157089105851364442990928
883453312447673420003543388629944703928709241122183599016256341144

011205453914094553466814002504173287163092623334557548847146980356
455146481847994294121274079966041321344290228313600338313753773133
150732037253486294420473160705697929565064178874888168876528635903
597387557618072813239337686361726655528881950997359375461062200539
151742384776449957335695832931920400182093784934899794320602412786
838502244494643884304863807345252801927333774537787764973220235413
248016835369145121985960725070800712398435070017368050658604659413
036302852567362032140999628006137388157561172160874531393046378420
596296892956663553466306475396622079127007674758060019468560398068
310939805795089840850979038853811060631919831132233769276534712690
756170244554698668877825318121606096729640465038267975854840492587
603841821273247450630641847756791683900835472651603740337043958052
420591334889127850600441293222749192675036470835396529778964913104
205517698840955133081508140221551531973481651698970454248474856897
221075442149463132066432520064504428898795990421509224616012331466
515012114122658867055315951717690244293188455848083881388424494879
578680423642585404996461880713748453102585198616002124209797885361
906554552722096788230686238999043429961320010628776791449116218789
178246358789652700595822052521174956710285514161907887684587236173
723171827374881510450984705627060378001635944216961342586051631092
251470705662826726083619540347938270056450599432347589076494573220
685166615914054230037384189744365534389495186971631617180720454167
543581001145943175342568965194986643064562712541228387496723469335
631947053928991902863585881563630498798538184076601591427827693193
350283561828113273132450479855177688872797241480555565729058049182
931300884884259650950370298096746176549289900417197673032818192366
526415861705880834308839322490069861703073663516387365192726085086
365488868811102173368430952799182487498854900132149612639139960907
977894856718192669885866972240522896782490012484874455386598823302
170800488282953466152947209947485466728497638434486607498963490574
435597795850451725116160518098296628910445054770059345936307042680
645749301267987649000752537726185963635650733813081500126949597537
505768889482605603560954395176860973667526590156805920648893206423
903865126040789351871590998379442031217110850981630909953700475828
924801280772495220897003728737103269509188386542935134418931908773
088599672724154248903501408310875221946290133034700435110341867312
185247325024035133254799613920299700551645554704919663310314633309
077239079544820542875692858157305886906391267273132368472101389255
324729848940836070752387994878244581129437915046582202347592585003
287512641819102463426391594679443876282831654861021409282951819176
116643297562878066065328322593490695129304473449686308413376193828
386995778259653261774138122889841655646886819922734680490659179871
879805515678826371348673236917947421803493924274544866313312238124
226715520629406899535052983115187026489617361924961400414668757542
944950331436137481334040148741154333627418973398741813714409137211
858492238469271973441979595367938115391234698641607812362726023201
729613583026193491421686797935944168077158706030290478871078872914
294132279486298994659581453491689878123922299667022487917269912286
301595676045115120172595172559899679595600129402209262099289712958
463820228882025093377179977622941090602200710232084829873021386521
527011720160824690916856123594617819445088921931873050067400253729
995257944568195895295675641477185341841852922043516007161877079729
590637529172380604467884803793254909327870452563058774792757039504
447714012779413673341819141015326413829761208845707501535158533936
575247485099968730477240769292926933048587607318135538858498624647
248456494806976848850676038470087132623608902040703468665113277291
917279230671782770898716162401884517364688072733784845847898865390
556090819981007319832558843262262256638118858218043481022258732038
130502263769398723898792939123426646221226036495163713544114802170
540499207368195416487614791021630590648494340869865061518818405403

```
2367581283507943377576643586385677183351319253871598874126509492562
2630194358633577449922441972709769966527430896880759241410862449092
7228649267449034577478107779694452800666705163324846382324448035962
1895960123117294800574454803992172658283834057182644646922547975952
7725910207946065966202879464826557009605684764176976767875984424111
1919750160720764349247399118947821794234708038832274475788504845982
4147467677986766184856671560650938412836710383542534098304070688712
9709015189178824236904541563176511774522612656614969646126158884442
6045836558227757820404352670286126657283911973701373396773928624442
0311409415338130014652105831184739617415210157824690761766717432682
8560156064985235407321681200624974109692585606230766654140647381362
8436128670895357785764220904740794691606343710368312766523062128502
9299661532565110197091585335288759740969447477698227438817703024032
1296617334677588102981843129394723890015290527729094891329028813812
8252143994928036720671544520564852334219887557578202430691993693692
1736118680844237821751983419384391720774708074310301349550381693042
2654294315697628333521816628143094333453793414792844314532628486822
6174840859177256722087679162915362384823295185818908236019933151492
9172317948655076811759379578689968071126411369581941829159528262962
3489134285640414528731821845944736481454764684229882056868505400052
5194024451480269063153619618393121039222641217411100029230511042782
9600511659949112689782467142391287203792339312354133880770820148822
9060598770408263330916729625243216680486948147095944185795661575901
5800874086683202145800126797813568595355184465568286520149064830622
3466241722699853622482839124669231827768443105776300661312261796672
9989884305306175922738331094898156329479887341143817531161611721732
4539153482235187800732027288085250821584769692536257871213508136182
7681784748542829720346934847138545696074272343355977297976552639612
6220607763105370532722984060510972736033678195256635889262909275542
0208436605254485716979374945060378307348925602496784961939035483602
9505196793623882384421860980286201940652116724191148973626415637662
6893788643405108094832142851990091101475167958297268645644472126952
7437769442776815246765444152506617992045808703343116603767472908802
1941457538524604110213440944389565609421567674811860768741861639102
9392861480431595958817222654363731967835501289791420526179758453402
4243452970475520850193306851672045930571385367308079602361874332202
3353998951714879031538899726532034756943882068685954038927296863182
6078115770889740758956298806472961475569871718950662878754835177632
0005471722052555588422973941591530189045184280715009445566336676352
0164150565004198687802254827447937264999600528728908078508708851602
3290611826720736052105957644695968929417226898666183077923526641102
9168442571326014558346224372068550025261414998593848476850979677962
9436599983393955885868871378549234436557009147689295026742744840342
2716856660971462970303732098204725720977674112530240538122612492013
7557387130671608385807769387019355032941089631242637747500464376002
5817231959450540185129651634301348555303891406902721414064162880222
1866616135805457997220824039533830125545155607454282366414887065002
2069516144552890387875268207452047895034353094113395188416920559892
1431222240332003661362508738146504412073261875895889695984006992242
3251145617477600815657836184407647553319107268324242438683827410322
5376443643832028168906058224299762342636814601295870274978269943952
9849720228578714655075693981157893930306108030822074109782592686664
3653555712840853860350822483119770073907621059544941404658936293352
8450305968964200105817413450459192586921326525506927449721738756342
3035314225945688582763502167763959902896809132812136481380000328724
6114520875246896964783887209148437071655096383244154870612565484982
0392236722138121170888034169871327767353164834981087021645365132102
7488978432513076965447841247190563932019109523906782095956293182372
6012127539173400357213019696041545837553933165466988742044017436722
0824736459429000794317842940128734020262567174992236069489997590742
```

819145895213265285434950608375532392833158736839804859913625715943
4597606247086369249370581663530603115525673459539610819579768494904
775185048980023745165523246790668182903282904599422872236262727348
431908142647343369799156867466283765350885964835343955605817287853
271150259185032511527018592248184516993166824024813719932768225856
839115503181926709261644384223559559895069559214730545806565278080
964684969252714443578597248428903484097405420149036998714486699664
888979651062031296623097275669461209275558053048245440104203348519
711313066489418291606366131985050905371074921858365114816424925865
139282068508199619486239451341556756312210251811995354285494412707
521699030987550046244698249546142788402725045249657986993977867778
908606336550348465289948651482322627066431208460719185421796384904
728220018931882424001380496459535464769879061388460769928166173489
660569794285218507209597265714905109745220831654816977895354644722
356814482942209342161589077356226401332499873619920583307976429791
413247840293351512033091266725632218998637352336375438531808758196
445089950410197026979524809161318299354925990789762272840383336047
599615043864476807691293664997471113963052085438677080203272450621
789906352489155999395987445647218261390612148917319641856157409102
602486940621838160018814813289500648833189330226410654455489160645
562766911573591987099132250350833606342350139311924882489839051742
284554535348600897736837977242247860250377444100187617248714675030
942433518065343819819200703921949071160273190653232945568673962960
290799032948040647012810773338196135641624116183665740332063968818
689377096529421334521713728094180803240437416712735909256927449833
150707003509300889589424048396872898580140960145145468933764739586
937645736009207282222997520512227276122617412100382867314641696497
289892035337627004837498006481604788133967963810120882501451174372
126425831690684034270998089046152418834947390285322986033308765946
084516740727875114782835734380237932592385704332986336603161331540
604459152215131859619734046010662912135834364122745530323188486648
789102009603952541695567741800011446196697052372799068338666490399
962805109899043382570559927890299613515195051369301133279868054148
610498178785421136189492218605707992983384372251363130505502529497
206164803406163409383081702964367498313713318859773071660043949424
073354723274292640421218943074245105937561647923959680851594834713
287807330630214763969161160115214972092942936078237724628364892341
045427275597743045552196835491985831493325340498507121801544419106
493277294438033495192106188105735717183542203254571718334763090399
517780287578193124003816919401588513506349226209264681700986862258
369514693682594864746399989784438313893496827396330389299877526393
112178321346752047754055118851268322035082011353992750871842028629
054006130876336745740191057855825780311222782899184072375162441769
636787312830933073906029193207920098956871023123455389071816901726
376867870129996667677436861874700292517170158815385898377994817186
391517663336920902932228856077456052883005255252156982486466547128
417470429022638281813331528553436534228049728263850524445934300535
433089197030063568772961280441733617924517745920484139266985133190
691667754934022133717510186537951103220424162498891901925298965435
850612540406780591996564661501017241097274853237434749235159008432
792365774057631072565896365660916605557817572070460316804486945521
595591830421793926856549251651773902368071095218175387705062927654
577472715151184652204152770201233150571364838906041606331494578773
975739543862929310371041014184418959679703235210896087286743793030
718493858334858337822861743615668847152890918039448057647136579817
243729024889356387180171286938516880527310987616933056964979885948
523881263663522809627625011982289654666122345102174031388492859508
223594500382661718023879607936566348424731472229431518823165786479
936023003131385961207082569497375182226182494710026090752974069430
748769902100405378227731687136403358022926751371622821717645589288

807186075313360871120149871781882567495443875206945830494493605928
625487223669518194364634253423732960246168147070893220203520195386
651844543809052579953659814828225285502848624730798919419958088128
730936904863145482613535838731757753258148575025471886346098640593
643589571784278531532722040410652642484943659567547603149176990750
574182746569489037345386658696152026841293046659704233530737390138
156747682661307073129200501974028964914447682792766481831725886620
006128683350249379057540995652660813053775980235162508291614670145
395939353328086342048479728119190549268187651990551126315011297472
182048752290188891480034450868433471865912512202191729830662425786
475411735426298126753770144308964122083930453725165023096746473393
722989862371195178043767917211398914682238079488169991326113751901
356700068022409744896028650823185869061449374797968667179577656100
111923026981354271490848166929789562223514100694080713831138310245
111164054800789090842534908378700476845916098243048103352047545161
816395977728628418300067920017506934385152746561797394293231310957
689495058412217604865550528199725173566543879846571113550314658481
433679856466201904967713305653275098687065597760267609741086660042
539185002985814154148327241822962352170595648360846028547455112638
815357580311997182741370378580388957605932172164691326251012668842
608750134532238934402393775672211710825173226203022445783672877870
984807857062834701842266742080416494473124311683290856023716051444
653139155798108967131777668211125671792886993926440473801053290378
995653776484177353494659805321108544017884982114479606058544729000
134448081993761130945189529676374702198439830130311550933649026924
672230386224038230990853562207786079552000275966400526772733852524
733595399257978553121399037250106980325641854214409610772312493687
316580364061463938967310904801270924670476292746686084798873849131
570558319630198113784480934319128293838255372073996078049323997072
901182437644017814347509164354348699278928342050975861886223208724
898319545218220470080656188727238838308137918251445381311454850348
042524994574205540109894010801449637710168923111155166074720922974
395142029392598770683223974162300215263001741964174087082038549914
401466325660619680083434792710120894896138956992778782711009227898
936124275034900995331154434739053707537307635567340255968954142915
604092596761797781375350700705433883004555467294256743925609714870
714651910734312553955511504388511331275206794900647766641974255906
234275256808526299188533336630373823578669769502248672019985194733
223155654833649586210450424419990085893652223783200119557268138518
7677592395796946613522872645195889294195155589134604099172884068795
884128007182105075651624402177830275551953680630472404811755432724
141757830154780572285337909674789952819388397231784097198534570856
817181011645973330875050929030735330501224421434446161580995463065
566867688976429250947106190423256182736267799660334938636860887159
551812785979464371988253992556820375389881822786109768105409699829
238754622077877908817018118288426235328861395422394395079239543355
485036363488183007237496321249315492006624534467933172643899063667
065792595814926518226200499891718418123274965373657729618913559567
199530442307792895862273262425548659581692560711569147014573161348
439198648796809563203374574820182276195404133194141818700964498325
106722614503497945026888988078074070916665052458265652528918130596
701317194537499857098918713805353544030875437446661421563264198757
038000240545364092485626041008467330141573879679041883451648969638
613094732693547054243346262983969785566564393319929108202663567320
802400556685369489437655668795053988358005338994726956022499160719
923803711694294001067232844762662902994967880028653039756586602677
484872495086342182521840289688038469321664915616280465183094908073
244455525112714360145998825759744899898599856268786195065491682462
885241155660743439629118550498450985967184291028464082438053632879
290770099538936108920775623746738175599262338155980367785371320760

533825993650941225840165904359174456729101749333182293895248512253
998116029061724072698155700163629276975200130381060757543838063760
484872772157283017886754835033636760061446180769151928834053213016
360529220072830994331871316703851284444231460410008127826092412456
199570452812364260421984285347910209446616068369461622503463534932
561178794557103509823145333227717040990715761583544396005158547561
689874800593843834954764589489117410008612277354549686598904543903
084980373577743490873655335423360273536901468715924649997966861343
984892258849863847841228737164696082503760145368038423405437091959
227111866834493644252244960196035523801269593448016455194626309320
501009590822037746829510835920511491256997930242012858838602936694
396426085801788277051045802089662286812486934233216147132229925870
584931077744941898114234275475990438218463088731156977041314925189
610756665967997555036730710012290063888032440871546746968118231821
356014623089237967514944689268234257391101004504820965193374642197
410580575677213790709700318223830201499776113873358237603559137136
631600180039270986225718050590752999102440274481182049321303625212
791465802024571522101998135612852921241345423176007302669204874140
847876434862792396889144928751603494609640396263822353589295831453
484740642542158011167639493856343054142643318947755097427608728927
813759992116021491346641955428348033088105726531141987378625628351
973124471032083564356106529736710642890821811468084753367845658460
237964029540856926310948205860669975983252522484674088789242409045
273703590758481240828924334394755371556634692297326465274789169792
674927125930878450542356300298772054994648857563082418482173382810
161869848421670658140607263170575634932157535728693137523201842943
653429566328366896522414619681626670353447475345238514564251435532
062350217785060612491811915818621214213599671265149387449813487622
559695185191720034126150204676187641039359288669954512765066501965
680195988026602338117800967296819798072273522478036370023172358442
450604716015143993211607957491943529081315773564771593151768934933
444382388462495376353514650959332284372249042234185071259237725796
634235945622059172033204945485977572408338159716007309690411046453
219334666606334666958078940148813563568283844497023492072829372198
077416803870776220475145531699018263217926759901959410773090425131
492648632094118379192160518451512504377028957397008273136418628316
334649961693337344868558205759248821722851785109991023312716215169
894312311268997919884695415142221601165745397910414890189063653559
306367357791891209535380467387629740448612138802932000744361644850
463815878408029048173872891330641075354088267585598866058753119035
310070311365746833166182442566088450556596931891473473987417185210
713455192681277248574583651734103924896814123764644576527552297878
965696502977445419439790207328745602240410028255729130427473527801
485982599143181842170048306700383660407883106446599623123729808163
777980055899774016470265242847151445919515325037368661587706367090
484682809506595609708421253122262979679267660679684370762560788440
618307690610152930560031523245091441410172689649408653874945871448
385774556835483357849457196874270613191496708146984821953797094571
959563633479327395941622531202734072946031718486302109978380889844
136566049203132319325361825118222038579705374640223930360961888401
658749431616702919831178288344495607425740521491777349464859564639
132693239110004882805966166739177971700949025951229233165029343168
319809936386333053603112064265515940214489937849196647390367308703
108987476939255683628597774501405375295677172414775748087037409804
398687087202621468694326971383921728911594230798126859538137574300
992815443649244790111754684276878254397110348578455859670907539167
765812480908777079507473339315509428364719869240231124686904137124
000042056618855017682231764698943613600877179762077197732179959907
887186524353282882420304024286026790096476851135749719444686806954
886069962276588511084681605062027666597805766169644893777299680718

247662469192195624147286152083965338672316628767377633211076341737
939028313221055093965850614239860644241880925118049201060701057761
793425371946888090491446505504462670471156078492337087375671581335
961747578483245010398140188768140356943183596240183916596322612756
763528132921591038732531688565752695110318435361190878419652411565
787889012219910100610248394229036167974133129257273388969357952645
474856477063880988275658996525803639527927525237286546062229466816
794289868477415288251134137404854728271513645045965246606762717648
750172309457768375524614588421846900620211495205785187326599572885
487398725889555715978911415779085605982909421416219923915397826418
638281338138185156286760244470046738975433831578812175609925857533
551974647609159836135290827037085939572182976167992225132816652426
855252345061975709128952088522229403836314932585753988934165954603
409213085655489072501652477692294806262425783895158199535952528448
235683504127368461172474210856668823714080108566937639314539990104
582896168147222812965287792427817118075868604318895374161969097747
579419209377022167237840802785002208962684009258765688468051496381
250824911112933364583615534796714385563649390284953528915053831259
010495166405752864600634643421734980924994781933004047776150215638
232444277470663222110931423547763561073334560235450464178998761556
261124548511753468625926986313614518633845678720671669801051823576
895602367801228437438569318700895347858855528700826212047757175436
758493596075050893792083619892593266225235340779353705541580828688
334104719373576884355438869549219853810679889359101023821962191001
616482365272254794657551734616740291274387546109581917375385052727
219971224929586979235472777506357496207396126256718671142375627311
209906081744520531414122107058379853385955336969645325359981131703
820288455339660319639617745732940069215612414777258684325192550462
908455880926100671260119167137716407537818787829553781702621684416
100585925149456184441693275050451329738408833972558425344453349023
836047403432126921395371046170482130722741568760353437428795469337
886958730705832601061041838637792778967245070089174210773082194506
861080734917346493064530748844350532178764549579220401873871011704
384072875881032706620746648915347772150327535224478236925787441488
486220747079521685912249800519864082651442529718729199143863313072
896454481889398218055602822982507133113733247497117482807948017558
865145538937389472156840212471611528839050229523960995886060843303
836087250633526274140623338281704312993218408389814151079854235690
556578275090589708025600786452317285488166908550680102966309022655
796817214097968317822385419547385585544338110306822730726143162723
651731991991986564432994134401191014577039936578774453221976441048
513392218603221598931974955151150987189166365846484978642862211323
601671054678703100229367562320244202401102006220349041470701224825
782056934090492708190922167101685903308624854525030754270269391478
282097201223453118103939531129367544517424931724231918016667960604
445072641754488483807854470133441246035256990804018001834439084383
734703514005145611448279980997774473226966096751169706945169249642
292955529660851124794790728535773709141746622249830142978657243320
734264606440818702786962924592832461418452964872085175740913923203
160303023273571462363083318199798454553472661869096349740384201676
010562598713319027919411086321301800427069918803550647121149593864
984187596530227030772746775484078754396946386933272563109020950973
452471149562186028598340350346431548913739484811520534991828787065
108073074253727125042364779473389851664615335648951881899876830330
295348785467737663964033983964646919682275980778601133321295837533
732055599892381670555315514243456307479647201615043248731043211692
974603261342984427435399182461135219554505653089984153928630062817
133784795160707037136126716797611343862173111291664796615805165088
611567141553513528574636302617022570136320541011079790604013683006
797939426615758113683557243339524940212239783711547863132387490747

663727654410558448594644499695220200517662968167443668786168935898
669285447747878847235360102421902805945608724299969043784661228755
302004040069609232385507416448904489603464740925329187693939496401
833112402728773205128061663445384217380429760980035283401253287 28
150628961950682751762636954104778593008596987345635548773436005714
836362187508303417209379308357651120580390208086035859211532897889
694072657480267343074461108041798235435690769206096304626085362087
755944413269035487769548753782090101890152167425321503042062448624
502661188961893125128939543843794468581916368306897684969604404314
405371865867894399038938495601834658219976893311998555251460203028
148034158075721623287128600930977866516945661223731244901068312795
204423199993829314084816098145561472128310285168751180757702738091
516248277292608356983831226254998599461658016754468103763300697710
445998985915613467890792604125288237714200585524307022670366379298
354810927436272703415234154695864530450158248490558891960015740807
662851776564551263065476383651778755590558760877025381712502706532
130164430055388916696394586940787159590249783843542522448778482812
131987003879186819509148655488882615328436257829006763956093362205
762146635207596470420472220839216912509786862781654607416241281054
775556170433273494636592991208511473295185277168233138727986353990
730438558720938065227923716016178157338683710420709214863192801845
105609409105458701847908309479878835264607516552790464070236562826
668464934960991104403701315909809749091239539697545205715195308386
998270722345208715272666243193619585538106628882805195095618350229
659878306488785725961500139877689157066437370329555813930083297260
796561980549744003832386454626431673189326950131846319782591714166
092381197307357345878538284121760390449252145713652289332985882328
423561672957602045152330973251968722053080814362593689627759903982
894672868410968840012379452007298048106326850738134758174190777859
228302744924515717584677602208580053438966117670344296373501625409
266866374307285731001428325909247034880993875943275397997349299482
028064073984763007361915961634608165801860599708405826896779495533
393681869978992983559959868386947087055684162858996665988405856373
449842896575132610328733729407782050188685946006753398166653896384
558623802876230445038702972286547636716291714349349737825829985902
903890891498612947465532434160939605396900954644477618399136534938
190184664992655090077322151365147589848915085715705269302525210935
015699280893659764240639412765997103541866428234384728797125754955
566109731069855401681241622338036817834786229004456053204896013889
907292835049388834855478392237106592799975392101480224408367899126
068769876960509116227784227831573093401197504312558795772000604448
758269145498186189261252927349901134971332976673666247113527144040
394514387909228811489406710288509679280342383394140480197753950573
714257849237419912933606789611843170844650639986642092895352973578
144640657328383666840064588684621715774190431804174359388423143689
640386059675245077098509548291580674688854722056204233101219021150
413296847584188136537557700680202077182955419874823302223557992664
939668897606905387743540693366185412871603235844095693558094652460
059896614266459412819186951402362448005360747917739144749871260860
915992197594561976149885384268116495834603210065845734647743297931
871748914844499695994177380347566068281106151848379211963897500103
061910903485662241778666590756958354701484072669812111440431756498
943311118274034898762837254574991213174257618942998040651215259517
225186749918055083858411342633465174628967589815544398154843336624
252225303716292693208505100592971047569138475486085111803488778 6981
617653346944983548639701462055949768406388238124034991437090054916
583961285780544696698567544736863905686263121366071349457910370051
535176428057260666341707335368138341683582006409175507347135610335
423096634789541009765749684651853309502613946285309617784629509120
266382203953926536106186462154062373530264369575125106451093890379

```
713922252603629363457290671484818668561452490867426521705297747084 1
658464055338879222060706891321832543549917505741912760524353388044
925491764660769179296719042359552580021926417376748700336551271445
190574165566340712906124284971908928369919756497228595329755034971
401454444939711338565583248522467278382004480269868145186209807096
002835864440298465946568616773882537934606871774630792087101256272
349480366172046376744444753422984503064957166804070789957231850787
982044268293870687748651401843201622457134414231895351158879036412
424458855097616948252657322471422554303024057005394593491852283493
878456434717279024623886908605214295856543661675758103887853802886
459683306186010659866898494860779400331438024440900397990860880147
732052483330635895407053814695634878613002968779725922809119157309 9
390556598903779654437472436293427871391354278861697623989202061285
446070760009641787575310011072704302782023615222553179051464017039
586876251369357694854979938469505032126357486607045502852528421557
136887899857362288334148070957420243876260389214693021340812106536
812387298313680401483817466007376348419036862638466654080888038702
632301373199591209343058335692623855515812726768942745269621135636
275514545655935894710497317222497059448404832714509192071196151292
177268582046129728425853433433282519059722800545166752750001579141
164357323408656892956796620524765844913682386003098753319622899773
913155190122684302023302556141912248105326480320733874262889733285
836076924893007006189191935593100102229369135468258194897089573 31
029912788568982274098448652133894138213822978811981777646579131139
608372143086899630656494685853631665084896588339172659474699591702
895037196005377226238179212457166260867507230587005137390860080670
014194003874192675540688741090822950462408888075029338579838870095
340597147974259688676852069537964789211358437916187441369753360251
134759300518000033501495424718126620547475798874034427225938459662
564178635011366900101526091066079150211454847187249462310809205994
854784781848900411720691575797717664639803260016321383633386655978
324895380461672003130947557585570285465505987921516888469820743374
726604623928611113551495961664178392210713501426064670358316761526
059217218325897833880214074701388213101935894717563465029438480312
693454264838649848930228043768410054171712698701961799867703749295
533217615575243932822688644682638868553574552712868143092902855903
450075478266419305939575489859718470663623593043462524496917131240
807158714265154827994714869659932706386470112644159978950291026411
634185318728131040084892164764213837348534278958180220020402487498
537638726293786567769051074100463941882283207785290115744113261166
996070603959549637082068598615028161709223846505390944497265584101
477134821398683505651898664976879964736814748112632864752869525718
897172010087490803890657618291621210629190831679328986790392649194
507376720451249672828738084337584741229144526468976746253797814999
273948640958019392686513422843863597088780296934133116840292361424
415740295454320443876384706743624125021509329238442061974647807051
394755748539913109773284701713386222719311985505687389161096367219
882696404444362847877291604351993074137026727294124589315133919524
994532343464975521904164444838192817221422897936697060374093250547
354680806747033360962266442322440220154891676124159484911143693863
730359943990654722702043230259116373908514429982629493859838003142
573820218244686857539785612558432332712487785093872667704738822244
927923405533052409758429688164725453190915023149916674400369208145
729297004970025040256526405339524784524153479564210882979912334297
611996383236675051970993167107599720353762523692502519382771779532
950871982185833269594152286246546504952964927834977685149195012832 2
716913438664505515692954196992545604504497582963079385242837662221
183230982332937911497429618504536395406530078250511484927898146207
166392943211835756128413611930733207291752955820392328150987232298
510901480713729965189857239744829253390055203042907303453716450538
```

232288292695645294820748386174021851918798854352199646281846233887
972820115051987585069917040689125399485667965407671373430092950131
240706496354234349587339973690732162841624906036472788645012308579
509671999379354557232499996727283140582979828297166358674574934221
164818959970523173630842694565078833340034407353016984163288388650
916633167580138628729464511439952393181582607112755412016485809955
026328146693079363345697138104991038675139577575373173512799044821
738428466914091328978643655001545243061193884063160312325551068217
446729813620593689563149594034665082740478088395854347560655276984
378899697756330162803958189943265486199702319950449497726562873780
170464985247521462604670019208604764528792188841194394464204369877
791753468323895233441123668091755705749252307450645623123252215418
066859343373499875969194321466575565971080635035189072717712757221
683327991770936217337035558075273157338019335815517447965949190464
311871618990321029438830035541039012362901803491596712199588843629
930884130315977503173958731979815451378504271734844346797930147395
994680057231744682706385624236987996753939883360425007899520860326
479074657668806310007233906201370853071484677451544144777531205748
362353569895004590018568754345847189049290732647513559297699545526
686771551721271230382513141315543248046290063011070794249575766368
382712733188596822291579286878786947058828527004678795536293232566
884981166150798463067786261513132112218304402824611069345348278767
511622438721488129667787077698989057651705078276904666215008736609
105227287998037324904868906576548188174222349171907485030704179222
924164227149876533930740482227511576779348775640705207617167664131
943956719356069699459036219890065530131417811624594244841497978601
429173653994985842280437796804483029061534335136393097339777935636
557651186259983593177228096128714715317891646535044499949631579112
515975867441975918437335602013487866342166138492981130336243782182
043410844152319365481974987405075208288368468690673619716000188724
172646287175575359582797091749490353647047487882183909326142561836
254925986632059274716025469940585952699242461166045790192490063429
531296084292810624670070275165700897784806695033762112071595900905
700846946232164621589321119150833292213624776160223765674547585312
703001341206756571080484705485516910852032451543134899892558830375
661922394308939017569583620858847420816618721564012079368906952165
888755384453546220114011927354990860274636915019776531884962695164
429366936017260342724754027281336102613032491809314707300163329193
404191324779636210867575758463919264253279615046427572156630679459
018988236198187080091560385304231990958848474578625128544391078212
519962993888607445680287692606281599550228522043736493517621652208
127692782514137947113304775212156916821827629731023847622649534010
946666557267635273214020429844425692700109172945027863366180683804
729339607941242381195297157395226157926462940533331039740299279583
514794348583601147339355864763600601572965203388432662864061640504
329768392257663041508483015173116545863680188591891892088210398726
748093663790230443283972349883246653839602650155081952393357422665
539894238236412452946315639754598767631866736583353452819060803560
562142371640359659370993522807335486500821621451926855273824497251
846054469928132582041944923875728170740273726750648094568371685701
293589674260171798395337114342724243589908740368970323487101214575
608026244996530540818021442686608543732122032134034313536024476262
145083308940700728458145551227201778475724601187829309387418614499
037770862315122884027073107758309422538024254225977686929003437831
873028958446859811035076226471464835706665915637436675168134094282
362929930062341220441450206442465553293321245901323641640429676355
307398980111493754168786256831497937649386243087904859284298393148
196710437820011003559968132193978312353573786479444045893650109910
885960691414606707491146322196157735259453524280997975179579133050
605072181269106773611888282818854264624943143039410117453149360525

464505344537808930660708592512717512294103783355448907079330397276
216552676005791117739796912006980627485888075414341143279292074349
412203198687250332333458359408693838427966786170221469258156451662
521663279229917376968204717558071292713684373903550598840290555056
198665877441126341066963397644945704169594697387442516156047580659
480486268446376389546965202142590535998313721065919989750262635100
681670836274046559145404594697193513854005845888750988649544542560
433522760987233910198940115653846567965737746015677721183804205611
167170272123352395287198747762296551314314637416435557018213769598
477636319906327519639113532219170174221741692030796969394445170703
860316362264792941934529344080295828956475297269557303344945511805
908353053775599609895289384846281499090379780827063240084390171929
222927567995475982087526244701588526847143488951226303077319305029
087569229610793556409658085185642671374415710461189633100004721804
183140524339979376088861171889543347071584024316187570948291195107
019592009596033180067821861690835516867306928401407560564855381109
222710329665581288208785646084806017631746831212088054475478818347
622521378829445876063994742482512275680062393793683423296365215417
278564043479379337528976612385157145534709540373015531153735623436
007124358549593739072018662181136476836520695449568167775717875877
297170300565632094671931236864715235522846894898788300090473843041
986675545943624368355034014987866244814870749973005912905438055768
176768587566553417042273149790368238133158197472932721174300543919
914497133021397560664961113692512540296307747676143075709400022064
024296963856723302444424618438098719619132413031027697842932191241
432387910377724485422849414938407039515151744328259381311161034510
103899334152099415453554215202305308630279040940745727934401117376
030659951713967760628328821848891349502814359868906069253004218779
136202550288075964005176261390844476629141357754155927039637834008
298980832213963272881461018519820031162056376661238909140915102590
759617453909248435765996686671495068431878604877836158675172286913
920603635300751113278055116656876316640978482085776784565871804005
512852488585571069490908618907368453435332818332512960073022336363
237507473135699461579622713953957412035481273266690448912931737700
163064102000678720008103382763262824742218904370009851874283472439
524110701289546082732346112568376949513094771257099821190220567549
628134661366483955749454301813577171559686239614457130793259354395
435637050084391069010373610055435455853502898575762384653433457431
047385240632733817159247473329123283810904268150831527610786171629
373630704256543481210766971327070453481875584492476722259495231802
239855377049859412031042621437180435009156009379711829740444923656
531032315318992473711249739319367354512984422094430650368777048527
904426776392730180320752316039233656069886562737664757280195882751
609206083294451723425002100242149873492316171186277076916156959285
551086018584081939761177353417124753586527198204615882230520290700
772919867259462479182935475627050598389388391431498606925410550776
163319135974276872434370005085529973373288880650284253660348813122
662514931444483089488529639216778278836937690905464015215792046187
820431317840396663028471936550367785754852823355861884739954007825
953678793651122074638942569967388815629450506707839387220025335967
658605229963022855510626508489953789165167293525517548036849658785
621986897926438157086092495900588634666356276322635075927480579722
979989043324321992573614610401146450404878589298388414035940307500
743662899178313795318395437053475122341745422081861913479019951416
485850947454390423521477047302027512739012300330215366223918290058
427058274060615409936125391281333024998668620546359832676921529737
440973385239666122404252156253372354980544095224983875264325044249
277478314712340433035882646967212682337301606700930942792569318166
268684041491675685018063179926468476830855742155202637498487436685
296646027925727551167430365471173399922404646562463733857977440849

627412359595853142030918080446589017121001677471649378538904025648
632685102653667045410794625347833578242043455114840796600683748409
785179304866776825803932833186995721580177654924557308712848291319
285938252081745199550023849702854159875763078773680537717027516048
237982117334397103627709936049416641046461854995230696252156715465
859831337510779617328504873893720939081935351327157956313432667994
883573140596491198363040070251797170617219439242895481785937164994
574198879581339449331659279042546234950697054647371061983042755296
710147710708210970034937612163123692070455455551704183295579966744
033366452589688454975013690702549220999954293704313924808586950897
012226623766693594670994922117591741110521771981857353950773223495
222452546920411715731195824734261206784969881195638196977862498929
668182680714658202013066478051963182407255971818450402272243301936
569583473618593227782996072858491367149361294489746081027082158102
246257694508270910443145840073120142527405835758983587073229062332
846261765398992599988730584678747909508302481028058963234378200684
827003221263447986517213272290887617077170016394178658523541155033
146477696570390112820737876244064365384692270337359208195989566437
064946263832399757987513086479331444890376864162340879280539029674
285219360863023345388539766823326116974468108068927590045459916024
791249780916012002237112972993959534390666988778544863607117775032
371521317538019394432620787395840051396484411986100827872563517874
930206670619489800557614957122558314165533083619029180192309862243
925774625236491506286727733483038626926724305731395404495388628540
939479655749070719350924155604670950644829022571089602981829826884
794530905452458956279008660241496006860932119100619348771413721912
076883383418674418431989812959263659576644879577051096015823041446
633028323720322964898142745840494711167925676591239185443302024772
947709460819446728318696495324447798361734416865674450012533598065
257942420247008239006567873405881389429082355432876545223085786996
907606718240226104582730849299758955124348030482275512833938037989
492779546977436843810178239853159525821380676220402535498685280364
440468864651985684591255644821238240236569999649755346546673537697
049287677250918801582282621104157472372852215247520353120632319710
298237218953584803558854114562715773829763515121486662732351991316
819375664128825964895960967102405137757184722657995693743833290188
400300365225451594351597761626523656710089672032807727609610936120
904838154425490529178248494493303654057418518029534980270007471960
601679121311627123626832533210948473730392773470176451146885799475
366553634767612325055951553989964284627889670145960517892476000182
182242315564153314985610290001968397513951565770939082917167816180
682153175039705775487812592963829516554011371927765011687347750299
174237836471567739755878679719731699499632845611834958215356462349
609727295745624940866550194181284842083690080262212669955123604425
010287536748801227190924356201750119811810766070795208092139458187
979073619709403761210303798979183596329087343750404303063305692423
740047974694563723389969493717658582416152705483381410648050322425
905677603638113103660591076692263774444416518871098572572277263147
242574054763036772742704686123685922721790227592776912074829694166
240735882335983911543528752093765100340096064822213081756637678142
608057301007545106287181310689889093782977657540319020732535231002
529624246176242558899227575734251609581386366527795512744883436297
335736492382259130069906510712067281011468196362352065026420439795
896147860402196217358956230234580830548591712768673973144258904788
829543016598314804125755382565914069933867204663548132921360181625
178307091032920408770843458729944087716499852443301532455479904202
308549762844457004808425350488044794810125089324868646890078019080
138578820080701202122755362099724584707134747717578878515352524280
429812565633485349834345221135333559824302678625105945805336749798
679779176419163553560509974533444415594236335654295506901826129568

450192313764182436719970494685328812880287327730092293043024199767
852119302620873447848254521669530126357043168869532610951149506513
999947573260574599438165859763786262794654944191152306455441278042
021255558485231982270306940253206156392713053345787226722076941231
264517093485431577465879473868675877050978434966207400163228129512
239050946168391371401840995196883353908015144019490669122299569313
564996315242512024788238730072109696775369931397668886121615375723
564192780662812551006451664198812233703317827864680774362900668671
711479777730820236814199605696615122041721627642068881102243213647
067848499801916335818992268413143430196627040560355897481031111965
144852915357397786196765959617920446797837460352448787521338657576
213833545044255160293923509364563230173390854122446090806053364838
100886666508928925771034698948090435288289047623997204146715786161
286743437747507578077727695850688714238034149568600218087518225367
269915712343160494269284432634384365278037270577774863158824705198
633851823586981545987165440709120339806391947009022569745580796688
325549928844995547059747174312795946900465262096701954641111451631
718631132424155156325673449468552527755669438589181724762150313162
752379414000321546259276098329784018963983630064000898741689219358
524528502279912725978852919296611647962557209144099066795320906435
919691029714184958431139639610661119047324084831696204890107434213
083271777776712669889658287470028003548508428195823244144523300370
338342553837210332149281188176305176045313356500728149650488445633
867245296385350228720002906155819124579895067955687282447108676408
290221737193086942522185635410220213743727246315159725083105423327
870041813095887689782852834085480623384841147052041156163579055768
229624523729995087313750594413825910372128489638596054900992888451
379705144535142769665965146415561778437000960970867167897129859828
735961824973694843348608424233036731821104744605256320768433201052
261807372761853884930271134544212649326901488588872696380485133418
628404614216704032825559760841672780982744568953464460188320504154
931121145804157312660057349498607185538920972153890740401680407868
856514857013503358704391540591935747975988500961838650314418636344
838663180892425078401927807163664212183291846434202729012490488025
443721442419302749566123603059120488818520931431309655578249124960
197587736462873131308595947191283170769849294279711376602230284951
641789970967489017971913162283796915662173776040284399172060011285
550737504440739796257349076656734857180005674266779141433742668470
770820907049279770536131546064391087857116684950223311574145797352
717467378742206404959131374590801670983487460444168746899772693091
897422650758858393502025797765985766225954905745873802122024893525
229808025367961249297177644816534374667054595055960978376569549989
645209234049419497890332496834123968446555330005856877004277103959
255221285569144916883724562150535422216244139772991564880078078695
574642692824962609809674483177081659220832150827572122333921822073
063080890699965964488709986203056316264151434494521960523116874088
247549066210819292129919181489176257896409043000265148547323270205
529240432771801963351438198499668278903940562907858756246151928743
123691539935817901426132047107938891704316221249333151352080098008
548124398358166694814106464362441612342080511250019448583333428594
620758846845900688729785918013419848930428975878376580135133360938
914144434675292680165292227878777461993273680125199286275810339164
035763668664995009327626332574085968343166181092336395445912247979
886700934873155136198973321274590613569151928117413012605296346991
021156507651449550201116842103631396945576894428248525037390754075
492060070597411853573209095111777476514142942044227539673857387940
614212788080242948366789612398506098750222341757393900684396415301
905824313252097282619538048219997591005728206269299992054826417234
114486896113050140225398454531631345933289324403428285540366465193
029291566650871763648052382534785182422817246170395420907171056601

019217891200400002277280842428126140919280167640979699978147184212
642966658004707832904426889574239409698672490525190394912978704646
967420761169174447719685264533658251572998412354537084889088379512
276980246828152436205941022109971524098181543491764651966648056371
563804536914653443705484213885992825447728591883619063288869797183
675838328369798988174214376873617983630396240059167379709032487735
257690260628755927586064438912628023317906906913827043966272836787
280161032644939566305173490146117794447518874347507674852948972660
145411052910067661657845631309885171220331026765753311606965972789
367202644194951639297490252837711556766019400043398247620792493171
053805347212452278036947998443240299344192076709270045967034085602
914651448116401236099911478673673700952481404214410954342693379894
210445767239637821950544733285528591786981202146232211610883573675
834189097206853280569051435514820152570822682092603653759736451729
411575050106465109628210786895298433993919065242947578056194820761
019525036304885401373060006468224038577081923139553718195048561212
855526562375044170053672850414998837814537604237465541180086760383
444224858676049721104359912535468766127284464121653048300021508190
240624165116435598702710011468413573741367581707841012333007291830
681137963721866029384194264875318475872599857978173183179281926777
011941989858356617176296316462593428738355248161698782368745774929
128273080101310998157953918590183550723441693108041695257969973966
591643236454675194827907538487939136419167725477697571658218535398
364607737730053774601487227312806141076982094654523260677815754580
209724831230324363146787326919763829143313197863352207771014530091
544619530753824836246776955207955747188024012202109017510250033992
139243382509190427579503174522641620703500192465252812223704577076
865487828627876032507236119190492140840800094614446388985064459620
417597604994187644978846171392542887596853757619536100222506126879
733813922045882204162354675892154896900132606035295120807633918561
412538957938725302719134923831315838570364787301013239536268431396
451656470964614450052972084519432043925615153036671474775221595612
585299015943427081450957082106900768112543275717219868560978659830
245187136170242339952097288564927259423766949717942150054431755876
602343499776486217210733584313157321163947188708851740171737272963
855227999746870483866688958656361644469054720227438928886763609017
954423148075256265347278454584624442600839394025673986139398907449
389527977478236568163890069495754229917658551528785739456950654230
935665536856776279076016840404394603111891074415096542168288400705
714808676424976050654284305554399708492281488858647262023145495727
065679077515929425966129868390538881309607924683563944829509342223
548608592418849368214289697105842947683378634467618065957007193073
310930035730042672680904697621641456102291123117125064272053087371
527469839545158157572736473870343491042229711037798886117048722115
155532401498397390761782346876895943330582564062689212645978262279
037342894781250510003031503839033821965893607787178905465929360695
086173680123715140236452959028154593777236617320437645573877204184
764733293007024015039600689825869909143305002389837262320094299274
789211487412339499382687605200999607477747693124117856437546841359
300387496079919614882933686623443398617822932529501450836253909494
073601694596429377709874466722338655290649301718615210247562893689
595906538405879097592140404807828680714982377877754393893487582955
571823811498589136955461614984244547384326194011176838440079733058
429271844509037292013139772957381102274034696655587213818677940153
696072808734376332587647845964561713512273477385060391593921800212
410259874186017538031823792330459063266492790197287391941120383906
108536033905625454577994186303451814811897273187127860798619419982
222027253441764092917790499488053694690480206174815415123572400551
258624303777297513009712975381713279548881089890055056488595614973
261447046784761341999395395237827462439396152774140230305769803036

```
03580192874049660817766253417417846321983135382068044821345734 3524
21109293990216796395459023646588315038146342042405123621003013 5212
45864762385854074997458338173372086932173090157324370584742087 4310
40685143230987217182239414068155593839562280106859050932909770 6687
14464855279718586103347211170066224140470513770402154501924939 4250
48761953895097957828727821759179071179983449137776979539325249 0605
56061058405168569213817636816643984600994383392962375895451047 623
87418768361291480192601860928067306532464079415026674792895649 4019
05371447353886044621772977440835373576984338833455714085688738 7495
03086330235307150185502690202241887515581079760289107485226654 5488
58681444733873195298415882384847689648389718318626383388148865 5054
43969914409712206983986956717627159833476468888322741622566690 9817
98913877351696741791483830833826882261949639895717851100125501 8277
74004095678207843724870086146030820772132728368131873576160451 7291
32814887278235919201266749409223876779841195353629003289331942 797
87638695178685099781269640639425317643538219897951827032566504 9701
33357673666930269758858357978073243501268630322186784350212379 5696
95058542804412698024181360749298904347864064053487957769254230 5580
98457345033177490847852303523136831550808460537411527260870726 9217
18884012241591241433402690433022893147093790065007446198180659 6437
85642625487772605007290676798570620549256180635726524972215063 1237
89089384221876564195641307318076547219228610945903007666537449 3367
01000019578782724928375427310482870152701129292716197841050268 2239
62861073641281701917630657455288749955287795050224943091667786 3064
48554152976153915012379173224274678262340302994985205192015698 2236
54642415805154796537784587981379848019252845141154975451987656 2403
98277942795410665211436673446596540555135663674532473519393158 057
87154988528958406220992922167465791799224980988279271632505584 2264
71170712017268410514697986865495280374025072336190127932518258 2698
06606971725333602480441063540659271441925945581028258358989524 77
31396498779708894344410964722681496734234066775402693053992547 7829
01367595739617450575057903032679233715128449500812059897680594 5004
40744272763822182760451670020088525069866375360187514049851598 8753
69290232824836549883885940690976653901685993770217895575866492 9307
52570779180557597579824464455915128403880615136061513413219928 0192
72437549868319025475158313310390844839382952778768142710311862 9876
69678367794257283981098212814495832063704513798430876078960149 1950
66322036817678367315920646766470036581947795452493603833235651 083
06336869285795641499945600458496497882326102007731880115369619 5535
72187425602429322877650496655153578386594306079345966982934876 6434
63005369143632892741409663843064339643796872468495132770931460 9563
07633165657072917303691852219475182611533322685084834310507156 9116
19562377160573369894975068919914301622735013186661872369858426 4683
75234832543118866065972888690367134527367139725053476012201104 7776
81707532013023243419240305680561195318425504513499340893114163 6088
00996103997589429734241520321731411616539687176234315810289170 8639
93515456870025679558793750547873859832754380482038145030386526 5867
54174705770361895083878446389506239568802996624278204317767156 0113
86300903081387670430705907811944059486685023216385492636296047 9470
06070291471443738104986155989572602101543400168981803912633838 6355
69168754328070074313991021299339718366911984027984953994979274 2268
50349897547660607598165145234962981571473256859084678806804675 6918
95116303924912276930654524538435840910629407583367633541439578 7273
51274576406968359668680173029229080359232338310210163889188658 8476
93092448960412741608405320279128180434468234877014739382154233 733
73309153574707638873326667387749830340377282929421507255634060 7645
41021182944042433892468160041662637703748393771439000616256634 6103
68362642456701522932535601407420361040386909110440820608849230 9604
40180958887157253879845462961959698562358875533087477878826932 9042
66418246926122748517834304078018232024473719996281041190681622 6660
```

631750395257423389444885590466720528913602047153861451463638145966
444759891967209854571193018507217282358363285186280552272012901333
259742118351086110637449825961236436435194934739676585037336624422
469263377551935874859914575874363200362955073089882638645899370769
592719323495180923014575769400509459363011512059430794849376320155
801229048495607579989984290856621761829396962786524629463059962401
296736273916655384620488037356481558134608700205626998866860770640
466715375415376793509339222421215289175870558580013049636114240945
693149360414895889773849735944169867671182865496962174406920149998
222918857618320853118724169365769013368421235375666116821465190901
795569588106077588845986039281415518030604891232348058801055942640
903113722939326989391195001925744023847623865674665423729803741191
791292079661513740775569681860006036968255554914459921660520527905
432609633982268529908599899052245596677024891664061100106401263543
520413152920291666326929146564541790600022897813534433356194918573
693010458860085216462200050007613100481161792275789871349387288007
390212240505622267132137871434340034587035325561794712471059508375
327985787745082234704073955859458547702999710900559468267169646288
542792069944703182736685123499795194008132551045688859165339084431
041022049021040202448661973280850743516007349702203209129215106671
458425767481613136593466782806943117024519860313145879235395104352
918213938943612076530657471362413092874211911512381432835194921159
835354216332986133810977937756269599713704953152829983461105193117
885571593450686864995981973856875270690016788082811377040812021316
130694878312177410769333413682005426400131598785740236093629663615
478576871492806006833451194591347470303385745229027995419695205288
657722561420053718067848984638353522223579812458537980852576727295
415990641808359980482599213065962246615383042978958209467131680070
509310042415822279331044083058485693686184251384788786868646276585
827727387430307212579918850387420533240897275696731618650770362211
718556519016156172627640821537161828665192865961188109681401396445
666570524919815812962315913638208104666181836014411681708261895692
122026315973614889460095598811485147747572515201141585698743202163
307481359009284892078995406611035962421079762105783718935803663018
776740784389013310524114831734074326821053500485751253221366388426
988036718707681217508372681035570026584903799534964730422738013500
534625300365192950293073233013696673734901632987256727824187158536
887045662375435712971990292114201797296357904512452162098388812011
210730243774751211916407192142824538291215575103807708469567317903
741862830005845407741008707473645924996983464139001351166936721588
165269286449261671202510994047548619427093525606909377526368303471
987892294431946507407641829731137706558796417997594205691710233106
059385443613742325862789163934803068189059695405730569934322917008
137744073312923507708766174122051604075922440031952882198018893189
633892552089297772126629629013014328996357368835644647985230069635
352280406450876166781156871202937222526032399193532510736984833072
984507253325187806827440346453510907186499693387149120496080607587
491475799025184475475801864022744699680122706192042295811662422991
874809250039051877018762039910264411665847698872566842018767507006
334032907318338794188863123160635389903566857511271527984194418531
574958290829324055054968558276040336280922049509474481193903400213
555175282391282675785409772678592332133787102989828926385451698542
084361231069380682675153039204189214200694128883345218657715100019
936371456258100469600848176632689847225994443137183018422144374632
242279166316526152853257705843635185464007637119371613279170009984
764429333086415767890700567625575200938387765737691816891333109927
808510254910086221261211119557122492734690740157728976376591519323
603887743228139676479763980961216462370739021471314791577724274042
106540295473307932511887584859000599287746891581536974576345906540
473036862757465613209893995165209792553551095144211926515159110686

8200340803718673672393847585188056210767305366675964682898920803 44
4876134582824237462343744757609385366150835297249604446575963011 00
1504937330355620176905692603891816268400793683953291888480662891 13
0055559781665071301228018889452290667911009251100265255194370931 68
2948118560009206092173002678857826856130294929801663897045130297 90
3922905554368445454394939721483286549752447959649252044040731398 88
6569194467506635264335984056279848956732176737608997407396279318 11
6948798017885745236435805413409922867142887172453256525028064776 86
1182192238122809202592584731759372667407336423813392593926078887 48
6029446050507442928416113188034245883889200435920086418177249915 61
8802892439070445169580135779943847363563845306623169524387425293 81
0357275725764300484112412693311184948431623224604649158711655258 25
3105084158868412086120373683024024954169861367249297547909976296 24
6777958262248926818474803714409703854208799219358075898164687641 67
4432814618758801017892965597967935461660012694439428394440747680 25
4387590991361285568256654687855906237783383120639827956285390590 19
0333694961179465929462616590359739748934500116203259183331636205 17
2772175218131540725397199428600832702450922225866560161791014973 21
2695607345979693791174223568408181221980724975998296539975207813 39
2648396598206398456955225708113520748116236310342515925367435941 13
9181371539850800877029407987858382780629605432367604699813247022 27
8409555037928370067087217508479533087289403054180000388250239843 85
2151505452297963487389215722684880956351931523348007195641101811 78
3831996539508279428683710926253831957562596806603842720418799886 94
4472603366589535520254397190168943633489255933463564660008139361 58
4954692095737295068267985776145913713465474624097526037818237502 71
1303763209782974977395347438160148099224681766156140235041555677 46
6977521935759588226970211807091458054400413897709030575944366023 70
5686286606035321194368200606699107432770053283784335472561066665 49
0869215615871737298276248747884629258407178704735045011645069005 11
5815711205186582780209512885397371232993843472485867564008903181 81
4178802065112053356549742810790030319729545515576722946070488466 19
6905341998099847609547272605389788563063265864774787324165676870 14
4891293882357364771092446299584548456192887515734571102086486589 44
5278634437777114608236802596993578895897372875220423520686737793 45
6592170360543938816362450259788690033108200067486323742539759897 00
6923876418906814019872946552080380561373833970953304075545268678 38
5266825433912448142457373259534954974614191927875869724137920937 18
1878878929760447657337939279684526989043437646902363801220134460 88
3001166697251180886213001588744864819501600714414148535643840335 92
7623802221259987850237457713991517629075476692005056344306504257 42
3047710825691822971111236092116188192150047825036410721835607133 75
1136710204278955944523749026584763220439658101580665530618267477 03
2881629309224485629548616929677376706410343509987496288801102736 79
7251157037703979376655111789748309702691153745894267774442958445 90
7499585425078460414648791095987637338859434769362332955386916209 76
3201350407361351235671562552842662804050587097106844690017421046 05
6648483313009974311139883867692254599973911147059836164750998813 71
9325460388168949813555374454214131672427122202907773558299838640 96
0351393089583566463963170590616365201770426527472319400728233713 79
4492967415858993024636895660051802561182560620536982856951107741 31
4682525852868519567944293536032799560756126836191874344052971668 32
5030957844998606150251260711658250977784367549264506966398371274 26
4374370712248737161278707591200700456248713683573323314038867914 93
2873685871238812763070993589499826378678005854776094942552718627 36
8885566147299628708985169818454971368791271279513680334906791195 01
4308410908579325802529186032898628027669971300364598901066241963 09
9671180501221409945340926707351445898093385595685973820655738468 15
3297046102754072467755125538097181712809383034048772352706904725 13
9681930576375477377061770216515668266217652810291321397061648565 32

```
965982799565622663652490793964466900520037654547924920439499687930
535570015625200828287380919696947778602579589559898350795286966342
645731289614335335928305020099863860158212919750090058170713970219
629977521322145434921592778359737951979333774499635347655284975171
970233825903208574669231119546311032670590986024221174394073318258
157739882447679758439110638443578620846877070578121257073392505182
024668968732418219295836286165253127747653825529989668128997612409
351805227255048743855305616524673796059994362346804981771356920042
885416984678207839224969183751524310223193856251977734350314517554
033532927270231194399079288483060110664191119865642564942983625497
337422878035359162393592072646109893333932861954573175029986746129
840961205789082693070483292543414197315571404283068141521475517302
072847243512237423999172982690911645398209618655278860727228029348
734708997754451856464275861520766448247168149964915728346334907757
576015782153979313648116156226667369781149362438112402653614602646
822966455376523900987573857594265450639134197027211875924571097309
203789021904700094106234499294862382300534431964927220781768961419
411044022955319886703213897413963228802514356678152733107661514204
237778446047932688076038362390128890787245152865934436210522230231
400899467333520691745274097995319175231418164151248626987273328105
555343050457631517053106455985972014442977554842662286074781680123
466139304659216786582790518968786713046249956449061736860947615827
180403072314343457835067104517947315314987640648554971884070686139
689652458510351965020075757427654780040843215999274680094585881912
529442386282291999553226710197849599814744239192215104405345506430
002342213757878286890774281995328633682822060668132576957554967629
251583274705401523291473497008712546384014429411754349030426038052
472982122512037933446859352264346759404739232886188553607149912704
036020502515105237501706003695896266751700501475529105970915058633
543204631199721976135136291304516649266013122582419355202021940413
560088928614419335475152377813420706659213169985169573765819946638
137349832644256919839682824368854260337155320946912321363940501288
815748356885017135913228160936504566159233664973951810389265513844
457934043560467311633026000485517763079936228516063756599974475276
485216464317737329217226454788573777183560402977323655740952362517
980912083434049796620537848162435177479644552838990041386722816623
683087879476244813917086738826434262088888072617549180955714761184
310837955324097741103989190101916108465704423401971998756994497209
715272784832904523563719240055243554892495893804506002359164053150
698609724523077420026467171522661903150875701990656826122374750075
583922111357069755680727348187615141951013439271039976641315094589
720975222507317929435753197255016411549103167492726575128248485711
648261903212439723097291775147656627636105600940882668530979102038
425528758776059287832924836432355305375740442266595028933569482036
083265612964765631228333770912985168464209981164398449090121982130
453360978685271654453564844019706443842451787619515918217961253187
010968048542613789932378784628837843526323907363803572273583926185
309315526777184033951131654260951563598049135500627471174603371231
118475807536570493825182034388466881180472200836910861965902617384
716071694793808108240464979371217149080373880860665527194019446399
689436529241885129509690416257275955868573003187112210902259407862
183122236463576569189258653127462169948651521700314326666172644511
728673094350044832345565392522755539224029045824560530252445097056
407511565552033550876269244781126953108818542222525506787046079365
996078859213529667000918066123274681382563686323301564399270096663
997386075988614119308616380684616042832654926436910147070419919029
890946519927633893141019895571290210230498772670003874799365706030
048829820680593096738527488474124938161883716539391920958972029873
382726498279570999346731048075864762177531258599962425193218839603
698622656506697824439850698141524008430679774182160883638277631379
```

```
4970648009910610284806569885261408100126622698927396717442545426 93
3283271780300387090584494411101858684579537953211077780093376133 98
2393505231423322678615027938521846849488313633055728317169597465 72
5120049449161289626622559316107904514875890869013166498427346922 31
6868205840214660606438340831848033285125319121720665690283104752 15
0827521872875899859290175842813105926323908962884035863646716468 16
2766694216433571854523168354482481816924469184566092093835854555 35
8803445663756201668023866880377502450677268041633410578972318236 22
1623078424262487415662044386744351925825867291779816429853824258 59
0393724747388658076478834842174976303880924081875239811212680165 42
1092265508646406319810265951040466644988282522729620731741063124 8
3837578221147670999141807286207616833914762970384866170533657278 91
7371821115234965122408677120793897278439458291382364131252636508 6
3543858959860860701957199379407771285164777315613697054881080611 03
9074380248518135424248346867335064393854148471728626602596461292 58
4842028642684106698460667369123260344427765033688706639398434305 32
8059988350947355273206866548093344640881148402646920394469940469 6
7788847969948968162252600617599365577948375143944991300248891624 433
7549254004875351853304727640430296368093270136714690008666137747 33
8617896228573924221858493120661020951107192259458459006270570583 54
5428527429394077928948368788705373428296899927017258215807643329 98
4187871176349627405045032389809215233398862637036117509003482325 63
4716760502295522582907750128130281692917908039035481194904119623 64
5414552111084252228111733209165882140303675853769913344663731302 177
9077243422188113728484978199802513095247259913790101923065730421 32
2092718329400922219248851929732651711116595570000809299101108253 051
4181670388037394305391667264940833647441049692135235846729955165 55
8671240986021414860096983287269782496611508430070542674851718987 40
3663018492334671518342902774725066816020775254372882978663576711 29
1170964574394596522695017273048764078250253442397506872720363343 31
1747432354673480052835820641406678783341307438762270596948810483 73
6660230841576205745552719047608684397809741444435238919432554695 85
5484247911825928075248506254378446665882594461233326642812924945 8
1137047799609870797825189089353466321298819617661878683004238176 07
0449508057835589316070504372295216327093663631818807476549147861 06
5639686459134245195001663300781608754313945030086543961908264649 61
6077559098724108121896614140867538066417856184469948288973139635 99
7428521526523657068582859864726892013405622460303896034691961741 06
6799701762461493108951164082689869640534939262098031288035878230 48
5167117164414428319484877107060643311308989482659161849825759251 931
9159090021786767376098089683278011263566285826947182805521160181 69
4051853823607237138364236668994910831496145641468891161463312346 38
3691643785822500369619739022889659695192651107979920229330697601 5
6977256057890093360809074836488587391943907946789828084896820595 59
7328670744142464709179987845204652072704707777169858611169275141 05
1497264342743333326209657689037519047072852122761739027140770621 7
3356322451757683683826963873825603346634574750154887378403135620 9
5024210361051158938813432507538321839841080256174024704976662351 65
0694436554891803962059035735229935981665381179843883831835758149 12
6868516510841571808784270591320356462731201701342776834309234153 08
5171087295059460334678351146141352253394641253837017831082524345 3
3372823894179270112373905933065078718211706821967863991326721584 33
8740557342820929096571195134232835413710472262458334321918403056 41
1745230284954727675976267944071113379043059399529629707688770080 39
4786914972032086667968744010591741977405359746401134954391796810 88
9207061066907073300557493754577591720911467425634052435975905198 24
4147416530178263834335919911697118585701370687156844789292757052
0096784080442241598254566036172543886688118672587218614758706607 44
7929545666852648078730528524335462285053352677664949007300093086 9656
5811585274169961312465712951758348074973744002370233283440111509 12
```

64078078259866029804128220853157414573436090546128279268130 6222994
56153425337633840614253544043838652166880684065587900904950 3660719
65250718985338541012671824711348098677793934252858642990610 9071700
96177947082721133366739099673928314350586171203920265955588 7242923
05714329527750750311823208037985724133140167353048659465155 7843767
67161402606384667294634579165821190397713447898427153628278 7110492
81674670189361510885333549594787847395773750146750733853897 7481574
13698562566767040925888712070233980451214119704076710284141 907153
91627007699291541390337065571858113825815808047658775135001 7723095
33418565409955590461081629733199577583996350655549759409659 5251492
60644389458343446763351450457410094423842616975158271055186 6796055
57440209822166026359853214675086856880141040377201979791210 388699
93681781147267732886269992051330789792484893500721169606816 9193606
42903531179223051787366987142176082187671556373235877868773 5279832
32235946820079541384030455761748818454056762391638823984221 7596298
51140665549995105604995956391024380293538740163834557040576 9556670
13584103808619504710657384445783302564535184508252424474043 8078531
38496909747926601984226835268996070822001533475375156075232 8070551
14974311058907802114400693180003499370945122065860386423888 6564857
78068442354599657785861311493731661132900571287446412238279 4087935
99436590967943450957926550267345605009954837035199683020340 7696296
08901662030332946057817345219620543097784150759719814012466 0622172
34454354082592304255721786955118299622501663224606927696662 4357029
48984257423759002564752667787138493860854231174223022158635 5844614
99990862498759437338144818004322619131338175555929453900833 0991363
48101491627971998302597308141484900086002210867480760346010 5182315
81567766182258798931628219010369281226399620036683303058344 336314
28271045661488334487516059856732741519579658563936582527728 433977
05682158525040939959412983767281359624876536984026628370316 6736595
81120141916060984790190586848769716230020801861893553750015 9984131
77713058668112354083417653534941453665099533607247358247560 2220062
78006393702659828706037801563091181687965057791644106646586 3480670
82435011225376586702453467322506195801556218199361607963055 2271564
94969556321807201713301100634780328057882683038083582761450 8411277
59492897673339652772762432386894680826557008163670921597026 34824795
92084975707535737527450689868299758297182507352977062875758 7533386
21452821050211908646910201034064994727034110263204966711681 8203260
70440452463768842342050492915945815400068447975389171390643 6606764
33129928150649673804538476154130466386360295147076243860317 4016261
54601272351064539097770918862401558558702677349194036957909 5113849
59914359927392280415431862943012424985787717024686113941992 9199824
61214539999319031433877758454926523528351534977907278895250 6340666
88111666388621608535893053307720402175664932348811923314955 613526
49213723846358418844743768490884339465034314682307869589004 9724010
48419486291716203611732879764043199803841126659259331889960 3263197
27075483621167801238910390354068901653510203898439197895110 2377465
23079174294208651687733060572974107754914241392875209136686 2217178
96636848220583484435240829247326646345588152394610742129898 3953327
98097046383030883609918110608089509716460394928308046669450 50065040
39449952037313693768283861888989296195282104389613795065194 2773041
72925988507243627859672220129202111734582104836766963131770 9622874
32214516581188107937620708094025473306115201542676032392595 1813614
50275012321889629884178318513560364198682260416151157901224 1688996
15190888226005291544541491765008573145627777631123998788240 27260071
44117762303074872925854893458277040219021975076474503380978 8092380
63420314586598302526147931685723106092921417700667709992030 1251990
22161235171384849747441167448530699868644181283647203696595 61956174
30057618342324441179878864552744110639042308406528863311555 02377776
25363115849453488941736106262980489637442189634453019479502 8732590
72268565473405475007567821249952438046485387827896429686532 7984587

245057972402681424557985348379297424825170970213185574726473190558
954057427601065027023634161489036809299457174060892439406666897860
388153925456330574998928525804877233283640819861905135888101371905
448807333611977323360415393225127655077597863781826189204256723521
779846459820769579617124948692441977940942964436177356284689456522
483248923129887377265295707301683068799880200023007548007692217710
450286724243729903779430450514106219583797166165863193830549211937
430684588070902565166084689250015486556595871441570731879261460992
151807367930063034281190639957404053883886924216594227249104615117
660964528114764886421171412723362552489628075702461730654688747687
560963512203793285878112325687676825409769667649730376737241073020
835043783532692980198855703872611010970654156497486320644210371494
233683265766835480675897276470520286177775852852064538413013989520
974866344956222179947476373284823421438572336757184105430269217756
800296631215994849558621772868882298047842855912658332880677357589
300314447017698645638709599344594672922749662027177180341806744942
108258400940071142899637322508792612103483742955250476720208120700
614877930492579340485333126450057574616749334701687414683613282906
839856124565309665582635509990079597163048970966919290828246404175
454516461064569707215106647218648493048840595097139183022464909630
728030738357249412062714449888210446537524712974713276576815468096
969107576516069717500986125922625501194654716858319671316498453180
648771884041459899910756396204831971182355301943699187888938850133
916636769618507578645513950004169956474893360244947095512070198250
515308267590410725985039131702265975010888159205438600515059939810
084856373825572239926720537111484371835796257350560274822109802746
182207929614654540240068663596017932238138466143360758757392813347
230668270477451909316276292613214202868493154734464200017199565881
632071104322911480586896269151287517240651560146330968017160302350
979404687327081950680065512361833471691275220616381501708167840690
736524197131464567091336851047024135366395334545317960465246221713
882476321330777610032495122800194387976730400559969406989024700313
605878656136763515307947831117087908932397584609332099099629571333
188585034527535169793811705393886058400350468363352853462962424363
948393695357590565899903615534428336634923347321638832227366136264
580284870099463390538066014902508563761332239181040498893461798148
582983572114958645579382594214303482362201564552428422623021699667
909024574827979962841706347496734791764411913999468934159437616612
189968201404810201121208860061736592785442795190150929005013653184
218966778713610565715486987192220740113650671533767156510846000004
883555686022781275231966117357075644979063560521419175684804754456
493863696607375257012423591088116599345050420297010681648051325282
222348947989018294656944288614702194998279129392164218750659374759
725794810222163714759232443732427134721905007653270697434370387763
847870375799024809876701593395111746967374321021585273885428601910
211278301217562685132739186802763721607657205177113324969245047746
033875727351845364212540847834318806416263770140820825134526424414
366907994568440420443032332107079025521396610619019873078271586801
195458709449133053320675196763106646480591427013372542191005135124
427041406214507189924050348850453314043777764330633365726780940260
262077676744344181195802580700965887557469442299762546549711793310
249909088926088193675505812071531600220856379176289399186077742554
297302132684122767659919621066173645352725085838917586023608333183
079213618668697457231830731316510172009908507109996677061754650632
402335175196664021937590501424593169935717890523297925686252252828
343363087919170104730174425572967847619932454527562770363149214467
535302253945291673401851424757041839857342772036843103534824018021
562153664028336207252772686045316696904858153506866961945269319929
892566528245040648161494723927174221342783306543246447743108940769
718368725780617049627958505757131879027206758466747865191460884246

7384726144541796368195822646685789144685383785717203523240523092575
5164975899617757823904650870458824689753604873682006280794266887466
1188164764228131720953727174532499180050460434192072657033508657637
7748586859714780433125973700268962953296810192119042116573244842912
2916239146051118809493466536775055352181567236000174172431920783503
3990573274215876107266358345028468382869538846519762091470890771133
1308525205028413196010217666886437639631651401907991845379864896835
5150416358059776949909292605048958925816931622052482118761125211758
8217024767777102527754297843121626533080295088173069296734987480823
3103638647417375072482018724942890648736478481282400329042988847506
6267107127540647680240569384962791696000990969206142804358549990846
6947303356284823701684688115887194973425780602681784114339921037946
6269337982040445198089201112778626066923605556404178649880342208662
7757143132016616016457809153994 3

2317259055081906602921589620429336676390504831513419312629946630801
3560580191944128111029444074570131391540653637442323061761417539515
5955752505416793089459503330841424970729436060847300354068256869698
9303873583230789161893787154002547922819111364087428452971855293043
8221891484803631333959676766308104889427981939775412310960636385619
2704182636059731899942167627701763068386415774674900617445232440112
7237237009681444279501624037529612343197947019862123733500063761098
3525543960186755823807817579377778894824396048672195218908988060361
3972226670384503751320535043823418611871816225142352149411555431030
6198175614048290879902349571922201012084551071134654062664602967491
8682050025065026191592278829030146284850836732352562782558654092593
9397964055048195199214768605921736093997182645638297478723645449049
7285577732919716668097012420180273571233417169636411606225827428065
7716307479121442651956327980799103693492571291485032121680674930104
3635444288413981678364878917626736036030151711146495750048335952380
4912845394833319357950150232455073657394544188517310184902401087014
7017296315744406597240466636891667049289768105358570726692201588232
1400152948353057094710275836111892138440731990396612442200119116384
4167084709174288356728247821068755939281804381314355962139014404182
5656595497527621678270207147170955014166693006270483314466405292042
7774447996121489273439730323385810420898173483424020486878471222813
7630624595711738887660900030458535116416185304937118935221507271908
8990252232214165310163395317312309991527343845044859642724706782299
9378735440677353525790142640980174904493883350091959143257256262551
4205692119876320191889993944632744720518791403630466861813517864957
6848356987133063815436017269068659721450193814653032820556636849567
4898407449875896017091976606356302906587796383738540463425295147000
5808049506582321271125702191895387695186270682588089159471960785212
6095359754474818451181138214438071189115162641386204780980176417930
7746156044271691176058250559162113330905258213089921505059043381290
2704409852340946469132118889582903727976828749540207437620628263675
1095540417603497651600920559988957323041384892252743476108676565469
9967104544319670455576096678124483413072494245782306610279215773109
8357995357803956529989257483325869294762243161333243527457590456681
6266143512143732120741434226977287207982591008361503558580296671444
9652372870809815711427231125476696291455748532762888612489989655036
9964862618556976522310062490643824396966571976487091983386526183822
4036291767000634657838347143498275167664450821448793286590346129357
1147317996703070360920155266423802333283998665586959946386024884003
1957248823638528395839758530050362617169696195650289465350626403612
6212053987307670592168975610466320925529812833813150974237860951282
7179063164713946444645938680730788142616614348911226526861659573389
5602512607682414590544835435963777332895094393363880138288389163972
0798430246923251966208773060379183140485427611831581540447449895092
4147566237048462808558938432568844004665786729102928273807854204435
2842710025822032508939

622339601545839152482610956511733229638725651187755307815282009807
727034174485537343300870844577757020243814956247372553558745276774
058469944992611890278281052200471808944700688465599962815256857754
463917666923380502755872761805259867844298731363315292711461758060
955861958625008367922379500560169877489958002204982692612512391541
670322604199500293380020471401803603334492634159530092558118938741
082150633211603052904519177351695224773736212833703582753753262949
653727321453353455480589883266643717368255312542292370945983902004
506286414498890732905453223622679817059571011757140917562886644625
964682159477078759319507651930016415228618758782652859287905093945
342887803220073212554679832488460316715733935085690497290293939286
382925910619505789491193604661075936858566264107130898940838537277
326649689522698129283242166739515379625619838872543888399665857188
927366205387016101354641891542992957054176310051068067396328545946
798874675277780466694771532452268844511843727520345193193563991434
026056148478299709059524802119215908087739014178496149642893120282
292502727038699415766678089976157627429404730162416584812892787356
363842861647431984329713137442000315258535123121943095395372642652
788235648514871341260008989635074405611523702340306162830371757697
486217608767787700250576748949916292026493446617417520849192760807
877980787025603371521403712703727283079813122043179481108318984447
054177686764983180564732606145240756469031982073611405828764570545
541940060257743269644462248390201903410260356189940061955321352782
765397046951976370389985845187586359634065942051653014489404044237
338530136661531215276651506819900484124175496362046669261180075808
150768861637851649194385115092604523312099773954546771905297536802
956091020199354659843043003511943433511409489844416069873227942819
537024287650806321957287082658790425079631958104224080200165496950
126616694246819757229741032572751478359924389824438149471408151924
739407488289080677382790341365685333573007089913729441606947495727
981044746291778736999826649618902020669485482027530290844723557965
761190617069855156345656755212080200769122869779969338948613138625
332920607795772739885923643560118930982425355725442032426233820415
109314851595452993591737854908526789807698039292782801848796089997
561188923539084850927753332482715714662197001403475330579547790214
428906706416796138173865366641985128033009629634547958020795980891
011850302061598808434301399140358821101180440674923659276701205132
270822019174498716726212746739892189325835976400448435855135185049
874555587342858316063694688174757574864454784738213148350199468504
968452264326078773840248926898717636624554609362300461105833828769
997690699971142483372081591390732659433306936611307258742589338879
363472169010505383843193034015354073325905419105193920213132788699
778804686838227097186202529663533497600832713936487498489072696266
198600117784252300753172875563025953902225923837729529092419953161
752723243520773016279644486686738312331106792805619190597488816421
275473609473876376154987760945993301866541397222280599131048707915
555981076616722516765995969077208398047753757975267608607102789023
912319707247022428720917106302505776259226563869181576893542503762
764649381397653892801702921111465576923160168806798074148679826756
587661004786320561725857750984389109255853980564739129601928794316
897833051142981040196049885647521049116905746791357642807911283211
285464068640159763402363220671009900058453529574936637807257781775
2779572081667403452978391302926848521816430181118867011259477606105
663240534513705504847534312181737923979412555889110320692562679191
894904370312043101687324393985508666027954371188536722042614906071
527455189249145885583952146847526789458932352074451756660635005675
109472173708229138988896478717847716898200506273131755132040350213
173792189397587782343959253683178416035150586685160209653050646215
709845575769746313590854016003650389560648084678033512184232943656
939256744352317349364860721200672021785208983183514402934695840135

836583502709408824658543215323499205366451023792916781117412243946
399190098050697045799970524073510865094013618623265187731915988561
032408794712231477663072115234553526969049818787171443337413917244
621964213183583937815309059651793192134649123218355618575549606992
099408432875163630607643642813904106737562136788024212164324146268
467374990300455296834497512536981209202515541318271347132356815773
592279611138620257660357913907761326069938173192506657333253947564
673614275505024383029701602921869674540830333645493771214094116241
883285255434614092793903013586132198210236002037906243572074658765
211554672847548723786490693591419691282033533133119540761548939437
465048658634856138691033187266556157214754182206799346567924920938
381192793001175734364368581645415426468534404341348265738263557743
453284733507407239461576839144831835179254209648499501009224504451
543323256417954854092444743109486430179988458322253227960723315586
771011035977850380676718541681979597678238458777753995191347807443
430327088076891830330016228003780180632191976277978765106911106889
168149757366998830153728946399398794811848287651967911793738641568
973408320718117123905437439998286704979446893655790850208795164823
463878982216093102044154518897342627387074940946884997335063113958
828802545825335135816762022931059694695435090830014695035245611570
996470812406200802242973323887131435209812229709076843290392865194
369625590125643535283113996233181579133012444465652089145918840853
942378418146074763981899027627405427585500545714285961175883784978
875593327224702443403642991034823018517481660206306004516761136834
720067867928335915775869233768958920558518448471077085015949723819
593804868691299576602539012341889021323319193407376036577363602317
779206167076367803716769348336469879521035272742912258925966976938
308892543600470493518467838566056047009098512504619769876727053383
528979983000452429679380132969575294533161382847233791625813837374
697837963029123134725783997922604620854853783557162000995823466525
692397937834928668974290061354269068609930796363549449915721036180
726397649684059467736264521951051305203589742843419785447540117936
094591730375137096227197373643276398792201997729224712465014005874
646545736500376926180097728618585220384355000707099212229495978794
565129270658752108962570050450063557145620767143582505124383706237
654075307688516392908417262694768244106680372772132286127528629864
453638594636680035658868417811795202193304328917787433241662611902
880249250232847028848902451140439400243902129003634196637574052591
419761880206917456501712314506035625006833839864383481273457604981
364270402524774149629644063601595605751381075333364010393910432202
804450867485086354068247802645358866831260223958193758497641423346
745161385478531413119140136206750437568531764779785721348858563291
596565953037447294961762486052301832070342014505708431032462075865
036341193457604994135932189618623721787252374911476237366707993246
818433294298400045704711639320724089693514609539638685939566086950
208770912639260867558447254739152729424388004732363713155525407406
237769560476425613873820304946757128246581824060771374973943920468
859308137571458103562230579789718912632981909392115128871614104369
533682999862360842218236427976793446654114153744824636799950243412
231525849995087508889852166556884746634493967631789023080227814906
411803974991451652783466194518331475524563142173288840287854252933
581286292698274279295785426910654345920379206078918139569110883768
098907782439539496689996540972526034051983093856746516031194882833
545852404129920278654432210034766727488290271919865777957201340492
932094044307502487897156494302868990773161040680067060987536349391
943452271606699373596656180437977839025308090849961699910375620236
492078656044854207760459455811417401900723677702309394675793544881
332352629824446838660498732929460548498526907038246578711165912332
248777707086024508996766979016531243170549566067278820371339735257
536144079063783931322706981094181403407997283995116799809870722722

```
248132093783175501173788715843782115580010712183471019094539647770
288337828277857927157214285528861275484154495827382462657124709096
147751051537262162250886177210868238357185143149147926182147217856
275804566051494091260175405105343171222475002505126481253486700909
686538379904468783276411023361004326447434547942272589752481913137
513821300902543296416377429829599762533330450175266453564780953671
463909917268465447379406931155346432011309079725871785604905860364
633185896819340645935956579626603053715734931708719020853023506943
292712449248463479875481883871675044194482476860774993501197188331
240684095456083755336132798686385513849093504854885668597327103640
853078531701672915348012127238784399308564258283923552086120406380
788631376664766674890112726866812476908101330874268820260744048070
201298545839284780758054595956565228753012018072004660720770281516
969589040211969621852196266643886787525820377445406546921189528040
490580407475395828399489060777095581113091903395027515480235701477
868484939205750386310193151336765019415004285435700766459763652257
313429831479600593397529605292351178914419879604346745130750481735
644014258855211815133636569861093928552238809375328436906691463223
272491760909521356346726850030170297205963167602459215652161023789
139598832940436886332624606268806000417922282820893641647136047l365
505988467344167252266829536491084351020969084528952126569961432272
929363120150681248756439911089813470127808516111420863465466020530
529294967958527812664902001159706123218762555516157313720888771893
962824491816444695162656805179323405054367483175799110942361466610
533680800882971478630783156109790240763048223187657336850415510049
647973650986497364530729961633439535494899644272662982655606906282
423346794791185255294343653624736892896167770395687044203445915600
150552984893754588060231463305268068927816493988680793431801865671
642831794425033722132452948864253683613339723660321715130907880741
888022912395614153471970023065753721524370552654311800045296725549
257014834878677330034044556520483754037873597117916086192871101723
996244831141934403087262496052331318468252670982855666469326150064
848429482741173014963815198992984771696237802831656908951152276224
306637511808702403029600270398383327846411725494496101107646715797
357322957882643487536460316083429719844655856972736101343614208182
276381830988331033379548431123932530956006295164538193927703952028
255082382896356751234934780478853323114266174744279399756640035448
127732293766522050313713252866950274454818298515911585165009335142
098207793291460110237942108389952660046194488054663394471318924288
397749660026387021686950439561655228105964492346342428532178883867
581204830567261556776700681365998271227196834678243310413551584029
699254554099191706018679226589653288807865921917024491010218427122
978839995429817089589555408364837408673305278309339874059423971270
698766701047690769856556658785552073230423357203107686864012865448
006317523530023121038491150465355795946480052371894710627907631472
943251020000346810335661980215764203977051403408455007127620093951 3
591975182587278356229842797514240582013495836745629850071123231810
150499742767334894549746919929129679794890535189125843990378204617
588590490074796614989662874429222548481669201895545659056630804143
202390959098412626086947344828731264513168331460552761394522209679
886784624638600752553328313122264137526355256473446488837570991509
131235891640205487890780737933672856780612586423443185731176829823
851314305743059385350838260420678934879482289199412113445742823452
906029678817296589928666790035739509349727143344524479134133729706
876873719111846942017363590166865931057694104454276152991636193461
161154670524000871697506704044909761187843993826785468386292555649
754877777385713114853348210262426527534519019952583608567196065957
181775793699261488561845397797084799391091775626587703232521478759
488988835548189400581280721843035825940517148391167345996681333008
296578061311044871889311814661753237040891720748589025821013594770
```

905417653644113196254497378244008868142941903604159609534001179206
545984558369247773640217603660712368734060131535805819947638269814
304335834150692546203251558890729175821114682647789473802973388942
159118829309373480319827145209413118996730056889957882817471516064
826066680310991138198965322982877287319925440298191713143679792458
457740101707796603823149986496632012398425932031539482591367429272
602544420612228005729016897078239427865832136554307404709855054610
434968177541729465488591480957731513128333056090433522120834823849
548114721483341463797702772019261427024169448962827314992162232210
998059412136279244037099311826951490140015021255670646336943603815
828210071612130620279186490992932736220408308311186430144275930232
554760042424733213070679730325642693330742633127744608115065642651
030899889172098821896826964514300300236814244240752960032168061872
620080756367708470412049127747580077437840787530123609422697393486
779308281184799491537164397197887759858960169538778934499407625566
817985964818272189144480029712260290791803455687620349033935413993
910455281063346283856291499757238306756273625509504076236716712148
107128240198045544546786544082486150453996328328344095400955432598
952207794141728193766503785940592700960848459691158784320997895371
594805347305835982265584084451704796541846731863964420962966376541
812545074180332227391481803320095941813710000894890963262044987663
497910433384661934624530916967578330996818017050445337636695836798
016538988848768994022983734240917426800215321855186947641337127703
962993302741492636162704567171836446567934280129620706068580520846
400459214646783294187844662155147760697512019382242761639886759415
200573094322827168943809710489477144613309808165403465752120557996
577816365667633346828217438155835188915902603176519339371490151492
985082205997964574279732616060945421244185999921734605677446003382
706931637046734594817519717840172410152144763463729665434513814543
886298252682890511318691193559827848273098755000431161719286676200
949230602184902616631474538152768697877546787349548032992198670192
417019881284282369476946844277307014799641752172488405299143759592
012951066773953339985306829038979527928954569101894828580277088901
887740463490093666105138977749454249194401220567695024326045059802
131598951562942716070436534603310353367466349172682922474659500979
304029867115636703440084449367317076883059120665504619393719155580
629386394078844570564292866498664413004329073216509978386469474725
712471373411696295676606699446011437975587427224444965838602190804
863807657777785812118261272170473493376483825443310910829028109297
636197785999250929370879697240861517733591575762533902249241254812
429528756474624505998508142843459861856419316762330142670982389468
266796852600259610374180931621434848863031545724489774810312313879
047512352825266102041477783486122812569705484811114331720841508436
122855681680245277689867315409373567470367188211003249060347495689
977382236937801549436807330954726582486924689926444314107056428596
217897363107085603013946220378831817328518264349154238147565168280
488040024768382130484907514430232259924215906616180655497767138905
325381238878249191501796661500180744315438202967277828855559044608
290064566864574600164114312933775505908337848459005304101013458058
370877062305130551076775740555402200822388913966173874385234722973
639162980880612350232910722789184027372522053957947870300718954709
040601973433601456471454898833170250614805609157714860149147576703
349818869201157768683925797557904344015402105692054173749269093908
543246549769367411318454094568651149487423440522990591406257245119
518453964438909890143631017586798827833194688881862413707879918345
112881440017263767835470974963132145673436519979962608254731048766
943826527323083522016422999871091107556643501561356065852956320974
284542460038830549723725318916262383307843643431864798923442643200
787062909113743493990211951593263552528222014317604450147886787315
473091265889741339875530013857605661070260145516995374785178356172

670996234914326224884131134076250700615868162661211091646402231540
575997591220630227103084458939721931955684242444834550078149077729
305628061282514298073697900362452533630360096016740900498321882823
175104393203128076217250580410690617204137355240296724752787548845
751424495233787102874706591165987800719264674424396020277797728831
164723217173202259621372736943343450129933538754291118953157560097
429787434626520672959346333673393500462717419575356133821972980759
751202140376591362664068491735641385928892480059417820718327242456
852271243880343848166481112588332557361351643796006561036993589355
106266651752257019126703160858227262436265629972376212764375867115
690250959932407738973803158006480890050887396791020025752982033121
233457515008630433907657014631845013912386828325964006817626361276
118071412991668214064993488794398196159152595286484991062040630011
617069958912558666769526967189498065094855000854727297731017409503
335517450247209687316913521800245615702226123766794269346958308755
497478160500730193537586878488827333163376928141809014919758581043
182031432646189479453435650840413999605194089518964079986209283203
391837883205938737258065784231474624362509112417558389233445184355
396967952454397144558686462338924680126103612929423518320022897687
847556412051247610262086143737828377892285553271231903687743441635
901826451174820720929447784099734267505269840411998887663595345742
702735214672114806026553731578343949095111385845304057956162793563
191132018035608059290814797729852533227643098921150646463781903862
875321031123794674956199291436228466434416581228281404722618307697
364594917159091081498620213070693237624143642470885242245567870299
330972719329597626194446426893226024500992879218647913074376732672
707978058688221297591058667823457101624315826141327323707333099998
898371950065400292225992679446990728528056617834198966256281070152
550729744200900737788782363533695301215521800606949403283161225598
920770310781759911169617198605604253331205705333092653612757398655
859630038486754922266604880799816538306134257628106727573185904991
759990772868668880813071095226140065229673983912917793723769303102
235354914161269570244538500008524383373196809547282152754985770312
581954873596106210731948206673984238393665937183942196535039901046
604614362004631137780678461451322761221738666684390997219115915278
208469164372225609305365797352365029332204053727641053784247599347
202250750277114754096372938888675566023418734426074210168701098610
008661322719003405725988006822053082971169537393254333616826226200
415849567587787687396320466727767702310585457770884288975379385284
134430075537253998821988438776233022935894387543509851928800994326
388859188195344241911694541715476175940458793473805199413412546141
240217289988094856635738516831632576272639005555239024980284628731
846529011547308063980231152227275469165075924872443668274881475446
054053547072008595835766732030385948447891143070458860560569190802
367815454427987359851752318035258973092942612425339880375209401708
258590640825586335357415745782275550029612342088418153802453030347
822532301123531800958836160306752272229782042671692499599357133633
587209255958228670174180742665654334685615441771384625498620418030
112419781446923516869247047162101672392697983449624950738555069905
093271339203621842532237096198767401098791914981683374797153495654
619447833134004808183750966625473655882130819225827659145317026973
485925525610309886593165769641403511697438496779354255212464473675
284454008781291315812112119653842288569449397816002658558989822510
976889750383776399012502339548245271506474730713887956431333895624
711872403059199439537736792461906193484724035933301177625241439458
340269060784065363718329365773730244189513727617241135926596317214
392929708572341757294029160480416865077065363227941496564187382426
688157415390747398861120200545088959193286614360809350483240359578
043438455783408203883278172165318680548756072423232787872083850811
223778573483937462725804103702777296181923806368048732291646665759

224000435211274293331644425810109561046338346123970241630530736007
195561614768221867316024524950298552819196249645431360454951299629
120138782512527506636107470545108156174498800507649304843087688157
233096221159123675556569979628645804155181893311938459320054392513
409069407576322413399934861692426996563016713583190866995785198279
125300909170562097583605265105176539353823094343460912309071053204
430545334892000829053547671195669356024042153733544241091985825147
796974005293821074507538830213954101192023743435496880569731524363
788273839043933788407335678819087495287282333236813820446169257907
792859831193215133000401750105220542030394804615028813286834409880
896870055721219293906539808685542359893960161977104472429553718332
651765552381966663333933070303773894563345383843467864938436020049
472793306548870490681904360676936455143389861219439103392686779447
843843780388071692478541440872855549668297746658300965184122172852
115736310118625447027207626374929658379201462748949906323885823350
140081917931937784584203825696034706944766569532599597415952683206
737456567997532200757859243512264941954364826555530462765802203015
110130510384896526671533083759663767910754585954087674271905315848
129934502097090816735458753196764701327055166065781466216195798548
846150474738026504257219000536127914688281182537680659658975697183
538184718606495312356589376946599973712281293917392535719241964425
867048828543241652731137206816736703570583730497026353035021528182
369767267953461690640750591634626760304805112101658283107769849463
095938379428244827568691843027635256272621533637314890322209245182
918258478415637457416878463898321436936632543741300804055614687097
757425366723047454682368775506685019359590977545537689901383031112
058238455965918120561586685036095204851818221576794711897658869371
992237211658100759737344172239616773772709794791547334204322903244
425389634582076766767196560922413665086850044280197108644379874126
659418079583518409680596703961874915034665584320587976838094230748
345386664526087880538704979674742592562218840821926013623951205435
296521299146258552924980035624149853533721170571703750390367858186
184907181442585297770728769183200284433608727922398676649373261176
329280908755273765011531756090031459929793364618227423811619152950
047353619719525397417204989639323747985843262414410337887932830067
427341230164327060145079647536233138549050904587367866404507462785
819625818947666745705829584329486502941993037540602301233194439408
183365831204601857880579917484298277948176006334804849924087834383
650137525191327765708600096913968844579211034502372729595394447800
627842437702815794091556765601915131479930009625652204760387686699
582839586298784459304701402369593940875762652839035938488581394344
616178580667161204600141088350841466845732061829621301363574471069
802409202354014921052467944656094453958967877208294918090430090452
978171425633830357302250487310770493378415368506469831234038187649
266812349214041914526662863946919404467571213705021918983543732005
365175744269421634442836225853497350522800650513364202449631355771
728033542301003988618983828470852815108952304866986096686567148271
305823544948777588490152569331148972752793189449014247746410132346
097794040067586012399996831496655943717743096112277760250432328962
259198684599020336791582353887598108795814444488200879242423042190
299696336525795875980034878647271242365175018661980551334285103636
213477379410701739195520753540306687125146659368452309423054523271
954175176600157962342674057586077291648593263618027739050636398315
949264471326925724345210986288355953031143138471578084168593134434
366222074444721102453013737557404128541669152813245405632115879496
076073618946995742276501027304322658728412587410621634615438217996
572102185144259338694510725939644295444667813602272242384147673621
323815616957064790706926704921190001807923647133652294081491169440
146512629074149735243518739878508198559976717150368718246080748365
285829847538975347472088453108596135864905406481196418607950101732

299730780038242966880541550774545328512593137289396369202934073267
550052529230502835283550456977790472971705113529819122283181048349
333892047553219911420131453203154849037569229787391703208830935550
035165278495437564520581763900043048629493902307971403039200503953
439667270661064211619780316817216738996309439672896622458660131649
481643911317380543642116013523608193902897215299131811748944333428
323796416075154958398439717531260969286560263451447903779467717463
151511756829678304516622133531593181530479979309027971593842705728
879892791276997461371024279326834739249863235480265747468101891894
860690727509485032413684630341830714217308096148892443970285472395
969352937726191666851403842181586184898941917170413706827026244732
141606382857948147506788893527165552671898058329251710860890262777
066326137148120023322089088672552653983626523615646160179520107214
460514638505396366660584243047701597027005296382238593294385860336
485769033067803023552228789920887679797041073611642666012070225356
424748392343093181491720858941236382394822054013065431002119392727
809272932390906620177750239860089818248863200652916986388104830790
033632135021266572456712124434080192692964426610647542379707006271
878446312682652801356366529898593345830709114651252444451296459808
983258345988081035527741766930284710355152001205051494806760233914
125677089186326628526894772080345618541629987509768358674878317531
271067315233389806287183543145701285569226526224546728530500257177
704930268240678962134244044694373439058930033204778974576514451539
331142067068347785097777069753697128523805236738530437221372533204
427097139148088082861291321794559942658531082808832360197770654656
824741124827454108333928550519952191401148993673063422121289899976
264072002082552962198526673439329535243107676724948425388816260701
065530576280658946602025435981594257134303695271644500714348638756
971200025776949438111330098478032110101129467408044467990665993846
627345733758248053634398814045725403812959258208524244530480159540
408481907367930686397111077374317514914963841566952019893880429025
116844538256137479939051033737767944944947264227986583658296773098
030954245907956074862112162352461362273896500169178582967947891268
162556499320611347986264591252908310430600518278827433361536174825
637723891501925180496054453533209563019817458658649606861905708019
392836349682840969994767341176536863928350589721434652073497635052
605400474756810639419247798302664799111373815915527494242332779733
516493747600302771509980148288902844762332975333143142579868956286
688680321133314232357992692239221888679562434030665947684862653907
577906922746695988420410610941359716075881596959849456359535737188
164766382091115551284877309689186951826446104883588852262261003010
431601477431563508123572655457192040182860175361179492564126126607
189874274481117445325732548176391928838202042281273187133883533674
985232367937819292886827003444638276791076522813179171082062804070
856599243412189972717101700326192428860056555814643513054797637952
499739920145810133725392449704753503690769260067050707895093906519
729581689025510450923453262589930488734711669328882837191005648136
060834034409814304040258456693055643640321644019435604134673852575
871486555203620010818544788573965489474367975217733407220445779169
173970655309170147205017449716586414449956652610984104395250421294
682580908298638240142797995167010816242807591719109625747086801472
311921102900317350697254030801291418966020886494949039704877601013
895622271401998221703833862128471586024568405196342703982507579533
833764101607902567898419395073061876480625290576429108095789334587
769148596543487265956576670052646077295178972775554977087289075005
042483532563871462202099941643971057219945601111352779930835277205
768922746650379921337287634703763779688947296805980957451143909572
375949444367051243808548617693456128120293807080898677204536716977
636114446835837965997869245039695801007428291944435949929524004386
377512747896818668608423659334320039987034296279448203184545450798

6396261943262599562377809097960810312116345290052367891782689745 50
8680687746404961518282322591973814075081439202809654442473024221 76
5738662303781321066912891550431614498844477403739167380497900345 62
6123704637842236231607965550707766187528827503099184202233650325 32
2714030095979422342117338175816627842991794111061921376209440386 47
2513605181958701242625506664520422738751803503175344565681693042 98
3884027270988030425798617606427047696929902908704203442852196832 93
2991776691186130117540096269821455744539249120007489873705953430 07
0159126226261928316964786871194433468117745329658756877738690837 54
1637652680868025650195200951745030309415690279408198610769003180 16
5512515277478641991701937299977602280174641315903374540482269331 58
3911496198027022825983744274102837802012451980492487816470035820 80
1828752417715659468289057096538884503845002956071961726351551260 67
5166661220789616895221346265988014006563744788838338366475469225 65
0425937127133591800608722535846086313741979321344850808806646520 10
9200010206728451904691279431415533857947880030995921797485782296 16
5747992610636344901154614774216270385432597876982075827194422159 66
2131862350120902653793256238061465681662705480011405935729722701 76
7674141014532432305913825755625373972969953523211202946895204741 37
7441383119095429592452503735158376581799531679817046894798562681 73
9318251991478260102672773587886091906900049924062831393921228353 39
1823440762943918838433231524840691604734330108435516631817536506 96
1105418156537284608787156243017887027511205061291124771625313428 62
7205573738687787071527498509172446106992234333368186239642276060 08
5786429790916889028391254385925215104599536328772823209916875095 71
7102018897573866033501036199867529939328875872240688436228016853 79
9846342292955542477953271432776661150906529446668284855448718926 39
8410698828551944963909712852073738994996304283248598345288270270 05
7726602624516462773056126931697470400980938415530391720396914075 94
3333845997378292381646815596518126832636499119031116110509228999 22
7690724492124611990924100736018393292666557115822352476668557202 05
6942440972713396529224204642922027966783975966032964524965008755 48
1098606280300089442376471168040563091484322602789111561675059534 02
3211391752459316365320286556578857415440122593146480235453321583 81
8661934327237487905391713057083299953357023261107251868739512503 32
2796395568787359676643880828252320255616646920732879040726839907 84
4549767607709983715215489274348856684221280524669165942874588664 43
0796943690166143244186364484852040544457103317871357585382206527 20
7123031997252057238371569324129901014397037537436397623900914310 37
5138294222318222145345271724471818383954066591373369589594549092 29
4415083311139164111536307382803473796306218745289270418283149016 79
6344742777218457018898405541442019552198213249252618082122430094 21
5784864103246287483968504780778801548725957202844708242032860797 93
2951572595013226916195607449236776789130618056498213549314086828 28
7607030666474276308566148347588085046803595161769696252149141365 20
6031897022136839265891126907311173262458950720868168230900727768 04
0299159273801153107568858989357744724470006856735492906467738997 97
2406003042590789364982299203079289993584909423934057772572091741 67
1024310866372219829767223808737118670760718212800788921149160281 56
0325312494055515365916047499608074235601647341781501320619754456 91
9557737626999364393939354352757391151503832759489571743368847535 57
7474710906810550150531826915384535945066893124392992642416081265 98
2895582711972628562905692274849081567294524336967669344524371571 85
1258514877252007791916400626493772194002205600013003065910067546 13
1337295769160904638145280490769391107355525105516735600627644133 46
0808614389377462689734641297451796949098280279044742377739797006 00
0819113474272882339282704545522516009901925141092556085734884783 34
9739764376893342151544076017254355743675542007523994928032211207 67
5028787298030466033927158492798089666577633219614575313497165125 13
5603887862551864158503052807729239833894255634926562410128979923 18

4073489364479159071424541796961404121028341745051465425952980 09057
357162899668397397293746232927034071349326393617376063688746211461
477033222433873078066972653983259700907418337437171388031613128093
766723756668262589994597809008954467876387273403795422848481500102
069867709667696680395615272143586587220664130523626815322119763242
793260832556432143804833599180811416078056489536729541594705117983
241076925008750384665359564764164049214819241380098769479439955888
968393499566887810088595668449804648364160423969823721761729779976
461712766912731697651264153835811440237682544820705511899008727642
256310757939482507857718369701740663137277651773557881545579234486
422715133612591841589371123085236368739008838141697865731125256793
186894999047515101781392065426404435975766547282935874310659078063
609620120388416150152753953658654379688081711115196166482672146477
548863033530951755810236898507169300692230193740535456909031061839
699185691382483599538555549590736410719383273533760403409182420806
257213590865299067998560490928688345398507547367708807884250624167
458084533490386051334381620004764003761832934211144875103367557696
163668726275440097430804910347453880430498579080123843851164324774
333452740790803600923122426022950948426184270942076100178576 10341
601275721787183273316834200777835385816770574676724185216737737695
141872722752765412018870015753319366984077492110273927153433913418
660519885917236381180919805307612847540995445116567906711802294158
475244960083777243819121768819318424193876576047045636750017825276
838390561556348232742977733509954435213057360682337255693400 48300
445084521509493329434504918392426247603953604953728479394792478566
755547020700802926091843105001035274954865775552115174415656081505
168928238776658566285610619184945622838302279045226308080244 37000
118945953721146209907382874004977286498288276144097950366176145499
256914834668583659340417286160536906629898164939285215374285597129
638893623325839330096365434141791427580641227338562764414883909068
980882627521825442189556519225788333821484596751337879285109051589
392282715816703338102994938031532395150672519417426838651441405761
401883579582174991135457901714885003549271976929539769736315735460
608925330848669503963583556975887152357379956218943705211411775453
136370353998200466886376119429325724618386216030237533808929454338
640392699006014816620715319842874374199501983585958610692585449281
279674261413795955790155565796998411087498185105446851140800209528
470974032553622295787331881671819853436162122067158597910820128150
243025736305427136454804840476777476805232044256745279459235687425
062324333499887119789215298071822541594714118140548316410210180258
504787554824749028918005612402869270946384016097053680290474779010
974152348701074974871570005104513303748887193060551760406936446698
776338846853341799947289661383229380006887235801185275229184790295
935115886710802329095496962828153904081536890942981814992402747732
346968782292519240993817338819799994541789196521863869820114881746
436279517986315017506793121585025923505092335897683703869694479707
007382290122357606710887137668171001695007296052664930868581649982
489084473741836300402161211326884492576983154881014491218543868852
950327275972957128716028972786421414962312015751111213818324549492
250996034893157041754940578166465134736839920528428573458177877120
455804314201545171611872975819033018270864272888627318294891885842
918506758988907171968341693679386213977066544075268737774344176146
802778664809684534765486997252118437548879681244787625609348480781
701689743336177096930255566569164437842261521427197633099387276712
390881227947858456433540238064898336346645798211320274880863745236
658615149103500830564517003809898564867887483650926163456616615482
313634385751373025531137918477860491910907666377589408364605119218
175099933970324423212974905943392421725857530672748824127955 18327
353494211556116720567073161306394295313034670857575190159169666667
996783884390456925721329625756682086211227725609646861387662914353

```
2893673225821161117507541482153252109768113038807321653512028627640
2180828927934983954526973230690985614327049637229174934017855909954
6038828389749244059914023054898146573547249387707875849666595569255
7429083914785584598532530618652088004073546349801838293739958882370
3497597182762715924705494805709629358775149769771875610289460144244
4904198219085855001459812629016430318518660626752876477809112078999
8619745604437666842264955664498188057742765969493576787439473363524
3794749419312588781232109776595441161343324389845718492645759232225
9555299661240287666912503305921307265416565974356585172477966259155
2783681857412714471925655200171071733324962717873010208917446927444
3529711244930120945551702732571604820559827058798436243819987711600
7494049207773834225165575339405004718770619164325285952706427100342
7920417280924264726827650598115785761736685907670889621376064618060
0302474157528604720125520710440747293466576604253971100743608906730
4014494692106569293069147085176331513779197367455150511905643968500
9877770084405503501410784969369565023830808473782156832444833713511
3445712056012283435474522448172734310527169795097153942770388609830
0795755832584653120522249731040859631155412237056561974043107510720
4799767781399317712957313634678946433868238389487844144972833339320
1414109117002337423715797021010718886292271110252614051384075087500
3960832633837800692357926695052210234157791988574840926255622190120
3023744093914599967195875559390361221940757988887304689639949224840
2548798177338753330365424175662531773474764898798291337578507411220
6691777591751814577181657201298773352027561996581965295270449558910
3092892677840957785375060716158583038907090837285574837824130364280
2659503272805764109993314100019832197860195435912418046590193643300
2207914675707806565707070530523904278842058406612328349791397509720
5346233365853841292202254256707748951215299096281943810299123686870
0879277115246897761642493983524886209265650363787357546352246772280
0576229991561001096091873295464569674413409692097819054089202362260
7277155738485875863072944395339774123637212331970233795105849799
6843535583789425092021038481277203527200639481426012884543869643950
0452138242400353997872189182940801046861079694388774898225313457830
4856227818276543051404673520740517764718253898360090898254805703310
4166393455874112861774465922369276716460476748861071609657261837030
2635714152798173691797419907686519805204533050453383525359422299080
8964546653993641205632314624428167690506761744129172367062339151370
1937253010053037656662310252231169559619645589402988859462706959010
0528415243922253946525819863227542882515386954607135060239089866470
7787486908402265804623134622970288066128999368172751743426206607230
1629032149174769457403471940233940189195437974952471416669241560640
1881236699425382648469632965230764497785637415655525381125855828280
1658325489104473815024506295803225303488254291052138325574825829780
0293642627103397795275252742521946985868886434441144817927865691650
8065859707723581057941603089909551547874463177887209315259476290480
0423170029056165336818382758672155810057720171155324422761258769090
8277076116584181048702608790648814931602028935602181476813083304600
4764628273185868085558230649528163872516196490660986337118642376210
7788340644098780972277392684793302251906788038790690055036766492510
9494962285137302502418530195808618442388819247828799406099200321290
6249236669176784338275465421455556860038366530624201384647849779790
8320896734034874824806136561943668855548711678844788329005922203650
1112893328675696885637680800201277763136397922527054785795031860600
4532581739672063073891186499061863989422800817305551815542231259480
8050663139267106686471195606313231430999331123179922390788057692380
3069993572504469527352814236442227650335374467893826945839603233560
9570410847455860262706426106386963394749527039296987431831668063440
6073550010136019568828180703285136397477550631501283927518760844260
8409891483891109583582547628176289707891846641566864001700607218220
1265745266317094806349200360911777577966180340717692252477706090219
```

736779932246330613203002595390578528904325058440758468161865410833
640780012074095604137945619390554597134459368689673386080181388373
727757834481063025506847508936067670191833305585852793338146802493
613876340759186827107681919877253472860757487621571001776578852781
756663855317705481262121247558266450866624826411558173860727803639
292100814138867490736011650909046141782854940410995043975463397508
753950565248844536604715329623565262699063394950066080706320319030
791686584549651499755524777304952585623614929287936378578195343339
662051276879058912919351005527574572490956212933827844230221078992
505847971299115668799668146619506017009786980211686432332928670307
400139762982780975192767051473357658447129195485662938185722305084
927223089795654196465985627186985058888475107158377866921004868738
672286297562236894686338612223326460813852452945648933208953889013
542081961287316540121093860238810919334882471720752996473016275076
532858466035405409137631458150561539921222545239367090382631687187
541291348350966270461223705122038947151718572267074069617760560409
236931203701898034019779041624275993250825032232374131575001822469
019258100226722750804151728875224905963249825027590474055749113398
447704251226083735583011731252791954972522794103299513500044469377
261365598079283919764307866851543215792360772685287235072904072926
002415947696108684880155326255580370889097942570295681342399675629
135596143305453638185645830734318334792823621681728732128166453127
722844183416840338914901341254627978905977009373388762694760671279
263427980941802019539397661847908232800870020177216637566896249960
153884350532595107050276151322871792191578166426455574788447428601
787463665092532995702160946195367570979961549724972662504958138560
236871749391232613777156178279445143701505923516659650803934135016
807740495938306363469670630360310428355690507555800610507778656787
349642652599982599711238037331424715575590542885657343822992715490
412891245956984743933397843723840867611706460326792399180105933479
710553460544484406841153094514656054503148570742286910136682178984
540883545856847294533745431412258092021555599533266304061326458005
009244739454671358062625285529864602824771341672746489273164524224
881537591316539697109720897092830760671733539064126877888604529479
891317036645716993541951235356343636132592292716820746080537675451
959917820121402762026618082581489696754166812326997766248550744322
743055697538492810465525055417589249848115660280469015396633152749
725970670371955981128513260624384396119388586713932050792848010043
567582328595859262319136584298965289036073941513598448940858562339
022814837535399500102401147640748851406946890484950096946240105246
647673276156424466516273470747039512743908598645847069066385555566
604824963820045272549631313188992716446820679161466234419016898526
514507069904415113894952951171000430070639630356911974689790392751
611176772353405485609968494504575846495650047866111445636532911635
960638801428253558156817586185115787913674344134067333542836690031
248541426106474017181866657211762911538603150981434261370715466297
725291611300589391488364974069031701637885428055185996368584151328
218585675320998577667232196918462245688289951323629787443584604738
446915678357526328688334340819824342532801620992649090001589863266
009200234134266965832386478897352591610219287539101724600964017656
886310370313007231871247413853334555782108770838697715760685708107
606162910764390921891651857452859491382777251767821285721425049452
421532396021288090958067148456544176746304202223533037426102623768
176519667435897337478408172722017771453507001333597784562161348515
192015720688463035428073922216888181133483538168982506459557530279 3
349304310451908818941980052521695817411342989614101564411279367428
974674795171598817917217176167226060922790523189469353371551690150 5
199083378202602226878781370627424563080656182071586302714861472596
175688465473981832677086829271483902215973462626138406262608443040
738347249747137123599890395777388586577353266753434244436690611983 3

488754709126558600724476668356058647330243685046154015548923205327
604223536666546674553500929195471392143670990991023702786202272116
581589881790501195792573037942485568399940819404415977428228516493
189225246318218116292480155179922627324628901707802223488861710062
097315461500454597969897905583494414276264360991879196235859118229
527613495794124004673989235267196229295466406748232891345524362554
176714525693208566118896206501105094123799354684679898096969016682
808439524536629704825273162473573002924608317066214625748381411471
616747294359749610766609752020181191448638160831343056841730672468
494863244421358764609032777662978126808370198133183382142729930195
642212733771594152012218983917470146284677297361681484104239282007
008994185701781597971958755320861882295291273788239626454116845647
419682221547017325535102985987320066643694616251366967211137410725
923387128939951781727132459434447035839171895410661796196916494991
771874369539179731667507712705428900384132473817419737015540274483
589490002694310586001785237726181896706425008000072520932866624701
256015136214494528625200844386269675425605130282280358674661026082
514875399956026196437236769269266422014502125083707888660160926950
923251449839759316653063555794471363981175598546740817085714098765
252112188573978550158833507811633283766186487986989049570603933378
741635365166585100155801318069264194263261182834830112780081031849
820660125423145247420259966601316617954505268750025308536339821588
759865578707532612709580261719266091490658613178630247750789228631
206410831594331200396844364591324628297089910058082892112596258249
299425112636905215645870014401371817745630319775470798856316441797
658573859396592291795982998961053153077117480086045718986972805951
767477611977321580045001585165681939578824043694359362797726483214
340015742882345092385440266139596377124910059282293554424612434018
669023687254356373965493681996561195398817541747205818058651776430
734435763599321986907580190625167089259173390486107664012525681206
119895071026510124012999179160320121418732198389856684069343928939
723172993679015966505346770793103982006697785683084499764952276686
740729992983763738543861714436973026019363245431789036667948819410
118307552135296546810843567207069712763637715341828303589367814195
191203257514763990230436839702931390506672397194836920488997123039
214177616583703446003408540057063812321608897507735116323702797466
451731442195047867453677409260780923645890688852963209234272965459
662333384259844868116073081120015394050910893355647260389922382106
844103685863362851723714762187374164717501193979233092045782790703
736092169246802652099839782653883150383956189457056952179436327504
738432641997485732670636702942989733827034968236931842498351841263
316983383620516570958182820122345688649559518275539777987031166691
216374821605346486663374877664920636676224464928652883760004200258
296277000610994422670605183609361754619213905388214829675058155845
279220954494003999840137998589527076681744371675110846108358315199
240978542420424839719197498211765147599751295293023810957248632734
634907014601395157125138800233530863613632015956792319173549910870
463353485891910379326254059806556644757011146662032627185659664720
164321449439950046069760618930474250258276203399237528274778440251
849190999291567585596992128919931433561756492245667232956237689496
471198852649269397780409481372291849187070337508416387929044458506
389787335601462558282280839905351427567169225223854613880466912971
168064594651401222405874378557039213718984269211277753246329735662
870846544230723894133171142621914008927966495124237891279474202698
282217411782698438959024030771820426822676584298048762120655623793
147694633366875901536220973928719170400362363365871140937575513740
609296598251679347074112335953586876077253763314507320532699249199
915594186480057747842456540240515599113200466040424500781207894789
326819680944121228082636517256297009976450144263974656688874373445
613607256308648234372809122153676618368757296774477847506950867484

4133415424214312017217494517637589402014503043555010896967799930618642227941010144945128868302026512623357959285230879884664398855858919097125050787011094645235665804105608537183027645361998284560557602323724977090704294924901513379188916077518872779382151477199863304985163311225099552202138278046061483471957143658983331379196332110852293317414696353664290697739473140329228669274024424781403526528712645735617506620985332783444538645241121696776186919426584232538035510349667008582544240990402852421689571295543258573250860701776251417638211878436803386199366933977378588719017350571510196549111224619519673697904511314383818366788581859047343970513940535980816094899115283724422005428837406147713090664439648600570322641025458753754787017021005970294264124385049552321132441528792599820518318801250260155889711099473330104817123861804701127536055359601997704723576900074454013295943284785480401637778835493539688181835028955273245096158155348948884266172254051437732179171037506842111754957365566576361357174037198081724029495851918729415947447569363489424648342219205726254051223075698588712641847685778961107615952621361444008868914863968244508224213069492816374797749473936340454309497171584831459516689001960476955158867286068536744053723426369710476184756426836416042278286120205103657860149309292060244658298462050446168850026457625652432496448934564582881871801479748428385283187547132115725382320962811836209079812663943161733097666559671143257735862401451137705926854873288340530347813798654415103402569530667457622496636055676620331453300601917453201024597893614100999853592003729954250300240705827287651367777550990358302450206568873663514466815450215636167595464830080195826812998825604605023233677499814183822943713187580897651126035295781133897883695254341238872840518474645629690348325319706356264514573810070071998813053982148257896050525138645357757770572226036563828443335720631282213240970649735272608570800570673206082709489460734533999654926015919959942044386263944621248192685627616525275223265793769131398350930285768382649499005326916262256495482065330988837044970846930067036412372233561562464468182963089467516469400459020911576752077346877555942406607473756432423935147050168498550985415937616180549371318904781678581648691828936639307013029837727041490479030626412592348683816874724970302476003322582532345411078025807486442507980150802917942589482400333511639489730142584090574287635982449404570146159991421236702827116715656445088842057653467544742056807930330520983167215141554847930495914462893720599252097037527158171830313005172221980180650984235812069805499305907003268560708470865812990103130148894159281640290959141167326357446518587216983842170303817254932601774700656994758113324831915390859560005081682076524544789313864149163368472722452804716576925588994097542805271110695224927174370867880985824405506090003385534894462979878491088585045363061876575415726912941772763261379417935728113126484512252351073207643909397109204860313746828636808458296434585479802795650753825055193388735232497515409620653131087510521230642261598659801670194998210993142878201556996850585273128269953524937749031226567553585772129343979956747090901464282102458706830985950953297051766181793293453041791124344621488333553322300303893885194980667567123659738018841015651768596458529023704239430086353421606781819882786196646328006637898053612737405036038781070705292960307406367319021157317945683474392483612078688256555137511996034984483486638498488150318352230705557995134887898297689915940855203894364628793429147731889568765638814769024112194045252330688758233607473106706403070881447416989268833210968173297299753670960898885311887378786298625640473458204881043324918786731090959447217423691853097683997113437465843969047376743174607080943676991453718707428237543406175495606918081939014531340125910205510508964325969401223707580391763165226388696810715980777344995549713541168298986307805056925896642367581177756933375457278463101610

```
157728361162599343455162171431236652782928509671455219711457560949
184608643495704888633750575229302245043733748253219602153550176753
896300079292506173265032949683036777788045999131478985779045174511
307231783600774277697750935777803965332179978429451949577364636332
573290737259291356269753705636108187164968301787326178132225270591
815675858594384107731980769665879632232457835156362917532771402357
117552720536984227525629257965387268663277308231219943452348806242
408707601284188769563929102941812335405891363952457262636885428193
027597509831798701906900874504318960203920940202157939415073591925
068426103662717037641609192991584242493936873884017867224771611016
423553468663109430198590147900508235362327293103145121100317803553
683447472827726056688432094653110373929480327157113959208818515108
659442209984606995120308162118013650883207711168710514587736991648
485526214898390479258516008918427181689674094570422420327378528969
512937118749970151124971510863058691462599571781375076928723889765
483788228269363624104207336559517624276540469909438776133512466969
151128140805179963900946616903274712260951133152191539848517625343
871139885747562270140694845994542451655310266134982498354623020632
289874806063830233911365271598243702597824631976462521508617001695
114027039530598137508510675941679527576746527908401207792149742776
093143896385505316086166453458903047124391324726672036759684846160
362042542541800177466181781866492087945282200264480278177246721289
534488514969269336930652954179311682930875794605591974600036713608
086090078446779618827693047562956409037227650586960838652144963476
708480148193214613919405894329284209789440569738445058184683745843
943449662189801265740523065882685110171888832656335145941591106180
051037405013265564627270591570977419963426144420665743353026408500
67351562002522984176733043972820650061175883890537989918178285512
4572800692721409657653329113533668361956100011802842261424803134365
75163016145684704796564002842317199916135653150776551046994122852681
452311606147657866492782876148294198337051551397323715029950592381
344528437072605101952514756565964937097174479786232544332827336959
916745305675830817534188275502292182980413979760544210250973817161
757897208851411554186464874689303664520264273756629554774430371836
136011873657653600096661557065991037892041287903479938063266883220
209802643917838412925910681588225546376433698085908366162096923477
308375999069439020676223301348940947407553683157919345819582727102
783716613568424957522758428108796962160624011964750667370233690876
126272878639518934310308076781009692376867786457484074768688049462
558044101018539289107020579424117058719207053288890473323378166307
619179502012896693931903047674359819480119334260654822016632468869
324272650040044295759752913406187975652016724508215871645890100064
405274378939677097174329909486564231405523836939829916591328634324
730831028500816081970694818705505038134407817925599709171197755860
291394801665389093821794428840528935489836556012094515146020217006
102528644474276854382945623866097980640058903622981134609440418054
780263960025689263544548528139803227683524953426782530237424327661
145183902527348388032437463644643854692567903650009121267427483911
477295740059995262884934632869908659117644799926329586871026762673
118123618998079497966226841594726880213565130460358216981468467641
921796813861112849080208463414601918162266072078402848536655680198
249688361012398794266049562000035707215216492836624872858644689788
060837522412335353705731318980100822054075752245932437330491994519
041748465941757869837079165330031259233298275118335387715973162196
550990729503625598611228551029642096924234011262084130893636647116
222258436381049979322497777337626672095253335911531959391326655684
102052656540612028360157066018561475576393048760649725072006784458
781381913849623021864234143607030575656455248394168542373837996422
031179145552659275945440126686415677100588762727145368111913973110
611167334170638490254533843608138886827530304572162685911569346656
```

304884697756048129737271808116641963539394476308093060118588665220
274904290695571331475239419456617783174208233945105116109406320551
387703905670421960911574457987790115623389612834515377787287944818
998590340328978533941023147766469282662083365162495758674518359106
069832701886565627829809163498184506440555291406871266902257956 35
294987673779150416399808429571848391398868023300949968225770313086
198851914075052971116599980860638051514496952534209101706665389027
167607657519710322811040683903810290351894845147573247070864072366
310126504267092392325401650315597492104874413151933912477659132735
791091361045005871793415815800307133380971849672696760330728540291
365623203698999930214568064134359149589708980566018751367611502063
045209099217122528439006686327687908317462087110656528899998537625
945324786124963253466709836797811557102597145925781736797755963205
284530066397940342488962733267026753156189528092657108309158910092
886977733405798922375712320517313838051611885717474021409908629538
494981341496139058300648482836625164169887888686162247387504354129
671592468079296638570862145558535642126277154010697046936534187515
613852073491254463857896697972895979624690511037471559036015892072
919710270814031296584788648944006866386771554944638653276052489243
083497285949871827633536723942117060747299579356607282229808652170
961572973089219950549483692565892908447463156753032416864174219105
534066325604877110893175504630257719473265266561194735224692973173
622160466698041971133873286698596446794650889801423283727790083775
134679319981732350712109807822047685025884167307703170290750551887
274056188755080014986712876721025904282419583077180934035139586477
928238200024745247723228991409415321777128522634797583368501803441
950290955411244320551822725738870416056691015284077109312916442440
428570491435141561257215282197487754095538842059087432277018417922
455979795485794709022377536137239547444507887960507087039759223130
610458326553911826105122873333619387302293358241346825528383583743
289840427227458077610559309655601673272868975677782860963843121 2269
329599924274829021818125633012103947241128748023162595612467940 8691
401962186762501182857878136943150363302991684297830519583681682158
437359738526988401154359197555709929104517039835411234188696131908
484379495244585000813360279899307757854212656941308293320161946515
070222153163984083789473365400831787710180008423610957869547171158
025703860519097307823982439040330827528314736872618387074747501303
206189310076041974465104217177113360765273964905015638173675248987
598186243099035998369635073180498410538083866964241295092463963297
977567479394522282803384702986448017876093948929218653317918769509
759125781201766560210597745160556243473419758459385128286377571261
955267903747032494183054746386064553046174262935996520858054707283
314836285263632331891239281768963361627130170130073309782305919995
806527489323996940173927174121904917817231456189127514959816392404
055814277907952418061136237974013661616438574923448835757183775194
970529182498497761456643515643101907418971440543009963274503888885
439861696652397823514819486560017210121777126114757887841794807236
030871076085553106019879269022912321313177753465317326329496772405
435567975486584351520181375536913924164482643374376289470773718303
519839585281575004111328747394257445767364284364219936709217881285
445503176659526949996052590705024194042350496143039820555105401143
496816570395938186567359762330469634842808305203688353696189807015
306273179769341415899690770041334737053104170090587393611567974442
158155231855977850317900433935833306854908624344938789411442766488
639376317787564639918401394402680467715210368573407518925594523422
959459026454749060120257876414573376697849334757456673342793929803
616176111475865232956224681547934618534718151002062627071045461
195447372858742059575486506532180530937027980492952388784710933 59
653798080021071253429638049741737516595876000575612466357201640130
281309468114066588094883932139100073680088743461486697361870457534

383919325201084628069041695351822619126599626784427398115999104595
424855303967378200027726483266725339678759110386869138279202766293
904645143998420995521298310261580695506414815496050311064990000432
983640719589890717295700424607221771943431843772466997160533274640
172136218426226398702951107490535175908439760430153506576153275650
761284729845163107636300559548060857136115085007483935332777521465
249606527351835669000076931858873506441134303559139190083331541129
332775927464281104823584420607876896335669166884917700088024450381
850983696600283734068673956124844106345463217028990433297516044005
251058573599376458358831232970589251650312800081300735225384756399
304747075537897816216493024489478042071671673858931962574041904593
267722509835711763590187411987546747719349784872584812431052907974
570503712687586176997180018995241457634760505133794964990067991897
342927648992642624385231716833791266701864564242254135130741009631
400968922426311546034367882234310192905911948290166593114775711157
197094858422394267378710267968371368476339361085810526077409824962
935484004978589584976384277333099949629111828108445595923574940615
568076071358401708495279460428153363372480084752164972497838531891
307146234608518920854380237611121255831482175938539857935693843416
447767864927455122663372239020082120806911540654769552547369494646
891699897614637499017787076852022196072357176838862774251972575257
541545980692042299685470170314517005764838780865985438979037665340
751370434209814963264968387089830798664134900133753022410404252328
372567722095242335860311994634265704825336502489161426350821988457
488619823541714465224493819207128651720448788423219005807217593192
958385963435054058785240090849757793163712965813543753574946586011
434219489682866277739672030662764704533626186572721994901448098448
191883902594849516319598999314623216108824274009936069880781123283
062795615616703880490748432998737643448305590869125508186016485969
295857661726925883440087288747365944607690383475314169802047380249
184203567701516941149212813136758698787240596064977481636628030711
603823942993258311530411897815962985605075644882406993989765846520
793514411529244431077513909851503625368853818331557779400186661038
419859419358813451308755526943523483845833328212798635032310341408
745626246149487480630603790622259442815783585843806095490630598327
963479167228451856939323250995914132443838428178710148697571825808
396995774673672028895718196564714785715291102350264431190003268213
501303325103810463076541573530562530972771770023147117199713708676
671053841983174154137023718193443366358243316378706018727988278332
069312627040773674213200422113615103228284033084954949472891312600
341055619836505674161783344990459855934728006565954582729328138950
939236410922778314481262238588531657856346148604910422007533807569
998384391553624258532065769202343956590022504362464554044229284752
633571826902486599348948371828270089380783372469217584372025691008
199930780531120921533529264381945843463855946080336801572697905527
784981924081008022280051166954371803656708830499777161017637003816
013471989704697419569597549878393631610520154123670224547549731523
349397039616596326136265422792972994410953830908038345926725657271
535751657422432693575106056672403123173068334261049429778130077702
355601503997849786425908683878874103590277441563350754072684622587
318528129941857301708683205617894121961389190830115521498293680418
263042322499405093710908212028890105556385331409605162794365337543
641743602086266243018534848048476492355660795350738708041240772928
658912755609099619626864985822660416221651085445666845470227041797
211976737921967082368757242539117848312186380445219220413687982484
525396064528997155565782548413178143185173074186871132550717434354
882248471537392340884407226929470905299387299922159134616306978467
416036968524836660779764054162333318020169941989769324261072681338
863337328334836661180591972227798300326448819899920085792311476578
995665250603494911442718047635896435209252703310945439721172607292

```
402842474191768611363714462599109365583665179804526897756187975395
201109982599045106750956914720559270907595376540158484003806024968
635597551682435320002217686055414091947142593313597995962006312940
980181334688177929027476004409993194144200679953934097440646144020
330494784948733636587771867908222481551057616643555154475690365164
766732104312305405396928858066668844944209041536415591837256189101
482721775592563107452127034166867917701341563579920506955923132121
965889458885578970787575403941132222024608878438653401263631346644
665335286022409659947149354888173009331497527893146274925765269142
620323941645714268670229365357702347334626211276153942453565540741
418283091451402314688942415701584537640245477552089116948510286260
807847636472448065173108922385862149549249027705316477904540133797
993568861050601879971462584136744171107882042524691292122168317841
632254325882367883690762415777526007818579650369647912042146143173
021863181116819306081152182854851097703252661392359456696901131558
329210695243160353358111469224774298739587023402476415765988781078 9
347852436895297327627990004238118760126881846152123738673198102554 7
033011509156486429867215162845190976418222053846551689369423750518
974650795351621679489596996348892491442207565916187743871438188574
715291678573005330822183995241288032597582851081928809556616259613
857553120150044554074681144453765013577784956954088525741790300118
918555358020509623156385215938339806717497228329679343849401013039
346715458353408632293288931793484758060311862022745557522599787847
829048272433827422039684387305097481283754184071244967643563992612
623493478772584941414965748892425426299548890567694598147233645485
965366039035545569759251299113747559293974920991183302106061702098
399211686146111465787801702118089216085692400601614489891915754866
654507523248601878187842927508973165841069472953404473253121939866
023535285201273822948428474753479063375058017488743749867898923935
125485975138035604887154437442444076882119418355470795183244534857
386075057366596375230702269040237076823296717141783932400711866420
788062463993652980839974434659643271610658805763115529694089043622
101279211928653945085433027753635661647403602810310816318361099329
744849010113010476239634279931375003094526549416425482904615574738
681224246328733433563427408577747342706501865453361503757311021406
768199981510781936028654412672908775932247272774284993957163163875
315553903687370774230450373104202594998558072759638571883277375904
536356230269316605361710796803238094962216392581598503276575882907
518748470622267745186204719203273991040183571955890998469092411349
039858758261315527234714120782209949645752618769768266435134993907
759138091519514488030079715341856065829853205448972552469656123818
638985054141380241148143988115360995861157937266697371152341153364
803907751396430490043415024920425670739214496433307701848403581438
712499437881381806671832954381970741558090684967902424802235031388
224451790542363098535034335195885199274457406143526124168319510014
664149879249946609933576095679859137590348016791511765102477586884
689124607054453525802991063686210637223004823105941045175965443110
292140359724707429508007869711596029988552772297319265673627772628
852069117753336635873321237206331323952203754907163063969822476493
456563321633534300413329502146799676474406250413148395912591071243
584690795953653930577921876898494651034261486659301629289561910823
674353898655062956768232360915175231110964170046644655756685077705
254927912951643593169286298820061098261168914145997770874735202464
140224212760200364283253118632712089881767871927689441523389386472
634037822585504518564388749807562024497124278837733606849272971246
552113082150226626217627525328021518723013916657827392624849465111
678232496878916331570732450426382112947295960573227766465580965548
527271132732653916487028857994595486665496418013505658212252730523
508075502083146855675666645080820003556059319833958360062066424418
009685530524163213443504881639120359021426086749677108357573103948
```

4609291743631240081258835339196717057490005827606545818653940642 98
9737031184386278742880547727481189772193692098706228188580752273 57
9216236357583855463646079084707685802545873117053990123017390336 94
7762286453875629089202667353984548800339494908061981774337575690 30
5595017940783411642353384710537883489633282467132360641440878104 13
8489989923254069369842951613302809931303730117606985839426985419 42
6373179997422605770557506584354178640808579105280896014525793852 59
4398873508222490790883251193338556647112134299018201689886648793 26
9543918114852963752731683374134943393907375737774103133785799355 71
1164451399607863255217172520854782461171364108775619476086817836 53
6367533026110737536805495397739775109573522448193076569716446561 19
2369700428120200662036562613083940955402543530337541841473086020 03
1685677082346316532368161510936514762510941350980782440486473897 91
2342852234379540921343011190896785185450949784710159765701841690 66
5610812168242128198424508386966727517553900846706899100416443580 58
8567321628759599486391437924815045161994810814391902773419360830 78
7733749979770623452366477612056982050622799758995121196104362445 40
5974897236716451075466725556131410688613645597306309024487466374 07
4722679896583958569673704216530537428906584231957999410724124509 16
6930947284170856543498669992153541436410097383036962145140035748 29
0958777744423385733471217720471187155093796855166728731056659298 80
3195275102375071326101792392167097488156269050649503290415581280 47
4507123860544839808231053793644013086140068352551400089998869358 50
6656375334751891812075790998010508928630001716698829406660703592 79
3968451024035049448364210538847797080767414498935690821614664407 92
5269773861527654968327182506906625183271350560101716474283142923 42
1691907006782040394284739220952131748953683035161463503879882049 49
6659440958091755482734154049040142907267360095880575303056609567 69
6455034395537870817902040841696570840223758589722958432828257258 05
8138362014000291354044098975049735314684341922424458198435358506 13
5961802676576937547856744228611532569328989783706017032404050177 12
5632940798757264228764356472469357801209521009981617477002972438 73
7007099688654783809514109230858323918458142783750491355619795949 74
6900369762821458716899980274032886788197325377773796945275250702 92
1531576799384365257587237360577794512790418414490212289741160670 45
1462323102899910541429623215423265381943545766009985882074008118 78
8906180579950625949177981186501047843745704149584561126719187029 04
3009782641611446968912785574360512357153582651467319357248961013 06
9136874453476613936028757899332557676100361950117560084640067236 68
5200081869095282934164538396972508715982054111757521443983485533 37
2993752402765181963397067336106220167212794242100291609922486933 66
4497226987765308087777078026668835605980699963518550188254842239 07
9367156637015952203573710922961994281533960980169274996130156004 36
2976848846208548927678092112144218504366903378769554152127372820 18
6572715011909637390493273126982144236821712988802341633075214607 75
0188881034993342796738556301648051060877098533601716016111802862 91
0288506443747315375231827447764174967095545341945156706000282970 60
4805346322360752254566359439159025440925628998272045236693429231 37
6787033279516838275412320369025910681575587530835988661500173123 53
3087872724042554818949234598026506454840820988025786025815168247 41
8182073302449005663573001378336517890014723076449750053401181624 47
7676184666241563932417454718760580695709287970543534417352243328 59
6831457953956306240828374835760618841641472631537658430496813139 19
9140167785211520593466203485250032430240832458076782090363429216 28
6136829906926086822244635854466193011299180639614300779533468564 03
9969013686855814637203550054977680897878572077400102135895861453 37
9811710123749338767134796794691939974695932408738257142607354986 41
0784596035885179262984069556055710496583788882277700964011837443 69
6971669922503511279265982960121289313848440117218468000895323897 63
0506380203118422914065822201048989780929731037191711851933225152 20

1566507390922664070793101429712124314553117859550849470924276163795260599257680141332239563956286791751715629116460292178945424092818856186014132289534109814887205464249838169634145672017571403962740644459473716195062265388975963512393230380211436983370176733529839889124663885595964412858738630029454322893434120719800805820175068041361429736367379257160486450003052063820279428311637791663759576373507679437519759644211664808655119963679911317734256078308929611210565563452395223463873993031988643270682282988931099239023141146260800382151749119957342999841472044104567823791253092532999691086912076545639854362562700248182453224657141680547467347111987035497425190450118259125451254555368534634001510602198252635248910784233816471457872249397411909576468907484286532744102897335148755437689771751142583249474164987244678951700459538812191590512427385116890894068603622033874868776134256249262735694878264390580512682189308750997666587620621287339898159822359097177676230382830080686161453142316380800324413478366337564699167763383181203827817340123810089585251084027112952617419482025116024489163367241202897514607593117575781514728848263559329824116979717576654140228898280775037696973904394303715703230773649384705393391947012312282879734614635377538309477221172835466788485754823185386627534412911028903350745968004446887402682323540694377423313774458553060204513244316457864660621407876427538560686339586416853056689343708906991717050192787087820177814579869267634804603634834040772359364652629522889020908430709250830281551978657774847629083777957288122109014852786401195604835539864788020248278565117541080683990382364938082180201520516038509490368721736655429497455577474546024968299998302035836818666382332713223488229556260774554588499365150154667285381549774141135878753099806911567154619685063333892033438543309723794039116385625186361685507790316967847883716136740517475814068750040985932276752370073547519669233874319306465207807496376347752960528444433155332994790430469133073626762720083810014190567437974980077761760948623700130653661580082850689737581329765054702483531334017653827750330636249714861480515054863860868853205764884514400632588376622858027022138698745578118294091610972895987047427998900623502571119557846953521854333206909677255058079987111514589022712195593428750204862407801709764827741987033466741082920455966736078156672848615964619334621185809966470634549130680681028940477588829335045743479675274025617420102892724731507419677674146784220591933567229389292052735809844242153278639962899143677808984570647711201276602066923383175771452483561747337880353202740871967648743032162741942708392902280469575036867898790429059647991172084891294431500566797379561238762216347279847706579758097422629564119589505323201600072181422050187887688441460416534591096678991045686301014614054427387163096296491980634861319633862551984667152717914716379844543551166438548293771602122535128048381973228031946607327445148282021736907090745245428412108880911025356928402436765377245867012429537425826404500703524016614674568109697804565066454301768593795463861098140664616408956865077817202415839039180573305155274757623334630725944817987520554580488928224167259481109695864479779277386528545623129600398126472883382596840669002298388815260911447120318226579289131076893497153385426880037351986725478753665844746473513488566412097971573764123062046830415965320066805237660873143875964879227789329738105169509950961985923135030216697937820713636231199781883469337139206182988998237324476993513196182628514336665230869816304427662455739024613234112935735564341051065232824114301775134275288781162122079570414816269879530592957764906080801560037720432563937304271849541113577523698369674288872566130894058101905872560081250951528804211523017727652853497702118807407005333199099734819188636167047780547083344878225940592931074026635458337292239110927481426350017098574787809942586987575662354937432374446556739652764838820821045505498529838534134

275395404744261255330521964708411293524340829486735872152675700779
248465997790926428591538689947326851639175133163936798301967914974
429844586902086410510848889070963507665707591037666735539450968931
839099052089565913011157612197765501978358789146919004586231875276
303708805993477974959085893835594544138323794871319367363700673837
473159360202455487932230794308231033666747527516698221934055262968
076143253368113158721572445679501020074279834415099927732232884531
897162284830244873042932232548731692239194172748932674062736905434
183715722744234359899809163719564491297100327925628039609471573514
604351887528361202655241238817639322618846223018667693939222496648
080856187327277099090214617710771251700332670253153754546110548892
597821029716351462111867568396696127089426188971919866665389636114
445657279313838715728612244182257270900215897684060730671400915612
809717336392297893958525131768077028103965254349052178236963982886
316623125277029956494404945435915279494307977703592488639402533983
184604199047059821693322393293957554075758479802267157667495494301
479873706904915002757582992304485511270670193490451375139213115821
733644089067053816967019369936134368147043866805442857040664830736
909518082358216874259701778083054204578280348795973870860654536133
015793945527197472482095499437536794277222152448008833744408287038
481512326541239794392981110334573227559870419303384689710273858224
072971167908298071803295297678739368555426862888699145411327118817
733429244083429981845368097803884052423798340136493257916805688654
826093101226982023689885397746274470454802433203057337563177975018
595006789053920534002993448361795460149560637888005341227927455367
202293679550550223403124304134458399460618069302100201897203066365
344167033225852056979462786298438728744075587589984024769401494955
488523381668148615032285320070977866588528388370359030092011706763
751721468293589690062694586441255735981579493506919918154710799036
854142948126303916680172968624747850899063563835539258803611250311
991532605537810556663676838557244617216933053487814876377639236622
465057760314246724512704204944552444646332893795873868558749447751
538511134557401863594427188025659967761022232415882591345267424871
179883642642845421959503270617968299280208577381390552984068945656
089573668084153657519752471671552229332621329263131399028106995530
658919527957320022740963799162774386391944460944826462799018504251
610943893982930912307208674361265258727431030521161761305522094923
795511066856344220146506747029686345885572677125505496052273962799
764630918895458389848538327835744300956148204708147167278929819184
128113010179051486836549747352955247450604185374678359644352305212
723278486993766200243743657850506789377824296351474790625382134049
073502971328847643084628175418479288369317641609869083028734765999
629709628679704907790463369437379839033753006846289185019957852247
317840478740485788669246016663048026376736863947717251432473568781
312132442129652102110448100010410728931536897602154823628452504075
023618071412245220398768099840198878569947710233047142970204088118
251606199195182533422367412458105690392008372405012262892678778472
919838594114356064777448417016289511960447939761868800266021999498
388117764887919767282979880115558677213525441428815928810759008866
620076104977602589586797663865429934492441274406095066941910532857
834270730891241912741166616525671222091700585441562353846492121886
575151994897277037448644587217962689484611355914006918475815015113
927473899417086477063802568778162921902543958050279885885920573845
668005177399838176678032029322785659375007313265996214447139332185
213578146772093620878914347765790000691133424936229487869522722074
213555341863139983622740624975799258525398495400309209094216770829
617926403764990884723946705249622552303374494883799525417768243759
125077356166168679199127888543592361827308842056896890909353836830
210731931386759919815583396980311188976978179097473417578983890756
144857678364760578269820814594785708575542858119984210571388997098

404470350710488108181004335029472824128386762602896989748935853770
457003603858716323643198015434746231160647328695299111766617225582
563238799346572007959085890454466705246253800879486003894767535970
837507781060854863195635225745966386614640189642872017425042283157
411081905638169928580379023353574337594033279474733324336020292638
012402433193105399081903578200054458189504769254095397224864382480
452029535305161557439954173092414143451164424267419295202973573145
590620402095677357896072890230778573318563006204714392491036474650
771684138524071133869285722537622528419068391992890132381157874576
923857270696179378627185742124233702621655914774695900788792484602
304935635224037229093932173201925970867524744113290478471706530839
415896634620348926324188841229587999898627876244261596152269928053
702132822226307136840554565764599616821875895003378118494205734167
865838481919547422275496362497389103802374589664181218703860946391
906215138834196314395359298887842216111505344562340986996692326176
618920953717954776345082969399641408390685691337135643079448829262
292829881523751599716857070696619709925132181673510109450393634025
420003665408616172724734450844621278062511786322097219428798626321
659729242058170212836483062305670129613229885084858300666676879009
976053538644654872747179357640541632381563189181024134759502638049
705900037564967838098076052614762053197750497050809172870887575043
577036200209897183186220523527848133152452693000580786172940220158
689105029053627837620760745709713602245256074858919393999114839255
233261873929691056831125115720833330567611604635254270066843029565
098390827300978127241345882204535692943670457109138498643822695362
699263820321342428137937582213100664443111676776642067430047767757
955551142391951183431602814475439525096747455612395486908316624421
124052458822174337436879086082502003625404501420818674416718575378
876755206839708238647125277900556012723844370483218498714039567457
050938579264152242957377606319418793419811198334104734005952681234
667652979769017320949449310273189899784013354933848205733622791789
950832993984219102995445742023516912843142730339628140555298205271
965825224949151395506561585534339686304127318518097585069623653235
295120902897528810850177502563716538353565806544335909229299525010
845569616763690334268324885500636252602625029252945771024180796747
009821120093089366741283114294368101279310551594701515717434050913
996607343405012502040411259382460144276721212104098674535989033166
185533432697987525771263296673198058100770402929832437481959156964
042541017012826235759105128133817270167595687984134187885032508889
964121217663656646169326645940453577459947605231907867811184237961
520534188675674642854075812937717838357570664268300472059031677557
920870826644675964796594974128385157327641923680575645657277427090
089951840892309339569478981061596644976166178703984258617500120743
135629056852914794175869770077697047185296193808826303575698172659
206749904674559604584575381790345183716415638215449345025059830985
229564798644712533483962671087031556064036637355921343498082632212
460702256558211643179066672287522952257493296570697488554088796231
164355458549223951109856999367126308256585036409762944415020697121
298992235181103366238830855040157932920085670466084574450917143203
310628064371756808966191550704739679781986213620521331403381408731
573309737557568447882459679028546671726994357485992678522010408215
645962101112325504970913845651476297519089134079191358021383508101
532437185464468434849518161071944563335451316587347094904120774648
192055799049732082305146772553204256919589788886492375147109366822
800771630092423452846319943598720851403818048957836057248200272607
795419515813433596680947718725204273784563086431172230544738314821
133901567787265867632499565244846859634483227755926264320116088063
040093892275056249410353785543163966508404852980981035302862353617
085039799639241435812009523827837231739942677748065003380810323441
936578633348489333758647645687705101885491871819263558165400905003

704902419963139636583864121570999861938578735988032210502321454183
480749266996735424438811180291683915738023875153181522820492268488
802706956262076619786855550137987218042866155368118644083443162970
059564000130432086703140289425591678406771198876721703213251268617
589345439176872421212369136513996906726138462792264773603825200349
006040505162481815978564924733146751407443883474642666612413721132
484371606549483495072234928045419837979740146693010835084802320701
512962045243097997493208919543667957174367836116123519985021884461
775945767664524154299472953178471896593332080124237400183124718250
945389086367516074224517342586335335101918877913292502258791515128
464222671610483240336122004571640616745582599195171175623969574891
551199170112124904848143734932772787636318351297518009541169021488
659644977466747666128588262278270325301488258762919983256708161996
292232221363055372103712178594951844873107022706797090420403297892
230945585491888014933619911814237284584527369819104000859018298539
026188428319662581421313041033164440609768340442275644377797225466
807723049090801643394204643211423381728449662301902414283873701274
946566392401286559950568682041042315877416341861476097323730040510
708902261175862111070848068364814434305161564647279300459289863327
092590634956693868895690781025886745026839098006415628663222104557
173602428610198967270170568077500884478544454612360397646573342574
643706682062197428475555603444790846518940911437107973373146457113
941070888559879893072163691099624409307686105269566790478136614753
873759985658116208257584012109626580296261337338247949217982911675
067682691119495600077472179652498648628890078875924699489077366046
036762359096349448286303957427073920673719246663036175779819296383
321258321104419512849789310793739452972143570105781995220052266365
789602354687324356801352280013667801977391306946426152643885718129
980920146639685565905152187019697907275623271307947036716686119730
095792994900903149950086751509244785038683387934796607321516849433
292175770095116535350746328056741834064910247245411316182518742601
248494572735347466243994859473125959496682055501349468330265216959
637501361618267371744166764666309794113737729349436352636202113964
099460792885982555831487253235428230225270307486353990026178702945
840634524673474060094947060386182898106933860307911535534339424719
506054465400376842441329373388168766121488914962081673246768244520
603683802509545752552368369185441003884491669245633811623158549706
665370524001027692271863448390900535656701934967365985810125507564
707750498687576801957908660110776502208830479763869448832909507597
724400816375403729789307959354179489932958886737513229069066884621
667997083661692052352490156561088775419907246712435043677052507173
657398606409353719677066156552752063165681243119623185062855852990
980090419934769217766663903410324952162510041670062259061153871698
358522728739762725005859106672949533260090569819108937347433371292
389173881524078617450522339518987116006848178752665577057835837953
071679465297950642171317208641188333507258322085839593999239296467
582473088317389914393478110241919013332177149350673277894525520470
006096135004130772474614273856592439894100557283976638684902480184
665029017016329587733558297019398973210001842411184616078991024366
683810050399895794238345255982462353822658404916566197762672569354
516041285455634014994266793527775533743074559589699466124679209693
547716739516061262402139321761832366590161581262995419347926923632
062241869466457851692712132825531603898898918846918559463818066523
325106528957416121395690521066564224124003368456466260564907814068
119420830742739636416607810339130480895993557621801783920250628014
680466507451257601742082891389586663046831377958550645884789259454
635252192629657944083355202892527693148963387479225614456590642011
431150455231506104430257658547005054845999494792080180869058838771
701147333639815763713234755643740146365248157411444681623818590940
974841749643062861302427355704580146102701186109130345640712612946

6755935390818605869050229896218177923211739595688131877064188832 77
0546269715571970085463614266935922869732163483014518435818990866 32
7213734403438973597243939861522092353622712383472237617882938720 99
7732147965988994647103147233143171417642877852047682778925630085 2
2976586140121459844898881913864093835174087841881760913209747316 59
9707347468844769905559321580297802553031735876042549477396944400 78
1269457212466023084699227967375154565332013868079800553724277924 22
1397477545703483309109343950322909915456540082940839368580655272 95
5991526194795690367922975489192306729632035676408838942862668986 71
5919243546121088199928147562003652795896430840387312003149206678 94
4188544650839103730490811794067501520241118304697424227864928843 59
4501960599170481144281893315438111808810573260423805435172471389 72
4766169699242489694608627442603610658944200306976260255122363382 63
9233416819726825998539225854524203272286815099024263283034417705 09
6090744652650180654047851960569485458993511415461902096305166996 2
3789145605207294326014237045932727502239429210223598776169801571 69
3363300119040271978602915031824438912829204778184834345670387414 59
5403603727544280618585844047625123538827574423286343421278327155 55
7171041059425138196136622794463287270419930265501549836878573783 51
9118544673422136190760654057842725427089015515710232087690075607 39
7346355260069600267427216474939334225670387867472996542026215208 615
6196857269679318625968035699515144845390466456264717156375440182 15
5526218674301435397463362584660419198616758850571381730856115458 70
6547635035074791310301056298066097213278736382770185523800061737 3
9809117760965366311952667085616983120789166596228470053170734350 3
3447008105729515915912806907881824004862314834280825151405485 93
1435411467764616241157145324885439240460883764129892800917749756 33
4061668701967555657543393715358172132953127341825948217578284848 16
4540940534433388740529344397480914106268950372652036123941951249 69
3163878069975378223888064516507717486709252967140782969279029757 11
2313905204013837602064353978130222684827765593910386629530532851 85
7165101328335566386776252181667775492878429569926776270558027539 88
4024227976424385881921621754070975980547977248781659655249641235 04
8569042331210027920617781631274319583552243312883318145115888682 97
8056035310663105001744623822881719035745703825605780891952041043 93
0240834063060852806201498341218842762387111365228698692736959787 29
3063997026134175735561165809171080414832163140013801995374602495 00
3543220982083452497710710104397860531004336275874654511414259846 62
4995223471580507077555962935832137194923173918717062529369656703 86
7025625772067776554237395652851038679187702294039349990232941376 99
9445149954269879384821647263282925260710552015244109648272625534 19
9483043932439355845106139876631275680043533038592391827213850406 18
5798227883448485896380368905713046673346942249391310888385671168 00
3275699263320131576976270541355669625688863593272874845651391640 15
9126338738841589470341416370888787636440156040630153939655263849 690
1035668213857752093832275180255457612075838463648289651730831447 41
6756177041876492244424289404851909719948023415878805393152495860 6
2410419747502141516124335055354337539897851497599264964719447216 44
4194730596212899129918721370688195080900832194311374497595953268
6034344564242241135486027924420264288592602805751171894378437863 49
6530617156426107247226082154325869282007363050908310388672960227 33
9262759225109672602256048660860472314111508346363978242323646233 780
6789579118887209822460074255761474616442203331094293133225257459 05
5059915318135865873640450507902009849769223002917939859899672853 19
5041828176518333968184334772838614326639556516986992834238444358 73
9954861601063453337360974652670316653868049692962618371652063734 59
8258625043633759802647511355297710948960533475994489685705010897 26
6332256196945664902649881908673843106527390819750373063204072428 01
1624553805740581429313277264029312489784887293694340531609657626 497
9851498111345391389518040215404580146136572591574675804694588258 46

510386890697187093091433018968069652376122038654287895200248131142
043816237591539926680830922865538959004111696269719324340087152972
268706705798480976772582290957277973777655014844736100159241236645
486709053963173614006883233243325853445103734707009682469073837389
050476106028761772887293088298103937922295264948536896216558046791
244529593368570306722774742854911509128358491128548575954854235068
256924276842586710392327801386009539415595849014752104963545810902
149057980390467796776696658228692671736683243684871925561924133616
076262652604684478923551452654680400682002911475929928118091240602
544360619142028271687408365596900430207281036612012689537590430564
626215715302723775840244474636152202461572349712542350660588850417
559032688747075395633380102687320789371308120202854774099177789459
000431961679700733798749384176474029713056084757627003779877589427
509515502349143173407350643657309264431599190283719888603137492642
633642819771762460681199799968778667718263705945147184692954739409
342570957343512000476247557888633971012132961067451999340902614567
436264261314023887830579109058910973106814879885552893761506487131
062971156587807667377496610838569625484320224561326841915489249364
352088046796777418816363441490627351580602303134352401586946330052
327459049749551104950162817948008756480096770708931571875254697700
361974325902144577374489294220297132835213507142305568780755953715
689337634815534852159494261209065790765201580811476571730669213049
788978950094155358857589886259107032572992283549668156337594456096
351719547272486359884367576596272120250205789155663530760853831835
355181848922879850145498615276315064480130287198638761621902481906
112185838036100525668027813415655530891540973223321774078922189063
610744671325397850739130681642603306730428108189646784819124306694
763979780653564386369352749538012511957142065318757247147777328284
831097640223205666543246727152682476892410904922431016355082318941
643486712914592442432390530742404217147043712694692158539720699516
855539466355557879439668238967043898687847290714437974509464845180
576070911971487317133096827342869319888868684936792552187485555691
132174992966413291886101686175580061636822543992614699859883544995
328928589852585693312395544444565318707502823639997310410641432211
303868078705262587048771767002381124533873678549315988080356287645
685138403986825024388038834325188885231410266058223385333623887099
894978210048282148220711104992223904209650977973690527252578396319
922492854573075967661398555468715115197839193828858884277308037234
116227769164480628435845258469186957314451207459776970876620641168
519924505781036673988742593490561323950750815079010068025459942932
869708333152204360597811828033781539542061936173910077985952170222
783976373554582594126998879635444551833709973409742667655111672463
064169643946501253358506809424444141289679019268401955530935442321
142777991219993715387180192442108922360659922012423864327252778212
832421941475682782111927679657902004665731666652959280999849083771
380005583578414021564023281345115281543593509365157002447099131269
274800655688077841668029537711065050579011674764467464000751907887
934553498491760221411695670116518703559718958531012298108179092764
197799348678303857989019325465728035185097127121301566775749073395
120741601365582926769438451755417574447680714011756135748240666239
259878205073044183387030127368964101056768452990277406145988182840
279972715205686352882107904642243270493370950988826941329155970297
333737466590316830901314469636318231087884625189708054510076830430
312004281177352535934146733889592496871837085437849823940700895085
986944126217332857769141244346610580294669630264850439023003081776
502073750272859557196110954762380869935881409986473547189532849856
078108860031958754023850187647969481803000920188219418166989205540
663737878635524737440673282740751603215788788419861819775109640737
870088972978091489045529758318901021649896527282857276963989698048
249072214523233453581677050667150966404745353703911048390183486066

```
17183134035647073445015212732087624977928849283856613786910675337 5
21591898245243115630504978064268797664181671102890666411013803832 5
39031186909681365648033264976721162286514414037881822313164870450 0
16018737681263104566490601041519340622957275340519935219152089750 7
38185093537413193050702605501450163607350840258992321031195932653 3
54075863526108100626600479999770738258496503895622885481046580044 7
01536640740319120313893074982655935843945974004613750946542163606 1
83769433316178689301791875827650481044847291233859546438915369479 8
84029379030966747793025835330740808871118523146617128368429532238 2
16579506731709329853669660306942656132312404762120337556715561531 7
13334707711510960605522712187695406697486667976969674207383749963 6
93504728456403828922381508328411771493362095812221309298610100305 8
63580565840214312373508708602647055332538996183516694635641043827 7
63374899013723481079257265890470979464501366517898706168206629076 4
33589688451585142952294286593627004430004988867133454795492825553 9
16545912217725662320645970014826144764165181124955172840952660636 8
28665673168744837975823146598070773189998068225907688498817925588 3
26760014969768362589690262525423996355379661467977991471214485008 3
97763338728610923750173023814577426170098703463935212004660004025 4
12758404751387907673528176783332519969875867814704610862126674489 2
01068249049204311356045810581699603498249043148930434631761180438 7
20539689263486712216303178174752299611689206752278113931215673016 4
61913365290842713240042656136276233207686060239816673288692287666 7
97984809179378643543047958453902085481576600473722547594058000096 8
82324308011787645013086746146357792930229064818563898420384570190 5
10082774954252827896972073194668331426418691263830281593130172453 3
77994977334596510729806649911027352997359031492599399317878078774 7
14659072152702350403084575607474462126132973789242856101313606936 6
52146215533685653714560437179421520848005561095534281992976481953 6
04213296470680396397757658079989179618050642819083929225325198677 4
97212531463013952467222863082521897084893612451629295946440003719 3
65011409414370069740718431887826812781567523996404406673686827956 3
91767711481083308863739097862001061218128793242214002968388894076 2
98286399533136760159093652184531334613376827605436120040369254684 8
45351045545505434303119208650826418045286544897784927492857645232 4
12978756654036795440777688699074059747501882729649279806717727212 1
77458164862326219503305359859868831795416039005618583471084568518 5
21056481319059245820750419721734954421695100440203064590126283546 3
95607816216517275665539686051995691575684656991776700458812931384 7
04803753462527500263851424510742290132552820499462165228634735200 3
06720728570064955898959990907107711052033220436394804314877011503 9
98744683180675004792364853044092671117644597319720289474906521444 3
64812826944242896266215346176147333348457111190698157560003738173 8
63482871420072225184512840993887753146449412337082626764644395729 2
34785424847532948599276860816831807663790738967564632433847670433 5
41924667816466258539683030178624440974525231325986252041204699816 1
19415381366309717564157201189680146173811880652142307258849376480 5
11661509360310027199046726095607358246313522792585415511654420968 1
01768041565694581683191143865405806344852337038997124023163350720 0
90957829585481260754397103927663091323948281586989329093355250187 7
95510844381331977315702194604531485586903876103246697613367520221 9
64796859487113803057537343582477513620999379293524033990318511760 6
91252827655352592113077604710135355172015245547448212659502970017 7
27371119613868984026651448023117274643708207320621470967205531633 8
11295325909982438530491170010968833623879636452712774942243472216 4
90732912341213322455035842456519343765282533293556285036245616949 1
13164130863689432605811438255876411544028777641246149957211047476 2
50706528944647822954805169769244943677253474612761813606464884185 4
39153349315767241797892680048165085421400817314894852734019045476 1
73979794417987091090052305459992954707299529675404320449513408733 6
```

537671483965180248293376318997406684247631379946986739229290583084
181820589819449429321177953820531858855351492444786165782661355287
847075420934425323299485937803773594674268100804023785191760253998
538319522278145951564822698622322471939784334701071159236888944184
008825031926470925564626132491955490676308710029165191461671563748
581170086436379375757162088489682880088848022860780530660603726555
842765110526649160214504313339274326272767105513959845798114749902
963368274143091359891560165144355358628819385875575167260146721240
473326958869192803241303268224252280679877318295201315459338882825
440734582134326699387693928921081766780887445365966571657807788614
273058811053134791147030082328966546962286141123833218552249247958
057621308676677299684261131650734837567742906036724289921471889341
145827296086070141436678792460183879850283106647187241154676169185
264113320962028630978948898855337770998564729631066965693273667666
700503887441944218955683950074721817181806638639601259449866657247
546730540170675296003062694253903784736249583773298698495801307154
939176793609080619475647776999697629265367032565911763139893783755
564253868746412300021201861016820899183903112954777544974654925428
974251180552171438058931073183062172415544772544620002332425110254
245824177336539231601633692449465371585086382777303000918494206721
754930409337055994531442020594687495285935322270322085451357791082
713208645468386819048757996107343149306297851570406436900482702703
669576712358301551941010801482965808320450572580198141874604630866
877528792694819660726325968583636454561111895221153923502915772378
651386961690191245582226493103664911735923626339561938890555560124
675828775878323498658229203373810440208574623154419200874437796989
362176977389521431709173165908711746071319179270859359040365716952
773635667586702600571508387376859977222429876994699168211048543870
656677161475843525089165381356043088973407797594630292632994777906
928959190931772637506200244902559385151848395031417840252549499334
814952902411323885646244936325651674478297304105996884388275834908
734819190646738237894904464721807777433344524714218229848317232449
548591401059047309949578390658067575992724520628201410604011166767
574390944215949594881818773098588778843958445778183823436256431827
897104919562286679363234366142089238961145425450590306847768714204
362552372727773448265126562579694874727332491287241561125890310779
250241224035943512298823642008315580477587987740850276526411848860
230719977544685341364781369797061677420093246053524207741006086953
202828736191589995392232012069653063884107167904800674365087272457
287854030986680359774075461330821812981750553641949678552290994613
470648377742475919244484504338271544733560772219208857791684438478
817052091809002271732660437036835468975388733970150600978901742598
659628020748442614543946849659379198672242860820642823831758708342
555222226773700183364965539383442963318235526852389904872171910811
075401231125436262929486722845984159621646652298403507395480780869
887075613758113154674485243366172986697831316196628990970564016399
609964898212189639681682347032603941836381045794977082774836641299
246338551399224124718989929541166828695606138110132911339882880625
793508606435773866351470199952791052213732922323844551671558341162
296591378006787688111019871375956274444967652116755086539376947435
044442326909592745795086478066254658089743468130663071968223281686
133221943131513563035163544422910765080826423191242864796517391613
596682951317904325064343109073254925091193475104098655637899892688
402744237343106054236817065167634853454629036399847189578474885181
886466990899289799329814112688088703823020092159938962304095079698
282453485834402579341392407491134492253680052699557646110097254596
837588576146034785232721943491862750347816455037539784017413658215
095677605639819392083505565611838455605856085392551743855245451836
153173146211683751575723623737944461467494032436684086729472106741
534353029078066920208965674737192885657742964381973077817789342701

997487146823833995378991276147496264610869142686088380339366013614
455904183237129827110549616123113929032069596506052017745286931039
019314638174294407672842725557757696719586295458877845802781931069
120446308501408159893347236166549668042356721085239384888550286863
929373416712318138661307405859238304545465348609222150878073181114
692151631675911194806415998048770931136725212452813708397668410931
169456611453429497100856106921233418416552144874499785942813245911
136178695675308861295552516434506240130081105111960382435573237312
505611267857804262039833905724944225056484394357452563942136805238
431873292744652425227879073218859357478026338428528022186650453750
954725837180026717886968699134197142872551864112938831053833648748
566571809376997249728034581245947825555699307057513887557477520690
025741202511280050282076739322794994557733161508733369086153440771
896854308705565175834322389478221050046586185466707584739393799628
871476764664035707370619652569956270078197283225037199671371624051
952327536698635291884572705256267980131316497743202993291273629686
962292244910270085217378715286620263863460700944683445922176594531
775012062013995115579293953705219425165186692152840378905104971788
915458227413272353947534345175918752854930321230407032040312592457
278993407938080558021785709554478771050282769831428252971915185677
487210927635045819192730137439257310908847002019547381402110715251
770643037767133223927134820646419592654553994410513513495988137914
661589843533006260992254360311745723315898576194521201932492007114
832948544910852065780390707450105467717950380377581746904406125017
153313742408736067898834437823300442860570853402294798097957402967
093734092200077368403554224115850659918432723180386723123268255552
054496213503280132083711949290937924381627869918012680731189452552
182628288323977182254847530786028208317308633330469079605795250954
630794457264942252368622201246743171970238484159768469751166796480
732362353821676179536487311676669199913997627566826697260502626702
665420473165463168943484197362250773691871761904446690949759500800
850907383709429265123313270349543555561514999953297741485160817881
763746226456634277013788478510335420375985711439806252578026639682
030457025346123943059142636630827159384066814391548452880845008498
348046005296951684195326263444996666693083777680276406577396666769
488472249444822365101766401070143494649567084399868574737136407070
508220529700205687519274667214873319739966923632688148011513698066
442190247519486495287104342072332017374606141568391973144772238900
139584230085413789995685427724346969109448987953045286627048125931
034970031816816450076918090889217622251933336579188036218286120788
412667732465359044681792948606649108043735506778358085708016248299
759094317031339959319421610875509695106739491740753368324467432358
132802109625947750439703188211743505783168648290661464966035858457
961435818571637973885674225531982526228144045501058194793677231347
324576311715878714893033204049650484366082542369815086659540129523
881391536307227976334745748012389909340969498642898774545515164267
176361375168750500253896338052833001391667443141209682136664303441
195219210712580541857721140690641867588737766365432971132393972411
721001231359444900342480902310179358505860667909253313595913704048
231869618910201824499429809909443405842056903385132660298574447816
865090682302986493174735271831133974864383151794065551735809964287
386893101242071028754461586642689217152311226017508314252150283841
796303680316615022256560139385667158379200231577970206027924160250
354358182578896180301788741753505607570512683057271113723407327047
306863821309362383695728536019434875074949176143457330037868653437
913147554282727203204766382771357254183677141017296369176777278701
790819409046633412993300207206138388049699180236259309977638053243
927618023389594630003867675297282316735324639254602852303047743013
533981815377874986402760941467901523522952250590350164307459701786
691099044460696342422733856185147152871232805205846871059438047542

009713023866211576736440669877583540306169280782922007694956685050
388666658330635022299815293315400487381635064515448429155049258200
207906063715650911077903167410093907087270690639756331123706469515
864190565491983971105139192247104665608666238975118823977011683579
213546124663359117355097350900017666715352427875682038033370941668
747890202520207247975178773043737082469106609490955082950518073174
055600931287915569992406499521764909103592134198644094265346004024
363285206252109198959710518657247468294013068681369046158102411097
704145909411103822100725743162763399343874125324249953045404203565
322927359631687377512255048342166321833333024702907770333856071078
433793376522966166684934146286071120814525429243032788723047983408
190599108595493739705975102897521510104173014891842652124698971185
007538266376686897022125027363513066360936444234039859356544527640
858269822180371634466325905540888425570667004613089245810185875194
036870721714580357358014287517773768430547662150529442445822706938
440428598420765945412239454038804242330104381098347245794455359677
568342640154213793487463798917672120823414546916922666725457760179
425716085413545112617493505946856054763622941315027598959905043912
105822743480260827330517514760291557174708770503882239875176227067
333857643489661521631895730098952332011632173502820116751129927375
071326726005287630188020975934641277215967291734966486237831617433
669804120664719214498226894054930861121856512022144355156789092572
682364838088710175281066795532548842431277288102340910448487743925
299539121358161429098025572394343966755956075899404915733685381392
848582119461679087461878946891798872807316835163337851905423344518
824866926736153402420881390888801033484046168863689359662278827768
526133836366742308949863084643393088777179432346340629811803376899
751364669532744676395709174573721316289612447682274673437323980454
543684224801763816356746139261749965889330192627313813748750756137
890701601681939838183306251968951745128994190752704672732969229328
595399836305598826464001539336104651824384841864434050699024267018
107918107109604245840376137876885581656913606528464417729880607773
103008794051575033611381222260248782705711135546108415518113365866
766584533170328546867271970727227215127963791228588377620992734813
497067394646892724128188313456520405792316488569216013720892861373
447342610105990310072536696993523735915111834974759479869920443998
752006642672400862163815251732900792435966998974499723303063255232
006215695130931621542729652253061744722163007130552863757402021184
472024907937184094385474006664471677582137921885593553403157175524
371666693497921229248032112871547397883465234374403654095734534986
141407815302224510802092607974211459246284115974048016862063286737
590238109793838168351854648972587650269866971889295398832508165797
769688246661179252469649173793820446746027555979275031724466626270
601375347839219076588430758672782049463277409044387803389297996264
197562962295610489389881369795511848041601397617836698870861499642
772834138378632048957352805045513007014390023769032308729330481633
666495585939652827367694109970589474353052207538122381325087571926
235120182746333322707109351859599958454728952356333663848704790137
073880294713909825386920771220480251448475430445028218483375287885
479886362001406005060237553733376181407441157246244538103969868932
872438142454209613932066518787563989224249813116599429759135091992
534048482727554177681475221411697406230680648158010710495703266745
497738791148135681167538816526350534364934693206569004146212850269
894537025645765925764154499555042520076829228540268484882103775806
265827205160477509908298361374726702045718521870433082862659120462
177363804824428525776420542992026329507504341563859876529214353760
184502306420407941713888378720223968876174003766684062610064572590
260578228129194169317790552209843439166522291180839167093219020623
130461858549835932349801984520953353175806011129056228292275582681
598292853584697465383119630711983165763015211691333720013779129495

891792230134722522524747375690057485666606125770602168876851165817
837985205985931677338745477924770792734481528058995259439691391699
763841457629018698678794105175718775997267172816982252627355112865
756721698780919821318770289607484920772155737148564730854649786278
332833396383237804057669773383360326810054151427001253207146732439
104803472945354392082771221788726053293463651875810197641918891541
294956679574740451104977347494324850682894796674992655927325876474
304201572681119297846072891795594022102704640502497614934648711451
049962761455355266778827914264977654248233528731682570596333280734
889599189299545234395404546537430186491311437668833833944560753259
639741017566150842941588960381593958283241181056997187590596816175
991337799389772427441707200043066333837728122999571755383127863073
002280988348956168280893169568354555132457748373312397227556706628
268045250706519034521598768763386868854751024385679380926760863999
239175816082035725828625485026222499923619485197436100921397397896
744162459305337401147975148564345437383241306837917035939458911889
934263636537575466043304100849625265251969325405337197969443239934
124283336237436852418610128260657606557193316659207641321286174 7819
680971669968138991639341891811488141184467468412223953629570182356
113176537274339900705123479549138222118136233764769515556531866639
409230701958382086914882595497104003577444462987159991618620091 56
640335408074933078863886025434785799031175509509894712146232983292
633335923591994588787135067869767638662484357837865067938227689091
800638169656737188236991868693906843374080945236674715169815056195
822261789991320863890100357317082228393634342085829923234046756823
224047869218556024083496597223945638165520589027944627625167457044
645597111806784264639826308439570469216976670167021541839714524068
111078960964431070144229618338290493158138023879227749602441866415
538281921681029156513129080429939969619243209971962741960766271691
030127187230183358443478074358552337531034524433453286112113772479
009223044114150641370354434292793828988648275575774289529837494644
534965697890742365041930845257242842975308695403921095282908719896
781994180588072315128880047789337004410799671036094909316307297059
651451691296513041276233580317918143099566522761787264970367229629
143617050628189403312424686105545447734014738751599871573226310389
115729576279218028773258017759052443490647872418013837600299194173
901139808163417962098707065437132596912266366819433062249331609518 8
628395699412298592185956555715294550505631752722214781864633408922
045731001297304271098835403011856943034640051339619015052164577550
734848409906564254140758451847747645730734626238175143895250461726
298222361716854960596211075928326963344333526585633354487911138905
595867047387518704648569134710144755430881850703997229770376135923
235945682042234351993497965125790154717956729060239959906671794284
655022810675743285146465200604750787512592095185636026918510476917
137599504893256342542736708838745632325854928543063219163261101 16
672932005806004504143929189702410682450279495924410966119985319875
453822065751849771802175050578517273449845536530631638270262075671
879463054965085954956909764339842164606878754586484432942473442958
228131279238525118033441125589231012596250416900122222399180886579
980558668973194208116380529856848740586685243797310892184678803766
518829513973507672764294882297333705635972018002639939886174189913
472151471563797158263916679805272408464651807745003448331517301689
545453335872497486695533557572238841631870055913845854786851474366
407994725858733723054059295672511487751518033922618974065328716559
233048978869883224673866225914772793314021580214184212433911472 45
047391458534435621406267762271001597994753885401164432708699191482
963222269460610395651339465531044322477602538214206936752619052058
602918358304859858938230941383340625938337892627869182770862912756
223461817703479899758534733657597949524459830937345207939418490156
294606390205110962931337625556488117000672901052133294361963 4355756

5205874865462197022770257800234904767961021543613042220341829302625
555146259450727456175671382546092641076911641733169692605638474070
379887587025043209324906089717532426448085141785399315026710188476
005814469362701803878018408891224944243385268841491571214622721286
140892179832945588904134852970213090930350682734602577785973249854
484280126069457912731072258840349417670990989006034288717084722663
826007065975781358159214345575894621662812805256705734476674194087
510486230588492153375937300183131449196202147506767513632789893147
262114809625860376339489441551417447096734789727817743424314626468
593826587071772835819681922697621112863380012254374415378539800223
763449372995003798524723333413764264882486961740504098874416620103
860870880883123776335389411837171156494805984111338128760876380750
385700515814295675423427486489066879702923894166721859374685415715
218788486251633328162222489469651897811447139338794797333857917862
797988135727963615718779018234042508215154438042417862992492860061
552704859975876044472306676908196724702308032435593267294086318346
365550459543741268729754181476263736980372098942896043337119209076
495732704493012975526632555918060505811499416150813967492076728073
174569194025209323205492217630701812593242147793442515444146060803
088182445137466256047459594681802664921837719096756115445775167839
412598157068093271893212129153127152820223033918234758061081815274
581588924990310225710769869701274049002568395810038271760303830051
015896832523857442375090139111228599758261939489860821612678270778
031654871213611638653790746991063882435784999937257980944921777598
683881718274874751286579149815621446413168223789739577989944248771
156313921830361251228642928792173431546032830828734533765369353812
735482827789449532160458517235728684361227760834836242778822001344
915973515531800833254931756590200719794301121311184923332782026549
786824292744843366418178978122495472452477552223251040278627924044
590436369537797163108991318809473308790695649948431857828116419396
248076998681965940258484179945554810526963906292619438254220584710
131647367066040613863602463501964606349706387891002380682836893012
019568924885010403479158019935869583457512952042015822288272054745
769735468869944344198471942722293648373365939170289499957375064202
773042247756482131674888819135805988111890692982777772482379179376
194709020782753032705705209850834999595894832850187585815020872181
2997187422262087958892444675677687439454079446788922625698246189832
587096470539017775022330941585835130312101527156705775294537590786
530573646566160274278988661416326599355927936280546213396396633299
190686562176797370767984898639196514979893048368093484352880214899
203389048323978042993854444706309630904916727421586856015014113775
933028718271239017474288156985731841266037338850438363936504815659
617124919168710285526237242347442222687489888307412176505446484667
927145207121873895040846296977549077996591332754341817400497049395
851891894019774562290749131054882238123752490427858576563550106486
312255467887279067194521776923686829292269952424549522914028815928
019691704994662751042912755589473041324116515370226188184729367260
211849042019043492213916787549556861042747440304591494645468018080
304650866948213308070519215093166006336750441613810974407536921195
005734427684883186394535629114531346425285651883954826223023346387
100975139345935786936222516081950522978101513080732037666525120008
795313698743979017675629174017483694568386520885912208563327412747
050116962484753733722314967489656378236605102039447654103016470953
322679849868027898803864559930548966777365568861370895846432566650
302107479523448537717659387704984570917733475165016755900135377519
768061805710065696124000849010093858050054830018333110600601856827
041234879630897073144904479397338462366150921807305496641279404647
026883417573297056150354215097112977876611376285263458911124300029
136674363823942800074740957803742969953499097020635678839388678433
351365472611901545574425210355591201053437608657555166158912210343

6247616345228491479278262663846981875301323846843838481989822259129
4319654013030910358495655688604233992937641972775377812975765765751
1042206746925082611163134834217523947114850836894885690798137328587
703543841545668065822436416423146393854203619392221295490083190338
8670466369095491639802927609292377331817111626458622288016324936225
945968458131609004557524916441273515381192028818110517787834070400
927173050009153315669821783263623074102747808983518268963421169435
311823668571135018207288135525283986658128488717716339080358723260
088685972284225811125215795848611919616341434879662152796338429598
193158304078469304371877059895981005020680696666580058933713083840
668965788413586389063770886714034039973885169279690255858447248874
524162464927825345779433659865245448751535997255868902314490610468
750552843715538971359887915282925828255050120835419120587880510395
496202435877418284809042834012623317913548824250786075509868266022
155690538616721739707016552951826185149785155991687413480771803539
6476962531263791339931446691551775242879398376583996804906330680176
854652833690811941784649343624382999817942041651225155281648662278
969241316967283175771906598106614920189094814966766193502463479471
325657146836099798366877167117645768363846679320507604568423013645
607467711282291454410457836229548419005716460338365284954362664397
313112157990900481873735514627240002040528376748055046017505262238
339122922205278208826476178433341282467090434281555799199936787059
242446539841415248337185030982365045703951871832547505889146921972
7877474934761374314763340744327236723578896830721817178156069992366
992607880234726582584111858356785494634704089357920077406163245285
854832012427796206571255740619001540568666359355115191485907385418
336738943687771213576680356395554954319677643261844785458336548591
9644751080858668241702442535252203584976471168162476839953624476793
908223428292953081300906689380635274420004363883387069849021712445
88396787081954595670313905019613302424742867545568883597989025769
892006589434200237275867258803211692625170144931468664680549000789
632227031773306101313017187029864949930259177391147857049708705092
800940844098301417159418161489959727551004889962361242184667921740
402557935757841830411854809829851398218698285647664429028480990292
829922586242989685205259864405231722786608191694277437470575771880
761080178170144412923472681276169061375346156304594764959765848582
440358799678373308638092246773164888660137582230112667714358818269
322052862836600684660417608669812085388966448423634127830430019766
438574724055586785414244526663556478233814748802005471190740096934
07662372319650071368801988656632248183354617539427810528634045487
684150148177861122004990204474591552400838546972384386526846236050
165034745895856420487076738103344998421391627255092008166428318460
105347025818298005342090247498511881750062670884412379523195042061
420729591780120441108210043139323316050122661604736720973055753935
978395931391217709166253148727803743200032297288350128452632046447
52645824967695383409331796811966577917278829965391034981801394378
419558229713114826523637606339828606342962398279776496446686968629
837267017460877965733397537813876632044627737591511611802806674852
175256924858603718711077225232573649510157221247061001841261126143
113020371508764915462560950255744788727300241807695775894301097619
588539241071395051108671826885921799146347036185965741416975160347
05023840001320349720169075014345448184078500195961655552021750376
614208353600308554226516283139000897553529304579792799051545541705
586820451135637146704411942761822983730791428614295864767934829032
395722437781831378383090974524463284891032578685455840364603505384
439735356539103424668901769280812754245712647903794048222416972827
054629989166657013996978232508098930619305304874846505714394551522
130923050261480079978803377249805525295957401726449051295118891778545
751052809268213446972071235540578850789568719093781853355007751043
06588827467960784993189447439503999440818345801504830345039967155

327137758714638778072081624941500103065127483383647834568784236910
304330175565872230771194207625044108524387177687336893154848960604
981667626690323755496624275319348817481407832457316079552872676837
126118081584623942044542980533497736915195469050498168948792939639
968752324908065516345216962542132037649917330724161582043172409779
780270130087004141876079184028490145991177142665209285453570636243
160765058847376985987107871715794338130707580432717296927019986816
588918070391000277603084358151804591335015658811959424430718750790
126976529417234363240416807336041725105880539857167060382979606033
118535820247244763710051832406308449237674456287167496676490605645
124991855267272564935779149936017213357891928354146196788689475497
941118320386041934887604287998426882664136623387737479484053621544
989893738093944672955532085964288239560931926733241512640389426756
729012135781521056356502450634808667200331532150992186650264551465
520579140434331418931744145838420034720114527627475566386463637199
154891556164136320487255709853796453133178054994657384417413499154
230689959953012234156670160551788060454883096589803517762589040817
303354734957965719804431576804129356102302309380869894586449484552
998450548608120087719720164982137383165934861750474894264984687492
483015557556088823382468631822938489826958743128999273455955791027
777823999739474079071706240114696142722460394052244672743800904788
068009204257381456815446138608539893580229084144989604154179801310
601766049783453641531633197224496825336807416715398997449480537924
789476725847323987207948415076975129577918946249822894144335476631
853499993586673581654758791933439905537468403042134167767371913878
776319919673229649624979546496568363762555201482210355676498158036
856868528035439933206733394042646651584569953881912796585701315163
723035971515092329099272112888339073900630268586743036381664750134
279032424692734424028488879997900400655379849337708746593010508071
048941423036863903046826850163688100183578933799329677697771516244
432831505342567167908835992414207504466339326227247670420359784332
815578267651026243239188433779193494885924473013410522507517984038
779077812791771316017378485164931516371038572541771694565531677933
276154956643657568533225261023257517130919222912037868211070106815
689349821999351886051472789723308956152755259112847529248525450462
215444218657403751132591100938338672834069400299224989263821091937
119486618171512760816517655776727261418602198834922131227759032397
499396244564780586620774443935110169653881841453023655559151086374
832503926500145515591650607843333853192817359581558458366214501953
701708825489775034719546868729080417781621620256162930998363284038
401945381868215663424101427934990548626635944994402509452009183025
520397214084740691796595681301659021732590209567459603718940073653
349450183082615318467364198037639325330286271045821606050861605871
702342043549305405651136441092980288760148311068004486037089144269
050402978340847669181085254217115625518889434756998384372769449941
429708519559026365592385928030262310269084975919716402328847731383
904355979530301955847218432375525820627416619828984383021062971782
915921569843316111053018858411779987507490214559725971447090225625
560205015783836145588178379268453835346710734530611392405820451156
727209613739119106945585108712014423488743684572259093038880828221
033831988164490376440625650760124548099875097829844098463810310411
827722681572136732476956946590412064482082337446955994162810986211
350871573563474400228807960266077457333640152509336919698130463835
087376041843648153203775053730654315844428577432972215583088816557
325209144771385341671813443899989727793495960845508696953243213134
378088859951426680407416510593079653252371846459999299294239832237
197536799832552861852357326487871009326795792414996495180687852579
182314761872393062952159868693737823729092141976803024842337931249
212091294171389210146784397236873930708166013915286514957866192992
916443911890321162611480908966002685330394585625087315335985026307

484834690610544701424902305482929966185089428901525947881338446026
002800961728992571497477707589491756728992114910826997411777485022
845859480960904624945983915777808117071800347130290630116202830820
514038486414156962849536879123574505379395082788818907286254490746
622170778380512001880953938635251023490891476271813372322525910660
537642114052353192613420140635060630018743284514593473055345970421
994754697570192913054134089336885942483002748062704664044357516116
741527649515523702214487698862684659580526666008884645549681801107
100990936424888996698200975758346057385378803447003420408960409947
924574316693818153869606263715503786284505705418845096469632896205
705629234882625133792545103644485308087253873094400735034798170646
065234750378982411046597471748115523989031236348874572634824627476
095751743819852819291989088974329265640759433316586284124672401023
565569048111756975373708616243583967875187700984784058369197650305
092970915418182406401131290010427932054390441173924555617362192512
083099845664162480576470738605995420525769774104733019541483361533
424007348150886289257936415042340225340849370443416466205702613588
541331261671215735101998722424269278379923716353907504977432685487
433824893026206727363360779377607536770046292738255931006602504206
902535833197261472863174220653847246552063061807215125928215475925
782885470680008221119015312086595122565147083024953801065274800286
628712746221399645832457713101207822759876352082228938269028831949
407777254302019014916401019878291399016324790719180243643462517701
069615352212028878954633775200223278831567967118993853293353659394
990352293829626037908771790694990611912542233268104054979724852595
949109525623014783489820104507195673511613752564250356229316446254
994049953376393560695700081899761566110463999696850415925385713482
598813689539413398305124842729833256580001030513153509680790996562
573782547670896511193936428789683727577684593507812341774629236704
615931703990288581337898754546064340659388186398665227856724185430
630416209729468692003961015419550803598377435588873694136689725746
809472441760189696281570691423095915767009759476558498667052892464
220888978000005154389575336332777780048638731058542396083548466698
025241356418334129021394266407044811421383809580962167759945691040
590866981286518748650426338053876821560321833730740443048635802416
994513454824517723865203231935200366229101573806074454502507291141
704516508205300252835076030567180217673561028923589975844866871602
154377579651429009915144165853555293258381638286365760089838437476
797280409275250082202249690761195501733256267328438373885824664039
815594352128116890599814708807944419183077658559180408494313142557
089288529249098735431536073703948356219285528337900892796544663911
219365569647163275081259636982967545685102486284030874335539796624
821904174202527354428423177276487370781632836916350108266420207972
853340873489226708314258549914110166840319279286140445442863482258
224509436580477722265949923765329151538474955420436736331576270573
567872554145483107553877168491143431127250200429474690204875857059
668789339730787366711408291358028462701795245590661917055864732170
394146165534414802616198350224836424793414717253041289153404506474
416565082725331232510759368825619705159856220627094023879273693273
530841474936338646502818276487370035856135523593091322134316581241
404398030859580053524696707826521555370702201292692727243749025354
323788619419616549520487206231327014258129894926547170961455702829
955829886741957173674105761092202255397780559773442768684783906964
741087202827752992876421573828952129480043615058553309611649590619
368202640717196086067462055669329877169852302061833592941970280514
581314621534936503156147210184500626379460600239912184908249741755
506877427075780429580807094390040728732474475159818802337294122233
148465035861512152220817891130789956877444107166336586502448608390
381013298927074479229490228048968354005454091170385857352842668460
699888874103231204701461691577737594237941588168112439109572879679

919403126484982986216752425139083013264007645971021668361736296972
391016160119935497749557869792405296729033931542391684141501160806
726687800926676805214283706693493728437579236256751104330469824870
582653376431854435859157652754714308857902316007859802950230619709
033107024924108913324651645994557708921325730998420105037301538751
461136011009196276460337496137944692218680785500894811272456339897
817476359911751479053642604525866534522359813087995745859244920 13
204125039624563289878073813730067133330015755786085835778085608286
189746896708443240654513253003844708381454326352809274253847386546
755776877092191944378553962567901315888585419760784899970899036352
050378989108603636995590192337635404667238414621754466502097366846
335239234679194162667240798368979312275722949336289156376997788 65
018640202696095705147299319963368259115126636447044600666212663051
289878453732049699515141376727975243456405511136044445605708014391
185704705551738082865844736344141269868874958323479530603008032593
860694618519200106429193658218454415456936681056320483571573764634
539036426293266761753338725252390385646775180513862261917732472 6240
430645977603498706002358299230855770510900937417657434723492503394
076972193908639429635388795389007748923836871660754379424689975505
043708546747481720159648083952043675643020501074370556831323904 25989
129984999194782488190441967483941357124233783961099853543209021477
794940757159729652976394317201439466515126924917107171326952625229
591218857141012461798012010170033730265854332662620691809426744276
510874184400109206087727293789214761939035036513004424757012107761
532457533753793267466063733780905069540641798216647513051140440411
722244974675813656605020527128085423815600160900808397842671113319
856647746494420286983443413412020554030216702070678990560438147052
708968483252884203685729099258234913141666403878437515280900031 5273
781304096558763891253048041439432220701409482076281490489269593875
869155340719287470993442557109007407635118465452245044195151159874
769396659188800109929801544507041710299465222387243055683513501184
977807570474848987035685687194982040052217472334947399349772746982
410934151859526747110431418096131581684681041473092906388465027584
609881069335866929757005223706138174156013412902959349500968895238
872190138393250697294199966028692462262931842051141769418220662542
967525909462989987833289804498300658221335379271406379364171313038
669482311254011813635685914467282575558004525770640488425957860777
813173627191342990130005401734461747215149245580817748342261915397
181633718653793354462153163797036706028256725662701353300915506359
447772011479216706681799179017047734364737033727532070069701205279
236308965927705428385239106651368929389926576708394254907358335602
733621031885732285724644330034326926111110993952871413424318914113
830839211831037054689184420845746177750725897860289229357495173671
161308445435703857295661861638080683062297468171718702180074594617
729526984763294634432039297316704464537018388327643218889474056136
085220127042844083738468894854197598215409305779154335389810877061
010708560102286676435760100072674970007339711312655921263314258837
835377702076498886096464614570398692955897961957259970556078763286
853834355609229110975111154384005998475773515480725390190606749301
591932074693212051478190577585081087142379751588453560885947334730
113091622800427966359061700907008495077707347978615696465158173734
200298419684926713897891555151984595366991488689567598081851635034
211472208400301206199696006275847951841699402112800422789356810209
332305315996312859293898558712169142998735642014726157644249183401
203837157999199511857894126994751983237780105424605764850990756796
241126385801336190017236543056020056284720102309256693567558768145
292185982303368999952832907259786524607145326177752233623459644476
149928164662978227479423137187503838742074007100715668938799821474
430278084308010519401779227676665326906582578450177693646563095978
100075798285671399521890063690776077162580594283705262764310126165

```
8481139121366804999141553748856584409616047638058239389750453280 84
3815747191198688172139612587750749818324471845267388935465162389 14
0126020703564823958601290322986038245774690626460113261590258722 91
2068424323509927391848460411497395712964110078412699910983298553 14
0680513453721661472575818105229558809309758604044706407461552885 09
7686347752037783651276976107989739328315938589507114307809380655 45
6458770954700403930135468703780803863212340856820872581979852288 33
9108082249389983939650922161926033302555735080560627287827880489 10
6739537611030952118379949643782756868875833337071467228615996059 10
5035802186359188728438954861781461307711809108124908499631622788 32
8465755942530520464121396892260883743292735410371752618280291015 32
6178949602481000370193418708022868205097090079429884714424182187 77
3768861843099810951590647162827639710855739232366299543369517956 67
2221617776145901220205021035647523447654091913908169541515248422 48
5992665864025102207427896073210875763593502255936763960146221972 42
9449685875680715070495591512163060627112112147489087979762622845 75
9965671927541321765027243282986873623175711999387927322986125700 59
8328733156978971662705909319732438794657985417750533946094721998 73
1780076716008206327846955952410960248863270807526834723045488795 06
7255861137014841542863332421274439685755350150915471135077423476 21
1781073221684164922782659200940617589259055238015849054180355654 5
7466264227832969866348660856717305131101579037003704609187052817 84
4553570948431848180000588203687460311840948245631457630975980522 14
0078822087503759652946110817044769871467128780465285500802105046 35
6816350779612341577274287679325546354604364832185302674937990146 70
3631390890118950746757210014971430598121993512673187315236624596 56
2910797970414806744210490101788878872612706176784357454212336452 9
8317410254996844673829770084188687631047878303180932108086182998 39
7284890065777065751653951537411567904286097840645757874659646810 82
4204777741142680858377161880557493517357854556530046722245503694 75
1148940571600444353023813572700661888425561330275022591075185945 69
3009423418819844949183555322524954609776026057849839448713691287 57
8486983393696839417801670789195924733512728075459411509498711418 142
6639827788836829694575221168575815912098922270112183325651729363 6
7621051932145004948140445912615327459451006697953031422708546887 39
1845817707290090378192697966247706585908164916708046212513888700 06
2931345870802880778924634728510971040869237061458003159590935541 56
7273326471335701973050993681863303073416919477744045409248412075 76
9458540688972034242180656273178897101782330022881383030353347152 10
5705768345809461933541177649998178171646552127770177116749936063 60
0424629195518765570888626055565459333578225336007892478936520206 79
3818083966374149942900186449247053460893792649105889062174647568 85
2477610239130630994309231488605391389049826954837716137543862193 79
4039609277191637559200612770437952535183439342700726037376183383 56
8538642646126005611698858934360040588872761478162111107389661988 52
2624011337894276219449124450520915565217032119604906543673920413 37
5195070026265821556514581869106925011332498767162533806363036459 61
0957091311398259770990380773298415126534060016152134848287892526 28
9435353590534938211246282063327378870394866322265017931364783651 49
0067651121214320586291954220145643554300470454743458701232342238 1
4773776360878549099119148357397723103112281690277386316348735516 39
9292176593575116018557216638140780130962613880503904422655522276 41
5968483995298420018665228263060575946232734683844343402962736671 78
9492433216439317725287773415081338385853182185817256745106229851 25
6358434372125380670846714651692367965790403036522088007385996814 3
8723603854470527078704964660357633278591373682630015911138178692 43
5824228101494387937081812728199615119563107420225734289368182030 32
7220968364380917860869709364474866301850900740788083447564412034 10
7786671707299718360464480693852092838372196625798822505776417760 77
8783803749834016208600260890715750689080315245208780621186888403 41
```

302300373096221373320729928866701661440575635910928876306263566935
036190300897565665684886019723914226448098470423063112191583813865
061679629686822771256242728530684940994645995404949316740876971089
059412491661690868662802698293226116044047814937083045488590353087
545353888060449086088379366083891104117668264671122788713748375924
563215769188007102527416875516480511079788226515694648334689887474
707107706768181254615072505358692982444212868302442908435395891702
809428775817017813011825500018758098589151171281180368133351093694
467309207759098615438200116279275149954624102703683051147085833369
809363764927756052347227670931847724753025337646016281299293890055
052390252626480025498454627012162635352957564321520222277824287246
118826943658945581269555540074754085573412712585840243353451621728
900998433119440983988208271143714443920975979785978767686894083325
941709733933574796419437929963815999816357330280502418586265250800
386763011502779094057876415048042125538693787210622641858777182145
547841326853651682964806614245200608398417730699778235078668517283
142511192432204535230568036081464653653136153967562967475996635369
857888080622297036576927634153363689356887219437010377395297096436
281737796558371039969586392304940879591836955533965907942252803126
130417998568405383340408863830417620408464895760852552405794733865
163300658287550742833953740327882436803542070727765089992737165102
002363266815591489734569122133169710204085033857960002490989543836
408775978057642219908785899965379408995055595543734428000926110307
006684692629646260986337442090544371852958820184726717512524863876
770745017105179238084607001342476664723921997553845198101639705148
541967588285629344158147628762701008537760499732953927911053948634
398594581304762183450505341646625824487475215604753883582342912489
230848076665179669301642010467755151035106410704290804191860720915
976836537981018567925037250865811494953946633559832585551568706652
446338343668219021916533067382402063051299074665479648873122013013
681764029033454386678509700700236936779102551514248168841870514727
857058742487712238661477424177480720668237284712412764800631891850
211216000679704301162283120169527922681326006865728793161219294819
232432561549394478409489393938552749384394272613151711919944370107
618056589458208371216637636414836998817974230215596239223813182567
006511223226039055603750463597353591342836819544293756331833737113
055646471946737268489127534324315723736038942158847956970129040876
701918711035094698784576308512487944868869510617741555636015969109
328552867422012341916435476478265303499556302331648273407365008182
760150705168366139167826237383393783312972234249127335619326635678
015025943403559050401772840582018369296458984314658356376170369564
441875992482108393335036450416180334084958301086956120223327244391
720170983951334225601719310339879187131038932931140342316598583473
445312109295688587816167856056366693960464327179891545142011992731
512812762680409057675488789883412240569829621239651593718582010721
004442568777054095725016722218777419923969974242454805250800700365
177229498649901544582762784220545423668125690900093092290468410462
840005508536782083941243805474983123556650316397266729210367202193
579445580437670200982779020190503567734440307704528228787942690232
087246308402956600883102462897650926621613169688668070145136924445
407275332600208866602557752371354015821090447095607211776067721572
251738699552644828165392496291793326462454556930701752105786883118
863976154375918184349016075015551819429121493931465093436959004543
411821593703581674893218420923553579616417097071026657745916347435
030593852129175795190948789688936569964636626115551422176470117609
142763623541356014446987308710885255940155770293330716806507176826
589061515390228050168719470602989996694289139651617004820858098670
241916334874648515636660560188050527405093771099563973083046782836
297518821688662677557735105494000885282726524642158660005740772284
066569482581335572560974369259119058341023295217578727980729923896

176827398048954906058852859612690949894260353030292658158078881210
382695833032747460547174805328631026414973095982439913157936907311
445147251233424946733814478966606984479610575375908431055320393057
729202018960652427085659070022674402210229841556336514667369221363
161995527318479517974393027291753697602259752322989667971992038254
163311549723188132390948682472193903907327923208922064902109208610
621532152964427585595627068003147453619453064667337618516688435140
054579595516390360908318534024172460264782785510653504672181568694
502085900136320394554210488977016903221755253527203439012025405895
373259805468235190722467912025548265000168949873604852720975967050
942939299438267549879044192202042818419654498129417222012416408407
108114080239202738710277654534415896204050945298103906314347148394
298993092566994451580883764470277249704281537541403733840876233560
031721798735665881200677024800524342584100572727816789918729011057
834895163277454345624608173512135045447559177232251166417870394921
004225707428479231963345522858074444475872283607850527137841300142
294036587843611314811680761105150102367765805645762827001787064872
226313140597231528510942673048784618457230651930451793553917793697
359623433870925449008961642842149146255376032884948724943769816530
469359466083274925042127109188608399801715154748403227072750115912
530976139895546696390166363555160537362970299815348192612842226610
182774683861357990677908850059019358855468448662500366004640278553
912949056366183740948509569093149366109815181653186745159876349361
119908775253093382708991443573161402203033942595616544717143323457
239865405966628819595720691204491916634030698106989377700043965327
488620420557843550618795370253877098255654775700944957640510307952
79155716393149339926802208813549025110769777399264405818027145845
783961661603337128495286472559121313165571856473763010746738795560
400892379474647112760904696470739028770063249138817518739416903425
383382034213674217691213904304776755624886660060102976620319670397
052305021987824734057527822757453932531064599877294858725339210901
925660641432942935444955212643470195394363870733014032502530397277
472546499461419980823986254595947528582179058859836715879056330807
328499125745187823167124839350762840382643270941437677931361736001
450719368026294652971394005463101346480149911526469652122754228935
443050276902585766457852642347414682457558997374870043780641270731
361148147950436769611848407918426531028930765857395165069720461744
350483812258916409833032689057266565563492848622455696404978823181
021272868515897521114200881008219370462527304163474655160802418240
992005928782224449646318420353494652115389338726656707796490197439
903340047162541428984700321280530112013434003632731926627171660529
424307383475945727607789094797110189355709756539878269266663437696
386761776779427143443509536252641040944857387842925565942763327674
191890543372553491142659784510838554285874625364275288138204985509
077791359256761895905807549627513438728306328894275944377855018970
013423703699010917655017068820810422433433351856378595129218470442
487790172946877813388584765853418494564230843975232254584541870585
059409234154992326050823892348791518283134375405903503545037976246
817092565717232807717998862109779549530132881937252322927169599018
618537590608507830498979182821289641775828334301731744187751366997
921337252284309242011562759552762918563538268045736171489805020672
709740189126541482756075045989103061622020012351577274355642240430
248401998611453063869488579671973350187550836684997514235742540866
098253849559901854622075749335203238170482626703403804670671374621
391708326712612767515562422975623189478414789446792675459709808808
729968356219103003398237439845514708586348625379582933142875480363
929533391414925907410654089485188506744170725598270667221226974828
520730683817266968658817008567564758133916895408574461368344127384
007270205907335692415155145540712038484903880303635497768174718503
545608541319731920783235258646483841318702588571269070978285712935

008070417408180941579495255508833845434638992040738538734858891105
024882800816941451383286522583829223131475853858393279582256800419
969562084186912291114250311771955667846934115901095078641799292572
351091518115559836053388777009031313271909599137236471581758035720
555228711561094158563878063265320605888387199826257917322223662895
171024037101772875686927534717342830891621136043261025209148811782
870360145311907460943380766849797124023747183637116819407958422224
628083337982026409548974113921572738171674136979584792037689323070
133524647465713195303863182456302910180873999567496200909493186369
162027016953739662436571536630394401902423601294981790089732382467
673918121028880941498049233156802859214186878360023527052429112248
629634442629455216027297407221474487645587106488094224621011301411
190325195396060498261348376385234086219075091480015231994970853151
694727038698501928627522029791444435624490879945192243578203875172
062187754438117412873851286718991992628659059124627519824380424289
957023242486811331701186188720776916196219551594271887668556688348
151439796060108881983822356980416952639925207581682447375244045811
533476007680308027561332184420172015933801046457449539078864611899
955059208644667312538211463439054619761576459558766054760750358596
507400214877481533842867836894622992322259311223987263072888448295
666660761383263441463728786089244854567206302227645213741807045828
841286867409874126561685924316199572602347579275045806144219060760
754325556199581406013623751864414114322281040338531568277294299871
037869484308000768631029952106540503295265312490951283916099496200
863749689581723981090104865776121683181696882151923238314111136169
247776053898873483426243576591204519525721911206259211592857521352
073191659105885887787022587663827501853008315591887037362328149521
028091985228495661341923285949419770060553999221568496883816739181
275298938488995903440000088151628572556467326194747335027428675381
776659846257771561239004488177582799818540121621224849999162699583
222144468544064213463912148677036404516490232030051453261166125078
164395029786660592660526237431697876001206217488789426400355837520
617768923611019768849918429771130267638794179153938777070116533300
175824097665897367549129598193701229010427442705341245697932518877
369971009565147780926552856100678614307892084145110610557411488608
604673484086421486268582967458796822162830222548443750191352795020
202610144149359612375667370637069826047831172964028414500633605700
716501103868487487319913674200368770459330850192267439512735603719
567151991224576695824890708668605622707826740748254328883990945763
145010063753779106598357640663567508018186139640675765123603403648
878301711355508403455128960701152086412498303651068886072733093144
289358491030502487684554001008583473938253412926012974833189941127
657531155945164027672578643188240601860856214546096077508355587933
853737257095058633294128662332240145649099081934067366997908030780
199015545066987229118432137634633506623171220285324684473870366411
827888936200348658575390340343182863394985842078288804064921427677
615330895433016588494728687050732472047555062954488371484935259438
106787788625227032943525360419984476708369644737172909728630479592
793677486868975694841457254489048870193668971191106258517487329557
793225523030005673960012073235490925297786037294223616566438250025
589995885277118180372672405835787633069882581981935428261046602845
446873600640244235033834431083522364902624462087513490332142339451
226556334959101219931126252036504805344481613244105555752654791746
310455055928505250787495987112371445236237997582900837445210668455
686478684785017949976974764750855044345958122951632384967506134315
102405218605133653161850754258595933912804963416755713212746626694
688095641728477538136949190137575851277254440415630074050215028311
430625007139020129896031269837134698881154587068501564245840243587
656877721027223967123808804882099014233017199336625644479600855529
532931719823666313381204885052668978587061845463690287373091004290

6010574339831498257800746166898054709421847902302609166415401823 38
6327183403421500421174988529535805842295682260306512216740622643 48
0947395474114207218318311734478457664480312320164925617140900337 62
6477086428992356522588837632221003785501126160166349327655631119 00
2107211236095356655470682416590306756548340062884252949983058781 87
5935376548313243958885227276250749354022354123389757788832842444 05
2989327522241998654234400302668832781556756481356263745415340411 56
4742460051709429218222731441381496394041176657577377250108786207 74
8842968584956063458728062874317884979933856173144257956006254382 51
5985514530229351641760606994859352637081287869290462785459193061 81
0853935910213280100916511039112108128001573196088248443656655196 48
5227600730223886506374828243075383750877384969265277633984211645 58
3077745313963423813053331981929582891473386612695394497316725667 24
1534603460999708484106268393735982125308895521803548642311994969 17
2897151929289794444670238007164934813124424599879033937231347324 58
6687210696558058479932804332926306039936655556400374529494421230 44
8095573322885458279941076204611199152242828455003457104545393131 01
7682252748741052792716813397429501166618127663001029888563284240 46
5658085431819050154985535351515705314820805566212432853357527691 29
1249663329658496690922725196860002751977895821887362023551584031 19
3888826455856523470284526677556236637750954479906781920011493859 34
9170159522681233449038887528236704296630835867686785000132149573 59
5136469365367555114035990407772861913124936222725604314527721679 91
9158872761312596425960497009290465355190143975155677551315616208 35
0720267839728545463692545632415902858725872715718510879991812076 66
5635383473741597707148636776029922729594047292575545679835496906 93
6142841057649820373386444525243917394310124491128179813052926217 26
8230970609646016928694453431004893328674167729086830679197445415 43
6147294796202140655182324312626411537648780770600574527433207096 52
6536230261196418272651375792724995613674128791182321785174623406 55
5580956841441222771222715573580733712850285556458913623453940225 52
9260073462509914853880658749015864743928791012433893273712525118 42
7026373321910358307231861499322648857605268256581418713845628528 02
2188620076962676478925307083793607585334052211092978378396606292 93
1192046139810647664955648166053552687133516826987466489598738914 79
0064346289221826808831626073884291951862499052298653988021283900 07
0110882556020771705921847955982461286629043449303538347468796534 46
2226805529616613564169971517395946974973869472223608115479619706 80
4090128577944715903839482253094672822732427749062279281192860618 92
6284631402992356579963824833035565442997895865209904786514956861 46
6814047145007335948031313658485495656306380865177939513201358251 72
2795771893241303624462095851642788419951680920010306326369299494 22
2453864865398727691237013052995630580539446805246955098912143243 19
8184862828340428102867133606074802306809803741524901543920000930 70
7036896756755238592938197913483494374956216362332648800419037836 90
5915471887405877339535524211203332904625538035656243285634537063 20
4304929323966637755719732972839332655857664937425923654756079891 97
6982254271699061830530651234371605914513116807571635550357527711 52
9160784923762332236922863786213377607083746740110512523380609950 92
4231166459199657582349133411473454485555839916670988209545436108 26
3242798043555068446193412387800752287032101164115018576233302147 40
0573159254029107601915832655055190474918997046821238176555950166 88
9123030275007880565075800490313468421759096064432249038368512875 07
0906805263289453782747091361038137306717040775263231693602917482 70
7228826477725159569991857102591569042173636460520317684455742840 12
6932942743851495152601370118194296546188512373619599279092646621 23
9612960998024369230429945769290525398781922535646892047486171413 89
5513330876561258375201313419237018929205521797245754163563429109 68
4882374385144965310713627635237095174114709050375115859137506437 02
0190584451437525104375371696833318241056721768169415403079743536 10

3604457327070796116001430052927942123350643445568376680004304662 02
618940210851085350270371201792832329893172046291789183288459279138
293506627031110328120336535719917889650227014006028463586734263348
403813815049463607793656747165626407610804195781984081000614349130
922074459248223726232076890578776489770217011887192262413492472545
176353078634130083526374845155056525625629860931159833714113908635
498492499774711817806335798866985065374566128050930185374484380156
460353278157161200122544825405832476437276325106361800805473204928
964115817623485116597295894508751449052099563050289391267908395771
754123146701812007626360368604027590014058286751176936234976007225
488570882041829932176640505832645887086267379959940909947229364871
136386987289617604723233527528876686368991125725878780966532888780
151296236250527595997233120509885787330278437617474112850755731460
734437316342908026098665577494117820293702853393239824925951498603
929008458681784059001502829840148436452581636428124681610077608519
484637729698612780243409947746288433303219834358865839398020859510
542638726439073693269928371482684703889155629572690361975374229159
718057195927499315557656417855737505079613111893463377101618777430 6
099821854243213824672968358207459044400713861196502170724220247317
680216276175569504433940639906956998302035442848769598372929821572
606386279646279113429925129704904649058166376858495677167725715454
316449191886787925707733389084993382002862170811545195972041619889
591921963169060382158091021286890230248103934686106773181389529965
890788642975598998491279230133870472216119701690281629676613726294
629132945483098004213790123118486280645295494928155719344344954918
733919171387484090848942584848729854942532266445244776123991470666
812787566786784371059526315774565252022727510164656252247922795523
959421371667485887276659450955632490008970742506202682701277176541
777812417595017790407588062944089651966374677448657745649613869283
329892881120184307874245432265735553265782121959459994745816028150
276062718940032147391783446073827759119202210968980796759623061229
037582763606021163372172341243676462223072325836019216675643329359
970330702055891840874114664851659034442324963656326813020355381996
904852410738834444505620361377054263847387212546062369828681927966
800722289252717063234963486201308545800490120353952789842460208332
306467915766319658793329342156784380520215572985391107023812742873
459692564177666291847426228315882261559982307446859666695338069391
504238781354219526222194651355348205719272397307283547154768226795
659300496111337343536409446183284959422172643965729761154468640912
182763903066366405768042627377672639103667577893716667791118309632
673734549217038474109842181929932870402294134277708024071582704529
795334331707700424513047242848925759941829279569589963227907964826
143743884670720631936507288012420944026765301779529814686505744499
320189253169661408201033347347457233172917770023499106040440096220
881460575052511656813910215345493006800374400903367877614928045919
103145734127975125257184175473672201228966592953624045339708271462
937487249399925801450625861099419208086296844694610325740923205322
982641302460880014729134560750695730773976280294155384827273974729
643191575726074948819348493419687313623148043162678373835702377931
754770686421985634510543468853036969036217558078996084075297755665
635311024077497985395693028284079509156094430142012579542276043212
301716663551392935158862828410385890199134433649829898294376442818
092696950790299368416228764022920159955626906220456651361376774086
201153400142439897964161262181684904076865976296663668273608461936
077011505752374798678937001009516203725342619046856538188188327136
477081429300700956173748670222977225028664663601738596876680780638
583138799490240060994973905385651063893589910794337084388640783365
544785881598618384947430899788882329659752450266335136295920436759
753392860084962174180466303212415308853312108594983844476244960414
742549812729544982232465409909385176746048518161634609308229383894

3458596428435707144197594664204938387461999533948067569133145079 97
5086587854349989050651164037206786000312743309003471900680728419 49
9794541891507788478024513030998888847164677849181204491191272375 79
7308356210394933409624167018516105817607404773895892585594319917 21
9684762256380432613997298045171162319177341193009793810005888699 93
4733041126291517685499466071023233475203912070001314259747241782 83
3043149488389292301458490722253169853589197398699264036949845738 98
0397931421851789925170317327241158866963820178869354678141481883 65
9986133700875287721760338322511392809036292513307854281844759527 20
5109793298967379529343895540829680458454880268979728716812176120 45
9960204832991383811312865406462139972254019848803748586052689219 90
6877540929148607511667164780288958209929046218971090939812181151 55
2992749926636633652397724560470307541311759637017114249089476670 74
1616204229775287479311552933667262457648212689637449098146859126 70
9194821170057023703920962683730366548527217160897789428370771688 47
6094226160707546522809720519699545722731403535501070447232716700 85
0264148810480190824582235846326137968575934514049404901681330719 98
1473452399430532836091711876426756828920487508680417721771898733 66
9958675477100209909219183246379862847778261410893797483517788679 01
0805909285662951394705770116818212901547169337933660367338850586 78
2372589538605170312918423109041129090245936954031915712966511750 36
1562645286959738689249163726973081378948202563974300998041228670 56
9404392206376069614827651547431300982897304212816150873659129591 20
9214643488300596885878739031236709782130150055082260590421962291 43
7192877664166499541229031550816557584873441534444883789906991636 54
8974510191912173876031953161298958177122343143345831259480456056 03
5140793922909947609422519914893586815806839797919263454270623351 67
6340140048916424664510462802466370510764228275502370033465676855 44
6519875212834041108168876146384690248343360159351017065883976264 49
4724955786960820915059068051707034816575607201822980104704726079 70
7983999010195850917740484204453184993595881292111246073523569637 36
4508465460489482040392062905243492818545322269127448812828459158 46
5502612881276210782663676909472157102670633255045954233129008863 52
2122053892685046143294035569543854076881988643946033057302776529 54
8451070780301107083687212942137934578024936620072911903876251326 12
9726112117639086534702236502640593141079083914976347682976334704 38
0316361295056769907031204622031587779769901572744451792155558067 70
1708193445729741107130012699684530998999362390559668503090288571 48
9248542725965655599374036836340778028687385473803258051888022696 19
6937305280686649390676148681433788168726713905190126309289321560 25
9277540188728311235716476448927582106932360066911640646327955901 59
1985338462954360870938491544043787953368105858383397841412366142 57
5806745488790631318005966990753354904100991515678129852892154721 97
3228093831205228062118377709932460448070891195036403535512639553 01
7969102525788145403421499694828053494480834387389499446950628126 45
6362300508186365180559703065665818778592713505517363237671668552 15
9613593544273882463832796194302192545579523050244465052323615239 71
1558527516465428398484324859088541530322348532363156908925850958 24
8992924057511672197685458747093520372858445268053136263159364670 34
4007691856443151467772873914467685778560911376333635494802158149 63
4238874342885860482536785160712137109793117047031356001163668358 01
9569988185926634078290824296710009650262343767450733953847307361 29
8266422092273613639597367825201360727878812438930878316254289529 33
7974787488597852774386270224438809034759647298491200714320072355 94
7134882438331346042912914702900428058812898812769075863076219639 39
7867804380983981285369069446118601643824108954422658803945107100 33
9382208516666071670083114575541795729045253043947353359181698537 39
7838785059360864341641385723595423278980437636731900914680652900 51
2196523707757048200326126536851943559331448045208133058610232484 90
5922191238011974924881073477670309323705646712704539500710884827 84

20765986681939320823802014424313928940795861006365271215761235280 62
66646634835103438747772051055558778151172914882554055475073212417
08706565356552244899077052081398677382972251751991123346653533 7318
27669914454444571006402765795520957872717815871731804502604496 8342
52718450535905050865450339455414478846348330325550646538282007 9233
98271441540932822450425358301903891997880127118927365040053708 2110
81861626317361558204718546782725339779751647247389808026582284 3192
08490717629149639574095341398357698787001528505821805195885473 0902
84112182072612616429477705984871369734393430071214746288762262 176
85099459480209701714070474583443402874922572147781637641531783 5320
38940248833102071119459963340977795836741039821880861005884323 2289
83818919786664910686980078786238443008360848206226957079355195 8236
72432096121450523914276316426108593820091529945930716435981150 9744
47139961074672796300625494600643569076135504808039555225234678 3932
29923403689677329493778130648779098222432095837220987706253396 2694
61258578721821918302748462330116189283684919278780247030450684 0133
47013169292365459726127360962912590350919931718336212552159744 4895
92901253903872931114278350544095348885481350496182633480614510 241
40988263246702574623365795848826116621085278861468485561423596 7594
45984431464344602314394848634202231712755428975387844323532708 1432
39856704285298279576723031974778014844289584693522390743198388 7194
65631019039342957356631692424493797715174393927556885733238690 4714
40553808691827158880859161605191998606257434110119898949052566 7143
89290550569214637114512695922110849845995346583674347843070590 7311
67257166535951188839263425472431834788482703573943829476616094 9289
52956302374957756359045403767761989187408676616288756687386810 9632
51321807181993545441204468963168896418637879648174082062019925 5831
87330231499103519253008699968930998152889096560316869618571694 3887
22082697464608572853113559817415175278103109233034676294018454 6387
02646191374658007929968050749576495813205834041248520317724184 4774
81680237569706892955713449960221481815821708893191966404283640 8913
15527636158369115529690281461383179076646587838510927644254754 7757
51985868844554165081392894135786083403981691102233957660888874 0266
57314621823440106870488692149294112886531344870089635273669489 6862
19512766055927214228660643063850833222743285479954728207724699 782
47766154145243441184107674547450792010024870957428472462720907 3102
02680019576642830029289491250715112102496242165340094329194392 3231
11833846594783900814401609326296243071427504524950782753710577 1747
09513688811002655211558080969141902512384988665171028044384939 4358
92312021000180282991389008188504560446324007084834111220445335 710
29855094022544113075750387085511692193671542134034510515848563 8301
08676876890275385098821349532322994399709227728420492312193580 7173
31805450865793295868983031168535827786403933462992648762148790 5021
32135855026535395124338288131421391797204873354437262372293120 7641
06403611252479828709359795572358436459677619944611013302710175 9389
90879492096251704684514572462372749722392063608545812681593249 6638
52591384633542679444048469940448167368508599735064757408691671 3131
74009443154317339637873708388925569291793924580160243859363010 1094
34701964753840660313059647626946961039096958293271932689762915 7678
93526914435397195044465180056877318329408179262073608584788133 4106
43661458437451246798976616250696907375869859179960855371566843 2840
81290474134707015994409811924741968633624458802869692300874045 6350
94045997683500617637334823486229099990934560438976791734271875 2950
88297270094681320952245429291069233047568099874519370696699639 9214
65490960519010180358152592562951178881655760040857972291141243 7441
63737388644930255253904000385382260762646693114550077521424939 3362
03697613224609004623494735654069016429804419665733310601531893 5089
84165637174815298280676450921847992057288235371494589597660274 930
67429803405693518199300188986712907517393286495624118617640265 9572
86466513527917844931796627834975251763493990416136307423709822 9142

320244476341796202360115469735498965778581277744702532542553085702
821937612021212307951975619248074217221643242373932213915662228236
845367785339739469530432539522816591502104211183980829572978922838
642442274083462291353555852521045701137692240977847731079911988836
344386219522330962583077380209935053959683383888184971572475262019
481484924480526387544182041021511847529192604735330515134903487256
535300428558903307590135185020101822529975005126001233514568797015
788477949473620974571901924368056556852153470683443159096493184425
003391809796157290816859591392014783603141419669124986587679409827
777777030700456171857300221152948844594245524322382862559231209997
198493546238704083314580263102044171533517455171454659811995808683
530608968989527740917440644097214771131508313828692664516064331163
932643855140824366032310956377698926978401349593545709765617661210
315383170158735588184590594916414336834772855132580575835656600952
174994103990229706585948997787379747012289442322986179397114009731
020051500303913140630498737416470758352556642772320509456935102083
915206596171619219360011939097598627690459978014255390216752076616
804863673057176892324437026878760430859948210365651855121467021585
127210864370907050322827352612332471959092086199432761734606324128
775248490094253758578214202298028727675860551016155050304762608980
266929963196534318775508099134756579737724539733584945486481045535
730948036130863698406002425019162832461949177168349079862725530631
6634106272468935923292224117822437900762757195328717383974887105654
057730756453223922809225948662150844286554768916385172706054239174
301665012783484037401465530583693623028305408069560221998150997796
974299715659476919446815342074324322449396549317134879764888847786
784382000134962609722005046888691892338382688449141383516757276917
454612316230687792414527789261484625179739707831486341372469289094
397016829618084078211992713453710341166640988855489797459248097808
351038667919452414298482154789485233251227546347511365428910946596
403550246392744986195665151857529408843712453718572906524019771435
471549836804664237560383133813633152539616570750329651013369854422
068538742571714161889625998915090398928791139608992328094972273500
749971961419389107790892175387066918273876838685365680043881242242
602348421803223779190989628683218548564668691491654379894259070780
483434297862472107141375979357536528959083590858175885423411435468
989151712635778338849710009412138506872997415809904301932196233974
292314060239272575752869072127358436060817412384320794519019926989
119953223680107179838325178624818354549653750803390465417427035859
577577252081661359889132497165959078437678018365061617319548979479
840341725582362385948735037505916503724402002438350833460653588396
358137797520899627601089088041031716345254858523640160602617892837
311597293245786625779536204820587313469674958221776222059524744499
175471221108951115835314281871629356933846375115983142619689398547
915408958147124706550050574301809928283691129251310167004659762043
593272391457693730775961734813562379417027626662686073589413296814
024455446179462922996789655435153728097509006127516829968232310651
106300227129059289474750790477945066141080920555277990806136130105
593864796656036176352179806933719623438732859876574671057977862616
392217949189537774357506223559945883850943979452937247107565125335
372515106532588347092683078480646138819815705882913523535085795646
450935428402358162926467626923718024343633770387392541507536702695
467475990138397401942283678931074014273950943528310784736434263143
172196506144483420438710791195956007397691902427156684191619646530
277131904696539690182293162820569664695368154505944816473040814281
106455942645593515346978168932141342398186323290817425207526009834
696751606893497233553887889147803250925404940836376339199314920376
998808724086612070992663146086097223128992691741691714900756739335
471180596083340172787439098911743779015992620849191031923723338782
276477029485450391191306037593024496406261489719704318605573546647

3477515985400259318780992815503461655638774010808636355650908900033
051602625937536674337088496116307233154251113781028246395579630492
384760020631128113194593397273385941478118896521441726661229775519
808607766968793065324650914867361130609832632879315268369618175874
927492583080273802194745685481777418026216876188871652179538868194
414841632023947844614730580129670313994925167760546050198293698659
846473068811551468803975447563021519858428908783800353646061607536
715513189400597336620047685197691184391436479485519893210650198089
979246264512811708740144309063948287981536733530451796474333838528
971150918004813634985205992098226058919590968666592400971918371380
391219409861110708181185885670535629538205428277440318762850109174
269289071525463233296675731247533531403345090757607623011506504382
712925922692623535909687051335290882519442638064061898469289391172
775368474162510799941106228773454284191937451998930996392130450285
739447661757578032194614040009073270132472587503491605056559734161
824222703410441979326103734246765032838158290154124961433249584807
377239391247870788608525165699077639881149493667598626166403869237
864574351522044045827498617326193675448030883095673942685334495781
930820432754685624061952948205619537514594278863563614902660040971
484188765183583149451178289522009419842984364758836023680174115931
088788104386014070585640000261590455317537383281901394160393979187
422127347034159476992972299245554429585863170272133522122479633451
634336393036583239047977593278843619810856073587910538598109692064
649251487423931289561527114023114810331462392845606976812448306319
051361297989879663554929321855024793577409749183730086320587106332
023069474978867874450265868812325549133920837964301365729412949503
373622796980637144560134904868733855303624505750629687047914079650
914940917448135357043755293859594677943257824500026675250844265348
063198857849588311901836175736012073097265618050349313558837520340
423505909286467152463910620743821970497767184187026014816279592105
702815505896409719385348062302834148683768805743208857293769182424
129777611706265230858437662886809969016675371066431363311808744044
698227918239083530428595963705949031289212372621002056837075782194
840217423368991797090954625208144866675890280062339276659788701561
192629169931209277988564757955020825098543665464639513143960818947
944170578528362555271172116841082573184621444268375393788480984494
722662311706099831566714389069530346576767339245845267931856785763
129765579395594402223990707135026339025995068331708473477124216199
391304683859519618375073550077404897583705386025277707425107222504
386779109833061498959343368704153225195394790662711427263623337266
786845726514394430287287571609186260808340229852303535754915230615
671252173350183810199821316075255175101247837820745285936793193081
723495918307639744357411304622971722703641816243326321176541125927
843478772677827854910011567095292834353162084476513881312466901726
723129722302755393988813377605705063702774667293434784871205098488
729014430584088876559873483395919434214813550057910018463133444671
372040979205572188244303855529816479207935927517063048659936072823
834007206227152635964660905587795079594820328351206773913969732181
611155250578755934739086726971131079604673396149833964068675973817
806354163583557585465474943742051184881836574874549205963458378055
386241074459662060778233987918245984180171389805343264378929993873
893631279490665736266663272862783599204530920371025333163215918190
681470189817385942776808087910979011132618602358466719582007943047
444367791505419397842950933981445766331408369094686340811648980512
793552067865753370411486419297518118254341171887671649002352009134
906757741732420855141362829937986849851304512436996328538727677775
306652856373429916169007052186194710422918363710106703671378531034
460856046722835110982882900870229588583165132811449370516196760745
152601358504674519872809689922644560606257215754586982389097705197
972359972031546583340682355736239299184184406846623833307494866063

596317172674363506582961496347843814569195471002998453648742272618
113643192348716046315302865217349650866727632232506727445005724887
409161585222362587817876843324236417172556652419005916370966615205
721410296698596105058668010354159997150067583981264831702449659689
702253011201313128650218649253236097443207303472966666575782055977
691507259795557411468480743195123469133335917779968171339494926368
909619419873213084739027135267598868053467416072362784360555700687
165333322463147843381896916365027479377157414237390940643882086886
131285783397444410124324425998917925795394672248347271977115824162
924785706993525700088058331652266452543892049880125555390746042940
978114098233349691686007040098931402747115589832689863091989003221
038189977968784699333126701732579875175167727638660400331834617769
716367998743281981636557708047682404894029618908301802591131090372
769454645171337605279833180017714400544675789727268730055033470494
190477845575482148961743580347548672482237474425043297566837890326
137522823456634511619759621548494831208447524368960566501303207043
70775660121401124128867836359155340936574092768784869541348142607
014327386730723105468165478291784078485041486292524378334149214504
448819780329917950743601345711087903085148009420247083043933772718
787237236242962053017231364590742122453090781691500538146776608176
387025502205932550691835971119861135086373566261842777811596682455
755956068391722126014324679618441168541552454847166249409615494355
401756619795372276727742874846036143461234951441385139182919217140
930938963260869455003871766249392312776098037875141682436953802169
009371693795094668830470839968078944873813878432728349454722972903
73857477483587677094706786967403393274527684654491969494843114867
986217746831217949629855670050588385648862737657926373707593515001
208510006909986615943485108680380708315903290545294284176467692618
385537485936795231415753214594238920339347862546408905931014680941
136002153222888182796403669892925084322870979386858821021233723035
397479833147348127433840239193057141795608395932299778020468010360
199433517463209612354686660100880288738448588648714698788388439263
274038060517375457695069559003648706906057036556437242232866496152
895019577221071093241483718094575084353533081998381138422409711143
467667761154992531120450466427744832912563243190057333680084283570
581313377105185289627428495762832028153476462623501143258893193500
940894225709881935655177252959783973436749429173368705995374953730
948852376548197241002805146965906026198491934880977456425919374194
564846127945386471956378236505074666611081201368909142802723467830
934720138116576114788697499557488732521479820018329018669794694316
909381372550811900214277504754941214232447636779193115949759815887
543168879097526474681366991059425311076870414403354539089004101053
372078012612864707309994540701981682831803506851235972829650342065
938315478555731496097497094610540033994458304283516317353551079011
234065978469728641700851607288286548494492746065783518552367764101
175629468849450651350193561472989682145992487915241307596628443914
974922731427010998419692927752710253603121910416828598100831334605
872777641576355635872567625778832834390654498528289468287043684571
396509078904234271696688808461282439567177175321140193848974984508
351863732475057500294525358715095441005783428967408083083014489574
414181796868248839627810099033321091902659714332205659094950535465
517381668242795892248637339129733569100211460882475611212033365703
834012821814803445598091965989942884397334275310306910281968286186
157954881268078375814130034379740914246067690984066099113594865685
017195895152680129250425014633667509321539676873177760350106582448
627989640869840715666175976471248799114629133797717272034416094338
945211652686918075375236194566040861798640316535952482356456777659
004564711231415638752769650152459883476590735059925759858904239894
261201018920216501652506210586420735073083158139154012805860926997
384804395269732913644238737858252975269493142363036481743930 09069

876974742610007612217238415684247967882223507177352369299625252383
890789999393715692795985315296418839850575155420618423143322908057
804479273070005033067137772065574183673070228552166995022693811278
630291438799211576476146189515375011902677573214746689284070177860
972125125970670793271658034267020458366372554677578267049127511105
045287682526902075493645268088041695120232243318431715581305628761
533480398829038326134568945079878513149343588514053409333615844925
049850333534489679372131222344351610320838724546690564627105812460
088626307251186571317261335429476053822817695038050199693364618076
003085408210187881293033716859509164427545337578042644913584679177
274595580678488287110523007951450792032122003482953110395645937511
145507247951992323915556988719406271790885619575288556806356317023
904460177753522336176717765606569375619361936259570068492248438289
144287997784280102515971795248281793420502299436973398883127868943
808836949897203996318068961300457849994747160589353382859836907588
754315812747946117347176037222864894713017043939851361097012482183
521386661878213237661644066325418672975483626555250981940527735820З
074690541843476812126464070024059146538325643599928980181837801556
911150639925614899522018524983531639039060743883264204279427190585
061500346943196716063936271271613698936606884718153250426609651646
705897658429438340413344899817035095852450703762508689785303360151
772974523008771199809382021820028322481968765231796275031501112089
358880755608636066865227256202515520460354981886416656396653998349
755025004435173780781089119710070018545060791121408004350299097653
373706437077233795789645795444918986866109307292337337799563710281
538403132399291692887548885836458551336281031303759744659976324614
438827177912237640879961843480016824636828892436885904977916003401
587937039628812413700900334751838317822349319725537679591814632566
930373231175521186522026168016458653314791903200556152331203765847
176226830695494599350991218583529927170186624661955426505557916922
089922093741606334596628286502770613338378526594052644118301016525
597812528890624605752508252224715375493965389238843297234988872188l
683584470610037747975652375799001973639320605326864402174329372093
205888407656512464794691822223128373499916217152840416846384365662
531907221591646315908598563264565382198053536010190347229590777108
179639200169204444323376356781166798441323030035666964180340085052
758303971521530949806519948077634371858234670357137521901262395972
023536669250607997141286662328581311030018266969869823640562019796
523782919021707059653703117475390326813007868450086743645498867023
173108112646275502198812817309523621821154606070128730665019545551
503665665922931739264301949428481138309247705559473971238142127446
076069623321727059415071388689192095990189037063417550499476759312
753373760981185699717891323721485265849902535671806319315337384020
831894401073587282313964474908687227444252148435179672785678857347
820700547500621577872437469506769023324196807886974622285060114326
180278742744742582138269439408660243641134710135115709794102376735
635256723462415866084705052961957932501520854569123192328525401220
298972794911673474135273794521445148432851036709613496425668719787
861709389007902144602546612785421699525417135547859582512673269012
474627768987503498132426021418733141116918758571764455277869220894
681448582099386264106518702029329053318636760874017558780426825282
696901148975915684536323706416574998600184962044628236036842135049
680577494480361348771309583721967331489812688341702069538021919198
510008659891170915738184183861518171299838777200946775617525852074
096279582719335218940504064488112945616195339327821288172005426875
948953314578355749200485762537506830978543348953749753257689540547
193262709177203640889446712790797409583009128420435770488405440835
662172458994496312935924043603591335549639736363316372861002255675
890421695160552663051079494225691854820224572257207979517227732641
955072257969272168590521862847382835922653114866886279153315683512

```
181370708836930207259778311325318864947370355105504667748030905239
354064865871056604889122660079948039914958030811744089819939834038
538342150980211546169303585566862558924804945443952395937293139111
162773567353194799563719543744314420024740124595768648168708771797
541412280339427536240760597938490473570853579472206359601802328292
521044869628221881624026189256708492505274592992522043821882589502
134432817288361219270956605605948440406703338861033858687875303104
204204056881388993847957813128768098326367110556774156542023666440
976680815465204426451613171354249224149308839732749802643956621253
337940055298983621960461582835930696483218115000819096735276899056
994831971941769842213229373823393721154834252919086555097411606519
328097956305605347838895068252811436099764668282339387484147193960
889908038349076260259430744797673707105170248820814454853212245644
468167341653226234261905598314992000609263152692067830954902342898
883882152613106819740137195787387973447029502904354408690406867599
174376266222394604644349865567364914154115744066402864169964473326
179953966045214287917973907705428621525054818912903326776953009103
845324520532465419400413647325481146066158188186799068170541403019
549200713223977220955027673114717426731110534481138749570016367722
087150905704383300431015816460024854333065006998569329832832395459
205302610210978295088903946309864569663125919187425338874659725268
649307618340981094002430875702962392639920881383919945914087834485
673412176535600730111166668130254358882959422396724436157676480274
076375065714290019341271936834117710807419930883873188575972580535
260821793673320670535904901593780487647434864838718660115206151191
945226618251320227822988318830616495341012214989701672493745 60367
666116811366356736112759995475436456578864714770635215943803 38550
111827742781193369500934941518786797115426549458043805950046430209
855126055327159809176054110401317700737790673317874654433320603331
763327644165301699938815776879427997665848209763632186840614370031
851603674389368395181518380687060129238050410397093701335327540704
816441021080323233412029729453728390370391312026514533277171963114
320348795018029478139154167112254682602066384827323588891469237738
028518202635894691742980606882641770648736204882730494772227608745
619410649235691294497055988773130548738716392890728185889262432316
502858409886430150012194712776494136310336730148987857217905283568
530745171668376252698743128033407287120142322888651270075831658005
826796599995228141856216760614086335941848406283815388207702772222
383059267825239772896290607290476494507548592250511926175730777005
829898529995918473011230078011937265894954943137648667078406229598
481528162085638648567971310461138148812316618416179597623720601803
807146131429105500744217055672629121554919314057580730274131699894
362360595224507423039711621716494503382787182391721383280661316024
416564135723697585915531673678271136863692667393887465717684844287
076554374402586230704412288942484338213440205231688316819907179998
104807414903601184709332090737989268514143739096250515885033618034
805736962536122382030758400625596895315128308792622099331 57802149
024182832227890541051503082647762367721619816706259773830772812786
415270911274104138289344174619221534314883435600750296018350699304
537770071816600149171656176193032057131018075875511221684489694784
177897929072269678247225995468397816642077886293360662992675483376
352634823570566166223306904993104776460040774795790369545327077779
862485827216826675228357244202854292517696899124839257446289215971
932182438004732407150910722559913507323548924221791494984272651357
437138920132223219443638836978784258118448653181013535998674372089
887703992234288860553683159878274566334260000605278528496789725 2639
297495200599625245679986690983574636110806722217622811807691920625
264869013641532888344975644253412796776830577354644384417106088410
844141037912472026065451227914576587848567012746683525904795253781
432452168665831091336613910255582862772398461095215092397430072 6851
```

635724455773831109277851064017385959197571566975693682380039304349
564336982618604119997982574422479721320629923825869389320511631138
359027223978185629308094563981241807236611575357176577175091525862
864244992398890845159196092623326804154020284991403352937994886612
990584837989974532198280774853964998370900118975783632922156991006
513522516477779268457359327682761052771081261930506541554620424278
852614346119590024753219589241287094843962436677304078282904295097
980336698019966186249102271524901476483474090913930557855179337105
088419991350557649168818312162668498949619048400503943318012298816
877820200144492999901403482280100765091766105003655188517464385880
523002918408011229443178528227624140836036357336513617078847921141
562124355513691112687490209219294994612274047828983932385087752829
253451471516565376335556476399262297744756561928502537832594734218
251730746058849542532733503487603562357419716489287193991241787510
176014605930258256911426829351039928962011749465103455266937094608
260072195362967924730417335114901782640523492069169348865607727271
732145811795659040292770602319237353954825786592886462884348528526
825348873750609726958934934587044101062886316903618945443068427698
726515167281220381812336001874046399131421710754135543229384107296
996321808787177519730938666327606185430818902559606867930963592044
069328545359665472539171193315438809386409188838136400160224151781
605859159085820353938780338296200821409586815670317113139862875148
502193691187061827127541017332355576578305690711675241814208584748
223981851798605404189046121887526287596942450786843515958542051141
540215503297236405369685138247495827220057941325205518884347905170
867245027725908507760268804959261347074275385978300375774215333246
616369314681250709376179652700587770099295260687666281716409120716
092933308815387639430752889779354800620945458072225107915676603443
515845247560437020839663725483717936273281068286082891709423414454
092281109495574619878908754989737358077357516057444196893972602913
518664221789448079327389182916245285007379103218027245713784277297
999090681306053228414600990077698226147928514784499681576790509290
490251803754608063301262410798268036790021536656525223735824939682
620085077653186321481355706014649087755855014322834897028558376699
777964793929060275706569001926399262952341824046541465511886407912
064464213323797086603172449508444278682597845354473145307516458271
978532834258158419342980531029824883827999285890439100298781170665
388332786779813654750270413559999333024626190811049391862448843199
686765783572010058971263510100913510237620998883642650316390699576
275732242485388549002420214588325300653468044377933360183287074921
613299388840086118619554643342831608069694396712491330981926923874
937790334723097980005361858485283025147638669491520745557574389531
363440303647607958986279085482158324727622116651922838975262245518
591629723238088745693836794956666141808565378105073192301674955830
148770041132113704132471595464645480160266861083603581867540763278
950475084065251046763834685859613818131531429482738425449872106044
865120290887252575181149931348256434052359445475912770308801120747
983405998437193631550871177984491425339393624254435464982285213146
567939514448104326675196927832027690231689056518300202192161156273
030531804426964785229011999527340176092228257643138389550778773702
870704498678896263755237737174670821412188225645736023411513131968
566942459755111310380363968820702702005921532600675195234857887708
906602029932259979608197745614957624692059906125326412993796430544
113860254758704615397092791436324623173261366943786549364958074251
621902258871299639672132035160551711941414171711064213126946277427
189116564054712791949105938834137615430401381317034612174435422639
145777476270722659507521056744671113615239318171327740334775078496
040747405860433074111345414598026409308209688771155105695226772798
089447194067858558993273673253140705777657353017823327817347084150
963752492507429402560064947772534233411562455841355327977725770217

319468412015247866616142286554696136834614700631654442715667369748
279191042098822752414034341001416283414912402388840688354363401328
085201402655663317415381903668740103900591632239459034513886802089
207529266009483871637793446557346687243976613473828575220925156371
720082071666955578952596050351873781829303539407734491751670162421
527094211767232473855061745750250311498056022381099948952356447198
129189357907571046576887311453125221191496589490052954590515675701
452079492342913394200651349951438045107234747730060119699306777906
776824107271811279098968384526750779422343272071153361342239499877
991683575095569687698750832896422721852654592027573433462291886686
939385567945458386653186914350779745883085181605566636178995439193
976530882986072640066432999660308038017228638903286199343515708552
759995425764567556681256278385199247209586267017257529064230787664
523457264442845181926793259936977469701695951838633477653134746947
177198115270460022842857820836803946190676287092391249052893558156
534956984742354377270838995000676293334086361809196781687150588325
472726256714577314649800453048617141717189210581191166709389640766
230100387703153353409122894237379805927310616645007976983069914278
225107776435167371990840842620659730173098646543453759316099568560
366050828171463559817567384530725240895169722747786951315754417344
454722319523842469417657225689889311037411986644891577622736979187
242055865207607989955858443011449299014205538710538737653256080332
968184546168661082811535831816796143045658318071729440669411586376
384846110004382178673118359066846845036385453102254236270946042934
406553755601429869378509382514199542500930627558483658264526731879
554581885165063002404022771824827471174699163927935410648616033465
991717072686386548515713942197487119163570728432245983288208430295
855762347917596524910775098568894147027692006548333496695848885977
090880307681176920005391408470713295101728146121870919515180651104
050378156414129085392169810867650685081213468617979519258789160321
266737026936867990729772817176528048859756030785031816754411800485
873461171377287081212333614156290315558711447403875899669580566531
966052836835225243417605277332934489709242833528086206175715818422
014806307368737556756570745706582673089961967483864487309105251714
390883895120133133349540028408932790917642074993061445626337379960
890861487468977446233380247271000213876001300164198791415031148345
460857627486519359969189675967682257379101622155788613231255233733
539143843164432343125056995799810688572996058333981035079053978914
876141153023140274880090713606348721978270728572397062463803497628
206843888161338477686617025781753525565289275154815104968334418539
482659075418330051922523845166115509468050771608516584944585498885
652867825971735478195724399898217504400096065664106924168772150111
798982838110992010825761878839763841332362174731603850064661081891
097653601475389658235243305700839361354004621407520683075998941863
503466920355087624862761543111503684306676429082800744409883945324
111861402772721307220166170405481233481404587334350405037400640048
826507871127914436058867195665761766084306346718539800583107749363
754126837379073816994764376518091779814851801570066421692286311301
328565337291343042641611603060357027319540538938892339844435680707
069795191913280761647147890317334041302702781450140747862994037749
300647503377440166688518715705453734526709698304292170529597434675
350244840004586064843212510671827261149912555077410283770665338637
717120211281923633582333634038766309968138210374951212629393650538
148276656110365928601709774654711167537735122035630075054294720825
546997293979795750019831806784557491270316937506139078241254533143
469815572851473507209251404023028448931252592843427738742020066023
604162470003403051318469575972370945828757593832689551107824255905
237124226140278137120057383347299452371362831228766686722822949437
157732084385228665231992849123248528214209907682374110310530431748
937827213276787865767245074580801303563365068736707359071942487583

9673315790523404748239980777074114555131318608025775566929347904 66
7295542129894007251243766535535369918276364596045211092170301137 77
1923732570564950801978385201313074570413156128011409273915121374 10
9200215367314572201864394132709988218562175659565934544729850629 24
2798422339474320583806514225514587842277845751653145237760092832 07
8745790159395034177785403452479862156087170390424668764492991189 87
2804192072603307368658008890697956740573328632118748602536913622 27
7111703903767149661756214227871047636750197729487786971551705532 05
0215656492321229915758819262414524717281424920418257623825755392 21
3731258808877365222826420072902855588766618728956533637287963790 03
4901662789994558455725072320510842699864437070488579562322312821 97
6452705485693153646220507440860082201649296947272378696631897288 53
7535295496664529441238399636586701509654687188280246459962912518 94
3645395988734574902174365408201339206097043057588634843946599693 61
3751136699220860085078191900218784357761559301553955928822907142 74
3036869620845177168086924750642539902360039766027107635906562748 97
6085711230233926633986523984577192808211907510609451890427630793 92
4618288307997551831774785713343128232826112154502467372712011637 21
4179168910789031133699667063876845253007597562467527648836451906 66
2162762307388500978488336685856067574086110656005194140599859159 46
8110571271796360445505174144025459624587878979763542178837152108 70
6629766185284281404933313056206855422893076345920136087226007415 27
2346350294389161165166798128401472800711817348129165560394511057 37
2660435039248469519651186632701177283998712598037348685203878144 57
3609039891377985189672185579414701475789360767812442055555337574 74
7867044191714613342044252057531101079289522207989600625371130231 15
6827243427312892007384945416133386492731598170168987669608646428 44
8384961079043229172133327891404061443294353980689870450113388304 46
6253786599595563673921797718499910831107027710671906247241897718 93
1395703540974673149466121125395481783523771570739888297169104166 34
4151022080470229824351953195854031140283855677631141415962711583 89
2594746115769794070812354400524610529125384477524954718215981346 78
2825104315649470337194506231527911174645287746511674488932106999 79
4356821101491292586213970102087453236546414071425265451685312384 73
3794838677855371838484969386231958542673020678857691057456749439 78
9465782169150250744276503986200613658152009057903591828161480174 56
9984707839843964849371304922505552560253877733801856229036997713 70
2943549181034866707931106444345981136721567912431490071732713542 27
3746317932173009717553736350752874778473693619528085144244425311 66
4915782639172248632774607069418353175565060159440467166507873097 12
8511145168314255396588717990313657811934693040177688341451752385 33
6001257844076353671234950801711026805104627818593642357014391312 09
4881435804090498138460034997136665339915975252030399851619589805 83
0700192560727840369693729873556529024364319340585148901918365225 71
2922601242295107624031283464403286263713634470007263192351521020 74
7520098458750934980401237494797294662122948993842044193016904841 20
4390646281364098983818727797541099387485557986284301459207059431 32
9445612545199073257324237580094766758101266122854048507226973202 57
318491414938800048567428 92

www.ingramcontent.com/pod-product-compliance
Lightning Source LLC
Chambersburg PA
CBHW071347210326
41597CB00015B/1561
9781632705679